작물보호학
(Crop Protection Science)

작물보호학

(Crop Protection Science)

남 상 용 지음

RGB

머리말

작물보호학(crop protection science)은 작물을 가해하는 병해충과 잡초 자체는 물론 각종 기상재해와 인위적인 환경오염 등 비생물적인 환경요소로부터 작물을 보호하는 제반 내용을 다루는 학문이라고 할 수 있다. 나아가 작물을 재배하기 위한 시설과 작물보호제(농약), 비료를 포함하는 농자재, 농업경영을 수행하기 위한 재해보험까지를 망라하는 광의의 개념을 생각해 볼 수 있다. 즉, 작물보호를 하기 위한 제반 원리, 방제 수단과 방법을 모두 총체적으로 다루는 학문이기에 그 범위가 넓고 광범위하다.

모든 생명체에서 발생하는 병해충은 인류의 역사와 궤를 같이해 오고 있고 농업의 역사는 잡초방제의 역사라고 해도 과언이 아닐 만큼 잡초도 끊임없이 발생해 작물과 자원의 경쟁자이자 병해충의 숙주로 작물을 위협하고 있다. 이 책은 재배학원론을 필두로 잡초방제학, 농약학, 농업곤충학, 식물병리학으로 구성되어 있는데 모두가 쉽지 않은 과목들이다. 우리는 다양한 지식의 기반 위에서 각각의 원리를 이해한 후 융·복합화한 새로운 아이디어를 구현시켜 창의적 결과물을 창출해야 한다. 쏟아지는 논문과 특허, 지식의 홍수 속에 압사할 것만 같은 이 시대에 이를 대표하는 듯한 과목 같기도 하다. 그러나 거의 대부분 원리와 구조, 해석이 가능하기에 직접 실험하지 않고도 문헌 고찰이나 외주를 줄 수도 있고 우수농가에서 직접 현장애로 문제를 해결할 수도 있기에 더 효율적으로 어떤 문제이든지 쉽게 해결이 되는 측면도 있다.

최근 코로나 시대를 살아가면서 동식물에 발생하는 병원균의 하나인 바이러스 문제도 해결하기가 어렵고 힘들다는 것을 절감하고 있다. 방역 모범국이 된 우리나라가 잘만 하면 세계적인 경쟁력을 확보하고 높은 부가가치를 창출할 수 있는 분야가 될 것으로 생각된다. 이제는 우리나라에서도 새로운 신약과 제초제가 개발되고 드론과 ICT, AI를 활용하는 병충해 방제기술도 성과를 보이면서 우리도 잘할 수 있겠다는 자신감이 든다. 현대적인 산업들은 대부분 혼자만이 아닌 하나의 생태계가 구축되어야 하는데 우리나라도 선진국 못지않은 전방위적 인프라가 잘 갖추어져 있어서 어떤 분야에서든 조금만 두각을 나타내면 노력 여하에 따라 세계 최정상이 되는 것은 어렵지 않을 것이다. 이 책을 접하는 여러분의 분투와 도전을 기대해 본다. 요즘은 작물보호제(농약)를 드론으로 살포하는 경우가 많아지고 있다. 인축에 피해가 적고 격한 노동에 시달리지 않으면서도 정밀하여 방제효율이 훨씬 높으니 ICT와 첨단기계를 활용하지 않을 수 없는 상황이다. 이제는 싫어도 선택이 아닌 필수로 다양한 컴퓨터의 기초지식은 물론 모바일, 새로운 기기 사용법 등을 습득하고 활용해야 한다.

사실 농업은 일차 산업이면서 전 기간에 걸친 전방위 산업이라서 어느 한 단계만 어려워져도 전체가 어려워지는 종합적 결과 산업이기에 상당한 노력을 기울여도 그 차이가 분명하지 않고 거쳐야 할 단계와 절차가 많아 쉬운 듯하면서도 어려운 극과 극이 만나는 혼합산업이다. 아무리 재배를 잘해도 작물보호에 실패하면 품질과 수량을 담보할 수가 없으므로 혁신경영이 작물보호 분야에 절실히 필요하다는 생각이다. 유기농업과 무농약, 생물농약, 첨단 정밀재배, 식물공장, 드론과 자동화, 종합환경조절과 제어 등으로 최상의 품질을 가진 농산물 생산하는데 제한 요인은 병충해 방제로 귀결된다. 우수한 품질의 농산물을 안전하고 안정되게 생산하려면 작물보호에 대한 이해를 넘어 적극적인 문제 해결을 위한 새로운 개념의 병충해 방제와 농약을 위시한 농자재개발이 필요하다.

어렵고 많은 내용에, 기술의 발전 속도가 빠르다 보니 교재도 광범위하여야 하고 최신 내용이어야 하는데 현재는 이를 종합화한 책이 거의 없는 실정이다. 필자가 대학에서 작물보호를 강의하면서 교재를 5권씩이나 구입하라고 할 수도 없어 매년 교재 선택의 고민을 해왔다. 여러분은 이 책으로 국가 자격증인 식물보호 기사를 준비할 수 있다. 아직도 미흡하지만 천리길도 한 걸음부터라는 마음으로 편저에 가까운 이 책을 저술하였으니 미흡한 내용은 양해를 부탁드리고 잘못된 내용이나 좋은 내용이 있으면 저자에게 알려주어 우리의 건강과 행복을 가꾸는 농업 발전에 기여해 주시기를 부탁드린다.

2023월 9월 1일

삼육대학교 자연과학연구소 남상용 드림

목차

목차

서론(Introduction)

1. 작물보호의 개념

초기에 인류는 단순채집과 사냥으로 의식주를 해결해 왔으나 인구의 증가와 식량의 안정적 공급을 위해 작물을 재배하기 시작하였고 이후로는 정착 농업을 하여 수량을 획기적으로 증대시켰다. 재배식물인 작물은 최대의 수량을 얻기 위해 여러 가지 재배기술을 적용하는데 수확까지 작물 재배 기간 동안 각종 병충해와 잡초해, 기상재해에 의하여 수확량이 감소하게 된다. 따라서 작물보호(crops protection)는 이러한 수확 감소요인으로부터 작물을 보호하는 것이고 이를 통해 작물의 피해는 줄이고 재배 농산물의 생산량은 증대시킬 수 있다.

현대 농업은 다비성, 다수성 품종의 개발과 비료, 생장조절제, 과다한 수분공급 등 많은 농자재를 투입하여 첨단화한 시설이나 관리 속에서 최대의 생산성을 높이기 위해 극대화된 환경제어(광도나 온습도조절), 비배관리(비료나 재배법), 수경재배와 식물공장을 통한 재배는 빠른 생육과 수확, 획일화된 단일작물 재배로 높은 생산성을 달성하였으나 이러한 농자재의 다량투입은 고비용은 물론 병충해나 재해에 위험성을 높여 왔는데 이런 방식의 생산성 제고는 다른 한편으로 병충해와 잡초에 상대적으로 취약한 작물이 되기 쉽다. 즉 많은 수량을 내기 위해서는 많은 병충해의 위험과 고비용 구조를 요구받고 있다. 경비 절감과 생력화를 위해 화학적 방제제인 농약(작물보호제)에 의존한 농법으로 농약의 사용량이 늘어나 환경문제를 발생시키고 우리의 건강을 위협하고 있었다. 최근에는 생물적 방제와 생태적 방제법이 많이 개발되고 유기농업에 관한 관심이 늘어나 농약 사용량은 주춤하고 있으나 아직도 여러 가지 한계가 많다. 결국, 비료나 농약의 고투입 농업 구조 속에서 농자재 비용이 증가하여 농산물값은 점점 상승할 것으로 예상한다. 반면에 빨리 생육을 시키려다 보니 작물의 저항성과 내성은 감소하고 오히려 농약에 대한 내성이나 저항성이 늘어나고 다년생 잡초의 번성이나 농산물 속에 들어있는 영양성분과 기능성 성분은 줄어들고 수분과 당분은 늘어나고 있는 측면도 간과할 수 없는 실정이다. 주지하다시피 광도는 낮은데 수분과 당분, 질소비료의 증가는 필연적으로 병충해에 취약하게 된다. 또 병충해를 방제하기 위해 농약과 방제용 비료나 자재를 투입하는 상황이 되다 보니 유기농업과 대체농업이 필요한 상황이 되고 있다. 그렇다고 해서 비료와 농약을 사용하지 않을 수 없는 상황이고 이를 육종적으로 해결하는 GMO나 분자생물학적 방법도 각종 규제의 벽에 막혀있는 실정이다.

이제는 종합적이고 효율적으로 작물을 재배하는 것은 물론 병충해, 잡초방제도 환경보호와 생태적인 방법으로 하여야 한다. 따라서 작물보호를 위한 재배와 병해충, 잡초, 나아가 작물보호제의 구조와 특성을 이해하고 생물적 방제에 이르는 폭넓은 지식과 새로운 농자재, 저항성 품종의 개발로 조화롭고 효율적으로 제반 문제를 해결하여야 할 것이다.

2. 작물의 피해와 원인

1) 피해의 정도와 손실

작물에 발생하는 각종 피해와 그 보호 방법으로 기후변화와 대기오염 같은 비생물적 피해나 병해충이나 잡초 같은 생물적 피해가 발생하여 작물이 건전하게 생장하지 못하므로 작물에 발생할 수 있는 피해와 보호 수단을 강구하여야 한다. 과거에는 작물보호 기술이 발달하지 못해 병해충, 기상재해 등에 속수무책이었고 인구의 변화는 작물생산량에 크게 의존하여 왔으나 현대에는 농업과학기술의 발달로 이런 피해를 많이 감소시키고 있다.

표 1-0 전 세계적으로 병충해와 잡초해로 손실되는 농산물의 감수율

농산물	감수율(%)			
	병해	충해	잡초해	합계
쌀	8.9	25.0	10.6	44.5
밀	9.5	5.4	9.8	24.7
옥수수	9.6	12.9	13.0	35.5
그밖의 곡류	7.1	6.3	12.3	25.7
감자	22.2	6.0	4.1	32.3
사탕무우 및 사탕수수	17.4	17.1	13.1	47.6
채소	11.1	8.3	8.4	27.8
과수	16.4	5.7	5.8	27.9
기호작물	15.7	11.5	10.9	38.1
유류작물	9.8	11.3	10.4	31.5
섬유작물	11.2	12.9	6.8	30.9
고무나무	1.7	3.3	3.3	8.3
평균	11.7	10.5	9.0	3.12

자료 : 바이엘회사 농약부 〈식물보호와 세계 식량 생산〉 1967.

2) 피해의 원인

(1) 비생물적 피해

작물이 받는 피해는 ① 기상적 피해로 풍해, 수해, 습해, 한해, 냉해, 설해 등이 있고 ② 인위적 피해로 오염에 의한 피해, 약해 등이 있으며 ③ 환경적 피해로 토양이나 비료로 인한 영양장해, 대기나 수질로 인한 환경오염 물질 피해 등이 있다.

(2) 생물적 피해

전염이나 경쟁으로 인한 피해인 생물적 피해는 ① 병해로 바이러스, 세균, 진균 등 병원균에 의한 피해가 있고 ② 충해로 해충과 야생동물에 의한 피해, ③ 잡초 및 기생식물에 의한 피해로 크게 나눌 수 있다.

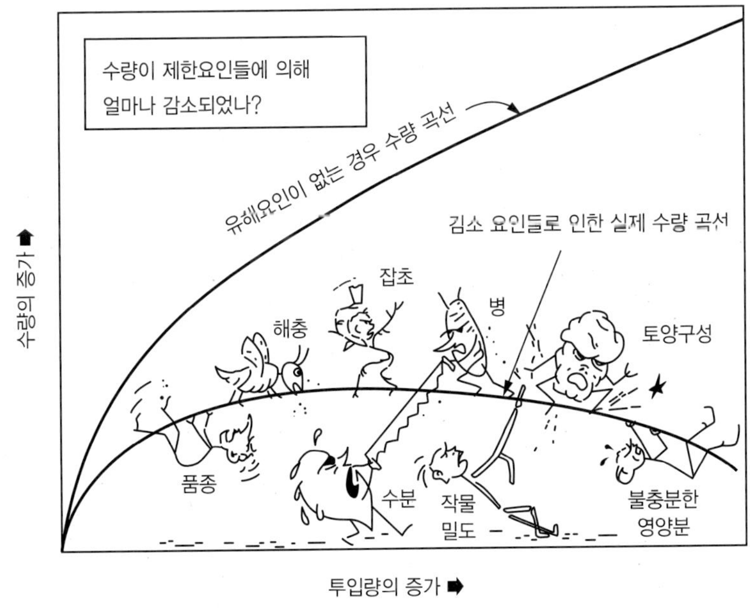

그림 1-0 수량을 감소시키는 여러 가지 요인들

3. 작물의 피해대책

1) 식물 피해 관리

작물은 박멸(eradication)에 가까운 무차별적 제거가 아닌 ① 농작물의 피해 관리를 위해 농작물 피해의 원인(비생물적, 생물적 원인)을 규명하고 피해작용을 감소시켜 농작물 피해를 최대한 줄이는 것이 필요하다. 이를 위해 ② 식물 피해의 진단(diagnosis), 예방(prevention) 및 방제

(control)가 중요한데 방제는 경제적 피해 수준에 따라 관리 방법이 다르다. 일반적으로 경제적 피해 수준(economic injury level)을 설정하는데 이는 피해에 의한 손실액과 방제비용이 같을 경우까지는 최소한의 소극적 방제를 하여 효율화시킨다.

2) 식물 피해의 진단

대부분 복합적인 원인이기는 하지만 진단(diagnosis)으로 먼저 피해의 원인을 결정하고 형태적, 생리화학적 및 유전적 특성 등을 확인하고 분석하여 생물의 분류학적 위치를 결정하는 동정(identification)이 동반되어야 한다.

3) 작물 병충해의 예방과 방제제도

(1) 작물보호에 관한 여러 가지 제도

국제화 시대에 국내외적으로 방제를 위한 국가적인 식물방역은 작물의 병충해를 방제하거나 수출입 식물의 병원체, 해충 등을 검사하고 구제하는 것으로 여기에는 국제검역(international quarantine)으로 외국에서 병원체나 해충이 국내로 유입되는 것을 막는 것과 국내 검역(domestic quarantine)이 있다. 국내 검역은 국내에 유입된지 얼마되지 않았거나, 이미 일부 지역에 들어와 있는 병해충의 만연을 방지하고(소나무 재충선 방제 등) 좋은 종묘를 보존하기 위한 것이다.

(2) 국가적인 예찰과 예방

우리나라는 농촌진흥청과 각 도의 농업기술원에서 병해충 발생예찰을 실시하고 있는데 이는 병해충 발생을 예측하고 관찰하여 조기에 병해충의 방제를 적기에 정확하게 실시하여 피해 경감시키는 것으로 작물에 큰 피해를 줄 병해충에 대해서 작물의 생육상황과 기상 등을 조사하여 병해충의 발생에 관한 정보 제공하고 있다.

(3) 종합적 방제와 작물보호

이제는 하나의 수단만이 아닌 종합적 방제(integrated control)와 농자재의 효율화, 작물의 품종개량과 합리적 재배로 극복하여야 한다. 결국, 저항성 품종이나 재배기술이 우수하면 병충해나 재해로부터 피해를 줄이는 일차적인 작물보호가 되는 것이다. 그리고 우수한 작물보호제나 시설재배로 극복하는 등의 여러 가지 방법을 적용하여 안정적이고 안전한 농산물의 생산을 위한 작물보호에 대한 연구가 추후에도 지속적으로 이루어져야 할 것이다.

제1편 재배학원론

(Crop Science)

제1장 **작물과 원산지**(Crop and Origin)

1. 재배학의 개념(Concept of Crop Science)

작물보호학은 병해충와 잡초의 방제를 목적으로 한다. 작물은 생산성을 극대화하기 위하여 인간이 필요로 하는 부위를 기형에 가까울만큼 발달시키고 비료를 다량공급하여 병충해가 생기면 농약을 사용하는 악순환을 거치고 있다. 식물(plant)은 작물(crop)과 잡초(weed)로 크게 나눌 수 있다. 작물(crop)은 실용적인 유전적 특성이 같은 종자나 영양번식체를 일정한 장소 및 시기에 일정한 거리로 재식하여 재배하는 집단을 말한다. 인간이 필요로 하여 재배하는 식물로 특정 부분을 기형적으로 발달시킨(그림 1-1) 이용 측면에서의 분류라고 할 수 있다. 즉 작물이란 여러 가지 식물 가운데 경제적으로 중요한 유용식물을 대상으로 필요로 하는 물질을 다량으로 획득하기 위해 재배하는 식물을 말한다. 여기서 작물의 주된 이용 부위는 주로 종자나 영양체이다. 종자식물에서는 종자가 발아하여 생장하고 발육하여 개화하고 수분과 수정을 거쳐 다시 종자를 맺으며 생활사를 마치게 된다. 작물생리학은 작물을 중심으로 작물이 발아하고 생장한 후 후손을 남기고 죽는다. 이런 제반 과정에서 그 이유와 방법을 유전적이고 환경적인 변화의 관계속에서 그 기능과 체내에서 일어나는 여러 가지 대사 작용과 생화학적인 반응을 세포, 조직, 기관 등을 연구하여 인과관계를 구명(究明)하는 학문이다. 광합성과 호흡, 수분과 영양, 개화와 결실, 호르몬 등을 주어진 환경조건에서 어떻게 왜 반응하는가를 알고자 하는 것이. 작물의 생리적 지식을 바탕으로 ① 환경을 제어하고 ② 유전성을 증진시키며 ③ 재배기술을 개발하여 효율적으로 수량과 품질을 높이는 학문이 된다.

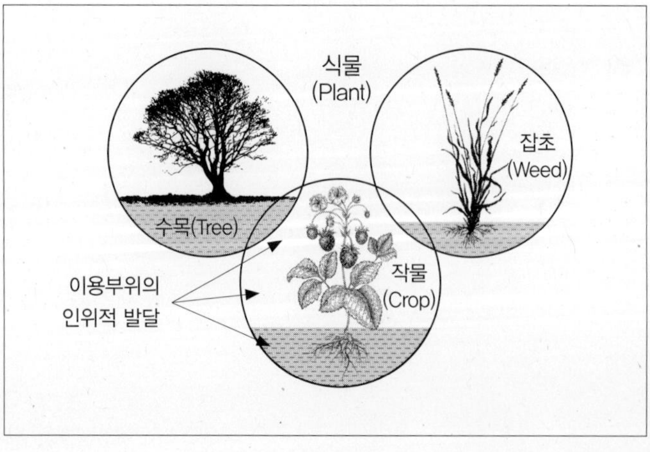

그림 1-1
식물, 수목, 작물, 잡초에 대한 개념도

2. 작물의 원산지(Native Habital)

작물이 최초로 발생된 지역을 원산지(origin)라고 한다. 작물의 원산지를 알면 육종은 물론 재배와 관리에도 많은 아이디어를 얻을 수 있다. 작물의 기원에 관한 연구는 19세기 후반 더 캔돌(De Candoll)의 재배식물의 기원(1883)과 바빌로프(Vavilov)의 유전자중심설(1935)이 대표적이다. 유전자중심지에는 변이가 다양하고 우수한 품종(우성유전자)이 많다는 이론이다.

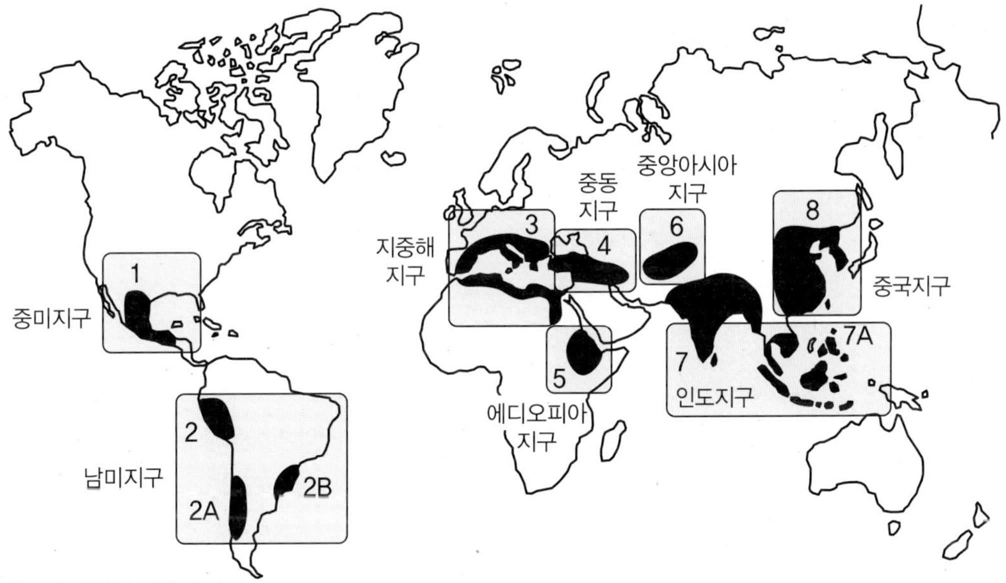

그림 1-2 작물의 기원 중심지

3. 작물의 분류(Classification of Crop)

작물 중에서 인간이 필요로 하여 재배하는 것을 작물(crop)이라고 하고 인간이 원치 않는 작물을 잡초(weed)라고 한다. 이 두 가지를 합친 개념이 작물(plant)이다. 이들을 분류하는 데는 앞서 말한 대로 종을 기본으로 하는 자연분류가 있고 인위적인 목적과 용도에 따라 벼, 보리, 밀, 콩 등의 식용작물, 인삼, 작약과 같은 약용작물, 알팔파나 옥수수와 같은 사료작물 등으로 나눌 수 있고 재배 기간에 따라 일년생, 이년생, 영년생 등으로, 이용부위에 따라서는 근채류, 엽채류, 과채류 등으로, 낙엽의 유무에 따라 상록성과 낙엽성 등 다양하게 나누는데 작물의 다양성으로 인해 다소 인위적이고 주관적이며 비과학적인 요소도 많다. 원예작물은 채소, 허브, 과수, 화훼, 정원수류로 구분할 수 있으며 많은 품종과 자생종이 원예작물로 개발되고 있다. 식량 작물은 100종 정도인데 비해 원예작물은 1,000여 종에 이르는 많은 종이 있어 깊이 있는 연구를 하기에는 부담이 많다.

수분함량이 많아 수확과 저장, 유통에서 생리적인 요소가 주요한 과제가 된다. 원예작물은 채소류, 과수류, 화훼류와 수목류로 나눈다. 채소류는 근채류, 엽채류, 과채류를 근간으로 줄기채소와 조미채소(허브 일부분을 포함)를 말한다. 과수류는 사과, 복숭아, 감 등의 온대 과수와 귤, 오렌지, 바나나와 같은 열대 과수로 크게 나눈다. 화훼류는 꽃과 잎을 관상하는 작물을 지칭하는데 난과 잔디, 선인장과 같은 다육식물, 관상 수목을 포함한다.

표 1-1 바빌로프(Vavilov, 1935)의 재배식물의 기원 중심지(world centers of origin of cultivated plants)

중심지(Center)	작물(Plants)
1. 중미지구 (South Mexican and Central American)	곡물류: 옥수수(maize), 강낭콩(common bean), 리마콩(lima bean) 멜론류: 페포계 호박(winter pumpkin), 키요테(chayote) 섬유류: 목화(cotton) 서 류: 고구마(sweetpotato), 고추(pepper), 파파야(papaya), 구아바(guava), 캐슈(cashew), 카카오(cacao)
2. 남미지구 (South American)	(1) 잉카문명의 중심지(페루, 에콰도르, 볼리비아) 곡물류: 옥수수(maize), 리미콩(lima bean), 강낭콩(common bean) 서 류: 감자(potato) 채소류: 토마토(tomato), 호박(pumpkin), 고추(pepper) 과수류: 코코아(cocoa), 패션플라워(passion flower), 구아바(guava), 담배(tobacco), 체리모야(cherimoya) (2A) 칠레(Chiloe) 감자, 딸기(Chilean strawberry) (2B) 브라질 파라과이 땅콩(peanut), 고무나무(rubber tree), 파인애플(pineapple), 브라질넛(Brazil nut), 캐슈(cashew)
3. 지중해지구 (Mediterranean)	곡물류: 듀럼 밀(durum wheat), 2립계 밀(Polish wheat), 귀리(oat), 완두(pea), 루핀(lupine) 사료/섬유작물: 클로버(clover), 아마(flax), 유채(rape), 흑겨자(black mustard), 올리브(olive) 채소류: 비트(beet), 양배추(cabbage), 순무(turnip), 상추(lettuce),아스파라거스(asparagus), 셀러리(celery), 치코리(chicory) , 파스닙(parsnip), 루바브(rhubarb) 허브류: 카라웨이(caraway), 아니스(anise), 타임(thyme), 페퍼민트(peppermint), 세이지(sage), 홉(hop)
4. 중동지구 (Middle East)	곡물류: 듀럼밀(durum wheat), 밀(common wheat), 두줄 보리(barley), 호밀(rye), 귀리(oats), 렌틸콩(lentil), 루핀(lupine) 사료작물: 알팔파(alfalfa), 페르시아 클로버(Persian clover), 헤어리베치(hairy vetch) 과수류: 무화과(fig), 석류(pomegranate), 사과(apple), 배(pear), 모과(quince), 체리(cherry), 산사나무(hawthorn)
5. 에디오피아 지구 (Abyssinian)	곡물류: 밀(wheat), 보리(barley), 수수(sorghum), 진주조(pearl millet), 동부(cowpea), 아마(flax) 기타: 참깨(sesame), 피마자(castor bean), 크레스(cress), 커피(coffee), 오크라(okra), 몰약(myrrh), 인디고(indigo)

6. 중앙아시아 지구(Central Asiatic)	곡물류: 밀(wheat), 완두(peas), 렌틸콩(lentil), 병아리콩(chickpea), 녹두(mung bean), 겨자(mustard), 아마(flax), 참깨(sesame) 섬유류: 대마(hemp), 목화(cotton) 채소류: 양파(onion), 마늘(garlic), 시금치(spinach), 당근(carrot) 과수류: 피스타치오(pistacio), 배(pear), 알몬드(almond), 포도(grape), 사과(apple)
7. 인도지구 (Indian)	(7) 인도-미얀마 곡물류: 병아리콩(chickpea), 비둘기콩(pigeon pea), 녹두(mung bean), 예팥(rice bean), 동부(cowpea) 채소류: 가지(eggplant), 오이(cucumber), 무(radish), 토란(taro), 마(yam) 과수류: 망고(mango), 탄저린귤(tangerine), 타마린드(tamarind) 섬유작물: 사탕수수(sugar cane), 코코넛(coconut palm), 참깨(sesame) 양념류: 대마(hemp), 흑후추(black pepper), 껌(gum arabic), 인디고(indigo), 샌달우드(sandalwood), 계피(cinnamon), 대나무(bamboo), 강황(turmeric) (7A) 인도-말레이시아 과수류: 푸멜로(pummelo), 바나나(banana), 망고스틴(mangosteen) 기타: 코코넛(coconut palm), 사탕수수(sugarcane), 클로버(clove), 육두구(nutmeg), 흑후추(black pepper)
8. 중국지구 (Chinese)	곡물류: 벼(rice), 조(millet), 수수(sorghum), 메밀(buckwheat), 보리(barley), 대두(soybean), 벨벳콩(velvet bean) 채소류: 마(Chinese yam), 무(radish), 배추(Chinese cabbage), 양파(onion), 호박(cucumber) 과수류: 배(pear), 사과(Chinese apple), 복숭아(peach), 자두(apricot), 앵두(cherry), 호두(walnut), 리치(litchi), 귤(orange) 특용작물: 사탕수수(sugar cane), 양귀비(opium poppy), 인삼(ginseng), 대마(hemp)

출처: Adapted from Vavilov (1951) by R.W. Schery, Plants for Man, Prentice Hall, Englewood Cliffs, NJ, 1972.

1) 농작물(Agricultural Crop)

(1) 식량작물(Food Crop)

주식이나 부식으로 식용하는 작물로 벼, 보리, 밀, 옥수수와 같은 화본과 작물과 콩, 땅콩, 완두와 같은 두과(콩과) 작물, 감자와 고구마와 같은 서류가 주요 작물이다.

(2) 공예작물(Industrial Crop)

공업의 원료가 되는 것과 특별한 용도로 이용되는 작물로 인삼이나 담배 등이 있다.

(3) 사료작물(Forage Crop)

가축의 먹이가 되는 오차드그라스, 톨페스큐, 알팔파와 같은 작물 등이 있다.

(4) 녹비작물(Green Manure Crop)

토양에 영양을 공급하는, 즉 비료의 용도로 사용하는 자운영과 크라운베치와 같은 작물이 있다.

2) 원예작물(Horticultural Crop)

(1) 채소(Vegetable Crop)

채소는 원예작물의 재배와 수익성에서 70% 정도를 점유하는 것으로 엽채류(상추, 배추 등), 과채류(딸기, 토마토 등), 경엽채류(대파, 아스파라거스 등), 근채류(양파, 마늘 등) 등이 있다.

표 1-2 채소의 식용 부위와 이용목적에 따른 분류

구분	식용 부위, 이용목적	채소의 종류
엽경채류	잎	배추, 양배추, 상추, 시금치, 마늘, 파, 양파, 죽순, 셀러리, 치코리, 부추, 쑥갓, 엔디브, 케일, 갓, 파슬리 등
	줄기	아스파라거스, 아티초크, 감자, 마(yam) 등
근채류	뿌리	무, 당근, 순무, 우엉, 고구마, 마, 겨자무(와사비), 파스닙 등
과채류	어린 꽃	브로콜리, 콜리플라워, 아티초크 등
	어린 열매, 종자	완두, 강낭콩, 오이, 리마콩, 땅콩, 대두, 단옥수수, 가지, 애호박, 주키니호박, 풋고추 등
	성숙한 열매	참외, 수박, 토마토, 고추, 호박, 머스크멜론, 딸기 등

(2) 과수(Pomology Crop)

과수는 과실을 생산하여 영농이익을 창출하는 것을 주목적으로 하는 작물로 우리나라의 사과, 배 등은 과실이 크고 품질이 우수하다. 과수는 수목이 관상적으로 가치가 있거나 비타민과 무기질의 공급원이 되고, 섬유질을 제공하며, 독특한 향을 음미할 수 있고, 기능성 성분이 많아 질병 예방은 물론 노화 억제에도 효과가 있다. 과수는 온대 과수(temperate zone pomology, 낙엽과수)와 열대와 아열대 과수(tropical pomology, 상록 과수)로 나누는데 과수의 과실은 씨방, 꽃받침, 또는 씨방 벽이 발달한 부위를 식용하는 것으로 과실의 구조와 발달, 이용 부위에 따라 나눌 수 있다. 가정 과수로 적합한 것은 과실이 맛있는 품종으로 키가 작아 관리하기 편안한 수종이며 특별한 관리 없이도 과실이 잘 열리는 과수, 병해충에 강한 과수, 불량환경에 잘 견디는 과수로 이런 종류에는 대추나무, 감나무, 포도나무, 살구나무 등이 있다. 묘목은 성숙한 후의 크기를 고려하여 화단의 규모에 알맞은 것, 뿌리나 줄기에 병이나 상처가 없는 것, 눈이 크고 충실한 것을 과수의 특성에 따라 알맞은 시기에 묘목을 구입한다.

① 인과(pome)는 과육이 꽃받침에서 발달한 것이며 씨방은 과심부(果心部)를 이루고, 열매의 꽃받침 조각은 꽃자루가 달린 반대쪽에 있다. 사과, 배, 모과, 비파 등이 여기에 속한다.

② 감과(hesperidium)는 감, 감귤 등은 식용 부위인 과육은 씨방이 발육 생장한 것이고 꽃받침은 꽃자루와 같은 방향에 있다. 준인과류라고도 한다.

③ 핵과(drupe)는 복숭아, 살구, 자두, 앵두, 대추 등과 같이 과실 속에서 단단한 씨(핵)가 있고, 그 속에 종자가 들어 있으며 먹는 부분인 과육은 씨방벽인 중과피가 비대해진 것이다.

④ 장과(berry)는 포도, 무화과, 나무딸기, 구스베리, 블루베리 등과 같이 겉껍질이 얇고 먹는 부분인 과육은 중과피와 내과피가 발육한 것으로 과육에는 과즙이 풍부하며 그 속에 작은 씨앗이 들어있는 것이 대부분이고 종종 씨없는 포도와 같이 인위적으로 작출할 수 있다.

⑤ 견과(nut)는 밤, 호두, 개암 등이 이에 속한다. 먹는 부분은 종실 속에 있는 떡잎이며 종실은 굳은 껍질로 싸여 있다.

(3) 화훼작물(Floriculture Crop)

화훼류는 생육 기간에 따라 작물이 1년간만 생존할 수 있는 것으로 봄에 파종해서 가을에 수확하는 춘파 일년초와 가을에 파종하여 겨울을 나고 이듬해 여름에 수확하는 추파 일년초, 그해에 자라서는 꽃을 피울 수 없는 작물로 2년간 자라는 두해살이 작물(이년초), 뿌리가 생존하여 여러 해를 살아서(숙근초) 계속 자라나오는 다년생 작물 등으로 나눌 수 있다.

표 1-3 화훼류의 분류

번호	분류	하위분류	설명	작물	기타
1	일년초 (annual)	춘파	봄에서 여름까지 생장하고 여름에서 가을에 개화하고 겨울에 죽는데 내한성이 없는 열대, 아열대 식물이 많음	분꽃, 샐비어(salvia), 나팔꽃, 아실럼(alyssum), 맨드라미(celosia), 봉선화(impatiens), 코스모스(cosmos), 과꽃(aster), 해바라기(helianthus), 채송화(portulaca), 천일홍(gomphrena) 등	종자를 파종하면 일년초는 1년 이내, 2년초는 1년 이상에서 개화와 결실을 함
		추파	가을에서 겨울에 생장하고 봄에서 초여름에 개화하는데 내한성이 있는 온대, 지중해기후 식물이 많음	팬지(pansy), 데이지(daisy), 시네라리아(cineraria), 프리뮬라(primula), 안개초(gypsopilla), 페튜니아(petunia) 등	
2	이년초 (biennial)	2년생	가을에 파종해서 다음해 봄에서 여름에 개화하는데 식물이 충분히 커지지 않으면 개화하지 않는다.	패랭이꽃(dianthus), 디기탈리스(digitalis), 종꽃(campanula), 접시꽃(althaea), 안젤리카(angelica) 등	
3	숙근류 (perennial)	다년생	1~2년초는 꽃을 피우고 죽지만 계속 남아서 자라고 꽃을 피우는 식물이다.	수련(nymphaea), 옥잠화(hosta), 금낭화(dicentra), 꽃창포(japanese iris), 거베라 (gerbera), 카네이션(carnation), 아프리칸 바이올렛(african violet), 붓꽃(iris), 루드베키아(rudbeckia), 민트(mint), 밤(balm), 베르가못(bergamot), 캐모마일(chamomile), 로즈마리(rosemary), 루(rue), 세이지(sage) 등	다년초라고도 하며 종자나 영양체가 2년 이상 계속해서 생존하고 자람

<table>
<tr><td rowspan="5">4</td><td rowspan="5">구근류
(bulb and tuberous plant)</td><td>인경
(bulb)</td><td>비늘줄기</td><td>아마릴리스(amaryllis), 히아신스(hyacinth), 백합(lily), 양파(onion) 등</td><td rowspan="2">껍질을 벗길 수 있으면 인경이고 껍질을 벗길 수 없으면 구경</td></tr>
<tr><td>구경
(corm)</td><td>알줄기</td><td>글라디올러스(gladiolus), 프리지아(freesia), 크로커스(crocus), 익시아(ixia) 등</td></tr>
<tr><td>괴경
(tuber)</td><td>덩이줄기</td><td>아네모네(anemone), 칼라(calla), 칼라디움(caladium), 감자(potato) 등</td><td rowspan="2">줄기가 비대해진 것이면 괴경이고 뿌리가 비대해진 것은 괴근임</td></tr>
<tr><td>괴근
(tuberous root)</td><td>덩이뿌리</td><td>달리아(dahlia), 글로리오사(gloriosa), 라넌큘러스(ranunculus), 고구마(sweet potato) 등</td></tr>
<tr><td>근경
(rhizome)</td><td>뿌리줄기</td><td>붓꽃(iris), 꽃생강(ginger), 한국잔디(korean turfgrass), 칸나(canna), 대나무(bamboo) 등</td><td></td></tr>
<tr><td>5</td><td>관엽류
(foliage)</td><td>관상 식물</td><td>꽃이 피더라도 화려하지 않고, 오직 잎이 넓거나 크며, 휴면기가 짧거나 없기 때문에 잎이 항상 푸른 작물</td><td>필로덴드론(philodendron), 디펜바키아(dieffenbachia), 몬스테라(monstera), 양담쟁이(hedera), 드라세나(dracaena), 페페로미아(peperomia), 고무나무(ficus), 팔손이(fatsia), 야자류(parm) 등</td><td>꽃이 아닌 잎이나 줄기가 관상대상인 식물</td></tr>
<tr><td rowspan="3">6</td><td rowspan="3">화목류
(flowering tree)</td><td>교목
(tall tree)</td><td>키가 큰 나무</td><td>목련, 매화나무, 벚나무 등</td><td rowspan="3">꽃을 감상하는 수목을 화목류, 그늘을 만드는 것을 녹음수라고 하는데 이들은 상록성과 낙엽성으로 나눌 수 있다.</td></tr>
<tr><td>관목
(shrub)</td><td>키가 작은 나무</td><td>장미, 라일락, 미선나무, 철쭉나무, 수국, 개나리, 무궁화, 모란 등</td></tr>
<tr><td>만성류
(climber)</td><td>덩굴성으로 자라는 초목류</td><td>등나무 등</td></tr>
<tr><td rowspan="2">7</td><td rowspan="2">선인장과 다육식물
(scculent)</td><td>선인장</td><td>건생작물(arid plant)로 선인장(cactus)은 일반적으로 가시가 있음</td><td>용설란(agave), 손바닥선장(opuntia), 게발선인장(schlumbergera), 기둥선인장(cereus) 등</td><td rowspan="2">다육식물은 50개 과에 10,000종이 있는 큰 식물군으로 식물체가 물을 보존하는 저수조직을 가지고 있어서 사막의 건조한 기후에서도 잘 견딘다.</td></tr>
<tr><td>다육 식물</td><td>선인장을 포함하는 더 큰 분류로 건조기후에 잘 적응된 식물로 대부분 가시가 없음</td><td>알로에(aloe), 돌나물(sedum), 에케베리아(echeveria), 에오니움(eonium) 등</td></tr>
<tr><td rowspan="3">8</td><td rowspan="3">난(orchid)</td><td>동양란</td><td>꽃보다는 향이나 자태를 주로 감상한다.</td><td>춘란(한국, 중국), 보춘화, 사란, 한란, 보세란, 건란, 소심란, 금능변 등</td><td rowspan="3">750속 20,000종이 넘는 큰 분류그룹이다.</td></tr>
<tr><td>서양란</td><td>꽃을 주로 관상한다.</td><td>심비디움, 팔레놉시스, 덴드로비움, 파피오페딜럼, 온시디움, 반다, 카틀레야 등</td></tr>
<tr><td>야생란</td><td>야생에서 자라는 재배하지 않은 난이다.</td><td>나도풍난, 풍난, 새우난초류, 자란, 복주머니란, 해오라기난초 등</td></tr>
</table>

(4) 관상 수목류의 분류(Grouping of Ornamental Tree)

정원수는 기후조건에 따라 수종과 관리의 난이도에 따라 재배하려는 인기도도 차이가 난다. 적응범위가 넓은 수종은 향나무, 느티나무, 은행나무 등이 있다. 그리고 잎이 겨울에도 푸른 상록수와 낙엽이 지는 낙엽수, 키가 2m 이상인 교목과 키가 작은 관목, 잎이 넓은 활엽수와 잎이 바늘같이 좁은 침엽수로 분류할 수 있다.

표 1-4 수목류의 특성분류

번호	수목형태		낙엽여부	수목류
1	침엽수 (conifer)	교목	상록	곰솔(해송), 구상나무, 반송, 비자나무, 소나무, 솔송나무, 잣나무, 젓나무, 주목, 측백나무, 향나무 등
			낙엽	낙엽송, 낙우송, 메타세콰이어, 은행나무 등
		관목	상록	개비자나무, 눈향나무, 둥근측백, 옥향 등
			낙엽	–
2	활엽수 (broad-leaved tree)	교목	상록	가시나무, 감탕나무, 굴거리나무, 녹나무, 담팔수, 동백나무, 먼나무, 붉가시나무, 비쭈기나무, 조록나무, 좀가시나무, 참가시나무, 황칠나무, 후박나무, 후피향나무 등
			낙엽	감나무, 노각나무, 느티나무, 단풍나무, 대추나무, 때죽나무, 모감주나무, 모과나무, 목련, 물푸레나부, 붉나무, 산딸나무, 산시나무, 산수유, 생강나무, 서어나무, 수양버들, 아그배나무, 오동나무, 음나무, 이팝나무, 자귀나무, 자작나무, 쪽동백나무, 참느릅나무, 참빗살나무, 층층나무, 팽나무, 피나무, 함박꽃나무 등
		관목	상록	광나무, 꽝꽝나무, 동백나무, 만병초, 백량금, 사스레피나무, 사철나무, 산호수, 식나무, 자금우, 차나무, 치자나무, 팔손이, 호랑가시나무, 회양목 등
			낙엽	개나리, 개쉬땅나무, 고광나무, 고추나무, 괴불나무, 꼬리조팝나무, 누리장나무, 댕강나무, 딱총나무, 매발톱나무, 매자나무, 명자나무, 모란, 미선나무, 보리수나무, 산초나무, 생강나무, 싸리나무, 오갈피나무, 좀작살나무, 쥐똥나무, 진달래, 철쭉, 탱자나무, 해당화, 화살나부, 흰말채나무, 히어리 등
3	만경수목(climbing plant)			노박덩굴, 능소화, 담쟁이덩굴, 등나무, 마삭줄, 보리장나무, 송악, 으름덩굴, 인동덩굴 등
4	대나무류(bamboo)			섬대, 솜대, 순대, 오죽, 왕대, 이대, 제주조릿대, 조릿대 등

제2장 **작물의 재배환경**(Cultivation Environment)

1. 재배의 개념(Concept of Culture)

재배의 개념은 그림 1-3에 제시한 바와 같다. 작물은 잎에서 광합성을 하여 생장하므로 광합성 원료인 이산화탄소(CO_2)와 물을 풍족하게 공급하고 에너지원인 광도 충분하게 공급하는 것이 재배의 기본이 된다. 이때 탄수화물과 같이 아미노산이나 단백질을 합성하고 대사가 진행되게 하려면 질소(N), 인산(P)과 칼륨(K) 등의 무기 요소도 충분하게 공급해줄 필요가 있다.

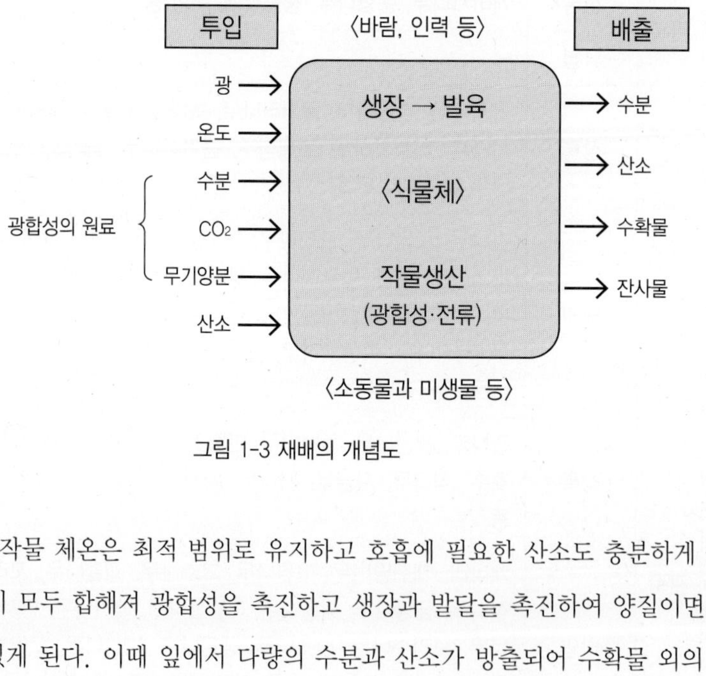

그림 1-3 재배의 개념도

당연하지만 작물 체온은 최적 범위로 유지하고 호흡에 필요한 산소도 충분하게 공급해야 한다. 이러한 조건들이 모두 합해져 광합성을 촉진하고 생장과 발달을 촉진하여 양질이면서 다수의 수확물을 얻을 수 있게 된다. 이때 잎에서 다량의 수분과 산소가 방출되어 수확물 외의 잔존물로 남게 된다. 농가가 매일 실행하고 있는 '재배'는 단순하게 말하자면 이러한 일들이 전부인 것이다.

2. 환경의 의미와 종류

자연환경(무생물적)은 광, 온도, 수분, 토양, 공기 등을 말하고 생물적 환경으로 동식물과 미생물이 있으며 그 외에도 인위적, 사회적, 문화적 환경 등으로 나눌 수 있다. 이 중에서 작물은 기상의 조건에 따라 생육상이 크게 달라지는데 이를 기상생태형(氣象生態型) 혹은 상적발육설(相的

發育說, phasic development theory)이라고 한다. 이 요소에는 광에 의해 영향을 받는 감광성(感光性, photosensitivity), 온도에 의해 생육이 달라지는 감온성(感溫性, thermosensitivity), 그 작물 고유의 기본 생장을 하면 생식 생장으로 넘어가는 기본영양생장성(基本營養生長性, basic vegetative growth)으로 나눌 수 있다. 최근에는 여러 가지 육종으로 인해 감온성이나 감광성이 무력화되어 사철 내내 모두 개화하고 생육하는 계절성이 없는 작물도 많다.

표 1-5 우리나라 지역별 예년 평균 기상환경

지역	연평균 기온 (℃)	연강수량 (mm)	일조시간 (h)	연평균 최저/최고기온(℃)	첫서리(월/일)	늦서리(월/일)
강릉	13.1	1465	2106	9.2/17.5	11/25	3/26
광주	13.8	1391	2136	9.5/19.1	11/4	4/9
대관령	6.6	1898	2194	2.0/11.5	10/7	5/9
대구	14.1	1064	2266	9.5/19.5	11/2	3/23
대전	13.0	1458	2138	8.3/18.4	10/24	4/10
부산	14.7	1519	2327	11.3/18.9	12/18	2/8
서울	12.5	1451	2066	8.6/17.0	10/26	4/10
수원	12.0	1312	2162	7.5/17.2	10/23	4/9
전주	13.3	1313	2054	8.6/18.9	10/30	4/4
제주	15.8	1498	1854	12.9/18.9	12/24	2/27
진주	13.1	1513	2184	7.6/19.5	10/28	4/12
춘천	11.1	1347	2124	5.9/17.2	10/19	4/18

출처: 기상청 기상자료개방포털(https://data.kma.go.kr)

대기 환경인 광과 온도는 작물의 생장에 에너지를 공급하고 이 에너지를 작물이 잎에서 이산화탄소와 물을 이용하여 생산하는 것이 탄수화물이고 여기에 토양환경에서 공급되는 무기영양(미네랄)이 첨가된 것이라고 볼 수 있다. 우리나라는 한서(寒暑)의 차가 크고 여름에는 장마와 태풍(몬순기후)로 작물이 잘 자라기에 쉽지 않은 혹독한 수준의 자연환경을 가지고 있다.

1) 온도(Temperature) 환경

작물이 자라는데 최적 온도를 생육 적온(optimum temperature)이라고 하는데 작물마다 다르나 보통 15~35℃이다. 이는 원산지를 보면 쉽게 추정할 수 있으므로 재배할 때에 최적의 환경을 예측할 수 있다. 일반적으로 적온은 추운 한대지역이 10~20℃, 온대는 15~25℃, 열대지역의 작물은 25~30℃ 정도이며 이는 주·야간 온도에 따른 차이가 있고 생육단계에 따른 차이도 있는 데 이를 변온(變溫)이라고 한다. 온도는 기온(air temperature), 지온(soil temperature), 수온(water temperature)으로 나눌 수 있다.

(1) 기온(Air Temperature)

일반적으로 온도라고 하면 기온(氣溫)을 지칭한다. 대부분의 관엽식물은 13~32℃의 온도 범위에서 견딜 수 있다. 그리고 18~27℃ 사이에 유지될 때 잘 자라게 된다. 이 정도의 온도는 인간에게 있어서도 안락하게 생활할 수 있는 온도를 제공해 준다. 이 온도 범위 내에서 작물이 광선을 받아들이는 기간에는 자연적이든 인공적이든 낮에 더 온도를 높여주고 밤에는 낮은 온도를 주는 변온이 더 바람직하다. 이렇게 하면 낮에 광합성률(光合成率)을 최대로 하게 되며 밤에는 호흡률(呼吸率)을 낮추게 되어 순 광합성량이 증대될 것이다. 다육식물의 경우 온도가 낮으면서 주·야간 온도 차가 크면 색깔의 발현(발색)이 더 잘 된다.

(2) 지온(Soil Temperature)

작물 종자의 발아나 초기생육에 상대적으로 영향이 크다. 토양의 색과 토성, 경사도, 수분함량 등에 따라 토양온도가 영향을 받는다. 이랑을 남북방향으로 하는 것보다 동서 방향으로 만들고 남사면에 종자를 파종하면 초기의 지온을 높여 발아를 촉진하고 초기생육을 좋게 할 수 있다.

(3) 수온(Water Temperature)

수생 작물이나 논벼와 같은 작물에서 수온은 초기생육에 절대적일 수 있고 생육 중기나 후기에도 중요하다. 따라서 벼농사에서 볏논 온도를 높이기 위해 모래땅을 개량하여(점토질 성분을 늘림) 용탈을 방지하고 물을 가두어 두거나 증발 억제제를 뿌리기도 하여 수온 유지에 노력해야 한다. 관수를 할 때 온도 차가 너무 크면 작물에 스트레스를 주므로 주의해야 한다.

(4) 생육 적온(Optimum Temperature)

작물이 생육하는 데 최적 온도를 생육 적온이라고 하며 이는 작물의 종류에 따라 상당히 다르다. 이러한 생육 적온 외에도 생육할 수 있는 한계 온도로써 생육 최저온도와 생육 최고온도도 작물에 따라 각기 다르다. 예를 들면 오이의 생육이 가능한 유효온도(有效溫度)는 5~40℃이다. 최저 생육온도는 2℃ 정도인데 이는 이 온도까지는 세포들이 동결되지 않아 생존할 수 있다. 반면 대부분 작물에서처럼 최고 생육온도는 40℃ 정도가 된다. 이러한 넓은 범위 중에서 오이의 생육 최적온도는 20~25℃이다.

(5) 저온 요구도와 적산온도(Accumulated Temperature)

작물은 어느 정도의 저온에 대한 요구도가 있다. 이는 작물에 따라 다르나 필요한 저온에 처해야 꽃이 잘 피거나 정상적인 생육을 한다. 이는 난 작물이나 채소류, 보리나 밀 등의 식량 작물도 그러하다. 예로 미국의 플로리다에서 난을 재배하는 농가는 겨울에 오히려 추운 시카고 지역으로 난을 컨테이너에 싣고 가서 저온처리를 하고 돌아온다. 이를 인위적으로 처리하고 조절하는 것을 춘화처리(春化處理, vernalization)라고 한다. 예로 사과는 250~1,700시간을 저온에 처해야 하나 복숭아는 50~400시간이면 되기 때문에 사과는 복숭아보다 북쪽 추운 지방에 알맞다.

표 1-6 온도 특성에 따른 채소의 분류

구분	내성정도	엽채류	과채류	근채류
호냉성 채소 (10~18℃)	추위에 강함	배추, 부추, 시금치, 양배추, 양파, 케일, 파, 파슬리, 상추, 셀러리, 엔디브, 파스닙	딸기, 완두	무, 순무
	추위에 약함	아스파라거스, 마늘	–	감자, 당근
호온성 채소 (18~26℃)	더위에 약함	오이, 콩	토마토, 수박, 호박, 강낭콩	우엉
	더위에 강함	죽순, 부추	가지, 고추, 머스크멜론, 수박, 오이, 오크라, 참외, 호박	토란, 고구마

추파성(秋播性)은 가을에 파종했을 때 동사(冬死)하지 않는 성질 즉 내한성의 정도를 나타내는 것으로 보리나 밀 등의 맥류재배에서 중요한 성질이다. 너무 온도가 높으면 고온 피해로 호흡량이 늘어나 순 광합성량이 줄어들게 되어 생육이 느리다. 그리고 잎이 고온 피해로 누렇게 되는 일소현상(sun burn, 잎뎀현상)이 나타나고 저온에 처하게 되어도 피해가 나타나는데 여름에 적정온도가 되지 않아서 생리적 피해가 동반되는 냉해(冷害 chilling injury)는 여름철의 20℃ 이하에서 벼나 옥수수의 생육, 바나나를 10℃ 이하에서 보관할 때 나타나는 변색 등을 들 수 있다. 겨울에 작물이 얼어서 발생하는 동해(凍害, freezing injury)와 한해(寒害, cold injury)가 나타난다.

(6) 온도와 호흡(Respiration)

온도가 10℃ 올라감에 따라 작물의 생육이 2~3배로 늘어가는 것을 말하며 주로 10℃에서 40℃ 범위에서 나타난다. 물론 호흡도 동시에 증가한다. 이를 온도계수(Q_{10})라고 한다.

(7) 내한성(Hardiness)

추위에 견디는 성질로 일반적으로 저온성이면서 겨울을 나는 작물들이 강하다. 보리나 밀의 경우 이 정도에 따라 한해를 입는 정도가 다른데 이를 추파성(秋播性)이라고 한다. 추파성이 강하면 겨울의 0℃ 이하의 저온에 잘 견디며 오히려 저온에 처해지지 않으면 좌지현상(hibernalisation)으로 봄에 꽃이 잘 피지 않아 생육이 나빠진다.

(8) 춘화처리(Vernalization)

작물이 수분을 흡수한 조건에서 저온에 일정 기간 노출되어야 생장, 출수, 개화가 잘 이루어지는데 이때 저온처리를 하는 것으로 작물에 따라 기간과 강도가 다르다. 보통 1주일에서 1달 정도 0℃~4℃ 이하에 두면 개화나 생육이 양호해진다. 보통 종자 상태에서 수분흡수 후 처리하나 밀과 보리(종자 감응형), 대파나 딸기처럼 유묘(유식물 감응형) 상태에서 처리하기도 한다.

(9) 온도와 생산량(Temperature and Productivity)

일반적으로 온도의 상승은 광합성률이나 호흡작용 모두를 증가시킨다. 그러나 밤에 온도의 상승은 광합성에는 거의 효과가 없으나 호흡률은 증가한다. 따라서 순 탄수화물(net carbohydrate)의 생산을 증가시키기 위해서는 밤의 호흡률은 낮추고 낮 온도를 높이는 것이 중요하다. 즉, 변온이 생육에 유리하다는 것이고 실제 자연상태도 변온이 일반적이다. 온도가 높고 증산작용이 많아지면 대부분 작물의 생산량도 많아지게 된다.

기온과 작물생육으로 호흡과 광합성 등이 10℃ 상승하는데 생육이 2배 정도 증가한다는 온도계수(Q_{10}) 개념과 최적, 최고, 최저온도에 따른 작물생육, 일생 동안 총 온도를 합친 적산온도 개념을 적용할 수 있다. 서리가 없는 무상기간과 같은 계절적 연변화와 변온처럼 하루 중의 일변화가 작물의 생육에 영향을 미친다. 수온과 지온도 생육에 영향을 미치므로 초기에 온도를 높이는 대책과 이에 대한 세밀한 관리가 요구되고 온도가 높고 수분압차가 높으면 증가하는 수분의 증산량과 이와 연관된 체온의 변화도 작물의 재해를 줄이고 작물을 보호하는데 고려할 요소이다.

작물의 내건성과 내열성은 세포 내 결합수가 많고 유리수가 적을 때, 당분이나 지질, 단백질 함량과 염류농도가 높을 때 증가한다. 오래된 잎이나 경화된 잎, 선인장과 같은 구조적인 적응이 된 식물은 강하다. 목초의 하고현상(summer depression)은 내한성이 강한 다년생 북방형 목초가 여름철을 지나면서 생육이 쇠퇴하여 목초생산량이 급격히 감소하는 현상을 말하는 것으로 고온, 건조, 장일 조건에서 잘 발생한다. 레드클로버나 티머시 등이 심하다.

대책으로 봄에 방목 채초를 하고 비료를 늦게 주어 봄 생육을 억제하는 것이 좋고 관개를 하며 혼파를 하는 것도 좋다. 여름철에 발생하는 냉해, 겨울철의 동상해를 방지하기 위해 답압이나 세사의 객토, 퇴비 시용이나 배수를 하면 상주해와 동상해를 줄일 수 있다. 겨울철 보리나 시금치는 −17℃, 유채는 −15℃가 동사 온도가 된다.

2) 광(Light) 환경

(1) 광합성과 태양광(Photosynthesis and Sun Light)

광(light)은 작물이 자라는데 필요한 궁극적인 에너지원이다. 농업은 기본적으로 광합성(photosynthesis)을 통해 낮에 태양에너지를 이용하여 탄수화물을 생산하는 것이다. 즉 인류에게 일차적 에너지인 식량, 가축의 사료는 물론 각종 기계와 발전기를 돌리는 화석연료를 생산해 공급해 왔다. 작물생리학(crop physiology)은 이 광합성의 과정과 원리를 연구하여 광합성의 효율을 높이는 데 있다. 즉 광합성을 일어나게 하는 태양방사 에너지와 이 에너지를 이용하는 작물의 형태적 특징, 수분 관리와 영양공급, 생화학적 기작을 연구하고 광합성 산물을 축적하고 보전하는 일, 호흡의 억제 연구를 통해 최대의 수량과 최고의 품질을 얻어내는 데 그 의미가 있다.

① 태양광의 특성(Property of Sun Light)

태양광은 생명을 유지시키는 궁극적 에너지원 역할과 작물에서 광에 의한 반응을 일으키는 즉, 계절의 변화와 같은 정보의 충족이라는 2가지 큰 기능을 한다. 그림 1.4에서 보는 것처럼 광은 파장에 따라 분류를 할 수 있다. 광합성 대부분은 가시광선에 의한다. 에너지는 토양이나 철과 같이 전도되기도 하고 대기권에서 대류에 의하기도 하지만 태양에너지는 매질이 없이 복사에너지(radiant energy)의 형태로 지구에 도달한다. 여기서 복사에너지는 전자기파(electromagnetic wave)와 입자(quantum)에 의해 에너지를 전달하는데 광의 입자를 우리는 광자(photon)라고 부른다. 빛은 입자와 파동성을 모두 갖는다. 전자기파는 전기파와 자기파로 구성되어 있는데 서로 90°의 각으로 진동한다. 파장(wavelength, 그리스 문자 람다(λ)로 표시하고 단위는 nm=10^{9}m임)은 파의 한 사이클 거리를 나타내고 진동수, 즉 빈도(frequency, 그리스 문자 누(ν)로 표시)는 광이 공간을 파동의 형태로 이동하고 일정한 시간 동안 주어진 점을 통과하는 빛의 파동수가 빈도이다.

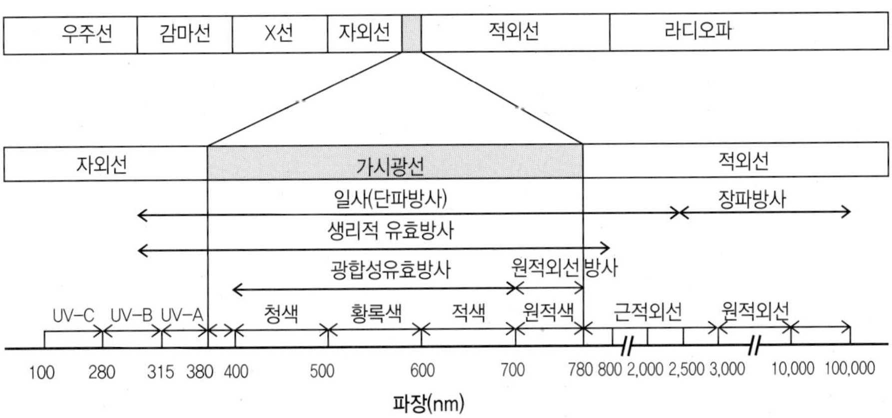

그림 1-4 일사의 파장영역과 명칭

즉 $\nu = C/\lambda$이고 여기서 ν= 빈도(파장/초)이고 C = 광속(3×10^{10}cm/초)이고 λ= 파장이다. 작물의 생산은 광합성으로부터 시작된다. 호흡을 줄이는 것은 생산물의 증대와 품질의 유지, 저장의 기본이 된다.

(2) 광의 특성(Characteristic of Light)

우리나라는 광도가 높은 편이어서 관엽식물의 경우 봄부터 차광이 필요하다. 작물의 생육에 커다란 영향을 끼치는 광선은 광도(light intensity), 광질(light quality) 그리고 광주기성(photoperiodism) 즉 광의 밤낮의 길이에 의해 나타나는 일장효과로 나눌 수 있다.

① 광의 단위(Unit of Light)

태양광의 파장은 단위가 nm로 나타내고 적외선은 700nm, 자외선은 400nm로 자외선이 적외선보다 에너지가 1.5배 정도 된다. 작물은 몰(mole)당 유효한 양자(量子)의 흡수, 즉 여기서는 광자가 유효광합성에 이용되는 단위는 아인슈타인(Einstein)이나 럭스(lux)를 사용해왔다. 이때 럭스는 카메라 눈의 밝기 개념이어서 정확한 작물의 광합성이나 생장현상에 잘 부합되지는 않는다. 그러나 통상적으로 많이 사용해왔고 실제로 밝기와 에너지가 자연상태에서 잘 비례함으로 럭스를 요즘도 많이 사용한다. 광도의 국제표준(SI) 단위는 칸델라(candela)이고 1칸델라는 10.16lux 정도가 된다. 광자 개념의 광합성 단위는 μmol/㎡/s로 우리나라는 한낮에 2,000 정도가 되고 이때 럭스(lux)는 120,000lux 정도로 높은 편이다.

② 가시광선(Visible Light)

빛은 수많은 전자기파 중에서 인간의 눈으로 지각되는 범위를 말하는 가시광선은 전자기파 스펙트럼의 380에서 760nm 사이에 해당하는 아주 좁은 영역이다. 380nm보다 짧은 파장에는 자외선, X선, 감마선 등이 있으며, 파장이 더 긴 영역에는 적외선, 전자파 등이 있다. 백색광인 태양광선을 프리즘을 통해서 분광시켜 만들어지는 스펙트럼을 보면 가시광선은 보라색, 남색, 파랑, 녹색, 황색, 주황색, 적색의 각기 다른 파장을 가지는 데 이들이 모두 존재할 때 우리는 무색으로 인지하게 된다. 무색은 단색이 아니라 여러 가지 색의 혼합색이다. 일반적으로 태양의 방사에너지를 분광(spectrum)하면 파장이 긴 쪽(장파장)의 영역이 적색이고 에너지가 낮으며 짧은 쪽(단파장)은 청색으로 에너지가 높다. 가시광선은 태양광 에너지의 약 44~50%에 해당하는 것으로 작물이 광합성을 하는 파장대이고 광합성의 거의 90% 이상이 이 파장대에서 일어난다. 적외선도 50% 정도는 태양에서 지구로 에너지를 전달받는데 주로 열선이기 때문에 온도를 높이고 지구 온난화를 일으킨다.

(3) 광의 특성(Characteristic of Light)

① 광질(Light Quality)

광은 파장에 따라 자외선, 가시광선(400~700nm), 적외선 등으로 분류하는데, 이 파장에 따라 색깔이 다르게 되는데 대부분(거의 90%)은 이 가시광선이 작물의 생육과 광합성에 영향을 미친다. 작물은 400~500nm의 단파장(자색)과 600~700nm(적색)대의 장파장을 좋아하고 그 사이의 녹색 파장을 흡수하지 않고 반사시키므로(사실은 식물의 입장에서 너무 에너지가 많으므로 반사시켜야 함) 광합성 효율도 낮고 녹색이 반사되어 작물이 녹색으로 보이게 된다. 즉 광합성은 적색광(670nm)에서 최대, 청색광(430nm)에서 두 번째로 많이 일어난다. 이때 광을 받아들이는 수용체가 있는데 이것을 피토크롬(phytochrome)이라고 부르고 이 광수용 물질은 주로 색소를 가진 단백질로 구성되어 있다.

② 광도(Light Intensity)

광의 세기를 광도(光度)라고 하고, 광포화점(light saturation point)은 광이 충분하여 이제는 더 이상 광의 효과가 나타나지 않는 점이고, 광보상점(light compensation point)은 그 작물이 생존할 수 있는 최소한의 광량점이다. 우리나라 한여름 정오의 광도는 12만 럭스(lux) 내외이고 국제단위인 광자 수율로 표현하면 2,000μmol/㎡/s이다. 작물의 입장에서 개체로 볼 때는 높은 광도이나 군락상태로 보면 꼭 높은 광도라고만 할 수는 없다. 작물은 광의 요구 정도에 따라 양성식물, 중성식물, 음성식물로 나누고 음지에서 생존하는 능력에 따라 내음성(shade tolerance)의 정도를 나눈다. 겨울이나 장마철, 건물이 많이 있어 그늘이 지는 경우, 실내의 환경조건 등에서는 인공 빛을 비춰주는 것을 보광(補光)이라고 한다. 최근에는 전기나 광원기술의 발달로 에너지 소모가 적으면서 자연광에 가까운 다양한 광원이 많고(LED 등) 비용도 적게 들어 인공조명을 많이 사용한다. 일반적으로 비싸기는 하지만 나트륨등이나 LED등이 인체에는 피로도가 낮고 작물에서는 광합성 효율이 높다고 한다. 반면 낮은 광도를 요구하는 작물이나 관엽식물은 늦은 봄철과 같이 광이 강할 때는 적절한 차광(遮光)을 해 주어야 햇볕에 타지 않고(sun burn) 그 작물의 특성이 잘 나타난다.

③ 광주기성(Photoperiodism)

작물은 빛의 길이, 즉 일장(daylength)에 따라 다양한 반응을 보이게 되는데 이를 광주기성 또는 일장효과(photoperiodism)라고 한다. 이때 빛의 길이가 짧아질 때 꽃이 피는 작물을 단일성 작물 (short-day plant) 이라고 하고 보통 가을에 꽃이 피는 작물이 여기에 속하며 국화, 칼랑코에, 도꼬마리(Xanthium), 국화, 서양 철쭉, 달리아, 매리골드, 나팔꽃, 코스모스, 들깨 등이 있다. 장일

표 1-7 일장과 광중단(night break, 파야)에 따른 개화효과

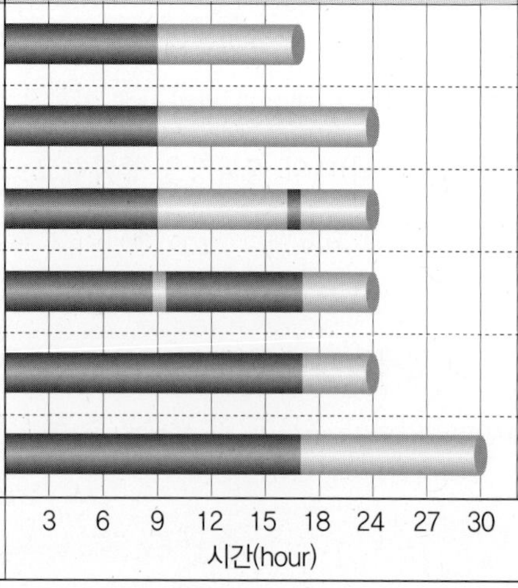

번호	밤낮의 길이	단일(장야)	장일(단야)	기타
1		영양생장	개화	1일이 24시간보다 짧게 했을 때
2		영양생장	개화	낮의 길이가 긴 장일식물
3		영양생장	개화	낮이 길지만 중간에 암처리
4		영양생장	개화	밤이 길지만 중간에 광중단
5		개화	영양생장	밤의 길이가 긴 단일식물
6		개화	영양생장	1일이 24시간보다 길게 했을 때

성 작물(long-day plant)은 주로 봄에 꽃이 피는 작물로 낮의 길이가 점점 길어지는 때 꽃이 피는 작물을 말한다. 여기에는 피튜니아, 카네이션, 푸크시아(Fuchsia), 캄파눌라(Campanula), 금잔화, 배추, 무, 상추, 시금치 등이 있으며 중성식물(neutral plant)에는 장미, 튤립, 팬지, 베고니아 등이 있다. 일장은 위도에 의존해서 계절에 따라 변한다. 북위 30~40도에 분포한 우리나라는 여름에는 14시간, 겨울에는 10시간 정도의 일장을 관찰할 수 있는데 광주기성의 효과는 개화(開花)에 관한 것이 많다.

이상의 광 환경을 재정리하면 광합성은 적색광과 청색광에서 효과적이고 광은 착색을 촉진하며 옥신 호르몬을 억제하여 굴광현상을 일으킨다. 햇빛이 있을 때는 광합성에 의한 탄수화물 생성으로 C/N율이 높아져서 식물체가 강건해지고 화성이 촉진된다. 일반적인 작물의 광포화점은 30,000 lux 내외이고 광보상점은 3,000 lux 내외이다. 군락상태는 광포화점에 도달하지 않는 경우가 많고 엽면적 지수로 벼는 7, 고구마는 3 정도에서 최대의 수량을 나타낸다. 식물의 개화는 낮의 길이가 아니라 밤의 길이에 의해 좌우되므로 장일식물은 단야식물이라고 불러야 정확한 개념이다.

3) 수분(Water) 환경

우리나라의 연평균 강수량은 1,500mm 내외로 세계평균보다 50% 정도가 높다. 그러나 강우량은 여름 장마철에 집중되므로 이용도는 낮아 물 부족 국가로 분류된다. 이스라엘은 우리나라의 1/3 정도의 강수량이므로 관개 기술이 발달하였다.

(1) 물의 구조와 성질(Property of Water)

수분(물)은 식물에서 다음과 같은 여러 가지 필수적인 기능이 있다.

① 화학반응에서 용매(solvent)와 매질(medium)의 역할을 한다. 물 분자는 수소결합을 형성하는 극성분자로 우수한 용매이다. 극성을 띠므로 많은 물질을 녹일 수 있고 강한 응집력을 가진다. 물은 응집력이 크므로 이 응집력의 결과로 표면장력이 크게 나타나고 부착력과 같이 모세관현상을 만들어 낸다. 이는 수소결합과 극성구조로 인한 결과이다. 따라서 유기물이나 무기물의 용질 이동에서 매질이 된다.

② 물은 비열과 기화열이 높다. 따라서 온도의 변화를 적게 하여 식물체를 안정화하고 식물표면에서 온도를 낮추는 수분 증발과 증산의 기능을 한다.

③ 식물세포의 팽압(turgor pressure)을 유지시키는 매체로 수분은 세포의 신장, 식물구조 및 잎의 전개를 촉진한다.

④ 교질분자에서 하전의 중화(neutralization of charges)와 수화(hydration)로 촉매 기능을 도와준다.

⑤ 식물에서 광합성, 가수분해 과정 및 다른 화학반응의 재료가 된다.

(2) 수분퍼텐셜(Water Potential)

작물의 구성에는 물이 거의 70%가 넘는다. 이는 인체와 지구표면에서도 비슷하지만, 일반적으로 어떤 성분이든지 많으면 중요한 것이다. 이 물은 작물체 내에서 여러 가지 역할을 하는데, 광합성의 원료가 되기도 하며 작물체를 팽팽하게 유지(팽압)하는 역할과 체온조절을 한다. 그리고 토양에서 여러 가지 양분을 녹여 흡수, 운반하는 용매의 역할도 한다. 물이 부족하면 생육이 억제되고 과하면 뿌리의 산소 부족으로 호흡이 제해된다. 토양과 작물에서 물의 상태와 이동을 표현하는 것은 2가지 방법이 있다. 첫째는 체내의 수분함량(water content)을 나타내는 것으로 다음과 같이 계산한다.

$$\text{수분함량(\%)} = \left(\frac{\text{생체중} - \text{건물중}}{\text{생체중}} \right) \times 100$$

* 여기서 생체중(fresh weight, FW)은 바람이 잘 통하는 실온(보통 20℃)의 그늘에서 1일 정도 말린 후 측정한다. 건물중(dry weight, DW)은 건조기(dry oven, 80℃ 정도)로 작물에 따라 다르지만 3일 정도 말린 후에 측정한다.

둘째는 수분퍼텐셜(water potential)로 1960년대부터 도입된 개념이다. 물은 일을 할 수 있는 능력을 가지고 있으므로 열역학적 에너지 개념에서 종합적으로 표현한 것이다. 예를 들어 소양강댐에 물과 같이 높은 위치 에너지를 가지고 있는 지역에서 낮은 위치 에너지를 가진 지역(여기서는 위치 즉 중력(gravity) 에너지 차이가 존재하고 그 차이만큼의 일을 할 수 있음)으로 이동한다.

수분측정의 단위로 수분이 과다할 때는 수분압력(water press, 양(+)의 수분퍼텐셜), 모자랄 때는 수분 장력(water tension, 음(−)의 수분퍼텐셜)이라고 한다. 수분의 과부족 단위를 과거에는 bar로 나타내었으나 요즘은 국제표준 단위(SI)인 파스칼(pascal)로 나타내는데 1bar=10^5 파스칼(pascal)이다. 그리고 pF로도 나타내는데 이는 potential of Force로 물기둥(水柱) 높이(cm)의 상용로그 값이다. 1bar(10m=1,000cm=10^3cm)는 pF가 3이다. 이때 수분함량(water content)은 수분을 가지고 있는 정도로 함수량을 나타내고, 수분항수(water constant)는 포장용수량(field capacity)이나 수분당량(moisture equivalent)과 같은 일정한 수분을 갖는 계수를 말하며, 수분퍼텐셜(water potential)은 작물의 입장에서 필요한 수분을 가변적으로 전환할 수 있게 종합화한 열역학적 개념이다. 수분퍼텐셜의 구성요소(component of water potential)의 구성요소로 물의 이동은 여러 수분퍼텐셜에 구성요소에 의해 종합적으로 설명한다. 작물과 토양 내의 물은 용질 때문에 화학적으로 순수하지 않고 극성, 인력, 중력 및 장력과 같은 힘에 의하여 물리적으로 구속되어 퍼텐셜 에너지는 일반적으로 순수한 물보다 작다(마이너스 값). 작물과 토양에서 물의 퍼텐셜 에너지를 수분퍼텐셜이라고 하며 그리스 문자로 프사이(psi, Ψw)로 나타내고 단위면적당 힘으로 표시한다. 측정의 단위는 대개 바(bar)나 파스칼(Pascal)이다. 표준 단위는 파스칼이나 편의상 바(bar)로도 자주 표현한다. 여기서 1bar=10^5Pa=10^6dynes/cm^2=10^2 J/kg=1기압이고 온도가 일정하고 해발고도에서 순수한 물은 0bar(μ^0w)의 수분퍼텐셜을 갖는다. 따라서 수분퍼텐셜(Ψw)은 (μw−μ^0w)/Vw으로 표현되고 물의 1몰 부피(18cm^2/mol)로 나타낸다. 작물과 토양의 수분퍼텐셜은 거의 대부분 0bar보다 작아 음(−)의 값을 갖는다. 음의 값이 커질수록 즉 숫자가 작아질수록 수분퍼텐셜은 낮아진다. 작물과 토양의 수분퍼텐셜은 여러 수분퍼텐셜의 합으로 표현된다. 즉 Ψw=Ψm+Ψs+Ψp+Ψg(Ψz)+Ψi…

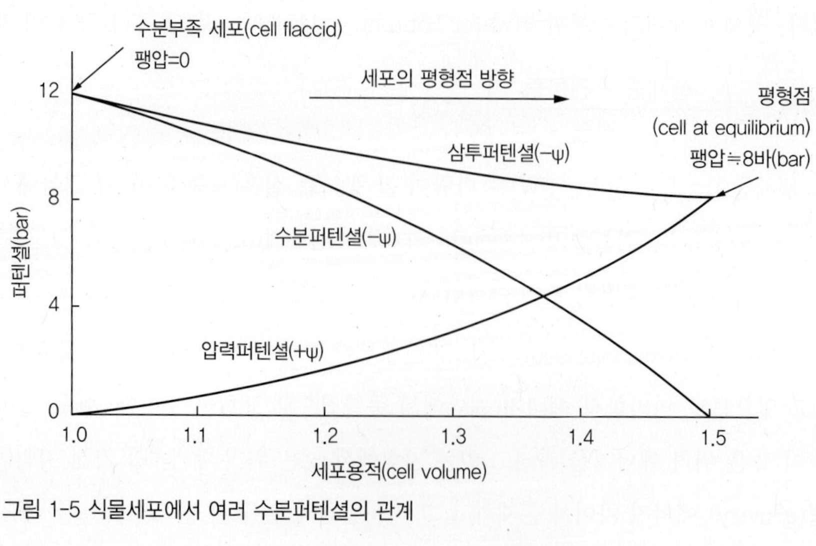

그림 1-5 식물세포에서 여러 수분퍼텐셜의 관계

여기서 ① 삼투퍼텐셜(osmotic potential, Ψo)은 식물의 주요 수분퍼텐셜로 확산은 무작위적인 열운동에 의한 분자들의 순이동으로 단거리 이동에 효과적이나 삼투는 선택적 투과 장벽을 통한 물의 이동을 설명한다. 삼투퍼텐셜은 용질퍼텐셜(solute potential, Ψs)이라고도 하는데 이것은 용질의 농도에 의해 영향을 받는 물의 에너지이다. 용질은 물의 퍼텐셜 에너지를 낮추고 용액을 항상 음(−)의 수분퍼텐셜(Ψw)로 만든다. ② 압력퍼텐셜(pressure potential, Ψp)로 정수압에 의해서 생기는 힘이다. 이것은 미는 힘, 즉 압력(pressure)이므로 양(+)의 값을 갖는다. 참고로 잡아당기는 장력(tension)은 항상 음(−)의 값을 가진다. 이 압력퍼텐셜은 삼투퍼텐셜(osmotic potential)과 함께 식물세포에서 수분의 에너지의 상태를 나타내는 양대 축이다. 다음으로 토양과 같은 매질이 갖는 수분퍼텐셜은 ③ 매트릭퍼텐셜(matrix potential, Ψm)로서 흡착과 모세관의 힘에 의해 작물과 토양입자에 붙어있는 힘이다. 이것은 수분을 끌어당기는 힘이고 제거될 수 있으므로 음(−)의 값을 갖는다. 그리고 ④ 중력퍼텐셜(gravitational potential)은 항상 존재하는 수분퍼텐셜로 키가 큰 식물에서는 중요하나 작은 식물에서는 별로 중요하지 않다. 기준은 해발고도를 0으로 하여 계산한다. 그 외에도 이온이나 온도 등 다양한 수분퍼텐셜을 고려해 볼 수 있으나 크게 작용하지 않으므로 주요하게 고려하지 않는다. 다음은 뿌리와 잎에서 수분 이동(water transport)을 설명한 것이다.

(3) 수분이용효율(Water Use Efficiency, WUE)

작물이 생육 기간에 축적된 건물량과 흡수한 수분량을 대비시켜보면 작물에 의해 흡수된 물의 이용성을 알 수 있다. 측정은 용기 내 작물, 포장, 작물 군락에 대해 각각 다르게 측정된다. 이들은 전체 건물량뿐만 아니라 경제적 수량에 대해서도 이용된다.

① 요수량(Water Requirement)

요수량은 단위 중량(1g)의 건물(dry matter)을 생산하는데 필요한 수분량(g)을 나타낸다. 수분이용효율(WUE)의 역수이다.

$$\text{요수량} = \frac{\text{증발산량(g)}}{\text{건물량(g)}}$$

여기서 생육 기간 중 흡수량은 증산량과 거의 같으므로 요수량과 같이 사용하는 용어가 증산계수(transpiration coefficient)이다. 수분이용효율(WUE)은 건조(가뭄) 저항성과 같지 않다. 수분이용효율(WUE)은 수량을 나타내는데 사용된 물에 대한 관계에서 수량을 나타낸다. WUE에 관한 대부분의 연구는 높은 생산성을 유지하면서 높은 WUE를 얻기 위한 방향으로 이루어지고 있다. 건조 저항성 연구의 중점은 종종 높은 대기 요구와 낮은 수분 이용성의 기간 동안 생존에 대한 것이다. 많은 경우에 심한 수분 스트레스에 대한 내성 능력은 생산성과 부(마이너스)의 상관을 갖는다. 강한 수분 스트레스를 견딜 수 있는 많은 종은 스트레스가 없는 상황에서 수분을 효율적으로 이용하지 못한다. 강한 수분 스트레스에 잘 적응된 몇몇 종들은 스트레스가 존재하는 조건에서도 중간 정도의 효율을 갖는다. 다즙성인 다육식물은 그러한 집단의 하나이다. 그들은 CAM(crassulacean acid metabolism) 대사를 나타내는데 수분이 부족한 낮에 기공이 닫히고 밤에 기공을 열어 수분손실을 최소화하는 잎의 구조는 광합성보다 많은 증산을 줄이고 결과적으로 대부분의 다른 종들보다 높은 수분이용효율(WUE)을 보인다.

일반적으로 수량은 증발산량과 비례하지만 지난 40년 동안 수량은 계속 증가하여 왔고 이는 증발산의 증가가 없이도 이루어졌다. 따라서 수분이용효율(WUE)도 수량의 증가와 더불어 증가되어 왔다. 증발산량의 큰 증가 없이도 생육에 대한 제한을 줄이는 재배와 육종 요인들은 수분이용효율(WUE)을 증가시킬 것이다. 시비, 잡초와 병충해 방제, 수분 보존, 효과적인 경운, 적기 파종 및 작물육종은 사실상 수량과 WUE를 모두 증가시켜왔다. WUE는 CO_2 고정경로에 따라 차이가 크다. C_4 종의 WUE는 일반적으로 C_3 종보다 높다. 이상으로 토양수분항수에는 최대용수량, 포장용수량, 위조점, 흡습계수 등이 있으며 작물의 생육에 가장 좋은 토양수분량은 포장용수량으로 pF 2.7 정도이고 −1/3기압(bar) 정도이다. 뿌리에서 수분흡수는 능동적이고 적극적 흡수인 근압에 의한 것은 일부분이고 대부분은 수동적이고 증산작용에 의해 흡수된다. 작물의 요수량은 건물(乾物) 1g을 생산하는데 소요되는 수분량으로 요수량, 증산계수라고 하며 증산효율과는 상반되는 개념이다. 단위는 서로 약분이 되므로 단위는 없다. 주요 작물인 벼나 옥수수는 생산량(수량)이 많으므로 낮고 호박이나 클로버, 명아주는 높다. 생육 초기나 열악한 환경에 처해질 때 일반적으로 요수량이 증가한다.

4) 대기(Atmosphere) 환경

최근 전 지구의 CO_2 농도는 420ppm을 넘어서고 미세먼지로 인한 대기 환경의 악화는 작물의 생장에 큰 변화를 주고 있다. 이산화탄소는 밀폐된 곳에서 광합성으로 인해 부족해지기 쉬우므로 환기(換氣)나 통풍(通風)을 잘 해 주어야 한다. 겨울철에 밀폐된 장소나 비닐하우스에서 생육량이 많은 작물 재배 시에는 탄산 시비(CO_2 공급)를 해 주어야 작물이 잘 자란다. 노지 상태에서도 미풍(微風)은 작물생육이 좋게 나타나는데 이는 주변 가장자리에서 볼 수 있고 이를 가장자리효과(border effect)라고 한다.

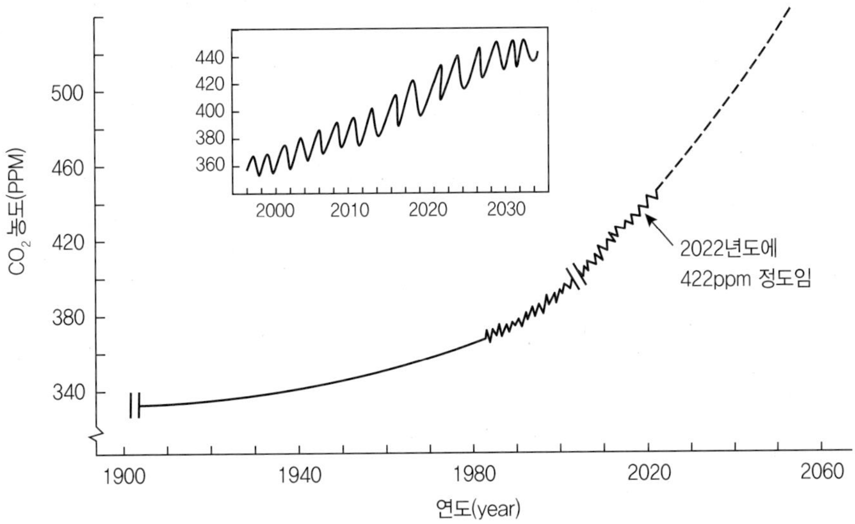

그림 1-6 전 지구의 CO_2 농도변화

즉, 적당한 바람은 CO_2의 공급, 도장(徒長)의 방지, 병 발생 감소, 광합성촉진, 증산촉진 등 효과가 있다. 작물에서 산소는 뿌리 호흡을 위해, 이산화탄소는 광합성을 위해서 사용되는데 기공(氣孔, stomata)의 개폐에 따라 방출과 흡수가 일어난다. 일반적으로 광도가 강하고 수분이 많은 오전 10~12시경에 탄소동화작용이 가장 활발하다. 그러나 사막 작물인 선인장 같은 작물은 낮에 광은 이용하나 CO_2를 받아들이기 위해 기공을 열면 수분손실이 크므로 밤에 기공을 여는데 이런 작물을 CAM 작물이라고 한다. 대기 환경오염으로 작물도 스트레스를 받는데 대기오염물질로는 아황산가스, 오존, 질소산화물, 불화수소 가스, 분진(dust) 등을 들 수 있다. 일반적으로 공해에 강한 작물은 벼나 장미, 은행나무, 플라타너스 등과 같이 잎이 작거나 단단한 작물이고 환경오염에 약한 작물은 글라디올러스나 칸나 등과 같이 잎이 크고 생육이 빠른 작물들로 대기오염의 지표 작물로 쓰이기도 한다.

5) 작물의 생육 조절(Growth Requlation)

작물은 세포의 개수가 많아지고 그 크기가 커지면서 양적으로 증대되는 것을 생장(生長, growth)이라고 하고 질적으로 재조정되는 변화로 꽃과 종자를 생산하는 과정을 겪게 되는 데 이를 발육(發育 development)이라고 한다. 작물의 생육에는 태양광 등으로부터 얻어지는 에너지로 광합성(탄소동화작용)을 하고 동물은 호흡작용(이화작용)으로 얻어지는 에너지로 살아간다. 작물의 생육환경은 온도나 대기 조성 등 기상환경과 토성이나 pH 등과 같은 토양환경, 미생물이나 해충, 병, 동물 등의 다양한 생물환경이 작용한다.

(1) 식물호르몬(Plant Hormone)

호르몬은 한 세포나 조직에서 생산되어 특정 단백질과 상호작용함으로써 다른 세포에서 생리대사 과정을 조절하는 화학적 전달자이다. 식물의 생장과 발육은 극히 낮은 농도의 식물호르몬(plant hormone), 피토호르몬(phytohormone), 또는 식물생장조절제(plant growth regulator, PGR)라 불리는 화학적 물질에 의해 조절된다.

현재 PGR는 다음의 다섯 범주로 크게 분류된다. ① 옥신류 ② 지베렐린류 ③ 시토키닌류 ④ 생육억제제류(ABA 등) ⑤ 에틸렌 등이다. 그리고 급격한 생육 촉진을 유도하는 것으로 보고된 알코올계통의 트리아콘타놀(triacontanol)과 스테로이드 계통의 브라시놀라이드(brassinolide)의 2가지 호르몬은 화학적인 측면에서 효과와 이용적인 측면에서 볼 때 위의 다섯 범주에 넣지는 않는다. 이 2가지 물질은 최근에 유채 종자와 몇몇의 고등식물에서 각각 분리되었다. 이들 물질뿐만 아니라 다른 물질들의 계속적인 발견은 현재 식물생장조절제의 분류체계 재편성을 요구한다. 이들의 다섯 부류에 속하는 호르몬들과 이와 유사한 수많은 물질이 인공적으로 합성되고 있으며, 많은 물질이 농산물의 생산과 유통에 중요하게 사용되고 있다.

식물호르몬으로 분류되는 물질은 다음과 같은 특성이 있다. ① 합성장소가 활성을 보이는 장소와 다르다. 일례로 옥신의 합성은 눈이나 어린잎에서 일어나지만 줄기나 뿌리 또는 다른 기관에서 그 반응이 나타난다. ② 그 반응이 극미량의 수준에서 나타난다. ③ 비타민과 효소와는 다르게 반응(굴성 반응 등)들이 형태형성적(formative)이며 가소적(plastic, 비가역적)이다. 때로는 식물호르몬의 자연적 공급이 부족하여 원하는 반응의 유도하기 위해 외생호르몬을 처리한다. 대표적인 예로 아주 높은 농도의 옥신은 제초제로 작용한다. 일반적으로 식물호르몬은 반응을 나타내는 데 있어서 다른 호르몬들과 상승작용을 보인다.

식물호르몬으로 생장촉진 호르몬은 옥신류(auxin)에는 IAA, NAA, IBA, 2,4-D 등이 있고 지베렐린(gibberellin)은 GA_3 등 현재 100여 종이 발견되어 있다. 시토키닌(cytokinin)에는 키네틴(kinetin), BA 등이 있고 앱사이신(abscisic acid, ABA), 그리고 에틸렌(ethylene)은 에스렐(ethrel), 에테폰(ethephon) 등이 상업화되어 있다. 작물은 호르몬성의 식물생장조절물질(plant growth regulator, PGR)로 생장을 조절하게 되는데 일반적으로 화훼 원예에서는 비나인(B9), 앤시미돌(ancymidol), CCC(cycocel), 유니코나졸(uniconazole), 파크로부트라졸(paclobutrazol) 등과 같은 왜화제(矮化劑)를 많이 사용한다.

(2) 휴면(Dormancy)

작물은 특정 단계에서 휴면(dormancy)하게 되고 다시 복잡한 발아(germination) 또는 맹아

(sprouting)과정을 거치게 된다. 작물의 종자는 발아 시에 수분, 온도, 산소, 광 조건을 요구한다. 발아한 작물은 유묘기(juvenility)를 거처 개화(flowering)를 하는데 이때 일장이나 온도, 호르몬 등의 영향을 받게 된다. 꽃의 구조를 보면 암술(pistil), 수술(stamen), 꽃잎(petal), 꽃받침(sepal)을 가지고 있다. 이 꽃의 개화기에 꽃가루받이가 되는 수분(pollination)과 이 꽃가루가 화분관 속에서 발아하고 2개로 분열하여 하나는 난세포와 결합하여 배(embryo)가 되고 또 하나는 극핵과 결합하여 배유(endosperm)가 되는 중복수정(double fertilization)을 거쳐 결실(fruit setting), 종자 생산(seed production)을 한 후 작물은 노화(senescence)를 하게 되는데 이때 ABA나 에틸렌(ethylene) 호르몬이 많이 관여한다.

① 휴면의 종류

휴면은 내적 요인에 의해서 일어나는 자발적 휴면(1차 휴면, 내재 휴면)과 외적 요인에 의해서 일어나는 타발적 휴면(2차 휴면, 환경 휴면)으로 나누는데 자발적 휴면은 생장에 적합한 환경이 되어도 발아억제물질이나 종피의 불투수성, 배의 미성숙 등으로 인해 발아하지 않는 상태를 말한다.

② 휴면타파

휴면의 원인을 제거하여 발아가 가능한 상태로 만드는 과정으로 호르몬처리(GA나 Cytokinin), 층적처리, 농황산처리, 종피제거 등 다양한 방법을 적용한다.

6) 토양(Soil) 환경

(1) 토양

토양은 지각을 구성하는 암석의 풍화 산물과 이에 분해되어가는 유기물이 섞어지고 기후, 생물들의 작용을 받아 변화되며 그 변화는 항상 환경조건과 평행을 이루기 위해 계속되고 있다. 따라서 토양은 일정한 토양단면의 형태를 이루는 자연체로서 지구표면을 덮고 있으며, 알맞은 양의 공기와 물이 들어있는 때에는 기계적으로 식물을 지지하고 양분 일부를 공급하여 식물이 자라게 하는 곳이라고 할 수 있다. 토양은 지구표면에서 25% 정도이고 75% 정도는 물로 차 있다.

(1) 토양의 물리적 성질(Soil Physical Properties)

① 토양의 3상(Soil Phases)

암반의 풍화로부터 시작된 토양은 작물에 영양과 물을 제공하며 뿌리로 식물체를 지지하는 매질이 된다. 지구의 피부라는 지각(earth crust)인 표토는 작물이 자라는 터전이고 보통 15cm 전후의 이를 작토라고 한다. 우리나라의 토양은 여름철의 집중 강우로 토양유실이 심하고 영양분

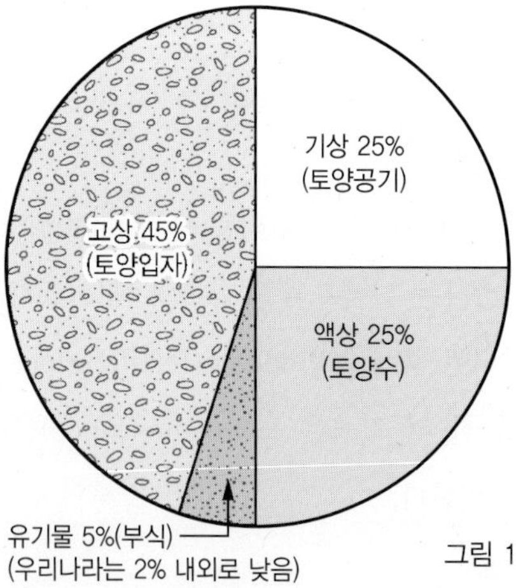

그림 1-7 토양의 3상 4요소

을 용탈시켜 토양을 산성화시키고 부식의 함량이 낮다. 작물이 자라는 토양은 일반적으로 토양의 물리성(soil physical property)을 좌우하는 구성요소에 고상 50%, 액상 25%, 기상 25%로 구성되고 유기물, 미생물, pH, 토성(soil texture) 등 다양한 요소에 의해서 살아있는 자연물이 된다. 이 토양은 토양수분과 공기의 조성이 중요하고 이는 작물생육에 크게 영향을 미치게 된다. 토양의 화학성에는 유기물 함량, 토양반응(pH), 염류농도 등이 있다. 토양은 보수력과 보비력이 높으면서도 배수가 잘되고 통기성이 좋아야 하며 병원균, 해충, 잡초 종자가 없어야 한다.

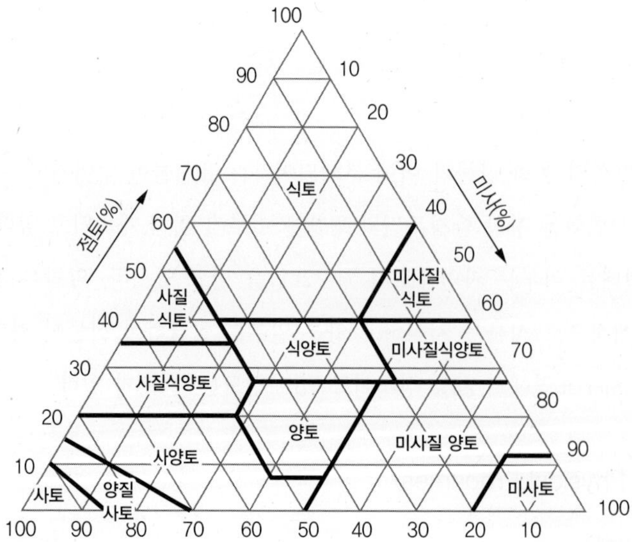

그림 1-8 토성의 3각형

물리학적인 관점에서 토양은 고상(solid phase), 액상(liquid phase), 기상(gaseous phase)에 부식을 함유한 유기물의 3상(4요소)으로 되어 있다. 식물이 자라는데 이들 3상 4요소는 모두 필수적이다. 대부분 토양의 고상은 주로 소량의 부식물질(humus)과 미네랄 물질(minerals)로 구성되어 있다. 전체 토양 용적의 50% 정도를 차지하는 고상은 식물이 자라는데 필요한 영양분 공급원 및 지탱해 주는 구실을 하고 있다. 액상과 기상은 나머지 50%를 차지하는데 토양수분 함량에 따라서 이들 액상 및 기상의 점유율은 각각 다르다. 식물은 토양에서 수분을 반드시 흡수해야 하고 일부의 수생식물을 제외한 모든 식물의 생육은 뿌리 세포에 필수적인 산소 공급을 위해 필요한 토양 공극(soil pores)의 영향을 받는다고 할 수 있다.논토양은 기상이 거의 없어 액상이 50% 정도를 차지한다.

② 토성(Soil Texture)

현장에서 간단하게 토성을 파악하는 방법은 손으로 흙을 만져 보는 것이다. 이때 거친 느낌과 더불어 굵은 입자(coarse grain)가 보인다면 모래흙(sandy soil)이다. 점성은 없지만 축축한 흙이라면 미사(silty soil)이고, 미끌미끌하면서 점성이 강한 흙은 점토(clay soil)로 분류될 수 있다. 참흙(loam soil)은 모래, 미사, 점토가 적절하게 섞인 것으로 거친 정도(grittiness), 매끈한 정도(smoothness), 점도(stickiness)에 따라서 모래참흙(sandy loam), 미사질 참흙(silty loam) 및 질참흙(clay loam)으로 구분된다. 세 가지 성분이 적절하게 조합된 참흙이면 보통 점토 20%, 미사 40% 및 모래 40% 정도 혼합되어 있다(그림 2-6). 모래 또는 미사에 비해 점토는 대단히 점성이 강하기 때문에 어떤 토양의 토양구조 개선 시 많은 양이 요구되지 않는다. 토성은 토양의 미세함(fineness) 또는 거칢(coarseness) 정도를 나타내는 것으로 이는 모래, 미사 및 점토의 상대량으로 표현할 수 있다.

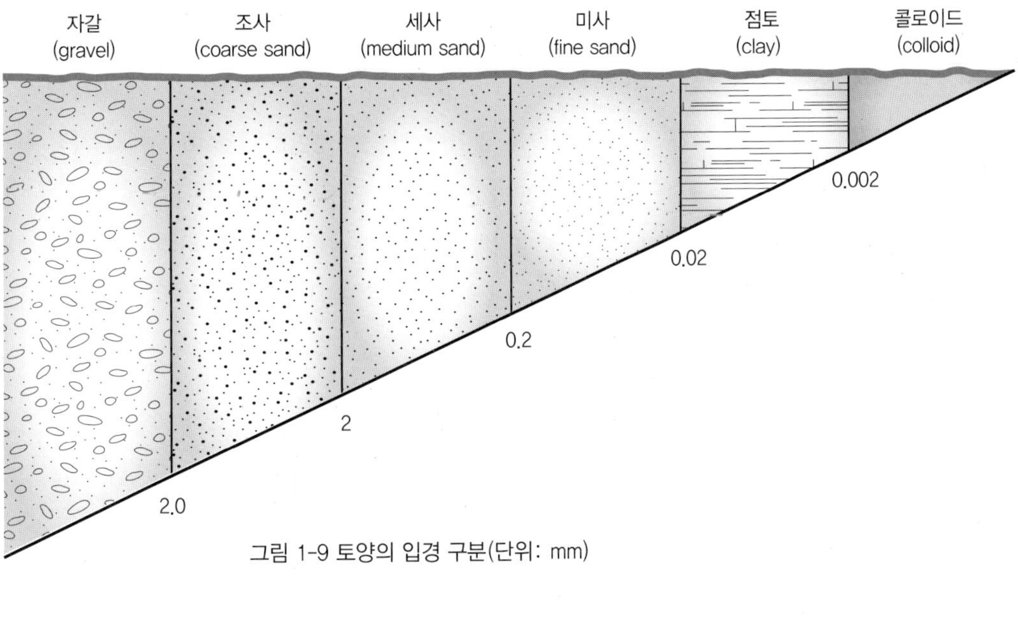

그림 1-9 토양의 입경 구분(단위: mm)

㉠ **모래(Sand)**

지름이 0.2~2.0mm 굵기의 입자로 구성되어 있고 2mm 이상은 자갈이라고 하며 양분이 거의 함유되어 있지 않다. 보수력(保水力)과 보비력(保肥力)은 적으나 배수가 잘되고 통기성이 좋으므로 꺾꽂이(揷木, 삽목) 용토로 이용되거나 부엽(浮葉)과 혼합하여 혼합토(混合土)를 만드는데 이용된다.

㉡ **미사(Silt)**

지름이 0.02~0.2mm 크기의 토양으로 가는 모래라고 한다. 모래와 점토의 중간적 성질을 갖는다.

㉢ **점토(Clay)**

지름 0.002mm 이하의 입자로 구성되어 있고 찰흙 혹은 식토라고도 하는데 이것은 토양교질 상태에 있고 작물의 생장에 필요한 영양분이 많이 흡착되어 있다. 보수력과 보비력은 좋으나 배수가 잘되지 않고 통기성이 불량하다. 수분과 영양분이 많이 있는 흙이지만 배수가 잘되지 않는다.

㉣ **양토(Loam)**

모래와 점토가 각각 절반 정도 혼합되어 있는 토양으로 보수력과 보비력이 좋고 배수가 잘되며 통기성이 좋은 토양이다. 모래가 다소 많은 경우 사양토(sand loam)라고 하고, 찰흙이 많은 경우 식양토(clay loam)이라고 한다. 모래와 찰흙의 중간 정도로 보수력, 보비력, 통기성 모두 좋다. 토양은 모래, 미사, 점토의 3성분으로 구성된다. 모래가 많으면 사토, 점토가 많으면 식토, 중간이면 양토가 된다. 다시 이들의 중간은 사양토, 식양토라 한다.

③ 토양수분(Soil Water)

식물체의 70% 이상이 수분이고 이 수분은 작물이 필요한 영양분의 대부분(CO_2 제외)을 이동시킨다. 따라서 식물의 영양장해는 토양의 수분 많거나 적음(수분함량, content)에서 시작된다. 그리고 수분증발산은 작물체 온도를 조절하여 급격한 상승과 하강을 방지한다. 토양수분의 분류는 결합수와 흡습수, 모세관수로 나눈다. 일정한 수분량을 나타내는 수분항수(constant)에는 포장용수량, 흡습계수, 위조계수 등이 있다.

㉠ **결합수(Combined Water)**

토양입자의 한 구성 성분으로 되어 있는 수분으로 화합수라고도 한다. 토양을 100~110℃로 가열해도 분리되지 않는 -10,000bar(pF 7) 이상인 수분이다. 식물이 흡수, 이용할 수는 없지만 화합물의 성질에는 영향을 준다.

ⓒ **흡습수(Hygroscopic Water)**

분자 간 인력에 의하여 토양입자 표면에 흡착된 수분이다. 약 -31bar(pF 4.5) 이상의 힘으로 흡착되어서 식물이 이용하지 못하는 무효수분이다. 105℃에서 8~10시간 정도 가열 건조하면 제거된다. 토양입자의 표면에 10분자 층의 두께로 흡착되며, 물이 흡착될 때에는 유리에너지가 열로 방출되는데 이것을 습윤열이라고 한다. 흡습량은 토양의 표면적에 비례한다.

ⓔ **모세관수(Capillary Water)**

토양입자 사이의 소공극에 모세관력, 표면장력에 의해 유지되는 수분으로서 모세관수 대부분은 지하수의 상승에 의해 유지된다. 흡착력은 작물이 이용하기 알맞은 상태(포장용수량)에서 흡습수(위조점)까지로 -1/3~-31bar(pF 2.5~4.5)이며, 식물에 유효한 수분이다. 토양입자의 표면 가까이에 있는 모세관수는 내부모세관수로서 식물에는 거의 이용되지 못한다. 표면장력이나 중력에 견뎌 유지되어 있는 내부 모세관수 바깥쪽의 물은 외부 모세관수로서 주로 이용되는 모세관수이다. 온도가 높을 때는 물의 표면장력이 감소, 무기염류가 가해지면 표면장력이 증가한다.

ⓡ **중력수(Gravitational Water)**

대공극에서 중력에 의하여 흘러내리는 수분으로서, 중력수 또는 자유수라고 한다. 흡착력은 -1/3bar(pF 2.54) 이상의 수분이다. 대부분 불필요하게 과잉으로 존재하는 수분이며 배수에 의하여 제거된다. 물이 아래로 침투되어 내려갈 때 양분이 함께 용탈된다.

④ 토양 수분항수(Soil Constant)

㉠ **포장용수량(Field Capacity)**

많은 물이 토양에 가해진 후 과잉수의 대부분은 대공극을 통하여 중력에 의해 투수된 후 표층토의 수분량을 말한다. 즉, 비가 온 후 하루 정도 지난 상태로 중력에 저항해서 표면장력에 의한 모세관작용으로 소공극에 남아있는 수분량이다. 흡착력은 -1/3bar(pF 2.54)이다.

ⓛ **최대용수량(Maximum Water Holding Capacity)**

중력에 견뎌 모세관이 물로 최대로 포화되어 있는 상태, 즉 머물고 있는 수면과 접촉한 바로 위 토양에 함유된 수분이다. 토양의 전공극이 수분으로 포화된 상태이며, pF 값은 0이다. 자연에서는 배수가 불량하고 지하수면이 높은 곳에서 나타난다. 최소용수량은 수면으로부터의 거리가 멀고 수면과 연결되는 모세관작용의 영향을 받지 않은 때에 보유된 수분으로서, 포장용수량과 거의 같다.

ⓒ 위조점(Wilting Point, 위조계수)

토양수분이 점차 감소함에 따라 식물이 시들기 시작하는 수분량을 초기위조점(temporary wilting point)이라고 한다. 초기위조점의 흡착력은 약 10bar(pF 3.9)이며, 관수를 하면 회복 가능한 수분 상태이다. 초기위조점 이상으로 수분이 감소되면 포화습도의 공기 중에 두어도 시든 식물이 회복되지 않을 때의 수분량이 영구위조점(permnent wilting point)이다. 영구위조점의 흡착력은 약 -15bar(pF 4.2)이다. 일반적으로 위조계수는 영구위조점을 말한다. 유효수분은 포장용수량에서 위조점(영구위조점) 사이의 수분량을 말하고 무효수분은 영구위조점 이상의 수분을 말한다.

ⓔ 수분당량(Water Equivalent)

물로 포화시킨 토양에 중력의 1,000배(1,000G)에 상당하는 원심력을 작용시킬 때 토양 중에 남아있는 수분이다. 큰 공극 중의 모세관수의 대부분이 제거된 상태이며, 이때의 흡착력은 0.5bar(pF 2.7)이다.

ⓜ 흡습계수(Hygroscopic Coefficient)

풍건토양을 포화습도의 대기 중에 두었을 때 토양입자와 수분과의 결합력을 의미하는 것으로, 풍건토양의 수분함량을 나타낸다. 풍건토양을 100~110℃로 가열하여 줄어든 수분량을 건토에 대한 중량 백분율로 환산하여 쉽게 구할 수 있다. 흡습도는 토양입자의 표면적에 의해 결정되는데, 모래가 많을수록 적어지고 점토나 부식이 많을수록 커진다. 포화습도 상태에서는 -31bar이며, 50%의 습도에서는 -1,000bar이다.

⑤ 토양공기(Soil Air)

토양공기는 대기공기에 비하여 식물 뿌리와 미생물의 호흡으로 인한 산소의 손실로 산소의 농도가 낮고, 식물 뿌리와 미생물의 호흡·유기물 분해, 석회 시용으로 인한 이산화탄소의 증가로 이산화탄소의 농도가 높다.

㉠ 토양 통기 개선 방법

유기물, 석회 등 토양개량제를 주어 토양 입단화(aggregation)를 조성시킨다. 토성에 맞게 사토를 객토하고 습한 곳은 배수시설(명거, 암거) 설치하고 심경을 한다.

㉡ 재배적 방법

작물 재배 기간 중 중경제초를 한다. 파종할 때 미숙 퇴구비를 두껍게 덮지 않는다. 벼 육묘 시는 아건, 본 답에서는 중간낙수를 한다. 답전윤환 재배(답리작)를 한다. 습한 밭토양에서는 휴파(이랑파종)나 휴립(두둑 짓기) 재배를 한다.

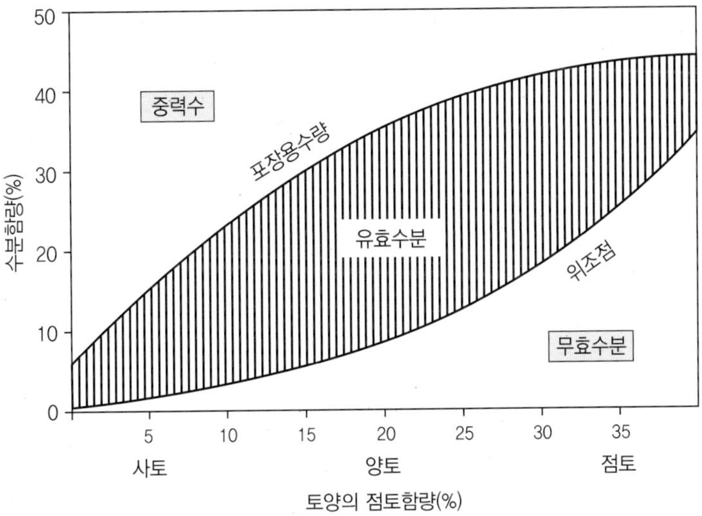

그림 1-10 토성과 유효수분

(2) 토양의 화학적 성질(Soil Chemical Property)

토양 화학적으로 점토와 부식 물질(clay and humus)로 나눌 수 있는 데 이 점토 광물과 부식물질은 양전하든 음전하든 전기를 띠고 있어 토양의 산성과 알칼리성에 영향을 미치는 등 여러 가지의 토양의 물리 화학적 특성에서 차이점뿐만 아니라 공통점을 갖고 있다. 점토는 무기 물질이지만, 부식물질은 유기 물질에 속한다. 둘 다 미네랄 입자를 응집체(aggregate)로 결합시켜 주는 중요한 고결화제(cementing agent)이다. 또한, 물리적으로 점토와 부식물질 둘 다 토양수분을 유지하는 데 중요하다. 화학적 관점에서는 둘 다 약간의 전하(weak electrical charge)를 띠는 점에서는 같지만, 여러 가지 면에서 점토와 부식물질은 화학적 특성이 다르다. 양전하와 음전하가 두 종류가 있는데 대부분 토양은 음전하가 주를 이룬다. 이때 음전하는 토양 용액 중에 있는 양이온과 평형 상태가 된다.

토양의 화학 특성 중 하나는 이온치환능력(ion exchange capacity)이다. 아주 작은 점토 및 부식물질 입자를 콜로이드(colloid)라고 하는데, 입자 표면에는 약한 음전하를 띠고 있다. 토양 표면은 음전하 또는 양전하를 띠고 있는데, 열대 일부 지역을 제외한 대부분 토양은 음전하를 띠고 있다. 식물이 필요로 하는 대부분 영양분은 음이온 또는 양이온 형태로 존재한다(예: Ca^{2+}, H_2PO4^{-}). 어떤 환경에서 특별한 전하를 띠고 있는 콜로이드는 반대 전하를 띠고 있는 이온을 흡착할 수 있다. 콜로이드 표면에 띠고 있는 전하량의 크기가 이온교환 능력인데, 대부분 토양콜로이드 표면은 음전하를 띠고 있으므로 콜로이드 입자의 이온교환 능력은 양이온치환능력(CEC)이라고 할 수 있다. 양이온교환은 일종의 자연적 치환 시스템으로 이를 통해 식물 뿌리는 음전하를 띠는 토양입자 표면에 흡착된 칼슘 이온(Ca^{2+})과 같은 영양분을 흡수하게 된다. 일반적으로 토양 용액 중에 있는 수소이온(H^{+})은 식물 뿌리에서 나오는데, 이 수소이온은 토양입자 표면에 흡착된 칼슘이온과 치환된다.

① 양이온치환용량(Cation Exchange Capacity, CEC)

토양이 음이온으로 하전되어 있으므로 동일한 양의 양이온이 부착될 수 있다. 양이온치환용량의 단위는 토양 100g당 양이온의 당량(equivalent weight of ions, g atomic weight/valence)으로 표시한다. 이온 당량은 원자량(atomic weight)에 따라 다르므로 수소 원소 당량을 1g으로 기준으로 해서 표시한다. 예를 들어 양이온치환용량(CEC)이 20mEq/100g인 온대지역의 농토 100g이 모두 칼슘(Ca^{2+})이온으로 치환된 경우 교환될 수 있는 칼슘이온은 0.4g이 될 것이다. 이것은 토양 15cm 깊이, 10a(300평) 면적에 대략 910kg을 시비한다(20mEq/100g 토양×0.02g Ca/mEq×224ton 토양/10a= 910kg/10a Ca/10a). 최근에는 국제표준 단위를 도입해서 양이온 교환 용량의 단위를 토양 1kg당 양이온의 센티몰(centimoles of ions per kilogram of soil)로 표시한다. 이 시스템에서는 양이온간 이온가(valence of ions)의 차이를 보정하기 위한 팩터(factor)를 도입해서 사용해야 한다.

표 1-8 점토광물의 일반적인 양이온치환용량(CEC)

번호	점토의 종류	형태	양이온치환용량(CEC, cmol/kg)	기타
1	카올리나이트(kaolinite)	1:1형	3~15	고령토와 유사함
2	일라이트(illite)	2:1형	10~40	칼륨(K)이 많음
3	몬모릴로나이트(montmorillonite)	2:1형	80~100	수축팽창이 양호함
4	버미큘라이트(vermiculite)	2:1형	100~150	인공용토임

어떤 단위로 표시하든지 양이온치환용량의 정량분석 방법은 동일하다. 즉 토양콜로이드 물질에 흡착된 원래의 양이온은 정량분석 중에 암모늄(NH_4^+)과 같은 다른 양이온을 많이 투여함으로 용탈될 수 있다. 이때 용탈된 양이온을 분석 기자재로 정량을 하게 된다.

② 토양반응(Soil Reaction, pH)

토성(39페이지 참조)은 토양의 입자크기와 조성을 나타내는데 토양반응이란 토양 용액에서 수소이온(H^+)과 수산기 이온(OH^-)의 농도를 나타낸다. 알칼리 토양은 수산기 이온이 수소이온보다 많다. 강알칼리성 때문에 문제가 되는 토양은 건조 지역에서 종종 나타나지만, 염기성 이온인 나트륨(Na^+)이온이 모재(parent material)에서 또는 관개 작업으로 유입되지 않으면 건조 또는 반건조기후대(arid and semiarid regions)의 대부분 토양도 적절한 pH 조건을 갖고 있다. pH 범위는 일반적으로 1~14로 되어 있다. pH 7은 중성인데 수소이온(H^+)과 수산기 이온(OH^-)이 같은 양으로 해리되어 존재하는 상태이다. 수소이온이 증가하면 수산기 이온이 감소하므로 pH는 7 이하로 내려간다.

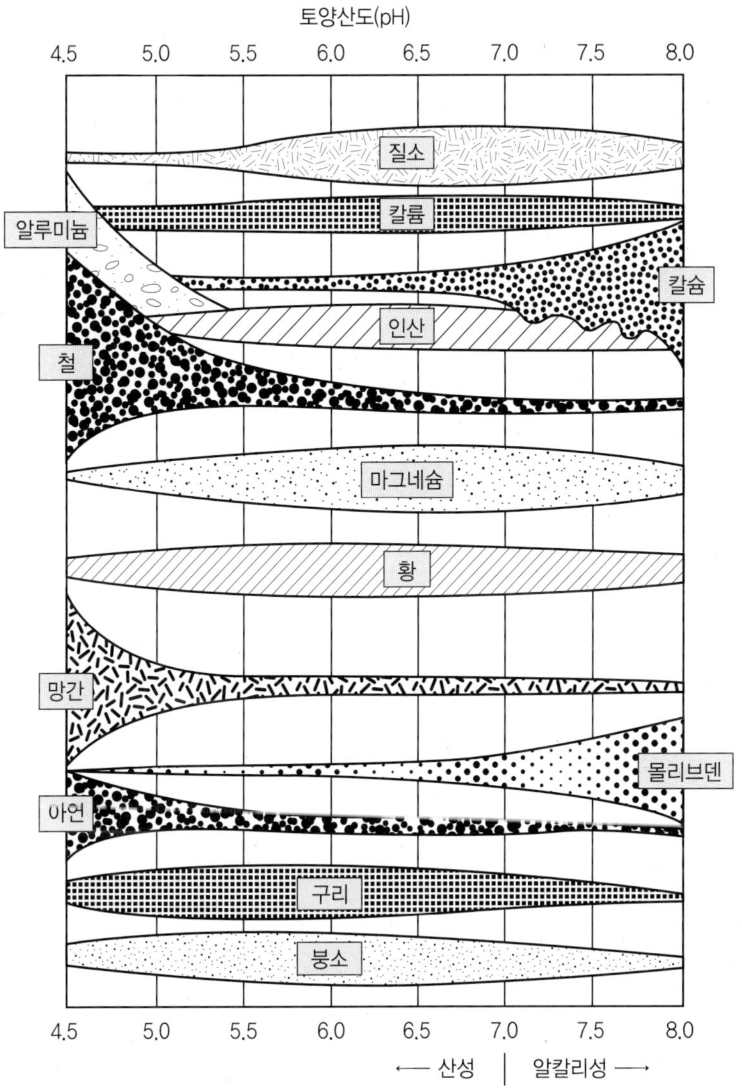

그림 1-11 토양에서 pH에 따른 양분의 유효도
낮은 pH에서 철(Fe), 망간(Mn) 및 알루미늄(Al)이 독성을 나타내는 수준으로 용해되나 인산(P)은 철(Fe), 알루미늄(Al)과 더불어 불용성 인산으로 변한다. 그리고 pH가 높아도 인산(P)은 칼슘(Ca)과 반응하여 불용화된다.

농업 생산에서 토양의 pH 적정 범위는 5~8이다. 또한, 작물에 따라 최적의 pH 조건은 다르지만, 최적 생산이 이루어지는 토양의 pH 범위는 pH 6~7 사이이다. 특별한 오염 문제가 없다면 극단적인 pH 조건을 갖는 토양은 거의 없다. 수소이온(H^+)과 수산기 이온(OH^-)의 표시는 리터당 몰(moles/liter)로 표시하고 pH 척도는 수소이온(H^+) 농도의 역수를 밑이 10인 상용로그(log)로 나타낸다. 따라서, pH가 7에서 6으로 떨어지는 용액의 수소이온의 농도는 10배로 증가하며, 대신 수산기 이온은 10배 정도 감소하게 된다.

강산성 또는 강알칼리성 토양에서 자라는 작물은 간접적으로 영향을 받지만, 일반적인 작물들은 생육에 크게 영향을 받는다. 이러한 토양은 ㉠ 하나 또는 그 이상의 식물 영양소 부족 ㉡ 영양분이 식물에 이용될 수 없는 형태로 변환 ㉢ 유용 미생물의 활력 저하 ㉣ 식물에 해로운 수준의 이온 존재 등의 요인으로 인하여 작물생육이 불량하게 된다.

표 1-9 작물의 생육에서 최적 pH에 따른 분류

토양 산도(pH)	작물명
pH 5	감자, 고구마, 대황, 민들레, 벤트그라스, 벼, 블루베리, 수영, 진달래, 철쭉 등
pH 6	강낭콩, 귀리, 담배, 당근, 딸기, 옥수수, 완두, 토마토, 호밀 등
pH 7	보리, 브로콜리, 사과, 사탕무, 셀러리, 스위트클로버, 아스파라거스, 알팔파, 양배추, 콩 등

표 1-10 작물의 토양산도(pH)에 따른 분류

토양 산도	최적 pH	식량작물	채소	과수	화훼	수목류
강산성	5.0~5.5	귀리, 어린벼	–	블루베리, 밤, 파인애플	철쭉(진달래)	소나무, 낙엽송, 전나무
산성	5.5~6.0	벼, 메밀, 감자	생강, 딸기, 수박, 양파, 무, 당근	귤, 매실, 배, 사과	국화	잣나무, 가문비나무
약산성	6.0~6.5	밀, 콩, 고구마	토마토, 완두, 양배추, 오이, 가지, 피망, 강낭콩, 상추, 아스파라거스, 브로콜리	포도, 복숭아	장미, 시클라멘, 백합, 카네이션	참나무, 단풍나무 등 다수
중성	6.5~7.0	보리	시금치, 케일	무화과	붓꽃, 제라늄, 금잔화	오리나무, 측백나무, 포플러

③ 토양의 생물적 성질(Soil Biological Property)

토양 속에는 수많은 생물이 존재한다. 동물상(fauna)으로 프로토조아(protozoa)와 같은 단세포 생물에서부터 선충에 이르기까지 미소동물상(micro fauna), 쥐와 두더지 같은 설치류(rodent)에서 각종 곤충(insects), 거대동물상(macrofauna)까지 존재한다. 거대식물상(macroflora)으로 각종 식물의 뿌리가 있고 미소식물상(microflora)으로 진균, 방선균, 세균 등이 있는데 모두 부패균(decay organism)으로 토양은 각종 생물체를 분해하는 분해자이다.

표 1-11 토양 미생물의 특성과 기능

번호	요인	진균(Fungi)	방사상균(Actinomyces)	세균(Bacteria)
1	에너지와 탄소원	화학합성종속영양체 (chemoheterotroph)	화학합성종속영양체 (chemoheterotroph)	화학합성종속영양체(chemoheterotroph) 화학자가영양생물(chemoautotroph)
2	산소요구	호기성균(aerobes)	호기성균(aerobes)	양쪽성(facultative aerobes), 호기성균 (aerobes), 혐기성균(anaerobes)
3	pH	산성~알칼리성	중성~알칼리성	중성
4	내건성	강함	강함	포자형성, 혐기성일 때는 강함
5	생물적 복잡성	다세포	단세포	단세포
6	토양에서 형태	사상	사상	간상
7	크기(㎛)	2~10×길이	0.5×길이	0.5×0.5~3
8	개수(No./g)	10^5~10^6	10^7~10^8	10^8~10^9
9	무게(kg/10a)	500	150	500
10	생장률	빠름	느림	느림
11	탄질비(C/N ratio)	10	6	5
12	동화효율(%)	30~40	15~30	호기성 5~10, 혐기성 2~10
13	항생제	페니실린	스트렙토마이신, 아우레오마이신	–
14	병발생	녹병, 근부병, 시들음병	감자 더뎅이병(Scab)	위조병 등
15	기능과 특성	셀룰로스는 쉽게 공격하나 리그닌과 균근에는 약함, 거대한 균계로 혐기성도 다수 있음	토양 냄새와 부식산 형성에 관여하며 부패가 잘 안 되는 리그닌을 분해함	질소고정, 탈질, 질산화, 황의 산화 환원에 관여, 타가영양 질소고정균으로 공생식물인 리조비움, 비공생(독립)이면서 호기적인 아조토박터, 혐기적인 클로스트리디움이 있고 자가영양 질소고정균으로 니트로소모나스, 니트로박터가 있음
16	주요 미생물	아스페르질레스 (Aspergillus), 푸사리움(Fusarium), 페니실린(Peniccillium)	스트렙토마이시스 (Streptomyces)	바실러스(Bacillus), 슈도모나스(Pseudomonas), 아그로박테리움(Agrobacterium), 산토모나스(Xanthomonas)

④ 토양조사와 분류(Soil Survey and Grouping)

토양을 조사하고 그 종류를 구분하려면 그 흙이 있는 주변의 기후나 지형조건 등을 조사한 후에 흙을 수직으로 파내어(profile) 그 드러난 면을 보고 높이에 따라 다르게 형성된 토층별의 특징 및 상태를 조사하여 그 흙의 종류를 결정하게 된다. 이런 흙을 분류하는 방법은 각각 나라마다 달라서 서로 간의 오해와 불편함이 존재해 전 세계적으로 이를 통일할 필요가 있다. 따라서 전 세계의 토양을 통일성 있게 분류하고자 미국 농무부에서 1949년에 체계화시킨 것이 공통으로 사용되게 되었다. 우리나라도 이 분류법에 따라 1950년부터 60년까지 7번에 걸쳐 토양을 분류하였고

1975년에 새로 바뀐 토양분류법(soil taxonomy)을 현재 우리나라도 이 기준에 따라 토양을 분류하고 있다. 이 신분류법에서는 토양 생성 발달의 결과인 주요한 감식 층위의 유무와 그 종류에 의하여 12개 목으로 분류하고, 다음으로 아목(suborder), 대군(great group), 아군(subgroup), 속(family), 통(series)으로 분류하고 있다. 현재 우리나라 토양의 목은 엔티졸, 인셉티졸, 알피졸, 몰리졸, 울티졸, 안디졸, 히스토졸 등 7개 종류이고 토양통은 405개의 통이 있다.

표 1-12 우리나라의 토양분류와 분포

순번	토양목	특성	우리나라 분포비율(%)
1	인셉티졸(Inceptisol)	토양의 층위가 발달하기 시작한 젊은 토양	69.2
2	엔티졸(Entisol)	토양 생성 발달이 미약하여 층위의 분화가 없는 새로운 토양	13.7
3	울티졸(Ultisol)	점토집적층이 있으며, 염기포화도가 35% 이하인 산성토양	4.2
4	알피졸(Alfisol)	점토집적층이 있으며, 염기포화도가 35% 이상인 토양	2.9
5	안디졸(Andisol)	화산회를 주축으로 생성된 토양, 유기물이 풍부한 토양, 제주도에 많음	1.3
6	몰리졸(Mollisol)	초원지역의 매우 암색이고 유기물과 염기가 풍부한 무기질토양	0.1
7	히스토졸(Histosol)	물이 포화된 지역이나 늪지대에 분포하는 유기질 토양	0.004
8	버티졸(Vertisol)	팽창성 점토광물 함량이 높아 팽창과 수축이 심하게 일어나는 토양	없음
9	스포도졸(Spodosol)	심하게 용탈된 회백색의 용탈층을 가지고 있는 토양	없음
10	아리디졸(Aridisol)	건조지대의 염류 토양으로 토양발달이 미약	없음
11	옥시졸(Oxisol)	알루미늄(Al)과 철(Fe)의 산화물이 풍부한 적색의 열대토양, 풍화가 가장 많이 진척된 토양	없음
12	젤리졸(Gelisol)	영구동결층을 가지고 있는 토양	없음

자료: 흙토람 http://soil.rda.go.kr/

2) 식물영양(Plant Nutrition)

식물영양을 보유할 수 있는 토양의 능력과 식물 생육을 가능하게 하는 능력을 토양비옥도라고 한다. 수분과 작물 관리가 제대로 이루어진다면 이용할 수 있는 식물영양이 많을수록 생산성이 높다. 고등식물은 일반적으로 16가지 필수원소(이산화탄소 및 물의 붕해물인 C, H, O를 포함)가 있으며 아미노산, 호르몬 및 비타민을 포함하는 그들이 요구하는 모든 물질을 합성할 수 있는 독특한 유기체이다. 녹색식물은 독립영양체(autotrophic)로서 이런 무기 원소들로부터 필요한 생장 성분을 모두 합성할 수 있다. 녹색식물은 광합성 무기영양생물(photolithotrophic)로서 생장에 필수적인 구성체가 무기인 토양요소와 광의 존재 하에서 합성된다. 필수원소는 그 기능에 따라 다음과 같이 분류할 수 있다.

표 1-13 작물체 내에서 필수원소의 역할

종별		원소	기능과 특성
물		수소(H)	모든 유기화합물의 구성성분이다. 뿌리와 토양과의 사이의 양이온교환에 의해 물로 흡수된 것이다.
물		산소(O)	작물 중의 많은 유기화합물의 구성성분이다. 카로틴 등, 약간의 유기화합물은 산소를 함유하지 않는다. 뿌리를 통한 물의 흡수로 공급되고 음이온의 교환에 관여한다. 호기 호흡에서 H^+의 말단수용체이다.
공기		탄소(C)	모든 유기화합물의 구성성분이다. 유일하게 공기중에서 흡수되는 구성성분이다.
다량요소	비료 3요소	질소(N)	아미노산, 단백질, 보효소, 핵산, 엽록소 등 상당히 많은 중요한 유기화합물의 구성성분이다. 잎의 형성에 주로 관여한다.
다량요소	비료 3요소	인(P)	당인산, ATP, 핵산, 인지질, 어떤 종류의 보효소 등 많은 중요한 유기화합물의 구성성분으로 화기의 형성과 작용에 많이 관여한다.
다량요소	비료 3요소	칼륨(K)	피루베이트(pyruvate),키나아제(kinase) 등, 많은 효소의 보효소 또는 활성제로서 작용한다. 단백질 합성에는 높은 수준의 칼륨이 필요하다. 칼륨은 작물 세포 중에서는 안정한 형태의 분자가 되지 않는다. 뿌리 형성에 효과적이고 병충해 저항성을 높인다.
다량요소	비료 4요소	칼슘(Ca)	액포 중에 수산칼슘의 결정으로서 침전하는 수가 많다. 인접하고 있는 세포의 1차 세포벽에 접착한다. Pectate(펙틴산) 칼슘으로서 세포막 중에서 볼 수 있다. 막의 구조유지에 필요하다. α-아밀라아제의 구성성분이다. 효소를 활성화하는 마그네슘의 작용을 억제한다. 세포를 강화해 병충해의 저항성을 높인다.
다량요소	비료 5요소	마그네슘(Mg)	엽록소에 불가결한 구성성분이다. ATP결합의 분해과정등, 많은 효소의 활성화에 필요하다. 리보솜의 구조유지에 필요히다.
다량요소	비료 6요소	황(S)	아미노산, 단백질 등, 얼마간의 유기화합물의 구성성분이다. 보효소 A, 티아민(thiamine), 바이오틴(biotin)은 황을 함유하고 있다. 뿌리의 발달에 좋다.
미량요소		염소(Cl)	광합성에 필요하다. 즉, 물의 광분해에 의한 산소를 발생할 때, 효소 활성제로서 작용한다. 뿌리에 결핍으로 인한 부수적인 작용이 있다.
미량요소		붕소(B)	사부에 있어서, 탄수화물의 이동에 필요한 것이다. 뿌리나 새싹의 생장에 관여한다.
미량요소		철(Fe)	엽록소 합성에 필요하고, 광합성이나 호흡에 있어서 전자전달자로써 활동하는 시토크롬(Cytochrome)의 중요한 구성성분이다. ferredoxin(페레독신)에 함유되어 있고, 질산환원효소에도 함유된다고 생각되고 있다. 효소를 활성화한다.
미량요소		망간(Mn)	지방산 합성에 있어서 하나, 또는 그 이상의 효소, 크렙스 회로(Krebs Cycle)에 있어서 이소구연산 탈수소효소를 활성화한다. 광합성에서 물로부터 산소를 발생하는 반응에 직접 관여한다.
미량요소		아연(Zn)	작물 호르몬인 인돌초산의 생성에 필요하다. 알콜 탈수소효소, 유산 탈수소효소, 글루타민산 탈수소효소 등 효소를 활성화한다.
미량요소		구리(Cu)	전자전달계의 담체(擔體)로서, 또 어떤 종의 효소의 구성성분으로서 작용한다. 광합성에 관여하고 있는 플라스토시아닌(plastocyanin), 폴리페놀(polyphenol)이 산화효소에 함유되어 있다.
미량요소		몰리브덴(Mo)	초산을 암모니움으로 변화시킬 때, 전자 담체로서 작용하고, 또 질소고정에 필요하다.

(1) 필수원소들(Essential Elements)

작물이 생육하기 위해 필요불가결한 필수원소가 16가지가 있는데 이들은 탄소(C), 산소(O), 수소(H), 질소(N), 인(P), 칼륨(K), 칼슘(Ca), 마그네슘(Mg), 황(S)을 다량원소(9개)라고 하고 철(F), 망간(Mn), 구리(Cu), 아연(Zn), 붕소(B), 몰리브덴(Mo), 염소(Cl) 등을 미량원소(7개)라고 한다. 이들 필수원소 16가지는 모든 작물에 있어서 완전하고 정상적인 생육을 위해 필요한 것으로 분류하고 나트륨(Na), 규소(Si) 및 코발트(Co) 등도 몇몇 종에서는 필수적이기는 하지만 필수원소로 분류하지는 않는다. 몰리브덴은 1939년 결핍의 한계농도인 10ppm 정도까지 영양액 내에 몰리브덴(Mo) 함량을 줄일 수 있는 기술이 정착된 후에 필수적이라는 것이 밝혀졌고 염소(Cl)는 가장 늦게 필수원소임이 밝혀졌다.

필수원소의 판정에는 제한과 자격이라는 3가지 기준이 사용된다. ① 만일 식물체가 어떤 원소가 함유된 배지에서는 정상적으로 자라서 번식하지만, 그 원소가 빠진 배지에서는 정상적으로 자라지 못하고 생활상을 마친다면 그 원소는 필수원소이다. ② 아미노산인 메티오닌 내의 황(S)처럼 어떤 원소가 필수 대사물의 직접적인 구성원이면 필수원소라 한다. ③ 이때 퇴비와 같이 간접적이거나 이차적으로 유익한 효과를 나타내는 원소는 필수원소가 아니다. 즉 필수성의 확인은 화학적으로 순수한 염이나 증류수를 이용하여서 한 원소의 필수성은 비필수성보다 확인이 쉽다. 비필수성에 대한 확인과정은 한 원소가 필수적이지 않다는 것을 보이는 데는 충분하지 못하기 때문이다.

(2) 양분유효도(Nutrient Availability)

일반적으로 양분의 절대량보다 양분유효도의 정도가 식물체 영양 상태를 결정한다. 토양 pH는 양분의 용해도와 식물 양분의 유효도에 영향을 주는 1차 요인이다. 대부분 양분은 pH가 6.0~7.0 사이에서 유효도가 크다. 칼슘(Ca), 마그네슘(Mg), 칼륨(K) 및 몰리브덴(Mo)은 염기성 토양에서 유효도가 크고 아연(Zn), 망간(Mn), 붕소(B)는 유효도가 낮다. 철(Fe), 망간(Mn) 및 알루미늄(Al)은 강산성 토양에서는 과다하게 용해되어 독성을 나타낸다.

(3) 비료의 분류와 시비

비료는 작물에 영양을 주거나 작물의 재배를 돕기 위하여 흙에서 화학적 변화를 가져오게 하는 물질과 작물에 영향을 주는 물질을 지칭하는 데 인공적으로 합성하는 요소나 용성인비와 같은 것을 화학비료, 무기질 비료라고 하고 퇴비나 구비를 유기질 비료라고 하는데 이 유기질 비료를 사용하고 농약의 사용을 최소화한 농사법을 유기농법(organic farming)이라고 한다. 비료가 하나의 성분만을 가지고 있으면 단일 비료 즉 단비라고 하고 2가지 이상의 성분이 있으면 복합비료(복비)라고 한다. 이 복합비료는 단순히 물리적으로 혼합만 된 것을 배합비료라고 하고 화학적으로 용융시켜 다시 분리할 수 없는 비료를 화성비료라고 한다. 가정용 비료는 일반적으로는 복합비료가 대부분이다.

표 1-14 비료의 성분별 분류

번호	구 분	종 류
1	질소질(N)비료	유안(산성비료), 요소(중성비료), 석회질소(알칼리성비료)
2	인산질(P)비료	과석, 중과석, 용성인비(알칼리성비료)
3	칼리질(K)비료	염화칼리, 황산칼리
4	석회질(Ca)비료	생석회, 소석회, 탄산석회, 농용석회, 고토석회(석회는 모두 알칼리성비료임)
5	복합비료/배합비료	복합비료로 21-17-17은 질소-인산-칼륨의 순으로 표시된 성분이 들어 있는 비료임

비료나 농약을 계산할 때 제조 시에 들어가는 부차적인 성분을 뺀 순수한 양을 계산해 주어야 하는데 이것을 성분량(amount of ingredient)이라고 한다. 즉, 질소 비료에서 순수한 질소의 양이나 농약에서 약효를 발휘하는 양으로 보조제를 뺀 양을 말한다. 20-10-10의 비료를 주려면 질소 20kg, 인산 10kg, 칼륨 10kg을 성분으로 주어야 하기 때문에 실제로 요소(성분량 46%) 43.5kg, 용과린(성분량 20%) 50kg, 염화가리 16.7kg(성분량 60%)을 주어야 한다.

① 요소비료의 성분량 계산

요소비료(urea)는 화학기호가 $(NH_2)_2CO$이므로 $(14+1\times2)\times2+12+16$이므로 분자량이 64이고 이 중에 질소는 2개이므로 $14\times2=28$이 된다. 여기에서 전체 무게인 64를 나누면 28/64은 0.46 즉 46%가 되는 것이다. 즉, 요소비료 100kg을 시용하면 그중에 46kg만이 질소이고 나머지는 다른 성분이라는 뜻이다.

② 비료 성분 환산 요령

비료를 10a(300평, 1마지기)에 질소 20kg, 인산 10kg, 칼륨 20kg을 주고자 할 때 단용비료로 몇 kg씩 주어야 하는가? 성분량은 황산암모니아(유안) 21%, 용과린 20%, 염화칼륨은 60%이다. 질소는 유안비료일 때 20kg/0.21=95.2kg, 인산은 용과린 비료 10kg/0.2=50kg, 가리는 염화칼륨 20/0.6=33.3kg을 주면 된다.

③ 엽면시비(Foliar Application)

비료는 주로 5~9월의 생육기에 준다. 생육이 왕성할 때는 질소성분을 더 많이 필요로 하고 개화나 결실기에는 인산과 칼리를 상대적으로 더 필요로 한다. 액비는 아래 표에 나타낸 대로 물에 타서 잎에 뿌려주는데 농도가 높으면 피해를 입기 쉬우므로 조심해야 한다. 고형비료는 화분 위에 올려놓거나 토양 속에 묻어준다. 화학비료는 적정량을 뿌리 부근에 주고 바로 관수해 주며 비료가 잎과 줄기에 직접 닿지 않도록 한다. 유기질 비료는 밑거름으로 흙과 섞어서 사용하고 화학비료는 덧거름으로 주면 좋다. 자연재해나 토양장해 등 긴급을 요하는 경우 작물의 잎에 바로 주는 경우가 있는데 이를 엽면시비라고 한다. 엽면시비는 어디까지나 정상적인 것이 아니므로 긴급 상황이거나 특수한 경우에 제한적으로 사용하는 것이 바람직하고 이때는 낮은 농도로 살포하여야 한다.

표 1-15 엽면시비에 많이 사용하는 비료와 농도

번호	원소명	비료형	화학기호	농도(%)	물 20ℓ당 넣는 양(g)
1	질소(N)	요소	$(NH_2)_2CO$	0.7	140
2	철(Fe)	황산철	$FeSO_4$	0.2~1.0	40~200
3	망간(Mn)	황산망간	$MnSO_4$	0.2~0.5	40~100
4	아연(Zn)	황산아연	$ZnSO_4$	0.2~0.5	40~100
5	붕소(B)	붕산	HBO_3	0.1~0.3	20~60
6	몰리브덴(Mo)	몰리브덴산염		0.01~0.05	2~10

(주)수돗물은 미리 받아두었다가 사용하는데 이는 온도차를 줄이고 불소(F)나 염소(Cl)와 같은 유해요소를 제거하기 위함이다.

(4) 필수원소의 과잉과 결핍증상(Deficiency Symptom)

질소(N)는 오래된 잎에서부터 결핍증상이 나타나 처음에는 잎의 색깔이 황록색으로 변하고 심해지면 황화하고 낙엽이 지며 새로운 순의 생장이 빈약해진다. 요소(urea, 성분량 46%)와 황산암모니아(유안, 성분량 21%) 등의 질소질 비료를 시비한다. 작물에서 가장 많이 필요하고(화본과) 질산태질소(NO_3-N)와 암모니아태질소(NH_4-N)로 나눈다. 인산(P)은 꽃의 색깔을 좋게 하고 종자의 형성에 도움을 준다. 인산질 비료가 부족하면 잎은 짙은 녹색을 띠지만 정상적인 잎보다 작아지며 개화 상태 및 꽃색이 나빠진다. 골분이나 쌀겨 부숙액 등을 시비하거나, 원예용 복합비료 또는 용성인비와 같은 인산질 비료를 시비한다. 작물에 흡수가 어려우므로 그 성분이 남아서 환경문제를 일으키기도 한다.

칼륨(K)은 뿌리를 튼튼하게 하고 추위와 더위에 대한 저항성 및 병충해에 대한 저항성을 증가시켜 준다. 칼륨성분의 부족 증상은 오래된 잎에서 먼저 나타나며 생장이 억제되고 잎 가장자리 끝부분에 황화나 백화 현상이 나타난다. 재(회분)를 화분에 뿌려준 다음 관수를 하도록 한다. 흡수가 잘되는 비료로 황산칼리나 염화칼륨이 있고 종종 과잉흡수로 인해서 길항작용과 같은 문제도 발생한다.

칼슘(Ca)은 세포의 신장과 분열에 필요하고 잎마름 현상과 낙엽을 억제하는 작용을 한다. 칼슘이 부족하면 새로 나오는 잎과 어린잎이 모양이 일그러지고 황화현상이 나타나며 잎 가장자리가 마른다(tip burn). 칼슘은 알칼리성이므로 단독으로 비료를 시비한다. 그리고 석회는 산성토양을 개량하는

데 중요한 비료이다. 마그네슘(Mg)은 녹색 작물의 엽록소 구성 성분으로서 탄소동화작용에 관여한다. 결핍증상은 엽맥 사이에 황화현상이 나타나고 심하면 백화현상도 나타난다. 작물체의 황(S)함량은 0.1~1.0% 범위이며, 결핍증상은 일반적으로 생육이 억제되고 잎은 담녹색이나 황록색을 띤다.

철(Fe)이 부족하면 엽맥 사이에서 황화현상이 나타나는데 마치 그물 무늬와 같은 증상이 나타난다. 철분 결핍은 높은 토양산도나, 낮은 토양온도, 토양의 통기 불량으로 인하여 발생한다. 철분 부족 증상이 나타나면 킬레이트 철(EDTA-Fe)을 처리해 준다.

몰리브덴(Mo)의 결핍 시에는 오래된 잎에서부터 황화현상이 나타나고 기형의 잎이 나타난다. 망간(Mn), 마그네슘과 비슷한 기능을 가지며 탄소동화작용에 필수적이다. 결핍증상은 어린잎에 나타나기 쉽고 엽맥 사이에 황화현상이 나타난다. 망간은 과다에 의한 장애가 더 큰 문제가 되는데, 토양이 산성화될 경우 과다흡수 되기 때문에 토양을 중화시켜 주어야 한다.

붕소(B)는 어린잎이 전개되면서 생장이 멈추거나 흑갈색으로 변하여 비정상적인 잎이 된다. 뿌리나 줄기 끝부분의 조직이 죽거나 기형으로 된다. 채소류에서 결핍 현상이 잘 발생한다. 구리(Cu)는 엽록소의 합성과 탄수화물 대사에 관여하며, 부족하게 되면 어린잎에 황화현상이 나타나고 뒤틀린다. 아연(Zn)의 결핍 잎의 자람세가 억제되고 황백화현상이 나타나 비정상적인 세포 신장이 이루어진다.

표 1-16 작물체 내에서 특정 필수원소의 과잉과 결핍증상늘

종별	요소	기능	과 잉 증 상	결 핍 증 상
다량요소	질소 (N)	단백질의 구성성분	• 잎이 진녹색으로 생육이 왕성하지만 과잉되면 고온기에는 잎과 줄기가 연약하게 되고 심하면 잎가장자리가 말라 들어감	• 오래된 하위엽이 영향을 많이 받아 초기에는 황녹색으로 되었다가 황화 낙엽됨 • 잎은 작아지고 줄기는 가늘고 경화됨 • 꽃이 작아지고 꽃눈이 안 생김
	인산 (P)	에너지 전달에 관여	• 줄기와 잎이 단단해지고 잎이 작아져서 심한 경우 뿌리가 갈변함 • 하엽은 가장자리부터 황갈변하여 낙엽 • 아연, 동, 철 등의 미량요소 결핍을 조장 • 아연결핍은 인산의 과잉흡수를 조장	• 어린잎이 적색이나 자색으로 변함 • 잎, 줄기의 생장이 억제되어 작아지고 잎에 광택이 없어져 암녹색으로 된다. • 하위엽의 주연이 갈색으로 변함 • 꽃봉오리의 발육지연
	칼륨 (K)	삼투압과 수분조절에 관여	• 경엽의 생육은 왕성하지만 엽색과 엽의 두께가 엷어지고 품질저하 • 마그네슘의 결핍 유발	• 신초의 절간이 짧아지고 잎과 줄기의 윗부분은 농녹색을 띠고 꽃봉오리가 작아짐 • 장기적 결핍은 하엽의 선단과 가장자리의 황화, 갈변이 심하게 됨 • 뿌리 생육 억제
	칼슘 (Ca)	세포막 등 구조유지에 관여	–	• 눈의 생장이 억제되고 근단이 고사함 • 토마토의 배꼽썩음병, 상추의 팁번, 사과의 고두병을 유발하고 병충해에 취약해짐

다량 요소	마그네슘 (Mg)	엽록소에 필수적인 성분	• 마그네슘 농도가 현저히 높으면 뿌리의 활력이 떨어짐 • 칼륨과 칼슘의 농도가 낮을 때 마그네슘 과잉의 해가 나타나기 쉬움	• 결핍증상은 채화 후 남은 하엽이 황화됨 • 황백화현상, 엽맥 간의 갈색반점 • 엽맥 간의 황백화가 나타나며 결핍증상을 띤 잎은 황화, 낙엽
	황 (S)	단백질의 구성성분	• 과잉장해는 거의 없음	• 단백질과 엽록소의 합성이 저해되기 때문에 엽색이 엷어지고 잎이 작고 줄기는 짧아짐 • 생육이 느려지고 상위엽(어린잎)이 황화됨
미량 요소	철 (Fe)	엽록소와 효소반응에 관여	• 철 과잉에 의해 구리, 망간, 아연 결핍 초래	• 어린잎은 엽맥 간에 선명한 황백화 현상을 띠며 엽맥은 정상이나 심하면 잎 전체가 백화됨 • 눈의 신장이 나쁘고 줄기가 가늘어 지며 뿌리의 신장도 불량하게 됨 • 망간, 아연, 구리의 과잉흡수에 의해 철 결핍 유발
	구리 (Cu)	산화효소에 관여	• 구리의 과잉흡수는 철 결핍을 초래하여 신초의 황화를 일으키며 구리의 농도가 높으면 경엽이 경화 • 구리제의 살포에 의해 낙엽도 발생가능	• 줄기가 연약해지고 구부러지는 증상을 보이며 눈의 윗부분이 비고 납작해짐 • 신엽이 황화되고 단단해짐 • 결핍 시에 줄기가 연약하고 S자형으로 굽으며 잎은 작아지고 뿌리는 검게 고사 • 구리 결핍증상은 품종, 대목 간에 차이가 큼
	망간 (Mn)	효소와 전자 전달계에 관여	• 철 결핍과 같이 황화를 일으키며 엽맥의 갈변 및 갈색 반점	• 어린잎에서 엽맥 사이가 담황색이나 황색이 되고 잎맥은 녹색이 남아 있으나 품종에 따라 엽맥 사이에 갈색 반점이 생기기도 함 • 눈의 신장이 나쁘고 꽃눈이 잘 안 생기며 잎색이 약간 엷어지고 경엽이 작아짐
	붕소 (B)	생장점의 생육과 발육에 관여	• 하엽의 가장자리가 황화되고 엽맥 사이에도 황색 또는 갈색 반점을 띰 • 물올림이나 꽃수명이 짧아짐	• 생장점 부위가 황화되며 고사, 신장이 정지되고, 곁가지가 많이 발생하여 색이 연해짐 • 잎은 기형이 되고 꽃이 낙화가 잘 됨 • 경엽이 연약해지고 뿌리의 신장이 나쁘며 분지근에 작은 혹이 발생함
	아연 (Zn)	옥신대사와 탈수소효소에 관여	• 철 결핍과 비슷한 증상 • 소엽의 엽맥에 수침상의 맑고 투명한 반점이 생기고 바로 황화, 갈변하여 낙엽	• 절간이나 잎이 작아지고 황화되며 꽃은 둥글고 납작해짐, 꽃잎수가 현저히 많아짐 • 전체적으로 왜화되어 로젯트상이 됨

제3장 작물의 유전과 육종(Genetics and Breeding)

인류의 역사는 농업의 역사이고 이는 종자 개발, 즉 육종의 역사라고 할 수 있다. 처음에는 환경에 잘 적응하는 종자의 선택이었을 것이고 다음에는 병충해에 잘 견디는 식물을 선발하였을 것이다. 최근의 육종은 경제적 요인, 즉 수량과 품질의 개량이 주목적이다. 재배의 시작은 우수한 품종의 선택에서 시작된다. 우수한 품종은 많은 재배적 조처를 줄여 줄 것이다. 작물의 분류에서 종(種)은 생식의 기본 단위인데 자연에 존재하는 여러 변이를 수집하거나 인위적으로 창출한 변이를 선발하고 여러 생명공학기술을 이용하거나 교배하여 새로운 품종(品種)을 만들어 내는 것을 육종(育種, breeding)이라고 한다. 이 육종의 과정을 통해 만들어진 품종은 법적으로 보호를 받게 되는데 이는 장미와 딸기의 지식재산권 분쟁에서 보듯이 앞으로 여러 가지 문제가 발생할 수 있으므로 유의하여야 하고 개인적으로도 새로운 품종에 대한 가치를 인정하고 육종에 관심을 보여야 할 것이다. 일반적으로 우량한 품종은 균일성, 우수성과 영속성을 지니고 있어야 한다.

1. 품종과 품종육성

멘델은 1856~1863년까지 7년간 29,000포기의 완두를 재배하여 다음의 3가지 법칙을 발견하였다. 먼저 ① 분리의 법칙(law of segregation)은 멘델의 제1 법칙으로 두 대립인자는 우성과 열성으로 분리되어 나타난다는 법칙으로 이것은 멘델의 제3 법칙이라고 하는 우열의 법칙을 함축하고 있다. ② 독립의 법칙(law of independent)으로 다른 염색체에 있는 유전자는 서로 독립적으로 자기의 특성을 나타낸다. ③ 우열의 법칙(law of dominance)은 대립 형질을 가진 유전자가 잡종 1대에서 나타나면 우성, 나타나지 않으면 열성이다. 물론 많은 예외(중간 유전 등)가 있지만 이 제3의 법칙을 제1의 법칙과 같은 개념이므로 합쳐서 2가지 법칙으로 말하기도 한다. 멘델은 이러한 유전법칙(Mendel's low of Heredity)을 발견하고 1865년에 학술지에 발표하였다.

1) 작물 품종의 재배적 특성

(1) 종(species)의 개념과 분화

① 종은 식물분류의 기본 단위로 대체로 같은 유전형질을 나타내는 개체군의 포괄집단이다. 같은 종은 생식으로 자손을 유지하는 최소 단위이다.

② 종은 지역에 따라 복잡한 생태적 분화가 일어나는데 이는 식물 자체의 내부적 특징과 외부요인의 상호작용에 의해 일어나고 이들은 품종 선택, 선발과 채종 등에 좋은 재료를 제공한다.

③ 품종(cultivar)은 재배와 이용상의 동일한 특성을 나타내는 식물로 이들은 유전형질이 균일하면서도 영속적인 개체들의 집단이다.

④ 계통 유전형질이 균일한 품종이라도 돌연변이, 교잡 등에 의해 유전형질이 다른 개체가 생겨나기도 하는데 이들을 다시 분리하고 유지하는 것을 계통이라고 한다. 유전적으로 순수한 계통을 순계(pure line)라고 한다. 영양번식 작물에서 영양체 계통을 영양계라고 하는데 이들은 잡종 상태라도 그 특성이 영속적으로 유지되므로 품종이라고 할 수 있다.

(2) 품종의 분류

품종(cultivar)은 재배하는 종으로 재배와 이용에서 동일하고 균일한 특성을 보인다. 유전적으로 안정되고 영속적인 개체들의 집단이라고 할 수 있다. 물론 1대잡종과 영양번식작물은 예외적일 수 있다. 품종은 초장이나 형태, 생리적 특성에 따라 기상재해에 견디는 성질이 달라진다. 예로 내냉성이나 내한성(耐旱性), 내병성과 내충성 등은 작물 보호에 아주 중요한 특성이 된다.

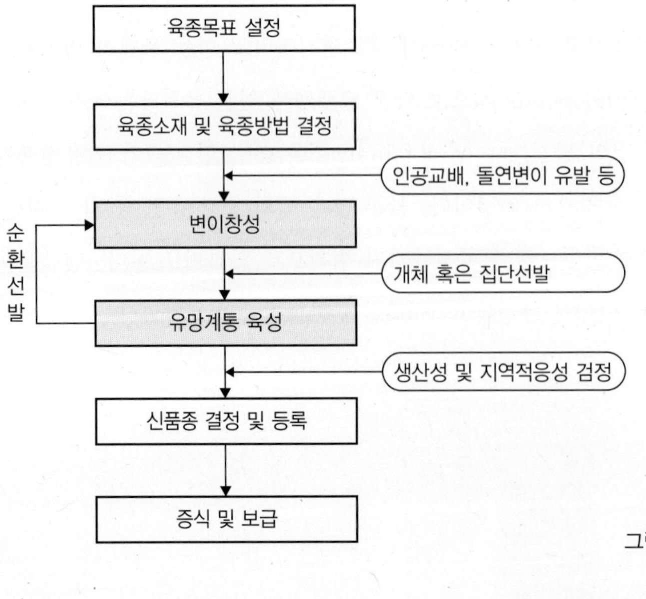

그림 1-12 육종과정 흐름도

2) 품종육종론

(1) 품종개량

품종개량을 하면 경제적 효과는 물론 품질이 개선되고 재배한계가 확대되며 병충해에 대한 안정성, 안전성이 증대되고 경영이 합리화되는 이점이 있다.

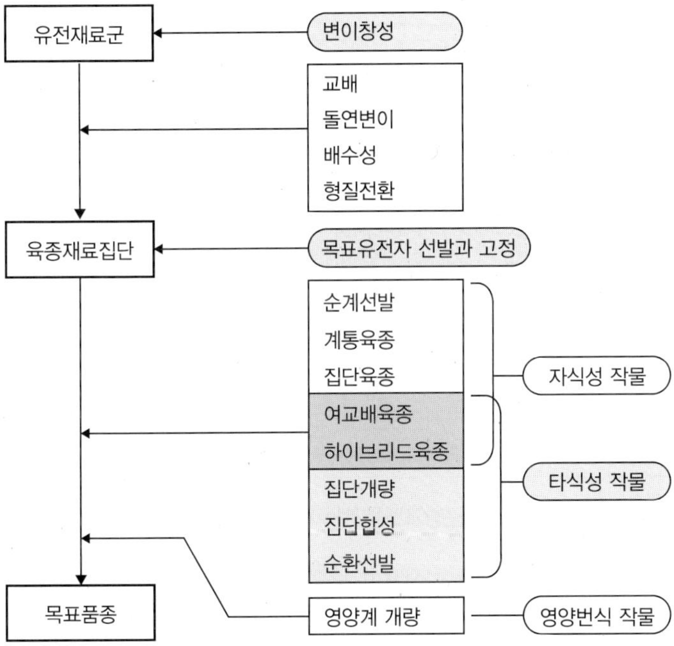

그림 1-13
변이창성 및 유전자 선발과 육종방법에 대한 분류

(2) 품종육성의 방법

품종육성의 방법으로는 도입육종, 분리육종, 교잡육종, 돌연변이 육종, 배수체 육종이나 생명공학 기법을 활용한 다양한 방법을 동원할 수 있다.

① 내력에 따른 분류

㉠ 재래품종은 그 나라 특정 지역에서 예로부터 재배되어 온 품종을 말한다.

㉡ 육성품종은 그 나라에서 육성된 품종으로 개량품종이라고 하며 육성방법에 따라 교잡육성품종, 분리육성품종, 일대잡종(F_1) 품종 등으로 나눈다.

㉢ 도입품종은 외국으로부터 도입된 품종으로 외래품종이라고도 한다.

② 특성에 따른 분류

성숙기에 따라서는 조생종, 중생종, 만생종으로 나누고 키에 따라서는 장간종과 단간종으로 나눈다.

③ 작부체계에 따른 분류

조기재배, 조식재배, 만식적응품종, 추파품종 등으로 나눈다.

④ 이용성에 따른 분류

보리에서 일반품종과 맥주용, 고구마의 경우도 식용, 사료용, 공업용 등으로 나눈다.

표 1-17 육종법의 기술과 특징

육종법	선발대상유전자와 조건	육종기술	육종법의 특징
교잡 육종법	선발하려는 유전자가 1~2개 일때	여교잡법	이전하려는 부친 유전자를 우수한 특성을 가진 모친에 반복적으로 교배하여 특성이 이전되면 선발
	선발하려는 유전자가 소수일때(질적 형질)	계통 육종법	F_1 후대에 분리되어 나오는 다양한 형질을 가진 개체를 선발하여 계통으로 재배하고 선발하여 고정
		약배양 육종법	F_1 개체의 약을 배양하여 반수체를 얻은 후 콜히친 등을 처리하여 염색체를 배가시켜(동질복이배체) 순계를 작출
	선발하려는 유전자가 다수일때(양적 형질)	집단 선발법	선발없이 5~6 세대를 방임수분하여 동형(homo)으로 만든 후에 순계선발법에 준하여 선발
	목적유전자가 복수의 품종에 존재할 때 여러 품종을 교잡	다계 교잡법	교잡후대부터 개체선발을 계속해서 계통을 선발하고 다시 계통간의 교잡을 반복하여 목적하는 특성을 가진 계통을 선발
분리 육종법	자식성 작물과 근교약세를 보이는 타식성 작물	순계 선발법	근친교배를 계속해서 순계선발
	자식성 작물과 근친교배로 약세화된 타식성 작물	집단 선발법	집단에서 여러 개의 우량개체를 선발한 후 방임수분을 실시하여 다시 우량개체를 선발, 약세가 되지 않도록 목적 유전자를 동형질화함
	영양번식작물	영양계 선발법	동일조건에서 재배하고 비교하여 원하는 형질개체를 선발
잡종강세 육종법	양친의 조합능력이 높은 (잡종강세효과가 큰) 계통을 개량할 때	순환 선발법	선발개체와 검정용 품종을 교잡하고 조합능력이 우수한 높은 개체를 선발, 자식종자를 재배하여 조합능력이 높은 집단을 반복하여 개량함
	다수의 계통을 교잡하여 조합능력이 우수한 근교계를 선발	합성품종 육성법	집단의 조합능력이 우수한 근교계를 선발한 후 이것을 혼합재배하여 방임수분하고 품종으로 육종

⑤ 작물의 품종명

㉠ 재래종은 장단콩과 같이 유래지에 따른 것, 벼의 조동지, 내경 등과 같이 육성자의 이름을 딴 것, 낙동벼와 섬진벼는 강이름(만생종), 오대벼와 설악벼처럼 산이름(조생종)을 붙이기도 한다.

㉡ 육성종은 벼의 밀양23호 등과 같이 육성기관과 육성번호를 딴 것, 벼의 IR8과 같이 계보를 나타내는 것이 있다.

㉢ 도입종은 아끼바레(추청벼), 고시히까리(벼), 힐콩, 베리하루카(고구마) 등이 있다.

표 1-18 이용대상유전체와 관련 육종법의 특징

번호	이용대상 유전자, 게놈	육종법	육종법의 특징
1	기존 유전자 이용	도입육종법	외국의 우량유전자를 도입해서 이용한다.
		분리육종법	기존의 종이나 품종에서 선발해서 이용한다.
2	기존유전자 이용하여 새로운 유전자 작출	교잡육종법	주로 자식성 작물에서 다른 품종이나 근연종을 교배해서 만든다.
		잡종강세육종법	주로 타식성 작물에서 잡종강세를 이용하여 육종한다.
3	변이유발로 기존에 존재하지 않은 유전자 작출	돌연변이 육종법	집단 내의 유전자 돌연변이를 유발(출현율이 높지 않음)하여 선발하고 이용, 방사선, EMS, NMU와 같은 화학물질을 처리한다.
4	기존 게놈의 개량	약배양, 배수성 육종법	게놈 전체의 증감(배수화)은 콜히친과 같은 유사분열저해제를 처리하고 반수체는 화분을 약배양하여 품종을 육성한다.
5	이종 게놈의 도입	원연교잡 육종법	화주절단 수분, 자가불합성 극복, 잡종배의 배배양, 염색체 배가(복이배체), 임성회복친 이용 등이 있다.
		체세포잡종 육종법	체세포에서 세포벽을 제거하고 원형질체에 PEG[1]나 칼슘(Ca) 처리, 전기적으로 융합을 하여 가능성은 낮지만 원연게놈을 획득한다.
6	기능을 알고있는 유전자를 핵유전체에 도입	유전자변환 육종법	특정 게놈을 개량하는 기술로 아그로박테리움, 유전자총으로 형질전환한 핵을 선발하여 GMO 작물을 만든다.

[1] 폴리에틸렌글리콜(polyethylene glycol, PEG)은 수용성이면서 독성이 없는 세포융합촉진제이다.

(3) 품종의 특성

① 초장

벼는 장간종과 단간종으로 구별하고 호박과 고구마는 줄기가 긴 것과 짧은 것이 있는데 단간종과 짧은 품종은 밀식에 주로 사용한다.

② 초형

㉠ 수수형 품종은 분얼이 많고 수수도 많으나 개개의 이삭은 작고 단간이며 도복이 적고 따라서 천근성이지만 흡비력이 강하다. 비옥한 토양에 조식, 다비재배를 하기에 좋다. 생육 도중에 영양이 부족해지면 무효분얼이 많아진다.

㉡ 수중형 품종은 분얼이 적고 수수도 적으나 개개의 이삭은 크고 장간이며 도복 발생이 많다. 심근성이고 줄기도 굵지만 다비재배하기에는 적합하지 않으나 뿌리가 깊으므로 척박한 땅, 소비재배(비료를 적게 주어 가꾸기), 추락 현상(가을에 영양부족으로 생육이 저하됨)이 나타나는 지역 등의 재배에는 적합하다. 밀식에 의해 분얼이 적은 것을 보충할 필요가 있다.

㉢ 벼의 이상초형(ideal type)은 잎이 직립형이면서 약간 두꺼운 편이고 지엽(마지막 잎)은 짧고 출수 후에도 이삭 위로 직립한 형태를 유지하여 줄기가 짧고 강인하여 도복이 잘되지 않고 초기 분얼력이 왕성하고 분얼 개도가 적당하여야 한다.

③ 조만성

벼 품종은 생육일수에 따라 조생, 중생, 만생종으로 나눈다.

㉠ 조생종은 주로 산의 이름을 딴 오대벼, 운봉벼 등이 있다.

㉡ 중만생종은 낙동벼나 섬진벼 등이 있고 그 외에 일품벼나 화진벼 등이 있다.

④ 내냉성

㉠ 지연형 냉해는 저온으로 생육이 늦어져 나타나는 냉해이다.

㉡ 장해형 냉해는 수잉기에 저온으로 화분 기능이 상실되어 불임이 나타나는 냉해이다.

㉢ 병해형 냉해는 병충해로 인해 냉해가 더 심해진 형태이다.

㉣ 복합형 냉해는 위의 여러 가지 요인들이 복합적으로 나타나는 냉해이다.

⑤ 기타

내한성과 저온발아성, 내비성과 내도복성, 까락(망)의 유무와 내습성, 내추락성, 내만식성, 기계화적응성, 광지역성, 내병성과 내충성 등의 특성이 있다.

(4) 우량품종의 육성 및 보존

① 우량품종의 요건

우량품종은 균등성과 우수성, 영속성과 광지역 적응성이 높으면 좋다.

② 우량 종자의 요건

㉠ 우량품종에 속하는 종자로 유전적으로 순수하고 이형 종자가 섞이지 않은 종자라야 한다.

㉡ 종자가 충실하게 발달하여 생리적으로 좋은 종자라야 한다.

㉢ 병충해에 감염되어 있지 않고 잡초 종자나 협잡물이 섞이지 않은 종자라야 한다.

㉣ 발아력이 강하고 건실한 종자라야 한다.

③ 품종개량의 효과

㉠ 신품종의 출현으로 경제적 효과가 증대된다.

㉡ 재배한계가 확대되고 재배의 안정성이 증대된다.

㉢ 품질이 개선되고 경영이 합리화된다.

④ 품종육성의 방법

㉠ 도입육종법은 외국에서 새로운 종이나 품종을 도입하는 경우로 문익점의 목화와 같은 경우이다.

㉡ 분리육종법은 기존의 종에서 순계나 좋은 유전자가 발현되도록 분리하는 것이다.

㉢ 교잡육종법은 유전자를 교배하여 재조합하는 것이다.

㉣ 돌연변이육종법은 방사선이나 콜히친 등으로 아예 새로운 유전자를 창출하여 육종하는 것이다. 대부분 열성이어서 경제적 가차가 낮은 경우가 많다.

2. 육종방법들

우수한 유전적 특성을 가진 작물을 육종하려면 유전에 대한 이해가 필요하고 해당 작물의 생식양식과 수분(pollination)과 수정(fertilization)의 생리를 파악하고 있어야 한다. 이런 현상들은 자식성 작물과 타식성 작물에 따라 달라지므로 육종의 모본을 선발하고 고정할 때 고려해야 한다.

1) 육종법(Breeding Method)

육종법은 기존의 선발육종법과 교배육종법에 최근에는 생명공학과 분자육종법이 많이 이용된다. ① 교배육종은 2개의 모본을 교배시켜 새로운 품종을 만들어 내는 기술이다. 보통 10년 정도 걸리는 방법이다. ② 선발육종으로 DNA나 특정 마크를 이용하여 효율을 높인 육종기술이다. ③ 돌연변이육종법은 화학물질이나 방사선을 이용하는 방법이다. ④ 배수성 육종은 포도와 같은 작목에서 씨를 없애거나 크기를 크게 할때 사용할 수 있다. ⑤ 유전자 재조합 기술은 유용한 형질을 인위적으로 깨워 넣어 GMO와 같은 전혀 다른 작물을 육종하는 방법이다.

2) 교잡 유형(Cross Type)

① 단교배(Single Cross)

A×B와 같이 서로 다른 2품종을 교배하는 것으로 A(♀)×B(♂), B(♀)×A(♂)와 같이 자방친(암술)과 화분친(화분)을 맞바꾸어 동시에 교배하는 것을 정역교배(reciprocal cross)라고 하며 이는 세포질유전의 여부를 알고자 할 때 사용한다.

② 3원교배(Triple Cross)

3원교배는 (A×B)×C와 같이 F_1과 제3의 품종 등 서로 다른 3개의 품종을 교배하는 것을 말한다.

③ 복교배(Double Cross)

복교배는 (A×B)×(C×D)와 같이 서로 다른 교배조합의 F_1끼리 교배하는 것을 말한다. 여기에는 서로 다른 4개의 품종이 관여한다.

④ 다계교배(Multiple Cross)

다계교배는 (A×B)×(C×D)×E×F 등과 같이 여러 개의 품종이 참여하는 경우를 말한다.

⑤ 여교배(Backcross)

여교배는 (A×B)×A, A×(A×B)와 같이 F_1을 양친 중 어느 한쪽 친과 교배하는 것을 말한다. 하나의 조합에 2개의 품종만 관여하지만, 조합에 따라 유전 조성이 달라진다.

⑥ 검정교배(Test Cross)

검정교배(test cross)는 여교배 중에서 F_1을 양친 중 열성친과 교배하는 경우를 검정교배라고 한다. 이렇게 하면 F_1의 유전자형을 알아낼 수 있다. A가 열성 친일 때 검정교배는 (A×B)×A, A×(A×B)와 같이 교배하면 된다.

3) 작물별 타식을 유도하는 기작들(Mechanisms)

식물은 타식을 유도하는 여러 가지 기작을 가지고 있는데 이를 표 1-19에 나타내었다. 타식성 식물은 생식에 관여하는 수배우체가 제한을 받지 않고 자유로운 수분이 이루어지므로 유전자 재조합의 기회가 많아 유전변이가 더 크다. 유전변이를 만들기 위해 인공교배를 할 때 벼는 약(anther)이 터지기 전에 수술 6개를 완전히 제거하는 제웅(emasculation)을 해야 하지만 타식성 식물인 옥수수는 수꽃에 봉투를 씌워주기만 하면 된다.

표 1-19 자가불화합이 되는 타가수정의 원인과 기작

개체 분리여부	꽃의 분리여부	화주 형태	숙기, 물질 분비의 차이	해당 작물	기타
자웅이주 (피자식물의 5% 정도, 나자식물 일부)				시금치, 아스파라거스, 은행나무, 파파야, 키위	화분매개자에 따라 완전한 타식성이 됨
자웅동주	자웅이화(단성화) (피자식물의 5% 정도, 대부분의 나자식물)			멜론, 수박, 오이, 옥수수(웅예선숙), 호박	대부분 타식성
	자웅동화(양성화) (피자식물의 90% 정도)	이형화주 (이형예)		앵초, 메밀	화기 내에서 공간적 분리로 타식성
		동형화주	웅예선숙	마늘, 셀러리, 당근, 도라지, 양파, 치자	성숙기나 수정가능 시간이 달라 타식성
			자예선숙	딸기, 목련	
			자가불화합 물질 분비	배추, 무, 양배추	유전적이거나 생리화학적으로 타식성이 됨

3. 품종보호제도(Variety Protection System)

요즘은 지식재산권에 대한 인식이 높아지면서 새로 개발한 작물에 대한 특허에 관심이 많다. 새로운 품종을 육성한 자에게 일정 기간 타인이 무단으로 사용하지 못하도록「육성자의 권리를 법적으로 보호하여 주는 제도」이다. 현재 종자분야 선진국 등 대부분의 나라에서 품종보호제도를 시행하고 있으며 우리나라에서는 1998년부터 이 제도를 도입하여 연차적으로 대상 작물을 확대하여 시행하고 있다. 품종보호제도는 신품종 육성자의 권리를 법적으로 보호하여 주는 지식재산권의 한 형태로 특허와 유사한 제도이다. 신품종 육성자에게 품종육성에 따른 노력의 대가와 연구개발 비용 회수를 보장함으로써 우수품종개발과 육종투자 확대를 촉진하는 데 있다. 또한, 외국의 우수 품종 도입을 촉진하여 농업인에게 이들 품종을 재배하여 농업 생산성을 높이고 품질 및 가격 경쟁력 제고를 통해 농업소득을 향상시킬 수 있다. 품종보호제도가 일시적으로는 종자비 상승을 가져올 수 있으나 국내 품종개발 활성화와 농산물 수출확대를 위해서는 꼭 필요한 제도이다.

품종보호를 받기 위해서는 출원서, 특성 설명, 육성과정, 종자 시료, 천연색 사진 등 출원서류를 작성하여 국립종자관리소에 제출한다. 신품종은 구별성과 균일성, 안정성이 있어야 하지만 품종보호를 받으려면 새로 만든 신규성과 이름(품종명칭)이 추가되어 구별성, 균일성, 신규성, 안정성, 고유한 품종 명칭을 갖추어야 한다. 출원서 및 첨부서류 구비 여부 등 하자가 없으면 출원내용을 일반인에게 "품종보호공보"를 통해 공개하고 품종 명칭과 신규성 심사, 재배시험 등 심사절차를

표 1-20 품종보호요건

번호	항목	내용
1	구별성 (distinctness)	품종보호출원일 이전까지 일반인에게 알려져 있는 품종과 한 가지 이상의 특성이 명확히 구별되는 것. 기존 품종과 중요형질인 형태, 품질, 내병성 등이 명확히 구별되어야 함
2	균일성 (uniformity)	품종의 본질적인 특성이 그 품종의 번식방법상 예상되는 변이를 고려한 상태에서 충분히 균일한 경우로서 품종의 집단 내에서 이형주 수가 허용 가능한 범위 내에 있을 것
3	신규성(novelty)	신품종은 해당 품종이 국내에서 1년, 외국에서는 4년(과수, 임목 6년) 이상 해당 종자 또는 수확물이 이용을 목적으로 양도되지 아니한 것(일본에서는 미양도성이라고 함), 이미 알려진 품종(품종보호 대상작물로 신규 지정된 작물)로 유통 중이거나 알려진 품종은 품종보호 대상작물로 지정된 날부터 1년 이내에 출원하는 경우 신규성을 인정함
4	안정성(stability)	반복적인 증식 후에도 그 품종의 본질적인 특성이 변하지 아니하는 것
5	품종의 명칭 (denomination)	모든 품종은 하나의 고유한 품종명칭을 가져야 함, 품종의 이름이 기존의 품종과 혼동을 일으키지 않아야 함

(주) 2012년 1월 7일부터 모든 작물이 품종보호출원의 대상작물임, 품종보호기간은 종자는 20년이고 과수류는 25년임
출처: 국립종자원, www.seed.go.kr

수행한다. 심사결과 품종보호요건을 충족하면 출원공고(60일)와 등록 사정을 거쳐 품종보호권등록증을 발급한다. 신품종 육성자 개인에게 주어지는 지적재산권의 하나로써 보호 품종의 생산, 증식, 조제 등의 실시를 독점하며 타인이 무단으로 실시한 때에는 관련 법규정에 따라 처벌받을 수 있다. "실시"란 품종 보호의 종자를 증식, 생산, 조제, 양도, 대여, 수출 또는 수입하거나 양도 또는 대여의 청약을 하는 행위를 말한다.

4. 유전자변형 농산물(Genetically Modified Organism, GMO)

최신의 분자육종의 결과물인 유전자변형(transgenic) 농산물을 GMO, LMO라고 부른다. LMO(생물변형농산물, living modified organisms)는 일반적으로 살아있는 상태(발아가 가능한 콩)이고 GMO(유전자변형, genetically modified organism)는 분말 상태의 콩과 같은 상태의 상대적 명칭이다. 그리하여 식료품 판매대에는 GMO-Free(유전자변형 농산물이 아닌 것) 농산물이라고 적힌 상품들이 틈새시장을 형성하고 현존하는 작물들은 어떤 의미에서 모두 유전적으로 변형되었다고 볼 수 있다. 이것이 작물육종의 목적이었으며, 과학적 형태로는 100년 넘게, 품종의 형태로는 6,000년 이상의 역사를 인류와 함께해왔다. 유전적 변형은 농업의 역사이며 현재 음식이나 섬유를 얻기 위해 재배되는 작물종의 분포는 급진적이고 의도적인 생물학적 다양성의 감소를 가져왔다.

작물육종은 멘델법칙에서 시작하여 다양한 육종기술을 이용하여 작물의 유전체를 변화시킨다. 잘 알려진 품종선발 및 교잡과 더불어 웅성불임(male sterile), 종간교잡(intergeneric crossing), 자가불화합성(self incompatibility), 반수체 육종, 돌연변이 육종, 잡종강세 등 보다 효율적이고 빠른 육종의 다양한 기술들이 사용되고 있다. 유전자 재조합(recombinant DNA) 기술은 특정 DNA 염기서열을 다른 부위로 옮김으로써 작물육종의 범위를 현저하게 확장시켰다. 이 기술은 유전공학이라 불리며 유전자도입 생물체를 만들어 내고 있다. 유전자도입이란, rDNA 기술의 결과 만들어진 생물체의 이름이며, 정치적인 분류라기보다는 생물학적 분류이다. 그리고 어떤 작물육종 기술이 자연적인지 혹은 위험할 정도로 비정상적인지를 결정하는 것은 국제정치에서 감정적이고 협상 불가능한 요소로 받아들여질 가능성이 있다. 많은 사람은 유전공학의 결과물이 자연계에서는 스스로 일어날 수 없는 일이라고 믿기 때문에 유전자도입 생물체가 인류에게 전례가 없는 이익과 함께 불확실성에 기반한 심각한 위험을 초래할 수도 있을 것으로 생각한다.

유전자도입을 반대하는 국내외적 단체가 많고 국제시장이 구획화되면서 위험을 해석하는 다양한 전제 속에 여러 가지 의견이 많다. 미국에서는 유전자변형 농산물이 별다른 주의나 걱정 없이 소비되고 있으며, 소비자로서는 유전자변형 농산물(GMO)이 없는 식품을 제공하는 새로운 시장이 부상하고 있다. 많은 농학 연구자들은 GMO 작물의 육종과 이용을 허용하는 것이 필요하다고 본다. 최근 비타민 A가 부족하여 수백명이 실명의 위협에 처해 있는데 이를 해결할 수 있는 황금쌀(일부 국가는 허용)을 개발해 놓고도 활용하지 못하는 것은 아쉬운 측면이 있다. 유전자변형 농산물 재배가 가장 많은 국가는 미국이다.

모든 육종기술은 유전자의 이동을 동반하며, 모든 농업이 생태계에 위험 요소가 될 수 있다. 경험주의에 기초하여 가치들을 이끌어내는 좋은 의미의 과학을 위해서는 보다 중립적인 의미의 용어 적용과 자세가 필요하다. 너무 비관적인 것도 문제이고 너무 낙관적인 것도 문제라는 전제 속에 유전자변형작업(육종작업)은 계속될 것이고 이는 인구와 식량문제, 각종 농약과 유기농산물, 인간 배아 줄기세포를 대하는 데도 나타나고 있는 현상으로 생각된다.

제4장 **작물의 재배기술**(Cultivation Technique)

1. 작부체계(Cropping System)

1) 연작

연작은 매년 계속해서 재배하는 방식으로 대부분 식용작물이나 연작장해가 있어도 수익성이 높은 경우에 채택하는 방식이다. 연작 때문에 나타나는 피해를 기지현상(soil sickness)이라고 하는데 원인으로 양분이 고갈되고 병원 미생물이나 독소축적, 토양반응이 나빠지거나 토양 물리성의 악화 등을 들 수 있다. 이 기지현상의 대책으로 윤작이나 저항성 품종의 재배, 토양소독과 객토, 유독물질의 제거와 지력보강 등이 있다.

2) 윤작

윤작은 돌려짓기를 말하는 것으로 한 포장에 몇 가지 작물을 조합화여 일정한 순서에 따라 반복하여 재배하는 방식으로 유럽이나 서구에서 잘 발달되어 있고 우리나라는 미미한 실정이다.

윤작의 방법으로 3등분하여 여름작물, 겨울작물, 휴경으로 돌려 짓는 것을 삼포식, 개량삼포식은 휴경 대신에 녹비작물과 같은 지력을 높이는 작물을 심는 방식이고 노퍽식 윤작법은 지력 유지, 잡초방제, 토지이용도, 생산물 등을 종합적으로 고려한 윤작방식이다.

그리고 윤작의 효과로는 지력 유지 및 증진, 토양 보호와 기지경감, 병충해나 잡초경감, 수량증대와 토지 이용도 제고, 노력 배분의 합리화와 경영의 안정성 증대 등이다.

3) 간작과 혼작

간작(intercropping)은 한 작물이 생육하고 있는 도중에 재배하는 것으로 앞 작물을 상작, 후작물을 하작이라고 하고 주요 작물을 주작, 종속적인 작물을 부작이라고 한다. 혼작(mixed cropping)은 생육 기간이 거의 같고 주종도 비슷하여 두 종류의 작물을 섞어서 재배하는 작부방식이다.

간작의 목적은 전작물에 큰 피해가 없이 간작물의 생육 기간을 연장하여 증수를 꾀하는 경우와 토지이용률(경지 면적에 대한 실지 경작 면적을 백분비로 나타낸 비율)을 증진하는 데 있고 혼작은 두 작물이 생리 생태적으로 협력적으로 작용하여 합계 수량이 많을 때 효과가 있다.

간작의 장점은 토지이용과 노력배분, 비료의 효과와 지력 증진, 기상재해나 잡초, 병충해로부터 보호에 유리하나 단점으로 작업이 복잡하고 기계화가 어려우며 토양수분이나 양분의 경합이 있을 수 있다. 콩, 고구마와 보리, 밀의 맥간작이 있다. 혼작을 위한 혼파는 각종 기상재해나 병충해로부터 위험분산, 포복성과 직립성, 천근성과 심근성, 질소 수탈과 보강 등 생리 생태적인 특성을 이용한 공간과 영양분의 이용 등에 효과가 있어서 화본과나 두과를 혼파하면 가축 영양상에 유리하고 건초제조는 유리하지만 기계화나 토양 등의 관리작업이 어렵고 채종이나 작물선택에 제한 수확기의 불일치로 인한 불편함이 있다.

4) 교호작과 주위작

교호작(alternate cropping)은 두 종류 이상의 작물을 한 이랑씩 교호로 재배하는 것이고 주위작(border cropping)은 포장 주위의 공지를 활용하는 혼작의 일종이다. 경사지 토양의 대상 재배는 교호작에 해당하고 논두렁에 콩을 재배하는 것은 주위작에 해당한다.

5) 답전윤환 재배

답전윤환은 답(沓)과 전(田)을 교호적으로 순환하여 재배하는 것으로 벼가 생육하지 않는 기간에 재배한다고 하는 답리작과는 그 의미가 다르다.

답전윤환의 효과로 지력 증진, 기지현상의 회피, 잡초 발생 억제, 수량의 증가와 노동력의 절감을 가져오고 벼는 물론 감자나 수박 등은 윤환답에서 수량의 증대가 크다.

2. 작물의 번식과 육묘

1) 작물의 번식(Propagation)

어느 작물을 막론하고 좋은 품종의 선택은 아주 중요하다. 좋은 품종은 재배의 어려움을 크게 줄일 수 있고 높은 수량과 품질이 우수해지기 때문이다. 다음은 재배환경이다. 알맞은 온도와 수분, 광, 토양, 공기가 필요하다. 이들 환경을 조절하면서 키워가는 과정이 재배이고 이를 효율적으로 수행하는 것이 재배기술이다. 다시 말해 종자나 작물체로부터 번식, 파종, 육묘, 시비, 농약 살포, 병충해 방제, 수확 및 저장을 하는 방법이나 기술을 말한다. 작물은 종류가 많아 그 번식방법(繁殖方法)도 다양하나 대개 다음과 같이 두 가지로 나누어 볼 수 있다. 종자(種子)에 의해서 작물을 증식시키는 종자번식과 작물의 영양체(營養體) 중 일부를 잘라서 증식시키는 영양번식이 있다. 종자번식은 종자를 파종해서 개체를 증식시키는 방법으로 이 종자는 꽃이 피어 있을 때 수술의 꽃가루(花粉)와 암술의 난세포가 결합해서 생기며, 성세포(性細胞)의 형성이 필요하므로 유성번식(有性繁殖)이라고도 한다.

영양번식은 작물의 영양기관 즉 줄기(莖), 엽(葉), 눈(芽), 뿌리(根) 등을 이용해서 번식시키는 방법으로 삽목(揷木), 접목(接木), 취목(取木), 분주(分株), 분구(分球) 등이 있으며 이러한 번식방법은 성세포(性細胞)의 분화나 결합을 필요로 하지 않기 때문에 무성번식(無性繁殖)이라고 한다. 요즘은 대량으로 재배하지 않는 경우는 전문재배업자가 키운 플러그(plug) 묘를 구입해서 심는 경우가 많다.

(1) 종자번식(Seed Propagation)

식량 작물은 종자번식이 주류를 이루고 있으나 원예작물은 상대적으로 그 유전성을 유지하기 쉬운 영양번식이 많이 이루어진다. 종자는 파종해서 그 발아(發芽)하는 모습을 관찰해보면 그 작은 종자가 갖고 있는 강한 생명력에 놀라지 않을 수 없다. 큰 작물의 종자가 발아할 때는 트랙터도 들어올리는 강한 힘이 있으며 장기간의 생명력, 저온 등을 견디는 힘 등이 있다. 작물의 종류에 따라서 종자의 형태나 크기에 차이는 있으나 그 종자의 크기만으로는 생장(生長)한 작물의 모습을 상상하기는 어렵다. 종자에는 앞으로 생장할 생명의 원형(原形)인 뿌리와 새순이 될 원기가 이미 분화되어 있다. 우리가 재배하고 있는 작물은 대부분 종자(種子)에서 출발하고 있다. 즉 토마토, 오이 등 채소류의 대부분과 팬지(pansy), 금잔화, 채송화 등 일년초와 시클라멘(Cyclamen), 베고니아(Begonia) 등의 다년초(多年草) 등도 종자번식이 주를 이루고 있다. 또한, 모든 종자식물은 품종개량을 위해서는 종자가 중요한 역할을 하고 있기에 종자가 단순히 증식을 위해서 만이 아닌 품종개량의 의미도 있다.

표 1-21 종자처리 목적과 방법

번호	목적	방법	비고
1	휴면타파	호르몬처리	종자에 발아억제물질이 있거나 발아가 안될 때 실시한다.
		온습도처리	습윤상태에서 저온처리(자소, 수레국화) 한다.
		세정처리	종피에 발아억제물질이 있을 때 실시한다.
		화학처리	상추종자에 티오요소 처리, 베고니아에 지베렐린을 처리한다.
2	발아촉진과 발아세 강화	삼투압처리	프라이밍(priming) 처리로 무기, 염용액, PEG 등으로 종자 주변의 수분퍼텐셜을 조정하는 것이다.
		화학처리	경실종자에 진한 황산처리(한국잔디, 스위트피이) 한다.
		기계적처리	종피에 파상처리로 경실(시금치) 종자에 수분을 흡수시킨다.
3	무병화	화학처리	가지, 참외에 살균제를 처리한다.
		온도처리	건열처리(토마토, 오이, 수박 등)를 한다.
			온탕처리(십자화과 채소와 토마토 등)를 한다.
4	파종의 생력화	펠렛(pellet) 처리	작은 종자를 기계파종하기 위한 가공, 동시에 발아율을 향상시킨다.
		시드테이프(seed tape) 처리	토양에서 분해가 쉬운 테이프에 종자를 배치해 고정시킨다.

(2) 영양번식(Vegetative Propagation)

잎, 줄기, 뿌리 등 조직의 일부를 분리하여 새로운 개체를 형성시키는 방법으로 동물과 달리 작물은 종자번식 이외에 작물체의 일부 또는 심지어 세포 몇 개를 떼어내어 완전히 독립된 한 개체를 만들어 낼 수 있는 능력(전체형성능, totipotency)이 높기 때문이다. 작물의 이러한 특성을 이용해서 무성적(無性的)인 대량 번식으로 조직배양이나 세포배양이 잘된다. 특히 원예작물 중 화훼작물은 유전적 분리가 일어나지 않도록 영양번식으로 번식하는 경우가 많다. 영양번식은 조직배양, 삽목, 접목, 취목, 분주 등의 여러 방법을 이용한다.

① 조직배양(Tissue Culture)

조직배양은 식물조직에서 떼어 낸 작은 조직을 용기 안(in vitro)에서 적당한 양분을 가진 배지(medium)에서 생장, 증식시키는 방법이다. 넓은 뜻으로는 원형질체 세포, 꽃가루, 난세포, 세포의 집합체인 조직, 조직이 집합하여 기능적으로 분화된 기관, 여러 기관의 집합체인 개체 및 어린 배(幼胚) 등을 무균상태의 인위적 배지에서 특정한 목적을 가지고 배양하는 것을 말한다. 배양에 제공되는 작물체의 치상 재료를 절편체(explant)라 한다. 조직배양기술은 단지 몇 달 만에 몇 개의 생장점만 있으면 수천 개의 작물을 생산할 수 있는 대단한 기술이다. 지금 천천히 자라는 작물 일부와 전통적으로 번식이 어려운 난이나 다육식물을 대량 생산하는 데 많이 이용한다. 한 예로 하워디아나 알로에 폴리필라(Aloe polyphylla)는 최근 희귀하고 값이 비싸다. 실생으로 생산할 때는 5~10년이 지나야 10cm 정도로 자라는 단경성 유묘였다. 이것을 잎의 기부에 있는 어린 작물의 생장점을 잘라 미세번식 기술을 이용해서 12달 만에 수천 개를 화분에 심을 수 있는 크기로 생산할 수 있다.

② 삽목(Cutting)

㉠ 엽삽은 작물의 잎을 잘라 삽목하는 것을 말한다. 엽병을 이용하는 것으로 아프리칸 바이올렛, 베고니아, 페페로미아 등이 있고 엽을 이용하는 것으로 산세베리아, 알로에, 베고니아, 글록시니아, 칼랑코에 등이 있다. 엽아를 붙여서 이용하는 것은 잎자루 기부에 있는 액아를 붙여 꽂는다. 예를 들면 고무나무, 수국, 동백, 익소라 등에 많이 한다.

㉡ 줄기삽은 가장 일반적인 방법으로 가지를 7~12cm 정도의 길이(3~4마디)로 잘라서 삽상에 삽목시켜 발근시키는 방법이다.

㉢ 녹지삽은 새순이 자라 굳기 전에 잎이 붙은 채로 삽목한다(5~6월). 잎을 반쯤 잘라주어 증산을 억제시킨다. 예로 동백, 치자, 철쭉, 단풍나무, 병꽃나무, 목련 등에서 많이 이용하고 있다.

㉣ 숙지삽은 새순이 완전히 굳어져서 성숙한 줄기를 잘라 꽂는 방법(3~4월)으로 기부 쪽의 가지가 발근이 잘 된다. 예로 사철, 호랑가시나무, 은행나무, 개나리, 장미, 향나무 등이 있다.

표 1-22 삽목의 종류와 기술적 요점

분류	삽목법	대상 작물	삽목 시기	삽수 처리
낙엽수	녹지삽 (softwood cutting)	라일락, 단풍나무, 사과, 배	늦겨울~여름	부드러운 신초를 7.5~12.5cm 길이로 삽목한다.
	숙지삽 (hardwood cutting)	버드나무, 개나리, 배롱나무, 사과, 배	휴면기 (늦가을~초봄)	휴면기에 숙지나 액아를 10~75cm 길이로 2마디 이상
상록수	반숙지삽 (semi hardwood cutting)	감귤과 올리브류, 호랑가시나무	늦봄~늦여름	완전히 목질화되지 않은 당해연도 가지를 7.5~15cm 길이로 삽목한다.
	숙지삽 (hardwood cutting)	주목, 전나무	휴면기 (늦가을~늦겨울)	휴면기에 숙지를 10~20cm 길이로 삽목한다.
초본류	경삽(stem cutting)	제라늄, 포인세티아, 디펜바키아	온실에서 1년 내내	새로 나온 줄기에서 7.5~12.5cm 길이로 삽목한다.
	엽삽(leaf cutting)	베고니아, 산세베리아	잎이 있는 시기	엽신과 엽병, 엽신 일부를 이용한다.
	엽아삽 (leaf-bud cutting)	라즈베리, 고무나무	생장이 왕성할 때	액아를 포함한 엽신과 엽병에 작물체 일부를 포함한다.
	근삽(root cutting)	양귀비, 겨자무	새 뿌리의 생장 시작 전	작물체 2.5~15cm 길이로 뿌리를 조정, 육질의 뿌리는 크게 한다.

ⓜ 휴면지삽은 늦가을이나 초봄에 휴면체로 있을 때의 가지를 이용하는 방법으로 찔레(장미 대목), 능소화, 딱총나무, 클레마티스, 무화과, 등나무, 모과 등에서 많이 이용하고 있다.

ⓑ 뿌리삽은 일반적으로 3월 하순~4월 중순에 모주로부터 두께 1cm 내외로 뿌리를 잘라서 10cm 길이로 절단해서 경사지게 흙 속에 심는다. 예로 명자나무, 등나무, 찔레, 라일락 등에서 실시하고 있다.

표 1-23 삽목 시 사용하는 처리와 발근제

요인	처리	처리방법	대상작물	비고
광	황화처리 (etiolation)	모주 전체를 암막으로 처리	플라타너스, 다육식물	광차단 후 자라는 가지는 황화되고 도장하는데 이용한다.
	부분황화처리 (banding)	가지의 기부를 차광물질이나 밴드로 처리	라일락	광을 차단한 부위가 황화되고 연화되는데 이 가지를 이용한다.
	차광처리 (shading)	한랭사 등으로 일사의 60~95% 차광처리	하와이 무궁화	약한 광에서 재배하면 연화되고 도장하는 데 이 가지를 이용한다.
약제	호르몬 처리 (hormone treatment)	• 침지처리(soaking): 저농도에서 몇시간 전체를 침지 • 순간침지(quick dipping): 고농도에서 수십초간 침지 • 살포처리(spraying): 저농도 액을 처리 • 분의처리(dusting): 삽수의 기부를 호르몬 분제에 묻힘	국화, 제라늄	옥신 호르몬은 발근을 촉진하나 농도가 적절하지 않으면 억제되기도 한다.

③ 접목(Grafting)

㉠ 절접은 뿌리가 있는 대목의 절단 부분을 쪼개어 접수를 결속시키는 방법으로 명자나무, 목련, 라일락, 모란, 장미, 벚나무 등에서 시행한다.

㉡ 할접은 대목의 중앙을 쪼개어 쐐기꼴로 만든 접수를 결속시키는 방법이다. 예로 동백, 달리아 등에서 시행한다.

㉢ 호접은 뿌리가 있는 두 그루를 서로 결속시키는 방법으로 단풍나무에서 시행한다.

㉣ 안장접은 대목 위에 접수를 올려놓아 실이나 밴드로 결속시키는 방법인데 선인장 등에 실시한다.

ⓜ 근접은 뿌리가 쇠약해진 나무에 뿌리를 붙여 결속시키는 방법이다.

ⓑ 근두접은 뿌리 바로 윗부분에 접하는 방법이다.

ⓢ 눈접은 눈을 채취하여 대목 일부를 T자로 절개한 후 접목하고 비닐 등으로 묶는 방법으로 6~9월에 장미 등에서 실시한다.

④ 취목(Layering)

휘묻이라고 하는 취목은 보통 취목 시기는 4~6월이 좋고 취목을 하는 허브 종류는 라벤더, 로즈마리, 세이지, 백리향 등이 있다.

㉠ 선취법은 지면 가까이에서 자라고 있는 줄기의 끝부분을 5~10cm 정도 구부려서 그 가지 위에 흙을 덮어주는 방법으로 산수유 등에서 행하고 있다.

㉡ 성토법은 미리 전년도에 모주를 지상 10cm 정도에서 잘라내고 봄에 많은 가지를 발생시킨 다음, 이 부분에 높게 흙을 성토해서 각 가지로부터 발근시키는 방법으로 뽕나무, 월계수, 목련, 영춘화 등에서 실시하고 있다.

㉢ 수평취법은 모주의 가지를 수평으로 땅속에 6~9cm 정도 눕혀서 묻고 이 가지의 마디로부터 발아, 뿌리를 내리게 한 뒤에 절간에서 잘라 새로운 개체를 만드는 방법이다.

㉣ 고취법은 나뭇가지에서 발근시키는 방법으로 목표 부위를 비닐 등으로 둘러싸고 그 안에 물이끼 등 습기를 함유할 수 있는 재료를 넣어 함께 묶어 준다. 보통 5~10월에 실시하는데 예로 느티나무, 모과나무, 인도고무나무 등에서 실시하고 있다.

⑤ 분주(Division)

숙근초나 관목류와 같이 뿌리 부근에서 여러 개의 분얼지가 자라거나 뿌리에 부정아가 생겨 총생하는 것을 나누어 증식하는 방법을 분주라고 한다. 즉, 숙근초나 대부분의 관목류 포기 또는 뿌리를 두 개 이상으로 나누어 심는 방법으로 차이브, 프렌치 타라곤, 레몬 밤, 작약, 독일 붓꽃, 꽃창포, 거베라, 명자나무, 모란 등이 있다. 구근류와 같이 보통 줄기의 변형체인 인경, 구경, 괴경 등을 분리, 번식하는 방법은 분구라고 하는 데 구근에서 자연적으로 생기는 지구를 분리하는 방법과 인공적 조작에 의해 자구를 착생시키는 방법이 있다.

㉠ 자구증식은 인경이나 구경의 모주 주위에 생기는 자구를 분리하여 증식시키는 방법으로 튤립, 히아신스, 아마릴리스, 백합, 구근아이리스, 크로커스, 프리지아, 수선화 등에서 행하고 있다.

㉡ 목자증식는 구근의 밑 부분이나 지하경에 착생하는 소구를 분리 증식시키는 방법으로 글라디올러스, 크로커스, 프리지어, 백합 등에서 행하고 있다.

㉢ 주아번식는 줄기의 엽맥에 소구가 형성되는 것을 분리하여 심는 방법으로 산백합, 참나리 등에서 실시하고 있다.

㉣ 분할증식은 괴근, 괴경 및 근경에 눈을 1~3개 정도씩 붙여 분리 증식하는 방법으로 아네모네, 칼라디움, 구근 베고니아, 작약, 글록시니아, 도라지, 달리아 등에서 행하고 있다.

ⓜ 인공번식은 히아신스, 아마릴리스와 같은 작물에서 시행하는 것으로 노칭(notching)은 구근 아랫부분으로부터 기부중심으로 구근 높이의 1/2~2/3까지 칼집을 넣어 꽃눈과 생장점을 제거시키는데 구근의 크기에 따라 2, 4, 6등분 한다. 스쿠핑(scooping)은 구근 아랫부분을 구의 1/4 정도 깊이로 넓게 단축경을 도려내는 방법으로 자구 발생 수는 40~50개 정도이다. 코어링(coring)은 구근의 윗부분을 구의 생장점을 스쿠핑과 반대로 도려낸다.

제5장 **작물의 기상재해(Climate Damage)**

재배하는 작물은 기상요소의 끊임없는 변화로 수분, 온도, 광과 바람 등으로 인해 기상재해를 입게 된다. 특히 지구 온난화와 더불어 이 변화는 그 폭이 더 커지고 빈도도 많아지고 있어 작물 보호의 새로운 도전 거리를 제시한다.

1. 건조 장해(Drought Injury, 旱害)

토양이나 대기가 건조하면 작물체 내의 수분함량이 감소되어 생육이 저해되고 심하면 위조, 고사하게 되는데 이렇게 수분부족으로 작물이 피해를 입는 장해를 건조해라고 말하고 여기서 수분부족으로 입는 장해를 견디는 능력을 작물의 내건성(drought tolerance)이라고 한다. 건조해로 인한 증상은 ① 세포 생장 저하로 작물생육의 억제 ② 물질합성의 저하와 가수분해 촉진 ③ 증산작용과 광합성의 억제 ④ 세포분열 억제와 노화 촉진 ⑤ 양수분의 이동촉진과 과실의 성숙촉진 ⑥ 프롤린(proline) 단백질의 증가(건조지표로 활용) ⑦ 동화 산물의 이동억제와 호흡증가 등으로 나타난다.

1) 내건성의 기작

수분이 부족해지면 작물은 물리적, 화학적 변화를 일으켜 건조상태에 적응하게 되는데, 같은 작물이라도 종자나 휴면상태에 있는 세포는 건조상태에서도 잘 견디지만, 생장하고 있는 세포는 건조 스트레스에 취약하다. 작물은 수분부족의 정도에 따라 스트레스를 극복하는 방법이 다른데, 건조가 심하지 않을 때는 잎의 생장을 억제하거나 기공을 닫아 증산량을 줄임으로써 수분을 보존하면서 동시에 뿌리를 수분이 있는 곳으로 뻗어 더 많은 수분흡수를 가능하게 한다. 토양이 더 건조해져서 영구위조점에 가까울 때인 토양의 수분퍼텐셜이 −15bar 정도가 되면 물을 거의 흡수하지 못하므로 잎이 시들게 된다. 그리고 증산량이 많은 낮에 수분함량의 감소가 더 극심해져서 뿌리가 수축하면 근모가 토양과 분리되는데, 이때 근모는 스트레스를 받을 뿐 아니라 피층 외부의 물이 투과하지 못하는 수베린(suberin)이 축적되어 물의 흡수가 더 어렵게 된다. 토양의 수분퍼텐셜이 −20bar 이상이 되는 강한 건조상태에서는 작물과 토양에 수분 장력이 모두 증가하여 잎은 수분부족으로 인한 장해를 받게 된다. 작물체에 수분함량이 계속 감소하면 세포에서는 원형질분리가 일어나고 물리적인 파괴로 인해 세포가 말라 죽게 된다.

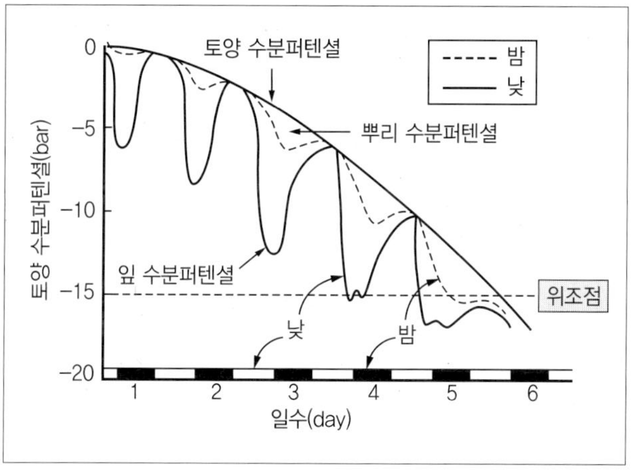

그림 1-14
건조가 일어나는 동안 토양과 작물 간의 수분퍼텐셜의 변화. 건조 기간에 증산을 통해 수분손실이 일어남에 따라 수분퍼텐셜은 날마다 감소한다. 밤에는 증산이 줄어들고 작물 내 수분퍼텐셜은 일시적으로 증가한다. 가로(−15bar)의 점선은 위소가 일어나는 위조점을 나타낸다.

2) 내건성 종류와 대응

작물은 생장 과정에서 수분의 요구도에 따라 수생식물(hydrophyte), 중생식물(mesophyte) 및 건생식물(xerophyte)로 나눌 수 있다. 여기서 물의 공급이 제한되지 않았을 때 건생식물은 중생식물보다 증산을 많이 하지만 위조상태가 되면 반대로 건생식물이 오히려 중생식물보다 증산이 적어진다. 따라서 내건성은 건조할 때 증산작용을 어느 정도 억제할 수 있느냐에 따라 달라진다. 내건성은 그 원인에 따라 물리적인 성격이 강한 구조적 내건성(constitutional drought tolerance)과 생화학적인 원형질적 내건성(protoplasmic drought tolerance)으로 크게 나눈다. 구조적 내건성은 건조를 지연시키거나 회피하는 것으로 수분을 보존하는 작물은 단위 무게당 표면적이 작고(통통하고) 증산량이 많지 않으므로 생육 초기에 토양수분을 보존하였다가 여름에 건조할 때 이용하여 건조해를 지연시키거나 회피할 수 있는 선인장과 다육식물에서 볼 수 있다. 그리고 증산량은 다른 작물과 비슷하지만, 땅속 깊은 곳까지 뿌리를 뻗고(다육식물은 예외임) 근계 발달이 좋아 수분흡수량을 증가시켜 한발에 잘 견디는 작물이 건조에 강하다. 원형질적 내건성은 원형질에 수분함량이 감소해도 생리적 장해를 크게 받지 않는 진정한 의미의 내건성(내탈수성)이다. 건조에 의한

표 1-24 작물의 대사과정에 미치는 수분스트레스의 영향

번호	대사과정	조직의 수분퍼텐셜(bars)				비고
		−5	−10	−15	−20	
1	세포 생장 감소					빨리 자라는 조직
2	세포벽 합성감소					빨리 자라는 조직
3	단백질 합성 감소					잎의 황화
4	엽록소 합성 감소					…
5	질산환원효소 수준 감소					…
6	ABA 합성					기공을 닫음
7	기공 닫힘					종에 따라 다름
8	이산화탄소 합성 감소					종에 따라 다름
9	호흡감소					초기에는 증가
10	물관 이동 감소					…
11	프롤린 단백질 축적					건조지표로 사용
12	당농도 증가					…

출처: Hsaio et al. 1976.
(주) 점선(…)은 초기영향, 실선(—)은 지속적인 영향을 나타낸다.

피해는 실제로 대면적에서 나타나는 것뿐만 아니라 식물의 생리적 측면에서도 그 범위가 넓고 다양하게 나타나는 특성이 있다. 가장 일반적인 장해는 세포의 생장이 감소되거나 중지되어 파생적으로 다른 장해가 나타나는 것이다. 표 1-24는 작물의 대사과정에서 수분 스트레스에 의해 나타나는 현상을 전체적으로 정리한 것이다. 영양생장기에 수분스트레스를 받으면 잎이 작아지고, 성숙기에는 엽면적지수(LAI)가 낮아져 작물에 의한 수광량이 줄어든다. 엽록소 합성은 수분부족이 심한 상태에서는 억제된다. 수분스트레스에 의해 대부분 효소는 활력이 떨어지나(예로 질산환원효소), 아밀라아제(amylase)와 같은 몇 가지 가수분해효소는 오히려 활성이 증가한다.

① 기공의 폐쇄

수분이 부족할 때 기공폐쇄로 기공이 닫히는 데에는 다음과 같은 두 가지 폐쇄기작이 작동한다. 첫째, 상대습도가 낮고 풍속이 빠를 경우 공변세포가 물을 증산하는 속도가 주위 세포로부터 물이 공급되는 속도보다 빠르면 기공이 닫히는데, 이는 건조한 공기에 의하여 공변세포가 탈수되어 일어나므로 이를 기공의 수동적 폐쇄라고 한다. 둘째, 수분부족으로 생성된 생육 억제 호르몬인 ABA가 세포막의 선택적 투과성을 잃게 하여 공변세포의 용질이 주위 세포로 퍼지고, 이에 따라 공변세포의 수분퍼텐셜이 높아지므로 수분이 빠져나가 팽압을 잃기 때문에 기공이 닫히는데, 이를 기공의 능동적 폐쇄라 한다. 여기서 기공의 능동적 폐쇄 기작은 정상적인 잎의 잎살 세포도 ABA를 생산하여 엽록체에 축적하는데, 수분이 부족하면 축적된 ABA가 세포벽으로 이동하고, 이것이 증산류를 타고 공변세포로 가서 기공을 다치게 한다. 즉 수분 스트레스를 받는 작물은 때에 따라서 40배까지 ABA 농도가 높아지므로 엽록체에 존재하던 ABA가 공변세포로 이동하여 기공을 닫히게 하는 것은 스트레스를 받는 초기이며, 그 이후는 수분부족의 영향으로 새로 합성된 ABA에 의하여 기공이 계속 닫혀있게 된다. 건조가 계속되어 엽육 세포의 수분이 부족하게 되면 엽록체의 pH가 낮아지고, 이에 따라 ABA의 양이 증가하여 농도가 낮은 세포질로 유출되며, 다시 세포벽으로 확산되어 증산류를 타고 공변세포로 이동하여 기공이 닫힌다. 뿌리에서 합성된 ABA도 수분부족에 대한 기공의 닫힘을 촉진하는 역할을 하는데 이때 뿌리 부분을 둘로 나누어 한쪽만 수분이 부족하게 되더라도 기공이 닫힌다. 이것은 건조한 뿌리 쪽에서 생성된 ABA가 증산류를 타고 다른 쪽의 잎으로 이동하였기 때문이다.

② 엽면적의 감소

수분 부족에 의해 잎의 수분함량이 줄어들면 팽압이 감소되고 세포가 신장하지 않으므로 세포 생장이 억제된다. 따라서 엽면적은 늘지 않고 기공을 닫으므로 결국 증산량을 줄여 건조에 적응하며, 이때 수분이 다시 공급되어도 세포벽이 비후되어 신축성이 낮아지고 벽압이 높아지므로 작물의 생장은 정지된다. 정상적인 수분 상태의 작물에 비해 수분이 부족한 화본과 작물은 잎이 말리고, 쌍떡잎식물은 잎이 아래로 처져 수광량도 줄어든다. 이때 광을 받아도 기공이 닫혀 광합성을 거의 할 수 없고 오히려 엽온만 올라가 호흡이 증가한다. 잎이 말리고 생장을 줄여 광을 받는 면적을 줄이면 고온장해를 일정 부분 회피할 수 있어 건조해를 경감시킬 수 있다.

③ 상대적인 뿌리 생장 증가

광합성은 잎의 생장만큼 팽압의 영향을 받지 않으므로 수분이 부족할 때 잎은 신장하지 않아도 광합성은 어느 정도 유지된다. 그러므로 잎의 신장에 이용될 탄수화물이 뿌리로 전류되고 뿌리는 신장하여 좀 더 많은 수분을 흡수할 수 있게 된다. 건조한 지표면에 있는 뿌리는 팽압을 잃고 토양도 단단하여 생장이 어려우므로 수분이 있는 깊은 곳으로 뿌리가 신장하여 건조(한발)에 적응하게 된다. 한편 선인장의 뿌리는 오히려 지표면에 얇고 넓게 분포하고 있어서 소량의 강우에도 빨리 다량의 수분을 흡수할 수 있다.

④ 건조에 적응한 광합성 기작(CAM 식물)

선인장과 같은 CAM(crassulacean acid metabolism) 식물은 증발산량이 많은 낮에는 기공을 닫고, 상대습도가 높은 밤에 기공을 열어 CO_2를 흡수하여 PEP 카복실라아제(carboxylase)에 의해 말산(malic acid)으로 저장하였다가 낮에 이 유기산이 분해될 때 나오는 CO_2를 이용하여 캘빈회로를 통해 광합성 암반응을 한다. 즉, 다육식물은 식물은 상대습도가 높고 온도가 낮은 밤에는 기공을 열어 이산화탄소를 흡수하고 온도가 높고 건조한 낮에는 기공을 닫고 있으므로 수분손실을 줄여 건조한 기후조건에서도 견딜 수 있다.

⑤ 잎의 왁스 축적으로 각피증산 억제

수분이 결핍되면 잎 표면에 왁스(wax)가 축적되어 각피(cuticle)로부터 증산작용을 감소시킨다. CAM 식물은 잎이 퇴화되어 가시 또는 줄기 모양을 하고 있어 표면적이 적고 기공이 깊게 들어가 있으며, 각피가 발달하여 증산작용을 줄일 수 있을 뿐만 아니라 저수조직이 발달하여 다량의 물을 체내에 저장하며, 뿌리에는 불투수성의 수베린(suberin)이 축적되어 건조한 조건에서도 수분을 잘 보전할 수 있다.

⑥ 건조 회피적 재배

벼의 경우 유수분화기의 한발에 아주 취약하므로 사전에 생육 시기의 조절이 필요하고 밭작물도 강우 분포가 연중 일정하지 않아 일시적으로 수분이 부족한 경우가 많은데 유한생육형(determinate type) 콩 품종은 개화기에 한발이 오면 결실이 감소되지만, 우리나라에서는 한발 기간이 길지 않고 매년 반복되지 않으므로 유한생육형 품종을 주로 재배하게 된다. 무한생육형(indeterminate type) 품종은 한발이 지나고 비가 온 후에 개화, 결실하여 한발의 피해는 피할 수 있지만, 가을에 저온이 오면 종자가 성숙하기 전에 서리가 와서 수량이 감소하므로 우리나라에서 재배는 어렵다.

⑦ 원형질에 유기 용질의 축적

수분이 부족하면 세포의 크기가 작아지고 세포액의 농도가 높아지므로 용질의 삼투퍼텐셜이 감소하게 된다. 또한, 효소의 구조와 구성분의 변화로 물질분해에 관여하는 효소의 활성이 증가하여 당과 유기산, 그리고 칼륨 등의 무기염류의 절대량이 증가하므로 삼투퍼텐셜은 더욱 낮아지고, 토양으로부터 물을 더 잘 흡수하게 된다. 세포질의 이온은 주로 액포 안에 존재하고, 세포질에는 프롤린(proline), 소르비톨(sorbitol), 글리신(glycine), 베타인(betaine)과 같은 삼투유기 용질(compatible solutes)이 축적된다. 또 가뭄에 대한 지표로 프롤린(proline) 합성이 늘어나므로 이를 활용한 내건성 품종육종에 활용할 수도 있다. 이들 삼투 유기 용질들은 액포 내의 무기 이온들과 삼투조절을 통하여 세포질 내 수분퍼텐셜을 낮추어 작물이 뿌리를 통해 흡수를 가능하게 함으로써 내건성을 갖게 한다.

(3) 건조 장해에 대한 대책

① 신속한 관개

작물의 건조해가 발생하면 지표나 살수관개, 지하관개를 신속하게 실시한다. 토양의 수분퍼텐셜은 기하급수적(지수적)으로 급격히 감소하므로 일정한 임계점(영구위조점)을 지나면 회복이 어렵게 되므로 경영적인 측면을 고려해 빨리 관개를 실시한다.

② 작물의 경화처리(Hardening)

작물을 단단하게 경화시키면 세포나 기공이 작아지고 기공의 밀도가 커지는 물리적 대응도 되지만 세포액의 농도 증가로 피해를 줄일 수 있으므로 효과가 있다. 따라서 미리 모종을 준비할 때부터 건실한 하드닝을 해가며 육묘를 하도록 한다. 그러면 뿌리의 발달이 양호하고 건조해에 잘 견딘다.

③ 토양수분의 보유력 증대와 증발을 억제

토양은 입단을 조성하고 피복하여 수분의 증발을 사전에 방지하며 중경제초나 드라이 파밍(dry farming)은 오히려 초기는 토양표면에서 수분 증발을 촉진하지만 궁극적으로 모세관으로 수분의 계속적인 상승을 차단하므로 궁극적으로 토양수분의 손실을 줄인다. 논에서 기름 막에 의한 증발을 줄이도록 증발억제제 오일을 살포한다.

④ 내건성 품종 선택

내건성 품종은 세포 내의 원형질의 함수량이 감소했을 때 견디는 정도로 건조할 때 호흡이 많이 줄어들고 광합성의 감소가 적으며 단백질과 당분의 소실이 늦은 특성이 있다. 따라서 내건성 품종을 선택한다.

2) 습해 및 침수해(Moisture and Flooding Injury)

맥류를 답리작으로 재배하거나 침수지대의 채소 등 밭작물 재배 시 장기간 비가 오거나 관수 직후, 초봄에 눈이나 얼음이 녹을 때에는 토양의 과습상태가 지속되어 모든 공극이 물로 채워지므로 산소가 없어서 작물의 뿌리가 상하고 심하면 부패하여 지상부가 황화하고 위조, 고사하게 되는 산소 부족 장해를 받는데, 이를 습해(excessive water injury)라고 한다. 그리고 벼를 위시한 작물이 장마철에 많은 강우로 인해 모든 잎이 물에 잠겨서 피해를 보는 장해를 침수해(water logging injury)라고 한다.

(1) 습해와 침수해의 기작

작물이 습해를 받는 기작은 과잉의 수분 때문에 토양 공극에서 공기가 빠져나가므로 산소가 부족하기 때문이고 밭작물이라도 공기(산소)를 주입하면 물속에서도 정상적으로 생육을 하게 된다. 과습 상태나 침수된 논에서는 모든 토양 공극이나 잎이 물에 잠기어 있으므로 뿌리나 잎은 산소가 부족하게 된다. 일반적으로 물에 녹는 용존산소량은 7~8ppm으로 공기 중 산소농도인 21%에 비하여 아주 적어 논 토양의 경우 표층토 일부를 제외하면 대부분 환원 토양층이 된다. 담수된 토양이나 침수된 잎에서는 작물이나 토양미생물이 에너지를 얻기 위하여 유기물을 분해할 때 산소를 이용하는데 표토에서 2~3cm 아래에는 산소가 없는 환원층이므로 뿌리는 토양으로는 산소를 흡수하기가 어렵다. 즉 습해는 산소가 부족하여 일어나는 작물체 내의 대사작용의 변화와 토양의 환원에 의한 장해에서 발생한다.

침수해의 경우 담수 상태에 적응된 벼는 뿌리가 물속에 있어도 통기조직(aerenchyma)을 통하여 잎에서 공급되는 산소를 이용하여 살아갈 수 있다. 그러나 홍수로 인하여 모든 잎이 물에 잠기면 지상부로부터 산소가 공급되지 않아 발효로 인해 저장 양분은 급격히 소실되고 에너지 부족으로 죽게 된다. 수중에 산소가 적으면 에너지 효율이 낮은 무기호흡을 하여 에너지원의 결핍과 에탄올 등 유해물질이 생성되어 장해를 받는다. 벼의 경우 정체수가 탁하고 수온이 높으면 체내의 당, 전분, 유기산이 더 급격히 소모되어 잎이 녹색을 띤 채로 죽는 청고(淸枯) 현상이 발생하고 수온이 높지 않고 흐르는 맑은 물에 잠기면 탄수화물이 서서히 소모되고 엽록소에 붙어있는 단백질도 분해되어 호흡기질로 이용되다가 결국 죽게 되는데, 이때는 엽록소의 녹색이 없어지고 적갈색을 띠는 적고(赤枯) 현상을 일으킨다.

① 에너지원의 고갈

산소가 부족하면 뿌리는 무기호흡을 하는데, 이때에는 유기호흡에 비해 당을 분해하여 얻는 에너지의 효율이 매우 낮은 상태에서 세포가 대사활동을 하기 위해서는 일정 수준의 ATP가 필요한데 이를 얻기 위해 당을 과도하게 많이 소모시키면 에너지원인 당(탄수화물)이 고갈되는 결과를 가져온다.

② 작물체 내 저해물질의 생성

산소가 없으면 자당(설탕)은 해당 과정에 의하여 피루브산(pyruvic acid)으로 분해된 후 발효(fermentation)에 의하여 젖산이 생성되어 세포 내 pH가 내려가며, 젖산에서 생성된 에탄올이 축적되어 세포막 등 지방성 물질로 구성된 부분이 용해되어 장해를 받는다. 그 결과로 뿌리 조직의 괴사와 세포벽의 목질화가 촉진되고, 생장과 수분의 흡수가 저해되어 지상부의 생육도 억제되고, 경엽은 황화(chlorosis)하게 된다.

③ 토양 내 환원물질의 생성

토양 중의 미생물은 에너지를 얻기 위해 유기물을 분해하며, 그 과정 중에 크렙스(TCA) 회로의 전자전달계에서 필요한 산소를 토양 중의 유리 산소에서 취하거나 유리 산소가 없을 때는 NO_3^-, SO_4^{2-}, MnO_2, FeO_2, Fe_2O_3, CO_2 등에 결합된 산소를 취하여 이용하게 된다. 이중 무기 원소와 결합한 산화물 형태의 산소를 이용할 경우는 작물에 대하여 여러 가지 해작용을 초래하게 된다. 논의 환원층에서 NO_3^-는 토양미생물에 의해 산소를 빼앗겨 질소가스(N_2)로 탈질(denitrification)이 되어 질소가 공중으로 날아가므로 질소비료효과를 감소시키는 탈질작용이 발생한다. FeO_2, Fe_2O_3, MnO_2에서 철분은 Fe_2^+, 망간은 Mn_2^+로 변하여 가용성이 되므로 과습이나 침수 시 밭작물은 미량원소인 철과 망간의 과잉 해가 발생하고 논토양에서는 용탈이 일어날 수 있다. SO_4^{2-}는 고온에서는 유기물의 분해가 많으며 토양이 심하게 환원되는데, 이때 SO_4^{2-}가 환원되어 황화수소(H_2S)가 되면 벼에서는 뿌리가 썩는 뿌리썩음병이 나타나 추락현상이 생기는데 H_2S 가스는 토양 중에 철이 많으면 이들과 결합하여 불용성인 황화철(FeS)을 만들어 해가 없어지지만, 토양 중에 철이 없으면 카탈라아제(catalase, 과산화수소를 분해해서 물과 분자상 산소로 만드는 효소), 시토크롬(cytochrome, 세포의 산화 환원에 작용하는 색소단백질) 등 뿌리 효소 중에 있는 철과 결합하여 효소가 기능을 상실하고 뿌리가 썩는다. CO_2는 환원되어 메탄(CH_4)가 되고, 공기 중으로 방출되면 CO_2와 함께 온실효과를 유발하는 원인이 된다.

(2) 내습성과 내침수성

내습성은 작물이 물리적, 화학적인 방법으로 산소 부족에서 오는 장해를 극복할 수 있는 능력을 말하며, 작물에 따라 그 정도가 다르다. 벼의 경우 키가 큰 일반계(자포니카) 품종이 침수되었을 때 통일계(인디카) 품종보다 더 잘 견딘다.

① 통기조직의 발달

근권에서 산소가 부족할 때 작물의 뿌리가 호흡작용을 할 수 있는 것은 기공이나 지상부 조직에서 뿌리로 산소를 보낼 수 있는 통기조직(aerenchyma)의 발달에 달려있다. 즉 습생식물 뿌리의 피층 세포는 통기가 잘 되므로 과습 조건에 잘 적응한다. 벼는 산소 공급과 관계없이 통기조직이 이미 발달되어 있지만, 과습으로 산소가 부족하면 피층의 세포가 죽어 파생 통기조직이 더욱 크게 발달한다. 옥수수는 산소가 부족하면 뿌리의 선단부에서 에틸렌과 그 전구체인 ACC(1-amino cyclopropane-1-carboxylic acid)가 생성되는데, 에틸렌은 세포를 괴사시켜 통기조직을 발달시킨다. 콩도 과습 상태에서는 1차 뿌리가 썩으면서 통기조직이 발달한다.

② 세포벽의 코르크화 및 목질화

담수상태에서 자라는 벼는 뿌리의 표피가 코르크화(suberization) 또는 목질화(lignification) 되어 있고, 골풀의 경우에는 표피와 근모가 모두 목질화되어 있는데 이렇게 뿌리 세포의 코르크화와 목질화는 통기조직을 통하여 공급된 산소가 뿌리 밖으로 확산되지 않고 생장점으로 공급되어 산소가 부족한 토양에서도 지상부로부터 공급된 산소를 이용하여 뿌리가 쉽게 자랄 수 있도록 하는 긍정적 역할을 한다. 밭작물은 과습한 곳에서 통기조직은 발달되지만 벼와 달리 뿌리 세포가 코르크화나 목질화되지 않으므로 지상부에서 내려온 산소가 뿌리 밖으로 확산되고 생장점까지 공급되지 않아 뿌리가 습해를 받는다.

③ 대사경로의 변경

습해(담수)에 약한 식물은 토양에 산소가 없으면 뿌리의 무기호흡에서 생긴 에탄올에 의하여 장해를 받는데 벼와 같이 담수에 강한 내습성 식물은 유해한 에탄올을 축적하는 대신에 해가 없는 말산을 축적하기 때문에 물속에서도 장해를 받지 않는다.

④ 유독물질의 불용화

토양이 환원되면 산화 상태에서는 인산과 결합되었던 철과 망간 등이 많이 용출되므로, 배수가 불량한 곳에서 자라는 답리작 맥류는 봄에 비가 많이 오면 이들 미량원소를 많이 흡수하여 과잉의 장해를 받기 쉬우나 벼와 같이 담수 조건에 적응하는 작물은 철이나 망간 등이 흡수되어도 통기조직을 통하여 산소가 공급되므로 뿌리에서 산화되어 불용태가 되고, 다른 조직으로 이동되지 않기 때문에 피해가 적다.

⑤ 발근력의 강화

작물의 뿌리가 토양의 산소 부족으로 피해를 받더라도 새로 발근을 하여 산소 공급이 가능한 뿌리를 가지면 습해를 줄일 수 있는데 내습성이 큰 작물은 과습 상태가 될 때 지표 부근에 부정근이 많이 발생한다. 즉 뿌리가 표토에 얕게 발달하고 부정근 발생력이 큰 품종이 습해에 강하다.

(3) 습해 및 침수해에 대한 대책

① 신속한 배수처리

작물의 습해나 침수해가 발생하면 건조피해에 대처할 때보다 더 신속하게 실시한다. 먼저 토양에 명거시설이나 암거시설을 설치한다.

② 적합한 시비

미숙 유기물과 황산근 비료의 시용을 피하고 표층시비를 하여 뿌리를 지표면으로 유도하며 작물이 심각하게 흡수장해를 받았을 때는 엽면시비를 한다. 과산화석회(CaO_2)를 종자에 분의(coating)해서 시용하면 산소가 발생하여 습해를 경감시킨다.

③ 토양의 정지와 개량

모래토양을 객토하고 부식과 토양개량제를 시용하여 입단을 조성하고 이랑 재배(휴립 재배)를 한다.

④ 작목과 품종의 선택

산소가 부족하고 감소했을 때 잘 견디는 작물을 재배하고 내습성 품종을 선택한다.

2. 온도 장해(Temperature Injury)

온도는 일반적으로 저온장해와 고온장해로 나눌 수 있고 광도와 서로 보상 관계를 갖는다. 이러한 생장 상관은 건조해와 열해에서도 나타난다. 즉 건조피해와 열해가 각각 나타나는 것보다 동시에 나타나기 쉽고 그 피해도 훨씬 크게 나타난다. 저온장해(low temperature injury)로 조직이 생육 적온보다 낮은 온도일 때 받는 냉해(cold injury)와 세포가 동결될 때 일어나는 동해(freezing injury)를 비롯한 저온으로 인한 해를 한해(chilling injury)라고 하며, 온도가 생육적온보다 높으면 고온해(high temperature injury, 열해)가 나타나고 더 높아지면 고사한다.

1) 냉해(Cold Injury)

냉해는 주로 여름작물에서 결빙이 일어나지 않는 10℃ 이상의 저온에 의해 받는 생육장해로 벼, 옥수수, 강낭콩, 토마토, 오이, 고구마, 목화 등 열대나 아열대 원산인 작물을 온대 지방에서 여름 재배 시 발생한다.

(1) 냉해의 정의

냉해의 기구로 기온이 낮아 잎이 저온해를 받으면 광합성과 그 생산물의 이행, 호흡, 단백질 합성의 저하, 단백질의 분해 촉진, 지방의 물리적 특성변화로 세포막 단백질과 효소의 활성 저하 등이 일어나므로 내냉성이 약한 식물의 세포막에는 포화지방산이 많은데, 저온에서는 반결정 상태가 되고, 막의 유동성이 떨어지며 단백질은 기능을 상실한다. 기온이 높고 지온이 낮을 경우 벼 못자리기간 중 낮은 지온에서는 물의 점성이 높아 물의 흡수는 잘되지 않을 때 기온이 높으면 증산량은 많아지므로 모는 수분의 불균형으로 잎이 시들고, 심하면 고사하기도 하는데 이 경우 물을 깊게 대어 잎이 물에 잠기게 하거나 ABA를 처리하여 증산을 감소시키면 냉해를 최소화할 수 있다.

(2) 냉해의 종류

벼의 경우 냉해에는 지연형 냉해, 장해형 냉해 및 병해형 냉해, 혼합형 냉해로 나눌 수 있다. ㉠ 지연형 냉해는 육묘기와 이앙기, 분얼기 등 영양생장기에 저온으로 인하여 출수가 지연되고 등숙이 불량해져서 수량이 감소하는 냉해를 말한다. ㉡ 장해형 냉해는 저온에 의한 발아 불량, 엽색의 갈변 등 영양기관의 장해이고 저온에 가장 민감한 벼의 감수분열기나 유수형성기에 저온으로 약 벽의 바깥쪽을 둘러싸고 있는 융단층(tapetum)이 비대해지고 꽃가루가 불충실하여 약(anther)이 열리지 않으므로 수분(pollination)이 되지 않는 경우, 개화기에 온도가 낮으면 개영이 되지 않아 수분(pollination)이 안 되어 불임이 되는 경우, 등숙기의 저온으로 임실이 되어도 등숙이 불량한 경우로 나눌 수 있다. 즉 생식기관의 발육 불량으로 수정이 안 되거나 영화가 퇴화하는 등의 장해가 발생한다. ㉢ 병해형 냉해는 저온으로 광합성이 원활하게 진행되지 못하면 단백질 합성도 진행되지 못하고, 수용성 아미노산이나 아마이드를 축적하는데, 이런 상태에서 도열병균은 단백질보다 아미노산을 직접 이용할 수 있으므로, 벼의 경우 도열병 등이 발생하는 것을 병해형 냉해라 한다. ㉣ 혼합형 냉해는 지연형과 병해형, 장해형 냉해가 함께 복합적으로 발생하는 것을 말한다.

(3) 내냉성

냉해는 생육 적온보다 낮은 온도에서 광합성, 호흡, 단백질 대사, 지질대사 등 모든 생화학적 반응이 연관되어 일어나며, 그 정도가 저온에 있을 때와 비교하여 크지 않으므로 내냉성의 원인은 명확하지 않다. 그러나 품종 차이가 있는데 ㉠ 벼에서 자포니카 품종은 인디카 품종이나 통일형 품종보다 내냉성이 강하다. 우리나라의 경우 1980년도의 통일형 벼 품종을 대량 재배하였는데 냉해로 인해 수량이 50%나 급감하였고 이로 인해 기상재해와 스트레스 생리학에 대한 인식이 증가하였다. ㉡ 내냉성이 큰 꽃양배추, 순무, 완두 등은 내냉성이 약한 강낭콩, 고구마, 옥수수보다 불포화지방산(unsaturated fatty acid)의 함량의 비율이 높으며, 작물을 저온에 두면 경화되는 동안에 불포화지방산의 비율이 증가하여 내냉성이 증가한다. ㉢ 프롤린(proline) 함량은 건조할 때 증가하지만 저온에서 약(anther)의 프롤린 함량은 많이 감소한다.

(4) 냉해 대책

① 내냉성 품종의 선택

냉해에 잘 견디는 품종(자포니카 계열)을 선택한다. 쌀이 부족했던 1980년도에 통일형 품종의 광범위한 재배로 당시 냉해의 피해가 심하게 발생하였다.

② 입지조건 개선

방풍림을 설치하며, 습답이나 누수답을 개량하고, 지력을 배양한다.

③ 재배법 개선

보온 육묘와 조기, 조숙재배를 하여 성숙기를 앞당기고 소주밀식(한 포기에 모 수는 적게 하면서 전체적으로 배게 심는 이앙 방법)을 하여 강건하게 생육시킨다.

④ 온도조절

냉온기에 물을 깊이 대어 야간온도를 높이고 관개수의 수온을 올리도록 저류지를 설치하거나 증발방지제를 살포한다.

2) 한해(Chilling Injury, 寒害)

한해(chilling injury)는 상해(frost injury)와 동해(freezing injury)로 나눌 수 있으나 두 장해의 기작은 유사하다. 상해는 고구마나 고추, 옥수수 같은 저온에 약한 여름작물 재배 시 봄의 늦서리 또는 가을에 첫서리가 올 때 받는 장해이고 동해는 가을에 파종한 월동 작물의 경엽, 과수 등 다년생 작물의 눈 등 월동하는 작물이 받는 장해로 0℃보다는 더 낮은 온도로 인해 세포 내에 결빙이 생겨 조직이 파괴되어 입는 장해이다.

(1) 동해의 기구

① 세포의 결빙

수분이 많은 세포는 온도가 빙점 이하로 낮아지면 세포가 결빙하여 동해를 받는데, 조직의 동결은 수분퍼텐셜이 큰 자유수(free water)가 있는 세포벽이나 세포간극에서 먼저 일어난다. 이 결빙은 따뜻해지면 회복이 되는 경우가 많지만, 동결온도가 계속 유지되면 세포벽에는 수분퍼텐셜이 낮아지므로 원형질의 수분이 이동되어 얼음이 점점 커지는데, 내동성이 약한 작물은 원형질의 투과성이 낮아 수분함량이 빨리 감소되지 않으며, 세포 내에서도 결빙이 생겨 원형질 교질물(colloid) 구조에 기계적인 장해를 줌과 동시에 심한 탈수로 인하여 원형질의 구조가 파괴되어 세포가 죽게 된다.

② 원형질의 투과성

내동성이 강한 작물은 원형질의 투과성이 좋아 수분이 세포벽으로 빨리 이동되므로 세포벽과 세포간극에만 얼음이 형성되며, 원형질은 용질의 농도가 높아 수분퍼텐셜이 낮아지고, 동결점이 낮아져 잘 견딘다.

③ 조직의 동결속도

내동성에 영향을 끼치는 온도가 서서히 동결점 이하로 내려가면 세포벽과 세포간극에서 결빙이 일어나고, 원형질의 수분이 감소되어 원형질은 장해를 적게 받지만 온도가 급격히 내려가서 원형질이 충분히 탈수되지 않으면 세포 내에 결빙이 생겨 동해를 크게 받는다. 동결될 때 세포에 장해를 주지 않았더라도 녹을 때 온도와 속도가 생명에 영향을 끼친다. 즉 동결된 세포가 서서히 녹으면 수분이 세포 안으로 들어가 원형질과 세포막이 같이 팽창되어 장해를 적게 받으나 급격히 녹게 되면 원형질보다 세포막이 먼저 녹아 팽창되면서 물리적 장해를 일으키게 된다. 작물이 동해를 받는 기작은 기본적으로 저온에 의해 세포가 죽는 것보다는 조직이 동결될 때나 녹을 때 받는 세포막의 물리적인 장해(동결이나 해동속도)에 더 기인한다.

(2) 내동성을 증가시키는 요인들

내동성에는 생리적 요인뿐만 아니라 형태적 요인과 발육단계, 계절적 요인도 관여하므로 작물의 종류, 품종, 작물의 부위에 따라 차이가 크다.

① 식물체의 함수량의 감소

작물 종자, 균의 포자, 구근류 등과 같이 함수량이 적으면 내동성이 강하다. 이는 자유수가 적어 세포 내 결빙이 잘 일어나지 않기 때문이고 수목의 가지나 눈도 겨울에는 추위에 잘 견디지만 봄이 되어 함수량이 많아지면 저온의 피해를 받기 쉽다. 따라서 가을이나 겨울에 작물체의 수분함량을 낮추거나 건조하게 유지하면 내동성이 증가한다.

② 당과 지질 함량의 증가와 전분의 감소

당이나 지질 함량이 높으면 세포의 수분퍼텐셜을 낮추므로 세포가 동결될 때 탈수가 적게 되어 원형질을 보호하므로 내동성이 증가한다. 이는 과실이나 감자의 경우와 같이 일반적으로 저온이 되면 탄수화물을 분해하여 당도를 높인다.

③ 친수성 콜로이드 함량 증가

저온에서 당분과 함께 친수성 콜로이드 함량이 증가하면 내동성이 증가한다.

④ 원형질의 투과성의 증대

원형질의 투과성이 클수록 내동성이 증가하는데 얼음이 얼 때는 탈수되기 쉬워 세포 내 결빙이 어렵고, 얼음이 녹을 때는 세포 안으로 물이 빨리 흡수되므로 기계적인 저항을 적게 받기 때문이다.

⑤ 수용성과 -SH기 단백질의 증가

내동성이 강한 작물은 수용성 단백질이 함량이 높으며 단백질 분자에 -SH기가 많지만 약한 것에는 -S-S기가 더 많다.

⑥ 경화(Hardening)와 아브시스산(ABA) 처리

저온에 일정 기간 순화시키거나 ABA를 처리하면 내동성이 증가하는데 어린 알팔파나 조직배양을 한 귀리는 4℃의 저온에서 수일간 처리하여 순화시키거나 ABA를 처리하면 내동성이 증가하여 -10℃에서도 견디는데 이는 내동성과 관계 깊은 새로운 단백질이 생성되기 때문이다. 감자는 15일 정도 저온 처리하면 내동성이 생기나 따뜻한 곳에서 24시간 이상 경과시키면 내동성이 상실된다.

(3) 동상해 대책

① 내한성 품종의 선택

가뭄 즉 한해에 잘 견디는 품종을 선택한다.

② 입지조건 개선

방풍림을 설치하여 수분 증발을 줄이고 배수나 용탈을 적게하여 지력을 배양한다.

③ 재배법 개선

채소와 화훼류는 보온재배를 하고 맥류는 이랑을 높여 재배하고 답압이나 적기 파종, 파종량 증대 등의 재배적인 조치를 한다. 칼슘 비료를 증시하고 퇴비를 준다.

④ 온도하강을 방지하기

응급조치로 살수빙결법, 관개법, 발연법, 송풍법, 피복법 등으로 온도를 유지시킨다.

3) 고온해(Heat Injury)

생육온도가 낮은 북방형 목초나 호냉성 채소는 여름에 고온으로 인하여 생육이 억제되며, 직접 강한 광에 노출되어도 장해를 받는다. 호박이나 오이 같은 호온성 작물도 봄과 여름에 온실 등에서 환기가 잘 안 되면 고온 피해를 받는데, 이를 고온해(high temperature injury) 또는 열해(heat injury)라고 하며, 온도가 생육한계 온도보다 더 높으면 결국 작물이 죽게 된다. 일반적으로 35℃ 이상이 되면 고온해가 발생하는데 유전적으로 내열성 품종을 육종해야 하지만 지배적으로는 ① 열순화(heat acclimation) ② 외생 물질처리(exogenous treatment)로 ABA나 ACC를 처리하면 경감시킬 수 있다.

(1) 고온해의 기작

① 세포막의 특성변화와 효소의 활성 저하

저온과는 반대로 세포막 지방의 유동성(fluidity)이 너무 커져 세포막의 조성과 구조가 변하여 무기 이온을 유출하고, 엽록체 ATP 생성이 억제되는 등 생리적 기능이 낮아지는데 단백질이 변성되어 광합성과 호흡에 관련된 효소의 활성이 억제된다. 고온해가 발생할 때는 세포막의 지질이 액화하고 단백질이 응고하여 효소 기능이 상실되며, 전분이 열에 응고하여 엽록체가 기능을 상실한다.

② 양분 소모

생육 적온보다 온도가 더 높아지면 광합성과 호흡이 모두 감소하는데 호흡보다 광합성이 더 먼저, 더 빨리 억제되므로 당이 축적되지 않아 과실과 채소는 단맛이 없어지고 생육이 억제되며, 심하면 고사한다. 이러한 영향은 고온에서 호흡 및 광호흡이 모두 증가되는 C_3 작물이 광호흡이 없는 C_4 식물보다 더 현저하다.

③ 독성물질의 생성

고온에서 물질이 분해될 때 생성된 암모니아에 의하여 장해를 받을 수 있으나 암모니아가 호흡에서 생성된 유기산과 결합하여 아미노산(amino acid)이나 아마이드(amide)를 형성하면 해독이 된다. 이때 피해의 정도는 가뭄과 겹칠 때 크게 나타난다.

④ 증산 과다

온도가 높으면 상대습도가 낮아져서 증산과 증발이 모두 많아지므로 토양수분이 부족하여 작물이 한발의 피해를 받기 쉽다.

(2) 내열성

① 잎의 적응

엽온이 광에 의해 증가하면 잎이 아래로 늘어지거나 잎이 감겨 말림으로 엽온을 낮춘다. 크기가 작은 잎은 큰 잎보다 바람에 잘 흔들려 온도를 낮추는데 유리, 흰 털이 많거나 잎의 왁스층이 발달하면 빛을 반사하여 고온장해를 줄일 수 있다.

② 포화지방산의 함량

지방은 온도가 높으면 유동성이 커지고, 온도가 낮으면 굳어지는 특성이 있는데, 일반적으로 내냉성이 큰 작물은 저온에서도 잘 굳어지지 않는 불포화지방산의 비율이 높아야 하지만, 내열성 작물의 경우는 포화지방산의 비율이 높아 고온에서도 세포막의 안정성이 큰 것이 특징이다. 작물중에 내건성, 내동성, 내열성이 강한 것은 단백질 분자에 -SH기가 더 많고, 약한 것은 -S-S-기가 더 많기 때문이다.

③ 열충격단백질의 합성

온도를 40~50℃ 정도로 급격히 상승시키면 곤충, 식물, 미생물 등에서는 열충격단백질(heat shock protein)이 형성되는데, 식물에서도 이 단백질이 형성되면 내열성이 증가한다. 합성된 열충격단백질은 핵이나 엽록체에 존재하며, 세포막의 포화지방산 생성이나 단백질의 안정성을 높여주는 것으로 추정되며, 수분부족, 상처, 염류장해 등의 스트레스에 의해서도 생성되므로, 일반적으로 작물이 한 가지 스트레스를 받으면 다른 스트레스에도 저항할 수 있는 능력이 생긴다.

3. 염류 장해(Salt Injury)

온실이나 비닐하우스와 같은 시설재배지에 무기질 비료를 과다 시용하거나 간척지나 내륙 사막지역 등은 토양에 염류가 집적되어 작물 재배 시 염해(salt stress, 염류장해)가 발생할 수 있다.

1) 염해의 기작

토양 중 염분의 농도가 점점 높아지면 작물은 토양수분의 수분퍼텐셜이 낮아져서 한해(drought stress)와 같은 장해를 받는다. 고농도의 염으로 인하여 토양의 수분퍼텐셜은 더욱 낮아져 뿌리가 토양에서 수분을 흡수할 수 없고 오히려 뿌리 조직의 수분이 유출될 수 있다. Na^+와 같은 염의 축적이 식물에 유해한 이온 독성(ion toxicity)을 초래하는 등의 두 가지 형태의 장해를 받게 되는데 농업적으로 중요한 콩과 옥수수 등은 염 농도에 민감하며, 벼(0.3% 이하에서 재배가능), 토마토, 목화, 사탕무, 밀, 보리 등은 이들에 비해 비교적 염해에 강하다.

2) 내염성(Salt Tolerance)

염분의 농도가 높은 토양에서도 적응하여 살 수 있는 식물들은 염분조절자(salt regulator)와 염분축적자(salt accumulator)의 형태로 나눌 수 있다. 염분조절자로 염생식물(hylophyte)들은 흡수한 염분을 뿌리에서 능동적으로 배출하거나, 일단 흡수된 염분이 염선(salt grand)을 통하여 체외로 다량 방출하는 경우이고 염축적자는 토양의 낮은 수분퍼텐셜 조건에서 세포의 수분이 밖으로 유출되지 않고 팽압을 유지하기 위하여 Na^+ 이온을 높은 비율로 흡수하는 경우로 이러한 내염성 식물은 고농도의 무기 이온이 체내에 축적되어도 이를 액포에 격리하여 저장하고, 세포질의 삼투퍼텐셜을 낮추어주면서 여러 효소의 활성에는 영향을 주지 않는 글리신(glycine), 베타인(betaine), 소르비톨(sorbitol), 글리세롤, 프롤린, 아스파트산, 글루탐산 등의 삼투조절물질(compatible solutes)을 함유하고 있다.

4. 광도 장해(Light Injury)

광이 작물의 생육에 스트레스를 주는 것(light stress)은 ① 광질(light quality)과 ② 광도(light intensity)로 나누어 생각할 수 있다. 광질은 파장이 400~700nm인 가시광선은 광합성에 필요하고 자외선(ultra violet, UV)과 같은 파장이 짧은 광은 생육을 억제하며, 파장이 긴 열선은 기온을 상승시킨다. 그늘에서는 파장이 긴 반사광만이 비추고, 온실에서는 광이 유리를 통과하는 동안 단파장인 자외선이 흡수되므로 이 두 조건에 있는 작물은 도장하기 쉽다. 광도는 너무 낮거나 너무 높아도 스트레스를 받아 작물이 정상적으로 생육하지 못한다. 그늘에서 자란 작물을 갑자기 강한 광에 노출시키면 잎이 타서 죽는데, 이를 일소(sun burn)라고 한다. 봄에 벼 육묘 시 발아 후 약광에서 녹화시키지 않고 바로 강광의 직사광선에 노출시키면 엽록소가 파괴되어 백화묘로 되어 장해를 받는데 이것은 저온에서는 카로티노이드의 생합성이 억제되어 있는 상황에서 유묘가 갑자기 강한 빛에 노출되면 카로티노이드에 의한 엽록소의 산화를 방지하는 기능이 약하므로 생성되는 엽록소가 광산화를 받아 파괴되었기 때문이다. 그러나 유묘를 약광에서 서서히 녹화시키거나 빛이 강해도 온도가 높으면 카로티노이드가 엽록소를 보호하므로 피해를 거의 받지 않는다. 접목선인장이나 관엽식물은 적정 광도 이상이면 일소(sun burn) 현상을 일으키므로 차광을 해 주어야 한다.

5. 풍해(Wind Injury)

바람으로 인한 작품의 피해를 풍해(wind stress)라고 한다. 바람도 상황에 따라서 유리한 점이 있는데 예로 약한 미풍은 증산작용의 촉진으로 무기 양분의 흡수와 이동을 촉진하고 잎을 흔들어 광과 이산화탄소를 군락 내부로 잘 들어가게 한다. 그리고 옥수수의 수분(pollination)촉진, 과도한 지온과 기온을 낮추어 주며 서리피해의 방지, 수확물과 과습 토양의 건조 등의 이점이 있다. 그러나 바람의 해로운 점으로 강풍은 도복을 유발하고 과수의 가지를 손상시키며 낙과를 발생시키는 등 피해를 유발한다. 연풍(풍속 4~6km)은 병균이나 잡초의 씨를 퍼트리며 냉풍은 냉해를 유발한다.

1) 풍해의 기작

(1) 탈수(Dehydration)

강한 바람이 불면 기공이 닫히므로 토양수분이 충분하면 탈수에 의한 피해는 크지 않으나, 벼의 출수 직후에는 영화의 각 피층이 발달되지 않아 건조한 강풍이 불면 스트레스를 받아 수정이 안 되고 이삭이 마르는 백수(白穗)가 발생한다.

(2) 기공폐쇄와 광합성 저하

풍속이 빠르면 기공의 공변세포가 탈수되는 속도가 주위 세포에서 물이 이동되는 속도보다 빠르므로 공변세포는 팽압을 잃고 기공이 닫히며, 광합성은 저하된다.

(3) 호흡증가

강풍에 의한 기계적 상처가 증가하면 병원균의 침입이 용이해지며, 세포막의 파괴로 호흡기질과 효소들이 접촉할 기회가 증가하므로 호흡률이 높아지고 기질의 소모가 커지는 상해 호흡(wound respiration)이 증가하게 된다.

2) 내풍성(Wind Tolerance)

내풍성을 갖추기 위한 재배대책은 도복 저항성 품종의 재배, 출수기 조절, 방풍림이나 방풍망 설치, 착과 조절, 낙과방지제 살포 등이 있다.

6. 환경오염 장해(Environmental Pollution Injury)

대기나 수질, 토양 등이 오염에 의한 장해를 환경오염장해라고 한다.

1) 대기오염 장해(Air Pollution Injury)

작물에 생리적 장해를 유발하는 주요 오염물질들은 황산과 질산을 위시한 산화물과 불화수소(HF), 염소(Cl_2)와 에틸렌(C_2H_4) 등이다. 이들이 작물생육에 미치는 영향은 크다.

(1) 함황물질(Sulfidic Material)

이산화황(SO_2)과 황을 포함한 오염물질은 기공을 통하여 흡수되는데, SO_2는 기공을 폐쇄하여 더 이상의 SO_2를 흡수할 수 없도록 하여 피해를 줄이지만 CO_2 흡수도 억제되므로 광합성이 감소하는데 세포 내에서 SO_2가 물에 녹으면 아황산(HSO_3), 황산(H_2SO_4), 황산염을 만든다. 아황산과 황산은 수소이온에 의하여 엽록소 분자의 Mg^{2+}을 추출하므로 잎이 황화되고, 광합성이 저하된다. 황산염이 축적되면 칼슘의 이용을 저해하고, 체내 양분의 균형을 파괴한다. 따라서 대량으로 흡수 시 세포 내 pH를 낮추어 장해가 발생된다.

(2) 옥시던트(Oxydants, 산화물)

오존(O_3)은 자외선에 의해 산소분자가 해리되어 생성된 산소 원자가 다른 산소분자와 결합하여 생성되므로 이 오존은 자외선을 흡수하여 생ㅌ물을 보호하는 기능을 한다. 지상에서는 내연기관에서 연소할 때 발생하는 열에 의하여 공기 중의 질소와 산소가 반응하여 이산화질소(NO_2)가 되고, NO_2가 광 에너지를 받아 산소와 결합할 때 오존이 발생한다. 오존은 쉽게 분해되지 않고 반응력이 강하므로 독성이 있는 활성산소로 변하고, 이것이 세포막에 결합하여 지질을 파괴하거나 단백질의 -SH기를 산화하므로 대사작용을 교란시키는데 오존에 대한 작물의 감수성은 목화는 민감하고, 수수가 내성이 크다.

(3) 산성비(Acid Rain)

대기오염물질인 SO_2, NO_2, Cl_2, F_2 등이 빗물에 녹으면 pH가 낮아진 비가 내리는데 이를 산성비(acid rain)라고 한다. 산성비는 대개 황산(H_2SO_4)과 질산(HNO_3)이 약 2:1의 비율로 섞여 있고, 피해는 SO_2, NO_2의 피해와 비슷하지만, 토양도 산성화시킨다. 특히, 토양이 산성화될 경우 토양의 양이온치환용량(CEC)이 낮아져 토양의 비옥도가 저하된다. 산성비는 잎 표면의 왁스와 칼슘을 비롯하여 칼륨, 마그네슘 등 무기염류를 잎에서 유실시키고, 표피세포와 엽육 세포의 생리적 교란을 일으키며, 엽록소 함량은 물론 작물의 생육과 수량을 감소시킨다. 피해가 더 심해지면 잎에 갈색, 황색, 흰색의 괴사 반점이 발생한다. 산성비의 피해는 주로 pH 4.0 이하에서 발생하므로 매년 경운을 하고, 필요할 경우 석회를 시용하여 토양을 중화시킴으로써 산성비에 의한 피해를 줄일 수 있다. 경운을 하지 않은 산성토양에서는 토양이 산성화하고, 심할 경우 Al^{3+}가 용탈되어 하천이나 호수로 내려가면 어류가 죽는다. 산성비에 대한 저항성은 쌍떡잎 초본식물〈쌍떡잎 목본식물〈외떡잎 식물〈침엽수 의 순으로 크다.

(4) 미세먼지(Fine Dust)

대기의 분진과 미세먼지 등이 식물에 쌓이면 태양 방사량을 줄이거나 잎의 표면이나 기공을 차단하여 광합성이 저하되고 품질이 낮아지는데 선인장과 다육식물의 경우 생육 저해는 물론 색소발현을 막아 품질 저하가 발생하는 것을 말하는 것으로 최근 화석연료의 과다사용과 자동차 배기가스 등이 원인으로 자주 발생한다.

2) 토양오염 장해(Soil Pollution Injury)

토양오염물질로는 카드뮴(Cd), 구리(Cu), 아연(Zn), 비소(As) 등과 같은 중금속이 큰 비중을 차지하고 있다. 여기서 카드뮴은 독성이 아주 강한데 일본의 이타이이타이병의 원인물질이다.

① 카드뮴(Cd)은 주로 아연 제련과정에서 배출되어 하천을 경유하여 경지로 유입되므로 토양이 산성화되면 흡수가 촉진되며, 벼의 경우 쌀〈왕겨〈잎〈줄기〈뿌리 순으로 작아진다. 일반적으로 현미에 함유된 카드뮴은 0.3ppm이지만, 1ppm 이상의 카드뮴이 검출되면 판매 및 이용이 금지되어 있다.

② 구리(Cu)는 일반토양에서는 보통 150ppm 이하이지만, 오염된 지역에서는 500~2,000ppm까지 측정된다. 토양 중 구리함량이 150ppm 이상이 되면 생육장해를 나타내며, 심하면 고사한다. 산성토양에서 용해가 잘되고, 알칼리성 토양에서는 용해가 잘 안 된다.

③ 아연(Zn)은 함량이 200ppm 이상이면 오염되었다고 보며, 밀은 200ppm 이상에서, 벼는 400ppm 이상에서, 채소류는 400~600ppm에서 피해가 나타난다.

④ 비소(As)는 일반토양에서 2~10ppm 정도 함유되어 있으며, 10ppm 이상 함유되면 수량이 감소한다.

3) 수질오염(Water Pollution Injury)

수질오염은 pH, 생물학적 산소요구량, 화학적 산소요구량, 부유물질, 페놀류, 각종 중금속 함량 등을 기초로 조사하는데 생물학적 산소요구량(biological oxygen demand, BOD)은 수중의 오탁유기물을 호기성 미생물을 이용하여 분해하는 데 소요되는 총산소량(ppm 또는 mg/L)임. 일반적으로 시료를 채취하여 20℃에서 5일간 배양하였을 때 소모되는 산소량으로 나타낸다. 수질오염의 전형적인 지표로 1ppm은 매우 깨끗한 상태를 나타내고, 5ppm까지는 농업용수로 사용할 수 있으며, 10ppm 이상이면 불쾌감을 주고 공업용수로도 사용하기 어렵다. 일반적으로 하수도 등의 BOD는 200ppm 정도 된다. 화학적 산소요구량(chemical oxygen demand, COD)은 수중의 전 유기물을 화학적으로 산화하는데 필요한 산소량(ppm 또는 mg/L)으로 수중의 유기물을 간접적으로 측정하는 방법이다. 보통 측정은 2시간이면 가능해서 빠른 분석이 필요할 때 이용한다. 부유물질(suspended solid, SS)은 물에 녹지 않고 수중에 현탁되어 있는 유기물과 무기물을 함유하는 고형물로 보통 공극이 0.1μm 정도 되는 여과지에 여과시켜 통과하지 못하는 물질들을 부유물질로 보며 이들을 충분히 건조시킨 후 측정하여 ppm 또는 mg/L로 표기한다. 수질오염의 주요 문제를 보면 먼저

① 질소의 과잉장해로 도시 근교의 논은 질소함량이 높은 관개수를 사용하기 때문에 피해를 입기 쉬운데 일반적으로 질소가 5ppm 이상으로 과다하면 과번무, 도복, 등숙 불량, 병해충 발생 등의 장해를 유발한다.

② 유기물에 의한 토양의 환원으로 논과 같은 혐기 조건에서 유기물은 분해되어 수소, 메탄과 같은 가스, 아세트산이나 뷰티르산(butric acid)과 같은 유기산, 알코올 등을 생성하며 토양의 산화환원전위(oxidation reduction potential, ORP)를 낮추고, 그에 따라 환원성 유해물질이 생성되어 작물의 수량을 감소시킨다. 또한, 철, 망간, 황 등이 환원되어 Fe^{2+}, Mn^{2+}, 황하수소가스(H_2S) 등을 생성하는데, 이들은 벼의 양분흡수, 체내대사를 저해하여 뿌리의 신장을 억제하고 부패시키며, 중요한 무기 양분의 흡수를 방해한다.

7. 작물의 보호와 2차 대사산물 (Crop Protection and Secondary Metabolite)

작물이 각종 재해는 물론 초식동물과 병충해로부터 공격을 당했을 때 2차 대사산물(페놀 등)을 분비하여 해충에 먹히거나 병에 걸리지 않도록 보호한다. 때로는 수분 매개자와 종자 산포, 동물을 위한 유인제 역할을 하며 경쟁과 공생을 위한 작용제 역할을 한다. 2차 대사산물은 테르펜, 페놀화합물, 플라보노이드, 질소함유화합물 등으로 나눈다.

1) 테르펜(Terpene)

테르펜은 생장과 발육을 조절하는 호르몬의 전구물질이나 색소체의 구성원이다. 종류와 구성으로 아이소프렌 단위(C_5)의 수에 따라 모노테르펜(C_{10}), 세스키테르펜(C_{16}), 디테르펜(C_{20}), 트리테르펜(C_{30}), 테트라테르펜(C_{40}) 등으로 분류한다. 예를 들어 콜레스테롤은 알코올기를 갖는 트리페르펜이고 카로티노이드의 일종인 토마토의 리코펜은 곧은 사슬상의 탄화수소이다. 지베렐린(GA)는 디테르펜이고 브라시노스테로이드는 트리테르펜에서 유래한다. 카로티노이드는 테트라테르펜이고, 아브시스산(ABA)은 C_{15} 테르펜이다. 테르펜은 식물을 초식동물로부터 방어한다. 제충국의 피레스로이드(pyrethroid)는 모노테르펜 에스테르로 놀라운 살충 활성을 보인다. 이것은 환경 잔류성이 낮고 포

유동물 독성이 없어 상업용 살충제 성분으로 인기가 높다. 정유(essential oil)는 모노테르펜과 세스퀴테르펜으로 페퍼민트, 레몬, 바질, 세이지에서 정유에 함유되어 있고 독특한 냄새의 원인이 된다. 페퍼민트의 모노테르펜은 멘톨이고 레몬의 모노테르펜은 리모넨(limonene)이다. 초식동물에 대항하는 비휘발성 테르펜은 리모노이드(limonoid)로 감귤류의 쓴맛을 내는 트리테르펜(C_{30}) 그룹이다. 초식동물로부터 식물을 방어하는 트리테르펜에는 카르데놀리드와 사포닌이 있다. 심장약을 만드는 디기탈리스에 많은 카르데놀리드는 심장박동을 느리고 강하게 만든다. 인삼의 사포닌(saponin)은 스테로이드로서 트리테르펜 배당체인데 비누와 같은 성질 때문에 이런 이름이 붙여졌다.

2) 페놀 화합물(Phenol Compound)

페놀은 생합성 중간대사물로서의 역할이 크다. 식물체를 자르거나(조직배양의 절편체 등) 스트레스를 주면 생성된다. 폴리페놀은 타닌, 리그닌, 플라보노이드로 분류되는 다양한 천연물질을 통틀어 부르는 이름이다. 분자 구조에 페놀을 닮은 부분이 있을 뿐이지 화학적 성질은 독성이 강한 페놀과 아무 관계가 없다. 폴리페놀은 식물 생리에 중요한 시키미산이라는 중간체를 통해 만들어진다.

시키미산 경로(shikimic acid pathway)는 해당과정과 5탄당인산회로(PPP)에서 방향족 아미노산인 페닐알라닌, 티로신, 트립토판으로 전환된다. 글리포세이트(glyphosate, 근사미)가 이 방향족 화합물의 합성을 방지하여 옥신이나 단백질의 합성을 자단하는 이행성 제초제이다. 쿠마린과 벤조산이 이 그룹에 속한다. 자외선은 단순 페놀 화합물을 활성화시킨다. 토양으로 방출된 페놀 화합물은 다른 식물의 생장을 억제할 수 있다. 페닐프로파노이드와 벤조산 유도체는 토양에서 타감작용(allopathy)을 일으키는 페놀 화합물이고 제초제 2,4-D도 페놀계 화합물이다. 리그닌은 고도로 복잡한 거대한 페놀 화합물이다. 이 리그닌은 통도조직을 구성하나 섭식을 저지하고 소화를 어렵게 만든다. 병원체의 생장과 감염을 줄인다.

타닌(tannin)은 초식동물의 섭식을 저지한다. 먹이에 포함된 타닌은 일반적으로 독소이며 섭식퇴치로 소나 사슴과 같은 포유동물은 이를 기피한다. 그러나 포도주의 타닌은 심장병의 위험을 줄인다고 하고 프롤린 단백질은 타닌의 독성을 감소시킨다.

3) 플라보노이드(Flavonoid)

플라보노이드는 $C_6-C_3-C_6$의 탄소 골격을 갖는 식물 색소로 약 2,000종이 알려져 있는데 대표적인 것으로 안토시아닌, 플라본, 이소플라본, 플라보놀이 있고 다양한 색을 나타내고 기능성을 가진다.

① 안토시아닌(anthocyanin)은 동물을 유인하는 유색성 플라보노이드이다. 안토시아닌 계열의 색상발현, 적색과 오렌지색의 펠라르고니딘, 홍자색의 시아니딘, 청자색의 델피니딘, 담홍색의 페오니딘, 자주색의 페튜니딘 등이 있다.

② 플라본(flavone)과 플라보놀(flavonol)은 자외선으로부터 식물을 보호한다. 특별히 자외선 UV-B(290~320nm 파장)에서 보호한다.

③ 이소플라보노이드(isoflavonoid)는 광범위한 약리적 작용을 하는데 살충제인 로테논과 많은 피토알렉신(phytoalexin)이 있다.

4) 알칼로이드(Alkaloid)

질소함유화합물인 C_2 알칼로이드는 식물보다 동물에 대한 생리적 현상이 강한데 카페인, 니코틴, 모르핀, 코카인 등은 사람에게 기호성과 함께 독성이 있다. 시안(CN) 발생 배당체는 독극물인 시안화수소((HCN)를 방출한다. 카사바(cassava)에는 시안(CN) 발생 배당체가 포함되어 있으나 이들은 갈고 빻고 말리면 제거하거나 분해될 수 있다. 글루코시놀산(glucosinolate)은 휘발성 독소를 방출한다. 유채에 있는 글루코시놀산은 배추, 브로콜리, 무 등에서 냄새와 맛을 내는 성분이기도 하다.

제2편 잡초방제학

(Weed Science)

제1장 잡초의 특성과 분류(Characteristic and Classification of Weed)

1. 잡초의 정의와 피해

잡초(weed)란 원치 않는 작물(unwanted plant)로 과실이 없거나 장소를 벗어나 자라는 식물을 말한다. 상대적으로 작물(crop)은 유용한 가치가 있어서 인위적 재배를 하는 작물로 거의 기형에 가까울 정도로 인간에게 유용한 부위가 발달된 식물이다. 이때 잡초는 작물의 자람을 저해하는 모든 식물을 지칭하는 것으로 벼 논에 자라는 피나 보리밭에 바랭이 등을 말한다. 잡초로 인한 피해는 갈수록 커지고 인건비 절감 등의 이유로 제초제의 판매량도 농약의 제형 중에서 가장 많다. 잡초는 원래 작물과 광, 수분, 영양 등에서 경쟁하거나 품질을 악화시키고 병해충의 서식처가 되는 등 궁극적으로 작물의 생육을 방해하여 손해를 입힌다.

다시 말해 원하지 않은 식물이나 제자리를 벗어난 식물로 없어야 작물 재배에 도움이 되는 식물, 토지에 대한 인간의 의지(욕구)에 역행하는 식물로 농경지나 생활 주변에서 자생하는 식물 이외의 초본성 식물을 총칭한다. 이들은 작물에 직간접적인 피해를 줌으로써 생산성을 떨어뜨리고 인간의 의도에 역행하여 토지생산성과 노동생산성을 저하시키는 모든 식물을 말한다. 즉 잡초는 경작지에서 자연적으로 발생하여 직간접적으로 작물의 수량 감소와 품질 저하를 초래하는 식물이다.

잡초는 많은 종류가 있고 다양하나 생리 생태적, 형태학적 분류에 따라 화본과 잡초, 광엽 잡초 및 방동사니과 잡초로 구분하며, 생활형에 따른 일년생 잡초, 이년생 잡초 그리고 다년생 잡초로 나누고 있다. 농업의 역사는 잡초방제의 역사라고 할 만큼 잡초는 농사에서 힘들고 귀찮은 존재이다. 최근 귀농귀촌을 한 분들이 잡초와 전쟁이라고 할 만큼 어려움을 호소하는 이들이 많다.

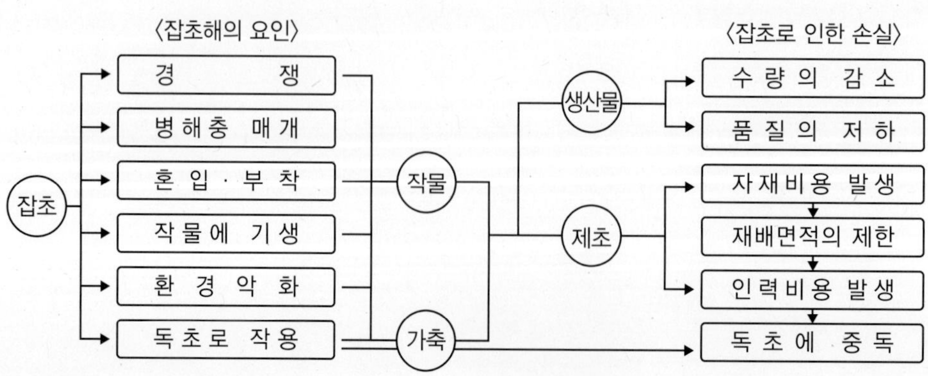

그림 2-1 잡초해의 요인과 손실

표 2-1 유해생물에 의한 작물의 연간 손실액(1980년도 기준, 단위: 억 원)

유해생물	작물 피해	방제 비용	손실 총합	비율(%)	기타
병	36,257	1,322	37,579	27.1	비병원성은 제외함
해충	38,383	5,071	43,454	31.3	선충 포함
잡초	28,285	29,337	57,622	41.6	기생성 잡초 포함
합계	102,925	35,730	138,655	100.0	

(주) 미국 농무성 자료, 환율은 1,150원으로 계산

2. 잡초의 피해와 유용성

잡초는 원하지 않은 식물이나 때로는 유용한 측면이 있으므로 양면성(foe or friend)이 있다(표 2-2 참조).

1) 잡초로 인한 피해

① 양뷴이나 수분의 경합으로 작물의 수량이 감소한다.

② 광을 차단하거나 외관을 나쁘게 한다.

③ 병해충의 서식지가 되거나 매개시킨다.

④ 물관리나 조경, 도로관리 등 작업환경을 악화시킨다.

⑤ 사료의 품질을 저하시키고 종자 혼입 및 부착해를 일으킨다.

⑥ 잡초의 타감작용(allelopathy)으로 인해 작물의 생육이 저해된다.

2) 잡초의 유용성

① 토양 침식을 방지하는 등 자연보존에 기여한다.

② 유기물을 생산하여 공급하고 공해를 줄인다.

③ 희귀물질이나 유용성분을 생산할 수 있고 유전자를 보존하는 기능이 있다.

④ 조경식물로서 가치가 있을 수도 있다.

⑤ 피나 명아주 등은 구황작물로서 이용 가능성이 있다.

표 2-2 잡초의 유용성과 이용가능성

번호	이용 분야	이용 가능성	이용 잡초명
1	생화학적 특성	약용	제비꽃, 괭이밥, 쇠무릎, 이질풀, 쑥, 병풀, 할미꽃 등
		방향용	쑥, 참방동사니, 족제비쑥, 들깨풀, 개망초 등
		식용	질경이(무침), 쇠뜨기(차), 민들레(차, 즙), 토끼풀(생채) 등
		녹비용	콩과 잡초(토끼풀, 얼치기완두, 헤어리베치 등
		사료용	엉겅퀴류, 개구리밥 등
		살균용	사철쑥, 쇠뜨기, 차즈기 등
		살충용	가시박, 미나리아재비, 애기똥풀, 할미꽃 등
		제초용	하늘타리, 억새, 헤어리베치 등
		펄프용	갈대, 부들, 방동사니류 등
2	생리적 특성	수질정화용	고마리, 꽃창포, 마름, 미나리, 생이가래, 부들, 줄 등
		염류제거용	도꼬마리, 쇠뜨기말 등
		중금속 제거용	개구리밥, 고마리, 고사리 등
		기생잡초 억제용	도둑놈의갈고리 등
3	생태적 특성	잡초억제용	들묵새, 얼치기완두, 잔디(켄터키블루그라스) 등
		토양 피복용	토끼풀, 들묵새, 쇠별꽃, 가락지나물 등
		사면녹화용, 토양유실 방지용	큰김의털, 띠, 들묵새 등
		야생조류 안정화용	갈대, 줄, 돌콩 등
		수생어류 서식처용	정수 및 부유성 수생잡초
4	형태적 특성	어메니티 자원	민들레, 토끼풀 등
		경관자원	억새, 씀바귀, 쑥부쟁이, 벌노랑이, 개여뀌, 하늘타리, 박주가리 등
		바이오에너지 자원	갈대, 부들, 줄, 칡 등

표 2-3 작물에 대비한 잡초의 특성

번호	생장 특성	생식 특성	농업적 특성
1	광합성 능력이 우수한 것이 많다.	종자, 열매, 저장기관이 작다.	수확지수(harvest index)가 낮다.
2	영양생장에서 생식생장으로 전환이 빠르다.	수분 시에 충매나 풍매화가 많다.	영양번식으로 물리적 방제를 극복한다.
3	잎과 뿌리 발달이 빠르다.	환경 적응력이 강하다.	제초제에 대한 내성과 저항성이 강하다.
4	종자의 발아력이 높다.	종자가 많고 성숙이 빠르다.	종자 수명이 길다.
5	초기에 생장속도 빠르다.	자가수분을 많이 한다.	생리생태적으로 작물과 유사하다.
6	휴면이 없거나 짧다.	종자성숙기가 작물수확기와 유사하다.	수시로 발아한다.

3. 잡초의 분류(Classification of Weed)

1) 식물학적 분류

현재까지 알려진 식물 종은 대략 20만 종 정도이며 이 가운데 약 0.1%에 해당하는 200여 종의 식물이 주요 잡초로 분류된다. ① 과(family)나 종(species)에 따른 분류, ② 떡잎에 따라 쌍자엽 식물(dicotyledon)과 단자엽 식물 (monocotyledon)로 분류, ③ 잎의 넓이에 따라 세엽 잡초(narrow leaf)와 광엽 잡초(broad leaf)로 분류할 수 있다.

2) 잎과 줄기 형태에 따른 분류

① 화본과 잡초(볏과, grass weed)라고도 하는 잡초로 줄기는 마디가 있고, 잎은 마디로부터 어긋나기로 나 있으며 잎은 줄기를 둘러싸서 보호하는 잎집(leaf sheath)과 잎몸(leaf blade)으로 나누어지는데 잎몸은 좁고 기다란 모양으로 잎맥(leaf vein)이 평행하게 형성된 것이 특징이다. 피, 바랭이, 둑새풀, 강아지풀, 갈대, 억새 등이 여기에 속한다.

② 방동사니과 잡초(사초과, sedge weed)에 속하는 잡초들은 화본과와 비슷하나 대부분 줄기 횡단면이 삼각형 모양이며 잎혀나 잎귀가 없다는 점으로 구분이 된다. 잎은 좁고 능선이 있으며 끝이 뾰족하고 소수에 작은 꽃이 달린다. 방동사니, 너도방동사니, 올방개, 매사기, 올챙이고랭이 등이 여기에 속한다.

③ 광엽 잡초((broad-leaf weed)는 잎이 넓은 잡초로 화본과 잡초나 방동사니과 잡초에 속하지 않는 식물로 말 그대로 잎이 비교적 넓은 잡초이다. 잎은 주로 타원형, 난형, 피침형이며 잎맥이 그물처럼 얽혀 있는 것이 특징이다. 우리 주변에서 흔히 발생하는 망초, 토끼풀, 쑥, 냉이, 비름, 물달개비, 가래, 메꽃, 가막사리 등 많은 잡초가 이 범주에 속한다.

표 2-4 잡초의 구분 및 분류

구분	화본과(볏과) 잡초	방동사니과(사초과) 잡초	광엽 잡초
일년생 잡초	논피, 바랭이, 둑새풀, 강아지풀 등	알방동사니, 난쟁이사초, 바람하늘지기 등	물달개비, 명아주, 깨풀, 가막사리, 쇠비름 등
다년생 잡초	나도겨풀, 갈대, 억새, 띠, 그령, 물참새피 등	올방개, 올챙이고랭이, 새섬매자기 등	벗풀, 올미, 소리쟁이, 쑥, 토끼풀, 쇠뜨기 등

표 2-5 전 세계적으로 문제되는 잡초의 과별 분류

순위	과명(국문)	과명(영문) (2개인 경우)	전 세계 (우리나라) 종수	주요 작물	주요 잡초	전세계 (국내 비율(%))	누적 비율 (%)	기타
1	화본과 (벼과)	Gramineae (Poaceae)	10,000 (180)	대나무, 보리, 옥수수	강아지풀, 개밀, 피, 새포아풀	44 (21)	21	외떡잎/1년생/영과 새포아풀은 다년생 도 있음
2	국화과	Compositae (Asteraceae)	20,000 (390)	상추, 해바라기, 금잔화	민들레, 망초, 엉겅퀴	32 (16)	37	쌍떡잎식물/수과
3	방동사니과 (사초과)	cyperaceae	5,000 (233)	주요작물 없음	방동사니, 올방개, 바늘골, 매자기	12 (7)	43	줄기가 3각, 잎도 3 열이며 수술과 암술 도 3개임, 외떡잎 다년생으로 수과임
4	마디풀과	Polygonaceae	1,100 (58)	대황, 하수오, 메밀	마디풀, 여뀌, 소리쟁이	8 (4)	47	쌍떡잎식물
5	비름과 (명아주과)	Amaranthaceae (Chenopodiaceae)	2,400 (12)	맨드라미, 천일홍, 시금치	비름, 흰명아주	7 (4)	51	명아주과 일부 종을 비름과로도 분류함
6	십자화과 (배추과)	Cruciferae (Brassicaceae)	2,000 (37)	배추, 무, 순무	냉이, 꽃다지,	7 (4)	55	쌍떡잎식물
7	두과 (콩과)	Leguminosae (Fabaceae)	13,000 (92)	콩, 팥, 등나무	아까시나 무, 살갈 퀴, 토끼풀	6 (3)	58	쌍떡잎식물
8	메꽃과	Convolvulaceae	1,500 (6)	나팔꽃, 고구마	갯메꽃, 새삼, 아욱메풀	5 (2)	60	쌍떡잎
9	대극과	Euphorbiaceae	8,000 (20)	꽃기린, 포인세티아, 크로톤, 카사바	피마자, 등대풀, 낭독	5 (2)	62	다육식물이 많음, 독성이 있는 것이 많음
10	아욱과	Malvaceae	1,500 (10)	무궁화, 접시꽃, 오크라, 두리안	아욱, 어저귀	4 (2)	64	쌍떡잎식물로 꽃잎은 5개임

2) 잡초의 생리생태적 분류

(1) 발생 시기에 따른 분류

① 하계(여름형) 잡초는 주로 여름에 발생하며 작물과 경합하여 피해를 준다.

② 동계(겨울형) 잡초는 맥류나 사료작물, 잔디밭에 잡초해를 끼친다.

(2) 생육 기간에 따른 분류

① 일년생(annual weed) 잡초는 1년 이내에 한 세대의 생활사(life cycle)를 끝마치는 잡초를 의미한다. 일년생잡초는 포장에서 발생 시기에 따라 하계일년생(summer annual)과 동계일년생(winter annual) 잡초로 구분한다. 하계일년생 잡초는 봄에 발아하여 여름 동안에 생장하고 가을에 결실한 다음 말라 죽는다(예: 바랭이, 피, 쇠비름, 명아주). 동계일년생 잡초는 늦여름부터 초겨울 사이에 발아하여 겨울을 보낸 후 이듬해 봄에 생장하고 봄부터 여름에 걸쳐 개화, 결실하고 말라 죽는다(둑새풀, 냉이 등). 이들 일년생잡초는 주로 종자로 번식하며 많은 종자를 생산하는 관계로 잡초방제에서 주 방제대상이 된다.

② 이년생 잡초(biennial weed)는 1~2년 이내에 개화 결실하고 죽는 잡초이다.

③ 다년생 잡초(perennial weed)는 2년 이상 생존하는 잡초이다. 종자로도 번식이 가능하나 대부분 영양기관에 의하여 번식한다. 제초제로도 방제가 어려워 문제가 되는 잡초가 많다. 민들레, 질경이, 갈대, 쑥, 애기수영, 올방개, 가래 등이 여기에 속한다.

4. 잡초의 분포(Distribution of Weed)

우리나라는 몬순(monsoon) 기후대에 속하여 생태적으로 남방형 잡초가 많이 분포해 있으며, 고온 다습한 여름철의 강우기를 전후하여 잡초의 생육이 왕성하며 겨울작물보다는 여름작물에 대한 잡초경합문제가 상대적으로 크게 야기되는 특징이 있다.

1) 논과 밭의 잡초

밭 토양 1㎡(깊이 2cm)당 6~10만 개의 잡초 종자가 매립되어 있다고 하는데, 실제로 발생하는 개체 수는 1~5천 개에 정도이므로 약 6%가 여름의 작물 포장에서 발생한다. 대체로 여름철은 고온 다습하기 때문에 6~8월이 잡초 발생 및 생육의 최성기이며 이 기간에 잡초방제를 하지 않으면 작물은 치명적인 피해를 입게 된다.

표 2-6 우리나라에서 발생하는 주요 잡초의 특성 분석

번호	잡초명	분류 잡초형	생태형	서식지	발생 계절	발아 특성	개체당 종자 수
1	가래	광엽 잡초	다년생	논	하계	–	–
2	강아지풀	화본과	1년생	잔디밭	하계	–	–
3	개망초	광엽 잡초	월년생	맥류	동계	–	–
4	개비름	광엽 잡초	1년생	잔디밭	하계	광 발아	1,800
5	고마리	광엽 잡초	1년생	과수원	하계	–	–
6	곡정초	광엽 잡초	1년생	논	하계	–	–
7	광대나물	광엽 잡초	1년생	맥류	동계	암 발아	–
8	괭이밥	광엽 잡초	다년생	맥류	동계	–	–
9	까마중	광엽 잡초	1년생	과수원	하계	–	–
10	깨풀	광엽 잡초	1년생	밭	하계	–	–
11	꽃다지	광엽 잡초	월년생	맥류	동계	–	–
12	나도겨풀	화본과	다년생	논	하계	–	–
13	냉이(황새)	광엽 잡초	월년생	맥류/잔디밭	춘계/동계	암 발아	1,300
14	너도방동사니	방동사니과	다년생	논	하계	–	–
15	닭의장풀	광엽 잡초	1년생	잔디밭	하계	–	–
16	도꼬마리	광엽 잡초	1년생	밭	하계	–	–
17	둑새풀	화본과	1년생	논/맥류/잔디밭	춘하추동	–	2,000
18	마디꽃	광엽 잡초	1년생	논	하계	–	2,900
19	망초	광엽 잡초	월년생	논/잔디밭	춘하추동	–	115,000
20	매자기	방동사니과	다년생	논	하계	–	–
21	메귀리	화본과	1년생	맥류	동계	광 발아	–
22	메꽃	광엽 잡초	다년생	논	하계	–	–
23	명아주	광엽 잡초	1년생	맥류	하계/동계	–	–
24	물달개비	광엽 잡초	1년생	논	하계	–	44,000
25	물옥잠	광엽 잡초	1년생	논	하계	–	–
26	미나리	광엽 잡초	다년생	맥류	동계	–	–
27	바늘골	방동사니과	1년생	논	하계	–	–
28	바람하늘지기	방동사니과	1년생	논	하계	–	–
29	바랭이	화본과	1년생/월년생	잔디밭	하계/동계	광 발아	2,300
30	방동사니	방동사니과	1년생	논/잔디밭	하계	광 발아	–
31	밭둑외풀	광엽 잡초	1년생	논	하계	–	3,800
32	벼룩나물	광엽 잡초	월년생	맥류	동계	–	2,100
33	별꽃	광엽 잡초	월년생	맥류	동계	암 발아	400

34	사마귀풀	광엽 잡초	1년생	논	하계	–	30
35	새삼	광엽 잡초	1년생	과수원	하계	–	–
36	새포아풀	화본과	월년생	잔디밭	동계	–	–
37	생이가래	광엽 잡초	1년생	논	하계	–	–
38	쇠뜨기	광엽 잡초	다년생	논/잔디밭	하계	–	–
39	쇠비름	광엽 잡초	1년생	잔디밭	하계	광 발아	13,000
40	쇠털골	방동사니과	다년생	논	하계	–	–
41	쑥	국화과	다년생	논/밭/잔디밭	하계/동계	–	–
42	씀바귀	광엽 잡초	다년생	과수원	하계	–	–
43	여뀌	광엽 잡초	1년생/월년생	논/밭/잔디밭	하계/동계	–	400
44	여뀌바늘	광엽 잡초	1년생	논	하계	–	–
45	올방개	방동사니과	다년생	논	하계	–	–
46	올챙고랭이	방동사니과	다년생	논	하계	–	–
47	자귀풀	광엽 잡초	1년생	논	하계	–	–
48	점나도나물	광엽 잡초	월년생	맥류/잔디밭	춘계/동계	–	–
49	중대가리풀	광엽 잡초	1년생/월년생	논	하계	–	–
50	질경이	질경잇과	월년생	잔디밭	하계/동계	–	–
51	토끼풀	광엽 잡초	다년생	논	하계	–	–
52	피(강)	화본과	1년생	논	하계	광 발아	40,000
53	향부자	방동사니	다년생	잔디밭	하계/동계	광 발아	–
54	환삼덩굴	광엽 잡초	1년생	과수원/밭	하계	–	–
55	황새냉이	광엽 잡초	월년생	논	하계	–	–

2) 과수원 및 비경(작)지 잡초

일반적으로 과수원은 평지보다는 경사지에 조성되며 주로 초생재배를 하므로 제초관리가 소홀해지기 쉽고, 밭보다도 비경지에 가까운 잡초 발생 양상을 보인다. 평탄지의 과수원에서는 1년생 밭잡초가 우점하지만, 경사지의 과수원에서는 다년생 잡초가 우점한다. 초기의 과수원에서는 호광성 잡초인 바랭이가 우점하지만, 과수가 자라 성목이 되면 음지에서 잘 자라는 포아풀류가 더 무성하게 된다.

3) 잔디밭의 잡초

우리나라의 한국 잔디는 C_4 형이며 다년생이고 환경적응성과 번식력이 강하다. 최근 골프장이 많이 생겨나고 잔디밭을 가꾸는 인구가 늘어나 잔디밭에 발생하는 잔디에 관심이 많다.

표 2-7 잔디밭 주요 잡초의 분류

번호	잡초명	과명	생활형	발생계절	월동형태
1	강아지풀	화본과	1년생	하계	종자
2	개비름	비름과	1년생	하계	종자
3	냉이	십자화과	월년생	춘/동계	로제트형
4	닭의장풀	닭의장풀	1년생	하계	종자
5	둑새풀	화본과	월년생	춘/동계	지상부 생존
6	망초	국화과	월년생	춘/동계	로제트형
7	바랭이	화본과	1년생	하계	종자
8	방동사니	사초과	1년생	하계	종자
9	새포아풀	화본과	월년생	동계	지상부 생존
10	쇠뜨기	속새과	다년생	하계	지상부 생존
11	쇠비름	쇠비름과	1년생	하계	종자
12	쑥	국화과	다년생	하계	로제트형
13	여뀌	마디풀과	1년생	하계	종자
14	점나도나물	석죽과	월년생	춘/동계	로제트형
15	질경이	질경이과	월년생	하계	지상부 생존
16	향부자	사초과	다년생	하계	지상부 생존

5. 주요 우점 잡초들(Dominant Weed)

1) 논 잡초

(1) 논피(*Echinochloa oryzicola*)

화본과로 전국의 논에 발생하는 하계 일년생 잡초이다. 줄기는 높이 50~110cm이며 벼처럼 모여 난다. 잎몸은 밝은 녹색이고, 잎혀는 없다. 가장자리가 잎집은 밋밋하고 털이 없다. 껄끄러우며, 꽃은 선형으로 길이 10~20cm, 폭 8~12mm이다. 꽃은 8~10월에 피고 길이 8~15cm의 열은 녹색을 띤 원추화서에 달린다. 작은 이삭은 긴 난형으로 길이 4~5.5mm이고 2개의 꽃이 있다. 작은 이삭의 끝은 뾰족하며 광택을 띠고 까락은 없거나 있어도 매우 짧다. 뿌리도 벼보다 실하고 희다.

그림 2-2 논피의 화서, 종자와 생육상태 모습

(2) 물피(*Echinochloa crus-galli* var. *echinata*)

화본과로 전국의 논에 발생하는 하계 일년생 잡초이다. 줄기는 높이 80~150cm, 모여 나며 기부에서 다소 비스듬히 퍼져 자란다. 잎몸은 길이 30~50cm, 폭 10~20mm이다. 잎혀는 없다. 잎집은 털이 없으며, 밑 부분이 붉은 자색을 띤다. 꽃은 7~9월에 피고 길이 10~25cm의 원추화서에 달린다. 붉은 자색을 띤 달걀 모양의 작은 이삭은 길이 3~4m이고 표면에 가시 같은 투명한 털이 있으며 2개의 꽃이 있다. 작은 이삭의 끝에 2~4cm의 까락이 있다.

그림 2-3 물피의 생육상태

(3) 돌피(*Echinochloa crus-galli*)

화본과로 종자 번식하는 하계 일년생 잡초이다. 논, 도랑, 밭, 경지 주변, 목초지, 길가, 과수원 그리고 휴경지에서 많이 자란다. 습지에 잘 적응된 잡초이기 때문에 논을 포함하는 저습지에서 잘 자라는 잡초이다. 물에 잠겨있는 상태에서도 잘 자랄 뿐만 아니라 밭이나 과수원 또는 길가 등과 같은 건조한 장소에서도 잘 자란다. 그러나 건조한 곳에서 자라는 개체는 키도 작고 종자와 이삭 그리고 분얼수가 줄어든다. 건조한 곳에서 종

그림 2-4 돌피의 모습

자가 발아하기 위해서는 산소가 필요하나 논과 같이 습하거나 얕은 물이 있는 곳에서는 산소 없이 발아할 수 있는 잡초이다. 또한, 햇빛이 잘 들고 습하고 비옥하며 특히 질소성분이 많은 사질 토양에서 아주 잘 자란다. 콩밭이나 논에서 많이 발생하면 작물에 피해를 심하게 끼친다.

(4) 물옥잠(*Monochoria korsakowii*)

물옥잠과로 전국에 걸쳐 발생하나 특히 서해안지역의 논에 많이 발생하는 하계 일년생 잡초이다. 줄기는 높이 20~40cm이다. 잎몸은 광택이 나며 심장형으로 길이와 폭이 각각 5~13cm, 끝은 아주 뾰족하고 기부는 심장 모양으로 오목하게 파여 있다. 청자색 꽃은 9~10월에 원줄기 끝에 달리는 길이 5~15cm의 원추화서에 달린다. 화서 밑 부분에는 잎 모양의 포가 있다. 꽃은 지름 2.5~3cm, 꽃잎 조각은 6개로서 타원형이다. 열매는 길이 1cm 정도이다.

그림 2-5 물옥잠의 생육과 화서

(5) 자귀풀(*Aeschynomeme indica*)

자귀풀(콩과) 전국의 논에 발생하는 하계 일년생 잡초이다. 줄기는 곧추서고 높이 50~200cm, 윗부분은 속이 비어 있다. 잎은 어긋나게 달리고 길이 1~1.5cm, 폭 2~3.5mm인 작은 잎이 10~20쌍씩 달려 깃털 모양을 이룬다. 작은 잎은 황색을 뒷면이 띤 분백색이다. 탁엽은 난형 또는 피침형으로 길이 7~12mm이며 끝이 뾰족하다. 옅은 황색을 띤 나비 모양의 꽃은 7~8월에 화경 끝에 2~3개씩 달린다. 열매는 편평한 옅은 선형이며 6~8개의 마디가 있고 익으면 마디가 분리된다.

그림 2-6 자귀풀의 잎과 꽃, 열매와 생육 모습

(6) 미국 가막사리(*Bidens frondosa*)

국화과로 미국가막사리는 전국의 논에 발생하는 하계 일년생 외래잡초이다. 초장은 50~200cm에 달하며 곧게 서고 네모지며 털이 없고 표면은 짙은 흑자색이다. 잎은 마주나고 3~5개의 소엽으로 된 우상복엽이다. 소엽은 피침형으로 길이 3~13cm이고 끝은 길게 뾰족하며 밑은 급히 좁아지고 가장자리에 톱니가 있으며 분명한 소엽병이 있다. 꽃은 6~10월에 황색으로 피고 가지와 줄기 끝에 달린다. 열매는 납작하며 길이 6~10mm이고 끝에 2개의 까락이 있다.

그림 2-7 미국 가막사리의 잎, 꽃, 종자와 생육 모습

(7) 여뀌바늘(*Ludwigia prostrata*)

바늘꽃과로 전국의 논에 발생하는 하계 일년생 잡초이다. 초장은 높이 30~100cm이며 붉은빛이 돌며 세로로 줄이나 있다. 잎은 어긋나기로 달리고, 피침형이며 길이 3~12cm, 폭 1~3cm로서 양 끝이 좁고 가상사리는 밋밋하며 가을에 흔히 붉은색으로 물든다. 잎자루는 길이 5~15mm이다. 꽃은 9월에 피며 지름 1cm 정도로 노란색이고 잎겨드랑이에 달리며 꽃대는 없다. 열매는 기다란 타원형이고 길이 1.5~3cm, 폭 1.5~2mm이다.

그림 2-8 여뀌비늘의 초기 생장과 꽃, 그리고 생육 모습

(8) 물달개비(*Monochoria vaginalis var. plantaginea*)

물옥잠과 논, 휴경 논, 도랑, 습지, 연못 등의 얕은 물 속에서 자라는 하계 일년생 잡초이다. 토양의 종류를 가리지 않고 잘 자라며 번식력이 강하다. 벼를 재배하는 논에서 방제하지 않았을 경우 논 전체에 퍼져 벼 수확에 큰 지장을 초래하는 문제 잡초이다. 화학비료를 계속 사용한 논이나 비옥한 논에 적응력이 크기 때문에 이런 논에서 대량으로 발생하게 된다. 성숙한 열매는 약한 물결이나 충격에 쉽게 떨어진다.

물속이나 습한 곳에 떨어진 열매는 수분을 머금어 팽창하게 되며 부풀어 오른 열매의 껍질이 뒤로 젖혀지면서 종자를 밖으로 배출한다. 이렇게 배출된 종자들은 물에 의해 확산한다. 설포닐우레아계 제초제에 저항성을 가진 생태형이 출현하여 문제가 되고 있다.

그림 2-9 물달개비의 생육 모습

(9) 벗풀(*Sagittaria trifolia*)

택사과로 논이나 습지 또는 얕은 물속에서 자라는 여러해살이 잡초로서 종자와 땅속줄기의 끝에 달리는 덩이줄기(塊莖)로 번식한다. 자라는 동안 잎의 모양이 세 번 바뀐다. 과경에서 싹이 자란 벗풀은 초기에는 가늘고 긴 선형 잎이 5~10매 정도 나오고 이어서 1~2매 정도의 잎 폭이 넓은 주걱 잎을 내며 차츰 화살촉 모양의 잎을 내어 점차로 더 큰 잎이 나와 전형적인 벗풀의 모양새를 갖춘다. 전국적으로 자라는 중요 논 우점잡초 중의 하나이다. 생육 기간에 새끼치기로 새로운 포기를 늘리지는 않는다. 그러나 질소를 좋아하는 잡초로 벼와 양분 경쟁을 하며 또한 벼와 같은 크기로 자라서 햇빛을 차단하여 벼의 광합성을 방해함으로써 벼수확량을 떨어뜨리는 문제 잡초이다.

그림 2-10 벗풀의 생육모습과 꽃

(10) 가래(*Potamogeton distinctus*)

가래과로 논, 도랑, 얕은 습지 등지에서 자라는 여러해살이 잡초로서 주로 인경(bulb)으로 번식한다. 뿌리줄기는 물 밑의 흙 속에서 옆으로 여러 갈래로 길게 뻗으며 큰 무리를 이루기도 한다. 늦여름에서 초가을 사이에 뿌리줄기의 끝이 비대해지면서 아래를 향해 자라다가 그 끝에 노란색을 띤 바나나 모양으로 굽은 비늘줄기(인경)가 많이 달린다. 뿌리줄기와 물속줄기는 절단되어도 마디에서 새로운 뿌리가 나와서 쉽게 다시 자라기 때문에 논에 자라고 있는 가래를 손으로 제거하기가 어렵다.

눈이 상하지 않게 절단된 인경은 절단되지 않은 인경에 비해 발아가 빠르고 초기 생육도 왕성하여 쉽게 큰 군락을 이룬다. 가래의 이런 특성은 논농사의 기계화로 절단된 인경이 증가하면서 가래 발생을 확대시키는 주요한 요인이 되고 있다. 다년생이어서 제초제로 제거도 어렵다.

그림 2-11 가래의 생육 모습

2) 밭 잡초

(1) 쇠비름(*Portulaca oleracea*)

쇠비름과로 건조에 강한 다육식물에 속한다. 전국의 밭, 과수원에 발생하는 하계 일년생 잡초이다. 줄기는 길이 30~50cm, 밑에서 가지가 많이 내어 옆으로 퍼지고 적자색을 띤다. 잎은 대개 마주나고 길이 1~2.5cm, 폭 5~15m이며 끝은 둥글고 밑은 쐐기 모양이며 잎자루는 짧다. 꽃은 6~9월에 황색으로 피며 가지 끝에 잎이 모여 나고 그 속에 2~3개의 작은 꽃이 있다. 열매는 장타원형이고 중앙부가 옆으로 갈라진다. 종자는 찌그러진 원형으로 지름 0.5mm, 검은빛이 돌고 가장자리가 약간 오돌도톨하다.

그림 2-12 쇠비름의 유식물, 꽃, 그리고 군락의 모습

(2) 개비름(*Amaranthus lividus*)

개비름(비름과)은 전국의 밭, 과수원에 발생하는 하계 일년생 외래잡초이다. 줄기는 곧추서며 높이 50cm 내외이고 털이 없으며 밑 부분에서 가지가 많이 갈라진다. 잎은 어긋나게 달리고 능상(마름모형), 난형(계란형)으로 길이는 4~8cm, 폭 2.5~4cm이며 끝은 눈에 띌 정도로 폭 들어가고 잎자루는 길며 녹색이나 흔히 갈색이나 자색을 띤다. 꽃은 6~7월에 녹색으로 피며 모여 나거나 가지 끝에 짧은 이삭 모양의 화서를 이룬다. 열매에는 주름이 약간 있다.

그림 2-13 개비름의 유식물과 화서의 모습

(3) 개여뀌(*Persicaria longiseta*)

개여뀌(마디풀과)는 전국의 밭, 과수원에 발생하는 하계 일년생잡초이다. 줄기는 곧추서며 높이 20~50cm, 적자색을 띠고 가지가 많으며 밑 부분은 땅에 닿고 마디에서 뿌리를 내린다. 잎은 어긋나게 달리고 피침형으로 길이 4~8cm, 폭 1~2.5cm이며 끝은 뾰족하고 밑은 엽병이 거의 없이 붙은 모양이다. 초상 탁엽에는 같은 길이의 연모가 있다. 꽃은 6~9월에 적색 또는 드물게 백색으로 피며 이삭이 밀착한다. 열매는 삼릉형이고 길이 2mm 정도이며 흑색이고 광택이 있다.

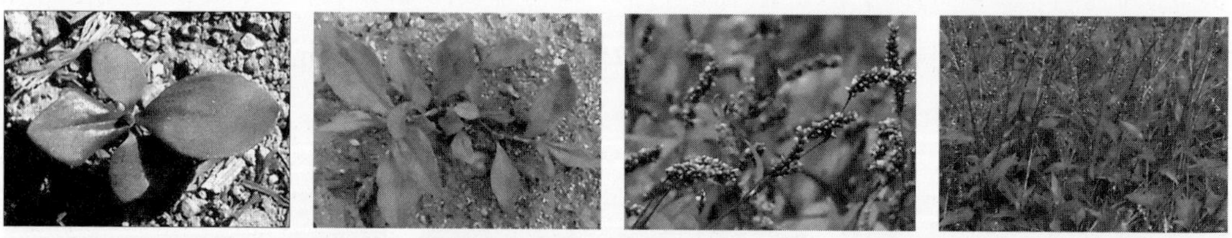

그림 2-14 개여뀌의 유식물과 화서, 생육 모습

(4) 흰명아주(*Chenopodium album*)

명아주과로 전국의 밭, 과수원에 발생하는 하계일년생 외래잡초이다. 줄기는 높이 70~300cm이며 세로로 골이 파여 있다. 잎은 어긋나게 달리고 삼각 모양의 난형으로 끝이 둔하거나 뾰족하며 위쪽의 잎은 피침형으로 톱니가 없다. 어린잎은 양면에 가루 모양의 흰색 털이 있어 희게 보인다. 꽃은 6~7월에 피고 흰색이며 가지 끝이나 잎겨드랑이에서 생긴 이삭 모양의 화서에 달린다. 열매는 편구형으로 지름 1~1.3mm, 검은색의 종자 1개가 있다.

그림 2-15 흰명아주의 유식물과 화서, 생육 모습

(5) 지느러미엉겅퀴(*Carduus crispus*)

국화과로 전국의 밭, 과수원에 발생하는 동계 및 하계 일년생잡초이다. 줄기는 높이 70~150cm이며 세로로 두 줄의 녹색 날개가 있고 그 끝에 가시로 끝나는 치아 모양의 톱니가 있다. 줄기 잎은 어긋나게 달리며 장타원상 피침형으로 길이 5~20㎝이고 가장자리에 가시 모양 톱니가 있고 뒷면에 거미줄 같은 흰색 털이 있다. 꽃은 지름 17~27mm의 두상화서에 홍자색으로 핀다. 열매는 길이 3mm, 지름 1.5mm이며 관모는 길이 15mm이다.

그림 2-16 지느러미엉겅퀴의 유식물과 두상화서, 생육 모습

(6) 털별꽃아재비(*Galinsoga ciliata*)

국화과로 봄과 이른 여름에 걸쳐 발생하여 여름과 가을에 걸쳐 개화하는 열대 아메리카 원산의 하계일년생 외래잡초이다. 습윤하고 비옥한 밭, 밭 주변, 과수원, 길가, 빈터, 휴경지 등에서 많이 발생한다. 밭이나 밭 주변에서 흔히 무리 지어 자란다. 종자는 휴면성이 없으며 광 발아성 종자이다. 종자의 전파는 주로 바람에 의해 이루어진다. 환경이 좋은 조건에서는 4주간 정도의 짧은 기간에 발아, 개화 그리고 결실을 모두 마쳐 한 해 동안에 3~4세대를 반복할 수도 있다. 종자에 휴면성이 없으며, 한 해에 여러 번 세대교체를 하면서 번식하고, 종자 생산량이 많은 특성을 가진 잡초로서 밭에 다발생 시 문제가 된다.

그림 2-17 털별꽃아재비의 모습

(7) 바랭이(*Digitaria ciliaris*)

화본과로 우점종 밭잡초이다. 전국의 밭, 과수원에 발생하는 하계 일년생잡초이다. 줄기는 40~70cm, 기부는 지상을 기면서 마디에서 뿌리를 낸다. 잎몸은 선형으로 길이 3~20cm, 폭 3~12mm로 녹색 또는 연한 녹색이다. 잎혀는 백색 막질이며 길이 1~3mm이다. 잎집에 퍼진 털이 있다. 꽃은 7~10월에 피며 3~8개로 이루어지고 길이 2~3cm의 가운데 축에 2~3단으로 돌려나기로 달린다. 이삭은 피침형으로 긴 자루와 짧은 자루가 있는 두 종류가 같이 있다. 길이는 2.5~3.5mm이다.

그림 2-18 바랭이의 초기 모습과 생육상태

(8) 메꽃(*Calystegia sepium*)

고구마와 같이 메꽃과로 전국 각처의 들에서 자라는 덩굴성 다년생 초본이다. 생육환경은 음지를 제외한 어느 환경에서도 잘 자란다. 키는 50~100cm이고, 잎은 긴 타원형으로 어긋나고 길이는 5~10cm, 폭은 2~7cm로 뾰족하다. 뿌리는 흰색으로 굵으며 사방으로 퍼지며 뿌리마다 잎이 나오고 다시 지하경이 발달하여 뻗어 나간다. 꽃은 엷은 홍색으로 깔때기 모양을 하고 있으며 길이는 5~6cm, 폭은 약 5cm이다. 열매는 둥글고 꽃이 핀 후 일반적으로 결실을 하지 않는다. 어린순과 뿌리는 식용 및 약용으로 쓰인다.

그림 2-19 광엽잡초인 메꽃(왼쪽)과 고구마꽃(오른쪽)의 모습

(9) 망초(*Conyza canadensis*)

그림 2-20 광엽잡초인 망초의 강인한 모습

국화과로 아메리카 원산의 귀화식물로 전국의 들이나 길가에 자라는 두해살이풀이다. 전체에 털이 많다. 줄기는 곧추서고 높이 50~150cm, 세로로 여러 개의 줄이 있다. 잎은 주걱 모양이며, 잎자루가 있으며, 큰 톱니가 있다. 잎은 어긋나며, 선형으로 길이 7~10cm, 폭 0.8~1.5cm이다. 꽃은 7~9월에 가지와 줄기 끝에 머리모양꽃차례가 원추상으로 많이 달리며, 지름 약 5mm이다. 모인꽃싸개(총포)는 종 모양이며, 모인꽃싸개조각(총포엽)은 선형이다. 혀모양의 꽃은 흰색이며, 끝이 2갈래로 갈라지며, 총포는 밖으로 나온다. 관모양의 꽃은 노란색이며, 길이 2.5~3.0mm이다. 잎을 약용한다.

(10) 새삼(*Cuscuta japonica*)

그림 2-21 새삼의 피해를 입은 더덕밭이 모습

메꽃과로 겨우살이처럼 다른 나무나 풀에 붙어사는 한해살이 덩굴풀이다. 줄기는 굵으며 노랗거나 붉다. 땅 위에서 처음 싹이 터 바로 나무에 달라붙어 기생의 대상이 되는 나무나 꽃의 즙액을 빨아들여 살아간다. 그러므로 잎은 가지고 있지 않다. 줄기의 곳곳에 짤막한 꽃대가 생겨 작은 꽃이 이삭 모양으로 뭉쳐 핀다. 꽃은 종 모양이고 끝이 다섯 갈래로 갈라져 넓게 펼쳐진다. 꽃의 길이는 4mm 안팎이며 희게 핀다. 꽃이 지고 나서 계란 모양의 열매가 맺는데 완전히 익으면 윗부분이 뚜껑처럼 열려 약간의 씨가 쏟아진다. 제주도를 포함하여 전국 각지에 분포한다. 들판의 양지바른 풀밭에 서있는 관목류에 잘 기생한다. 다른 식물에 기생하며 사는 한해살이 덩굴식물이므로 줄기는 다른 식물을 감고 자라며 잎은 퇴화하여 없다. 꽃은 흰색으로 늦여름에서 초가을에 핀다. 여러 개의 작은 꽃이 모여서 덩어리처럼 된다. 종자를 약재로 사용한다. 유사 식물로 실새삼 등이 있다. 제초제로 방제하기도 어렵다.

(11) 둑새풀(*Alopecurus aequalis*)

그림 2-22 독새풀의 모습

화본과로 줄기는 월년생 한해살이로 털이 없으며, 모어 나면서(총생) 다발을 이룬다. 줄기 속은 비어 있고 아주 부드럽다. 잎은 백록색을 띠고, 털이 없으며, 막질의 잎혀(葉舌)가 있다. 꽃은 4~6월에 연녹색 원추화서는 작은 꽃이삭(소수)이 몇 개로 이루어지고 작은꽃이삭 1개는 작은꽃(소화) 1개가 되며, 황갈색 꽃밥이 붙어있다. 열매는 영과로 5~6월에 익는다.

(12) 포아풀(*Poa sphondylodes*)

그림 2-23 포아풀의 모습

화본과로 줄기는 느슨하게 모여 나는 편으로, 겨울에도 마르지 않는 경우가 많고, 초장은 50~70cm이다. 잎의 엽초는 까끌까끌하고, 마디 사이보다 훨씬 짧고, 잎몸보다 약간 길거나 거의 같다. 엽신은 약간 분백색을 띠며, 잎혀는 무모 막질이고, 피침형 예두로 3~10mm이다. 원추화서로 응축형이나 드물게 개방형으로, 보통 좁고 조밀하며, 화서 바로 밑은 거칠고, 가지 기부에서부터 소수가 달린다. 소수는 난형이고 3~5mm로, 3~6개의 소화가 들어 있다. 열매는 2개가 서로 비슷하며, 피침형 예두이다. 새포아풀은 잔디밭의 주요 잡초이다.

(13) 환삼덩굴(*Humulus japonicus*)

그림 2-24 환삼덩굴의 모습

삼과로 훼손된 들에 흔하게 자라는 덩굴성 한해살이풀이다. 줄기는 네모가 지며, 길이 2~4m에 이르고, 밑을 향한 거친 가시가 있다. 잎은 마주나며, 5~7 갈래로 깊게 갈라져 손바닥 모양이고, 길이와 폭이 각각 5~12cm이다. 갈래는 난형 또는 피침형, 가장자리에 규칙적인 톱니가 있고, 양면에 거친 털이 난다. 꽃은 7~10월에 자웅이주이다. 수꽃은 황록색이고 꽃받침과 수술이 각각 5개씩 있다. 암꽃은 짧은 총상꽃차례에 달린다. 열매는 수과이며 원형이다. 우리나라 전역에 자생하고 동아시아 지역에 널리 분포한다.

(14) 쇠뜨기(*Equisetum arvense*)

속새과로 햇빛이 잘 드는 풀밭에서 자라는 여러해살이 잡초로서 흑갈색의 땅속줄기가 옆으로 길게 뻗어 나간다. 생식 줄기(포자체)는 이른 봄에 나와 끝에 뱀의 머리 같은 포자낭 이삭을 만들고, 마디에는 비늘 같은 잎이 돌려나 있다. 영양 줄기는 뒤늦게 나오고 높이 30~40cm 정도 되며 속이 비어 있고 겉에는 능선이 있으며 마디에는 작은 가지와 비늘 같은 잎이 돌려나 있다.

쇠뜨기와 같은 양치식물은 종자식물과는 달리 씨앗이 없고 대신 포자로 번식한다. 생식 줄기(포자체) 끝에 달린 포자낭 이삭은 긴 타원형이고 육각형의 포자엽이 서로 붙어서 거북이 등처럼 되며 그 안쪽에 7개 내외의 포장낭이 달려 있다. 포자에는 각각 4개의 탄력이 있는 탄사가 있어 습도에 따라 신축 운동을 하므로 포자를 퍼뜨린다. 포자는 바람에 의해 멀리까지 날아가 있다가 조건이 맞으면 발아하여 장난기와 장정기를 거친 다음 한 개의 개체로 자란다.

그림 2-25 쇠뜨기의 모습

(15) 광대나물(*Lamium amplexicaule*)

꿀풀과로 이탈리안 라이그라스의 생산성을 높이기 위해서는 재배지에 발생한 겨울 잡초 광대나물 방제를 11월에 실시해야 좋다. 겨울 잡초인 광대나물은 가을에 자라기 시작해 녹색 상태로 겨울을 넘기고 이른 봄부터 왕성하게 자란다. 이로 인해 이탈리안 라이그라스 생육이 억제되고 생산성도 낮아진다. 월동 전에 메코프로프(Mecoprop, MCPP 50%, 페녹시계 제초제) 액제를 이탈리안 라이그라스 재배지에 뿌리면 광대나물을 효과적으로 방제할 수 있다. 이탈리안 라이그라스는 주로 5~6월에 수확하기 때문에 3월 안에 방제를 마치는 것이 바람직하다. 메코프로프는 넓은 잎(광엽) 잡초를 방제하는 약제로 정량(물 20ℓ에 메코프로프 67㎖)으로 희석해서 바람이 불지 않을 때 1정보(ha)당 150ℓ 정도 살포하면 된다.

그림 2-26 광대나물의 모습

제2장 **잡초의 생리 생태**(Physioecology of Weed)

1. 잡초의 발아 및 출현 특성

잡초의 발아(germination) 과정은 1단계로 물리적으로 물을 흡수하고 종자나 영양체 안에서 생리생화학적 과정을 거처 배나 유아가 종피나 보호막을 뚫고 나와 하나의 독립된 개체를 생성하게 되는 현상이다. 출현(emergence)은 발아한 잡초가 토양을 뚫고 나오는 것을 말한다.

1) 발아에 관여하는 환경요인

(1) 수분(Water)

수분의 흡수는 발아의 1단계이다. 살아있는 종자나 죽은 종자 모두 수분을 흡수하여 팽만해진다. 흡수되는 수분의 양은 종자의 화학성분과 관련이 있다. 단백질, 점액 물질 및 펙틴은 전분보다 교질성과 친수성이 커서 더 많은 수분을 흡수한다

(2) 온도(Temperature)

수분의 흡수를 하고나면 발아는 여러 가지 효소들의 조절에 의한 이화작용과 동화작용의 과정으로 온도에 대한 반응성이 높다. 잡초 종자의 발아적온은 일정치 않으며, 대체로 15~30℃의 범위이다.

(3) 산소(Oxygen)

발아에서 호흡(발효에 의한 무기호흡 제외)을 할 때 높은 수준의 산소를 요구한다. 대부분의 잡초는 일반 대기의 공기 조성 조건인 자연상태 조건인 산소가 20%, 이산화탄소가 0.03%, 질소는 80%에서 최고의 발아율을 나타낸다. 산소의 농도가 20% 이하로 떨어지면 발아율은 감소한다.

(4) 광(Light)

많은 잡초의 종자에서 발아에는 광이 필요하다. 식물 종자들의 광에 대한 반응을 조사하여 분류하면 ① 광 발아 종자 ② 암 발아 종자 ③ 광과 상관이 없이 발아하는 종자로 나눈다. 광 발아 종자(photoblastic)는 많은 잡초들에서 나타나는데 이들은 겉흙에서 광을 받은 후에 발아한다. 이는 광의 생태학적 중요성을 암시하는 것이고 산림생태계에서도 외부 종의 발아는 벌목에 의한 토양의 교란 후 종자가 광에 노출된 후에야 발아할 수 있다. 비교적 긴 순화 기간을 거친 작물의 종자(담배와 상추는 제외)들은 일반적으로 광과 상관없이 발아하는 종자(nonphotoblastic)들이다.

광 발아 종자에서는 광의 영향이 피토크롬(phytochrome)에 의하여 결정되는 피토크롬이 광을 흡수하면 가역적으로 흡수 스펙트럼을 나타내는 단백질이다. 생체의 불활성형인 Pr 형으로 합성되며 주로 세포질에 용해되어 존재하고, 광을 받으면 Pr 형에서 활성형인 Pfr의 형태로 변하여 종자 발아 및 개화 등과 관련된 다양한 생물학적 활성을 나타낸다.

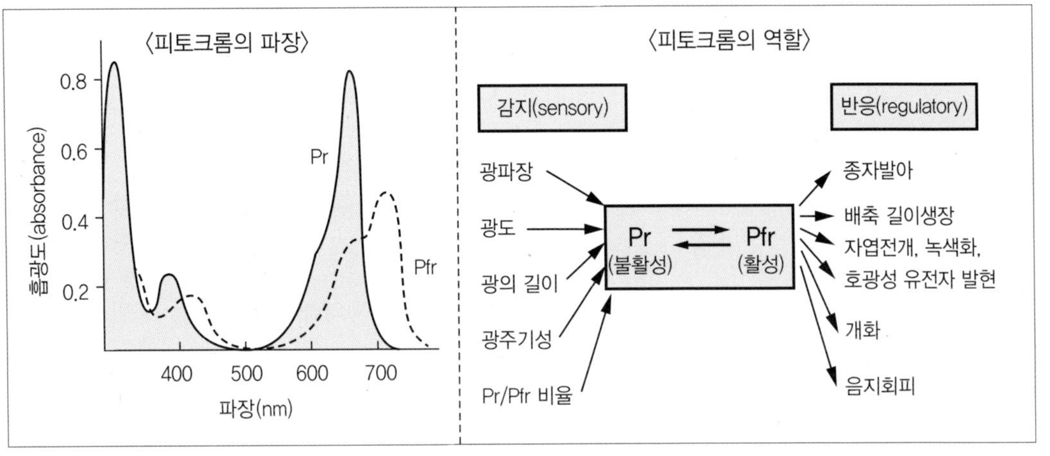

그림 2-27 피토크롬의 파장과 역할

2) 잡초 종자의 발아 습성

(1) 발아주기성(Periodicity)

종자의 후숙(after-ripening) 과정에서 생리적, 환경적 조건이 긴밀하게 관여하기 때문에 같은 조건에 두어도 일정한 간격, 즉 어떤 주기성을 가지고 최고의 발아율을 나타내는 것으로 털비름 종자가 여기에 해당한다.

(2) 발아의 계절성 및 기회성

온도보다 일반적으로 계절특성을 더욱 일정하게 나타내는 일장에 반응하여 휴면을 타파하고 발아하게 되는 특성을 계절적 발아형(seasonality)이라 한다. 이는 일장보다 같은 계절에서 변이성이 큰 온도조건에 더 기회적으로 감응하여 발아하게 되는 특성을 기회적 발아형(opportunistic)이라고 한다.

(3) 발아의 동시성 및 연속성

일정한 기간 이내에 대부분 종자가 발아를 마치는 집중발아형을 동시적(simultaneous) 발아형이라 하며, 인위적인 교란 행위 직후에 이러한 현상이 잘 나타난다. 또한, 발아 조건을 주어도 오랜 기간에 걸쳐 지속해서 발아하는 유형을 연속적(continuous) 발아형이라 한다.

3) 토양에서 잡초의 출현(Emergence of Weed)

잡초의 출현에 관여하는 토양 요인들은 다음과 같다.

① 토양 심도는 종자가 크고 무거울수록 출아하는 깊이가 깊다.

② 토양의 최적 온도는 대체로 발아 적온과 같고 잡초는 작물보다 발아 온도 범위가 넓다.

③ 토양수분은 70~85% 정도에서 대부분의 초종이 출현 가능하나 바랭이, 여뀌 등과 같은 잡초는 건조에 대한 내성이 크다.

④ 토양 속의 산소로 잡초는 낮은 농도의 산소 조건에서도 잘 발아하지만, 밭 잡초는 산소 농도가 높아야 발아가 양호하다.

⑤ 잡초의 발아에서 토양산도(pH)는 알칼리성보다 산성에서 잘 발아하는 경우가 많으나 냉이와 같은 밭 잡초는 중성~알칼리성 토양에서 잘 발아한다.

⑥ 토양비옥도로 바랭이와 둑새풀 등은 비옥한 토양에서, 밭둑외풀과 올방개 등은 질소 결핍지나 척박지에도 잘 적응하고 생장한다.

4) 종자 수명(Seed Longevity)

종자의 활력이나 종자의 수명은 유전형, 휴면기작, 저장환경에 따라 달라진다. 캐나다의 추운 이탄토양지대에서 발견된 루핀(*Lupinus articus*) 종자는 10,000년이 지난 후에도 발아하였다(Harrington 1967)고 하고 중국의 추운 만주 호수에서 발견된 연꽃 종자도 1,000년 후에도 발아하였다(Copeland 1967)고 한다.

파리국립박물관의 식물표본에서 발견된 미모사 종자는 221년이 지난 후에도 발아하는 것으로 나타났다. 일부 콩과 작물의 종자는 건조상태에서 100~150년 후에도 발아하는 것으로 밝혀졌다. 습윤 배지에 종자를 담고 그 용기를 토양에 매몰시킨 후 일정한 시간 간격으로 꺼내어 종자의 수명을 연구한 실험결과를 표 2-8에 나타내었다. 이 실험에서 3~4종은 70~90년 후에도 발아하였다. 대부분의 작물 종자는 저장상태가 양호하면 수년간 활력을 유지하며 7~10년 후에도 70~90%의 발아율을 나타낸다.

종자 수명에 관한 보고들은 양호한 저장상태의 중요성을 강조한다. 즉 낮은 온도, 낮은 습도(수분), 낮은 산소(O_2) 조건이다. 일부 사료작물의 종자는 38℃의 고온에서 저장하기도 하는데 이때는 종자의 수분함량을 6% 이하로 유지시키면 6년 후에도 발아가 양호하기는 하였지만 일반적이지 않고 이때도 온도가 22℃이고 종자의 수분함량을 16%로 올리면 종자의 활력은 3개월 이내에 소실된다.

표 2-8 종자 수명에 관한 실험 결과들

실험자	실험 조건	매몰 기간(년)	발아 개수	실험 작물(발아율)
듀벨 (Duvel)	식토가 든 포트에 20, 55, 100cm 깊이로 107종을 매몰 파종함	1	71	
		10	68	
		20	57	
		38	36	독말풀(91%), 담배풀(48%), 어저귀(38%), 달맞이꽃(17%), 명아주(7%), 강아지풀(1%), 소리쟁이(1%)
빌 (Beal)	뚜껑을 닫지 않은 시험관 내에 20종을 매몰 파종함	20	11	20종
		40	9	비름, 겨자, 질경이, 쇠비름, 담배풀, 달맞이꽃, 소리쟁이
		70	3	담배풀, 달맞이꽃, 소리쟁이
		90	1	담배풀(70~80%)

출처: Klingman and Ashton 1975.

2. 잡초의 번식, 전파 및 휴면 (Propagation, Spreading and Dormancy of Weed)

1) 잡초의 번식

잡초의 번식방법에는 종자로 번식하는 유성번식과 식물체의 일부분으로 번식하는 영양번식으로 나눌 수 있다.

(1) 유성번식(Sexual Propagation)

종자만으로 번식하는 방식. 1년생 잡초와 일부 2년생 및 일부 다년생 잡초가 이 방식으로 번식한다. 대부분의 1년생 잡초는 타가수정을 하지만 자가수정이나 무포자 생식에 의해서도 결실을 한다. 타가수정을 하면 유전적인 재조합성이 증대되어 잡종강세에 의한 활력이 증가하고 자가수분을 하면 개체군의 안정성이 증대되는 이점이 있다. 잡초는 일반적으로 개체당 결실 종자 수가 많다.

(2) 영양번식(Vegetative Propagation)

다년생 잡초들은 영양번식을 많이 하는데 ① 포복경은 씀바귀나 버뮤다그래스, ② 인경은 괭이밥이나 가래 ③ 구경은 반하, ④ 지하경은 쇠털골, 너도방동사니, 나도겨풀, 띠, ⑤ 괴경은 향부자,

매자기, 올방개, 올미, 벗풀, ⑥ 근경은 메꽃, 엉겅퀴, 민들레, ⑦ 절편체(엽이나 줄기 뿌리 등)는 쇠비름과 같은 것이 있다. 그리고 대부분의 영양번식을 하는 잡초종들은 두 가지 이상의 번식수단이 동시에 나타나는데 주요 다년생 잡초 중에서 많은 경우, 영양체로 번식을 하면서도 종자인 유성생식 방법을 동반하여 유전적으로 다양한 종자를 생산하므로 번식력과 적응력이 모두 커진다.

표 2-9 잡초의 종자 생산량(개/주)

번호	잡초종	종자 생산량
1	갈퀴덩굴	615
2	개갓냉이	7,066
3	개비름	1,843
4	둑새풀	1,998
5	마디꽃	2,921
6	마디풀	754
7	망초	114,816
8	물달개비	44,799
9	바랭이	2,366
10	밭둑외풀	3,881

번호	잡초종	종자 생산량
11	벼룩나물	2,159
12	별꽃	359
13	사마귀풀	28
14	쇠비름	13,168
15	알방동사니	5,600
16	참방동사니	1,930
17	피	42,388
18	한련초	884
19	황새냉이	1,339
20	흰여뀌	429

2) 잡초의 전파

잡초의 전파는 영양번식체와 종자로 물리적인 이동을 하는데 이때 공간적 산포를 위해 바람, 물, 동물, 인간 등을 이용한다.

3) 잡초의 휴면과 휴면타파

잡초는 발아에 적합한 외부의 환경조건이 조성되더라도 종자의 배가 발육할 준비를 하면서 발아하지 않는 휴면(dormancy)을 나타내기도 하는데 휴면현상은 동태적 입장과 생리적 입장으로 구분할 수 있다.

(1) 잡초의 휴면

① 동태적 휴면

휴면이나 휴면타파의 현상이 초종에 따라 일장이나 온도의 어느 한쪽 자극에 의해 일어난다. 계절적 휴면은 일장에 감응하는 유형의 초종에서 나타나고 기회적 휴면(opportunistic dormancy)은 온도에 감응하는 휴면형의 초종에서 주로 많이 나타난다.

② 생리적 휴면

종자의 내적 요인과 외적 요인의 상호작용 결과로 휴면이 발생하는데 자발휴면(1차 휴면, innate dormancy)은 종자 자체의 조성이나 구조에 기인하여 발아하지 못하는 경우의 휴면이고 타발휴면(강제휴면, enforced dormancy)은 외적 조건이 발아에 부적당하여 발아하지 못하는 경우의 휴면으로 2차 휴면이라고도 한다.

(2) 잡초의 휴면타파

자연상태는 광, 저온, 고온 및 산소 조건을 생태적으로 조절하여 주기 때문에 시간이 지나면 휴면이 타파된다. 인위적인 휴면타파 방법으로 상처 유기하는 종피파상법(scarification, 경실종자의 종피에 상처를 내서 휴면을 타파시키는 방법), 변온처리를 하는 고온이나 저온 등, 그리고 화학물질 처리로 KNO_3, 티오요소, 지베렐린, 에틸렌 등의 처리를 하면 휴면을 타파시킬 수 있다.

제3장 **잡초해와 방제**(Weed Damage and Control)

1. 잡초의 생육 및 경합 특성 (Weed Growth and Competitive Characteristic)

1) 잡초의 생장특성

잡초 종자는 일반적으로 크기가 작으므로 발아가 빠르고, 영양적인 독립기인 이유기가 빨리 오기 때문에 개체로의 독립 생장을 이른 시기부터 하여 초기의 생장 속도가 빠르다.

2) 잡초의 생육 특성

(1) 생육의 유연성

대부분의 잡초는 밀도에 변화를 일으키더라도 개체당 생체량을 유연하게 변동시키면서 일정량의 후대생산과 개체군의 생체물량을 확보한다. 즉 밀도가 높아지면 고사 개체 및 기관의 비율이 높아지고 영양체를 형성하려는 경향이 증대되나 밀도가 낮아지면 개화 및 결실률이 증대되어 종자의 생산량이 많아지는 반면 영양체를 거의 형성하지 않는다.

(2) 기회적 생장 능력

많은 잡초는 기회적 생장(opportunistic growth)에 강한 C_4 식물이지만, 주요 작물들은 C_3 식물이 많은데 C_4 식물은 C_3 식물보다 양호한 조건에서는 광합성 효율이 높으므로 순간적인 생산효율이 높다.

3) 작물의 경합 특성

(1) 식물의 경합력

잡초의 종류나 발생 밀도에 따라 잡초에 대한 작물의 경합력이 달라진다.

(2) 작물의 품종

주어진 토양, 수분 및 기후 조건에 적응력이 큰 작물이나 품종을 선택하면 잡초제어에 유리하다.

(3) 재배방법

육묘이식, 재식밀도의 증가, 작물의 발아와 초기 생육에 최적인 시기에 파종하면 잡초에 대한 작물의 경합력을 높이게 된다.

(4) 토양비옥도

비옥도가 높거나 시비를 할 경우에는 제초작업을 더욱 철저히 해야 한다. 조파작물과 산파작물, 추파작물과 춘파작물, 초형이 서로 다른 작물을 전작(preceding crop)이나 후작(succeeding crop)으로 선택하면 잡초의 발생과 경합 피해를 감소시킬 수 있다.

2. 잡초의 군락과 천이 특성(Weed Community and Succession)

1) 잡초 군락의 천이

시간이 지남에 따라 잡초군락은 농경지와 같이 자연적, 인위적 교란 상태가 계속되는 조건에서도 이에 적응하며 생존해 가는데 이미 조성된 초종이 변화되는 과정을 천이(succession)라고 하고 이 변화는 농경법과 제초제의 변천과 더불어 잡초의 발생도 달라진다.

2) 식생의 천이에 관여하는 요인

(1) 제초방법

여러 가지 제초방법 중 선택성 제초제의 사용이 가장 극적인 천이 유발 요인이 되는데 1년생 잡초의 선택성 제초제인 클로르니트로펜(chlornitrofen, 일본에서 개발한 디페닐 에스테르계 논제초제) 연용 시 다년생인 너도방동사니나 올챙고랭이의 우점화 현상이 초래된다. 최근 우리나라 논 잡초군락이 올미, 가래, 올방개, 너도방동사니, 벗풀 등의 다년생으로 천이되는 것은 제초제의 사용, 재식법, 경운법, 물관리와 재배방법의 변천에 따른 결과이다.

(2) 물관리와 시비 방법

물을 깊이 대거나 밭작물과 논작물의 교호적 재배, 질소비료와 석회비료 시용 등은 잡초의 생육을 억제하는 재배적인 방제로 활용된다.

(3) 작물의 품종과 재배양식

작물 품종에 따라 초형(plant type), 조만성(earliness), 비료 요구도, 내한성 등에도 차이를 보이며, 이에 따라 잡초와의 경합력에도 차이가 있어 초종 조성에도 변화를 초래하게 되고 작물의 재배 시기(조기, 만기, 보통재배), 재배양식(이앙재배, 직파재배)도 잡초의 초종 조성을 바꾸는 데 영향을 미친다.

3) 제초제 내성(저항성) 잡초의 출현

여러 요인 가운데 잡초의 개체군에서 가장 치명적이며 직접적인 요인으로 작용하는 것은 제초제이며 장기간의 제초제 사용으로 인하여 세계 각지에서 제초제 내성(저항성) 잡초종이 출현하고 있다. 예로 트리아진계(triazine) 제초제, 그라목손(paraquat, 판매 금지됨), 설포닐우레아(sulfonyl urea) 등 다양한 계통의 약제들에 대한 다수의 저항성 초종들이 세계 각지에서 보고되고 있다. 그러나 제초제 사용량을 조절하고 작용기작이 다른 계통의 제초제를 교호적으로 처리하면 저항성 잡초의 종수를 줄이고 잡초발생량을 적게 하여 작물의 경합 피해가 감소하고 저항성 잡초종의 출현도 감소시킬 수 있다.

(1) 내성(Tolerance)

내성은 어느 한 개체군이나 다른 종간에 항상 존재하는 일종의 내부 변이 현상으로 잡초가 제초제에 견디는 현상을 말한다.

(2) 저항성(Resistance)

저항성은 이전에는 감수성이었던 잡초가 극단의 내성에 이를 정도로 바뀐 상태를 말하며 제초제를 바꾸어 사용하거나 사용을 중단하면 저항성을 제어할 수 있다. 잡초에서는 내성이나 저항성을 같은 의미로 사용한다.

3. 잡초경합의 생태적 원리

잡초와 작물과의 경합은 제한된 공통의 자연자원과 공간에 대하여 일정한 공급량으로부터 수요량과의 관계에서 생기는 생물 간에 나타나는 상호작용이다. 이는 종내 경합(intra-specific competition)과 종간 경합(inter-specific competition)으로 구분한다. 작물과 잡초 간의 경합(물이나 양분 등)에서 오는 문제는 작물에 주어진 공간을 언제부터 어느 정도로 잡초에 탈취당하는가에 달려있다.

4. 잡초경합의 한계기간과 허용한계밀도

(1) 잡초로 인한 작물의 수량 감소를 줄이기 위해서는 잡초가 방제되어야 하는 한계기간(critical period)이 존재하며 이 기간 안에 잡초방제를 하여야 한다.

(2) 작물은 발아 후 유묘기를 거쳐 초관(canopy) 형성기까지는 외부로부터의 수분이나 양분의 요구량이 적으므로 인접한 곳에 어린 잡초가 있더라도 거의 경쟁이 나타나지 않는다. 또한, 생식생장기로 전환되면 외부의 양분이나 수분에 대한 의존도가 감소하고, 인접한 잡초의 노쇠와 더불어 채광조건이 개선되면서 경합의 정도가 감소된다. 따라서, 작물은 파종 후 초관 형성기까지와 생식생장기 이후 수확기까지는 잡초경합으로 인한 작물손실의 영향이 비교적 적지만 초관형성기~생식생장기 사이에는 잡초와 힘든 경합을 벌이게 된다. 이 시기를 잡초경합한계기간(critical period for weed competition)이라 한다. 따라서 잡초경합한계기간 동안에는 작물과 잡초 간의 경합이 계속되지 않도록 잡초방제를 해 주어야 한다.

(3) 잡초경합한계기는 초관(canopy, 군락)을 형성하고 생식 생장으로 전화하는 작물특성에 따라 차이가 있으나, 작물의 전 생육 기간의 첫 1/3~1/2 기간 또는 첫 1/4~1/3 기간으로 이 시기는 비교적 생육 초기에 해당하며 철저한 방제가 요구되는 시기이다.

(4) 초관형성을 효과적으로 하는 엽채류 작물과 효과적이 못한 세엽작물(양파) 사이에는 잡초경합한계기간에는 근본적으로 차이가 있다. 옥수수의 잡초경합한계기간은 출아 후 10~30일, 세엽작물인 양파의 잡초경합한계기간은 초관이 효과적으로 형성되지 못하므로(발아와 초기 생장이 느림) 잡초와 경합하지 못하도록 초기에 잡초방제를 철저히 하여야 한다.

(5) 잡초의 허용한계밀도(threshold density for weed competition)에서 잡초는 병이나 해충과 달리 무조건 박멸시켜야 할 대상으로 취급할 필요가 없으며 어느 정도 허용할 수 있다고 판단되는 발생 밀도를 말한다.

(6) 경제적 허용한계밀도(economic threshold density for weed competition)는 방제 노력과 방제로 인한 이익이 같아지는 수준까지의 밀도 한계구역을 말한다.

5. 잡초의 방제와 농업(Weed Control and Agriculture)

1) 농업생태계의 특성(Property of Agriecosystem)

① 자연생태계의 식물들에 비해 수명이 짧다.

② 환경에 대한 저항성이 약하다.

③ 균질도는 높고 종의 다양도는 낮다.

④ 재배와 관리 등으로 인위적 요소(재배 관리 등)가 크게 관여하고 있다.

2) 잡초의 방제 원칙(Principle of Control)

작물이나 동물이 병이나 해충에 노출되거나 피해가 생기지 않게 회피(escape)하거나 예방(prevention)하는 것이 제일이나 일단 병에 걸리면 적절한 방제(control)를 하여야 한다. 경제적 가해 수준을 넘어서지 않았는데도 지나치게 박멸(eradication)하려는 것은 바람직하지 않을 때가 많다.

표 2-10 잡초와 병충해 방제의 특성 비교

번호	항목	병해	충해	잡초해
1	**문제대상**	동물, 식물, 미생물	동물, 식물	식물
2	**진전속도**	급진적임	급진적임	완만함
3	**가해특성**	생산물 고사	생산물 식이	작물생육 억제
4	**피해판단 근거**	병징과 사인	병징과 사인	개체존재
5	**방제기술 특성**	균류의 특성	해충의 특성	잡초의 특성
6	**방제약제**	살균제	살충제(살선충제)	제초제
7	**약제농도 준수**	유연함	유연함	엄격함
8	**친환경 방제**	청결, 종자소독	물리적 방제, 천적이용, 생물농약	물리적 방제, 생물농약
9	**피해발생**	작물가해	작물가해	작물경합
10	**방제개념**	예방, 박멸	경제적 가해수준	방제

6. 잡초방제 방법(Weed Control Method)

1) 예방적 방제(Preventive Control)

(1) 위생과 청결(Sanitation and Clean)

농경지를 잡초가 없는 청결한 상태로 유지하거나 새로운 종자 및 영양체를 생성할 수 없게 이들의 번식시기를 청결하게 유지시키는 방법을 말한다.

① 재배관리의 합리화로 작물을 충실히 키워 경합력을 높인다. 적절한 시비기술로 작물의 초관형성을 촉진한다. 제한적 관개 및 제한적 경운, 철저한 병해충방제, 잡초를 제어하는 윤작, 종자가 생성되지 않도록 개화 이전의 잡초제거, 수확 후에는 토양의 화염방제 및 소토처리 등의 수단을 강구한다.

② 작물이나 관상식물의 종자를 정선하고 오염 종자를 줄이며 잡초 종자의 비산을 막는다.

③ 농기계나 기소를 철저히 청소한다.

④ 사료나 퇴구비, 가축 관리로 종자의 전파를 줄인다. 분료처리로 잡초 종자를 사멸시킨다.

⑤ 관개수로나 운반토양을 관리하여 잡초의 전파를 줄이도록 한다.

(2) 법적 방제(Legislation Control)

국가 또는 지역 간의 종묘유통과정에서 검역 및 검사제도를 두어 문제성 잡초로 오염된 종묘가 유통되지 않도록 통제한다.

2) 주요 방제방법

(1) 물리적 방제(Physical Control)

물리적 방제는 기계나 힘으로 하는 손 제초, 경운, 예취(mowing), 피복, 열처리, 침수처리와 같은 방제법을 말한다.

① 기계, 기구, 온습도, 빛(유아등, 자외선등 등)을 이용한다. 열(온탕소독)이나 수목의 해충서식지를 만들고 모아서 태운다.

② 황색, 청색 또는 적색 끈적이 트랩을 설치하고, 황색 수반 등을 설치한다.

③ 한랭사로 하우스나 온실을 덮어 해충의 침입을 차단하는 방충망을 설치(환기창, 출입문 등)하여 진딧물, 나방류 등의 침입을 막는다.

④ 과실에 봉지를 씌운다. 토양소독은 재식 전 증기로 훈증 소독을 하거나 담수처리, 태양열 소독을 하는 것을 포함한다.

⑤ 집단서식지 및 이병 정도가 심한 가지도 절단하여 소각한다.

(2) 화학적 방제(Chemical Control, 농약)

화학적 방제법은 제초제나 생장조절제(PGR)를 사용하는 방제법을 말한다.

① 농약을 이용하여 방제하는 것으로 예방 위주로 적기에 방제한다.

② 농약 살포 시 적절한 희석배수, 살포량, 횟수를 선택(과다 시용 방지)한다.

③ 살포 시 충분한 양을 골고루 살포(약흔 및 약해 주의)한다.

④ 여러 가지 적용 약제를 교호적으로 살포하여 저항성이 생기는 것을 예방한다.

⑤ 화학적 방제의 단점은 생태계 균형파괴, 저항성 유발, 환경오염 등이 있으나 장점은 효과가 빠르고 확실하다. 페로몬이나 미생물농약도 이 범주에 속한다.

(3) 재배적 방제(Cultural Control)

생태적 방제법(ecological control method, 경종적 방제법)이라고도 하는데 작물의 경합력 증진을 위한 재배조치로써 경합특성이용법과 잡초의 경합력 약화를 위한 경종조치로 환경제어법으로 나눌 수 있다.

① 경합특성 이용법

㉠ 작부체계의 전환(윤작), 목초류의 방목횟수를 늘린다.

㉡ 육묘하여 이식(이앙)하고 재식밀도 조절한다. 작목, 품종 및 종자 선정, 재파종 및 대파 등을 활용한다.

㉢ 피복작물, 경운, 재배 시기 조절과 같은 재배수단을 이용하고 건전 우량, 무병묘를 구입하여 심는다.

㉣ 저항성(내충성) 품종을 선택하여 재배한다.

㉤ 윤작이나 혼작으로 병원균의 숙주를 제거하고 대항 식물이나 유인 작물로 병원균의 서식을 줄인다.

② 환경제어법

㉠ 시비는 전면 살포보다 작물의 비료흡수 층에만 시비한다.

㉡ 토양산도(pH)는 작물에 최적 범위가 되도록 조절한다.

㉢ 관배수를 조절하고 제한적 경운을 한다.

㉣ 묘포장, 통로, 주차장, 정원의 저수지, 관배수로 등에 콘크리트나 방제용 천과 같은 시설을 설치한다.

㉤ 포장 청결로 전염원 제거 및 확산 방지, 전작물 잔사물의 수거 및 소각, 포장 전염원 및 월동처 제거(낙엽, 전정한 가지 등을 소각), 인근 서식처 방제(잡초나 중간숙주 등), 묘목의 상처나 전정가위 등을 소독한다.

(4) 생물적 방제(Biological Control)

천적이나 생물(대항 작물)을 이용한다. 천적, 기생성 동물이나 병원미생물, 포식성 동물 등을 이용한다. 기생성, 식해성 및 병원성을 지닌 생물을 이용하여 잡초의 집합밀도를 감소시키는 수단을 의미한다. 생물을 이용하는 방제로 효과는 느리나 환경부하가 적고 지속적이다. 천적(natural enemy)으로 특정 잡초만을 가해하는 병원균, 곤충, 소동물, 어패류 및 독성물질을 분비하는 식물을 들 수 있다.

천적을 이용한 방제의 성공조건에는 다음과 같은 것들이 있다.

① 천적의 먹이와 섭식, 이동이 가능해야 한다.

② 천적이 문제 잡초 이외의 유용식물을 가해하지 말아야 한다.

③ 천적의 천적이 없어야 하고, 환경과 다른 생물에 대한 적응성, 공존성 및 저항성이 있어야 한다.

④ 해당작물이 문제 잡초보다 유연하고 빠른 생육과 번식특성을 지니고 있어야 한다.

(5) 종합적 방제(Integrated Pest Management, IPM)

비료와 농약을 과다하게 많이 사용함으로 환경부하가 커짐에 따라 도입된 개념이다. 최적의 농약(생물적 방제 포함)을 최소한으로 그 지역에서 효율적으로 사용하자는 개념으로 비료나 농약 등에 적용되고 있다. 몇 종류의 방제법을 상호협력적인 조건에서 연계성 있게 수행해 가는 방식을 말한다. 종합방제에서는 전체적인 잡초군락의 크기가 감소하고, 특히 예방적 및 생태적 방법이 병행됨으로써 작물의 생산력을 간접적으로 증대시키게 된다. 모든 방법을 같이 쓰는 것보다는 여러 방법 중에서 가장 적절하고 가장 효율적이며 환경에 피해가 적도록 방제하는 것을 말한다.

즉 농약에 대한 부작용과 환경부담이 증가하고 농약에 대한 저항성 해충이 증가하므로 여러 가지 방제 수단을 상호모순 없이 조화롭게 사용하는 것이다. 육종적, 재배적, 생물적 방제법을 동원히여 농약의 사용량을 줄이면서도 병해충이나 잡초를 방제하는 것을 종합적 방제라고 하고, 환경친화적인 방법으로 경제적 피해수준 이하로 관리하는 농업경영의 개념에서 '종합적 관리'라고 한다. 이때 농약을 전혀 사용하지 않는 것이 아니고 모두 다 사용하는 것도 아닌 최적의 상태로 농약을 선택하고 박멸이 아닌 경제적 피해를 주지 않는 선으로 방제하는 것을 말한다.

표 2-11 잡초를 포함한 병충해 방제법

번호	구분	주요 방제 방법
1	재배적 방제 (cultural control)	• 저항성(내충성) 품종이나 경운, 재배시기 조절과 같은 재배수단을 이용하는 방제법으로 건전 우량, 무병묘를 구입하여 재식한다. • 저항성 품종을 선택하여 재배한다. • 윤작이나 혼작으로 병원균의 숙주를 제거하고 대항식물이나 유인작물로 병원균의 서식을 줄인다. • 포장 청결로 전염원 제거 및 확산 방지, 전작물 잔사물의 수거 및 소각, 포장 전염원 및 월동처 제거(낙엽, 전정한 가지 등을 소각), 인근 서식처 방제(잡초 및 중간숙주 등), 묘목의 상처나 전정가위 등을 소독한다.
2	화학적 방제(농약) (chemical control)	• 농약을 이용하여 방제하는 것으로 예방위주 적기 방제를 한다. • 농약 살포 시 적절한 희석배수, 살포량, 횟수를 선택(과다사용 방지)한다. • 살포 시 충분한 양을 골고루 살포(약흔 및 약해 주의)한다. • 여러 가지 적용 약제를 교호적으로 살포하여 저항성이 생기는 것을 막는다. • 화학적 방제의 단점은 생태계 균형파괴, 저항성 유발, 환경오염 등이 있으나 장점은 효과가 빠르고 확실하다. 페로몬이나 미생물농약도 이 범주에 속한다.
3	물리적 방제 (physical control)	• 기구나 온습도, 광선 등 힘으로 방제하는 방법으로 유살등이나 자외선등 빛을 이용한다. 열로 온탕소독을 한다. 수목에 해충서식지를 만들고 모아서 태운다. • 황색, 청색 또는 적색 끈끈이 트랩을 설치하고, 황색 수반 등을 설치한다. • 한랭사로 하우스나 온실을 덮어 해충의 침입을 차단하는 방충망을 설치하여 (환기창, 출입문 등) 진딧물, 나방류 등의 침입을 막는 것을 말한다. • 과실에 봉지를 씌운다. 토양소독은 재식 전 증기훈증 소독, 담수처리, 태양열 소독을 한다. • 집단 서식지 및 이병 정도가 심한 가지도 절단하여 소각한다.
4	생물적 방제 (biological control)	• 천적이나 생물(대항 작물)을 이용한다. 천적, 기생성 동물이나 병원미생물, 포식성 동물 등을 이용하는 것은 효과는 느리나 환경부하가 적고 지속적이다.
5	종합적 방제 (Integrated Pest Management, IPM)	• 비료와 농약을 많이 사용함으로 환경부하가 커짐에 따라 도입된 개념이다. • 최적의 농약(생물적 방제 포함)을 최소한으로 그 지역에서 효율적으로 사용하자는 개념으로 비료나 영양, 농약 등에 적용되고 있다. • 모든 방법을 같이 쓰는 것 보다는 여러 방법 중에서 가장 적절하고 가장 효율적이며 환경에 피해가 적도록 방제하는 것을 말한다.

제4장 **제초제의 작용기작**(Mechanism of Herbicide)

1. 제초제의 흡수 및 이행(Uptake and Movement)

제초제의 흡수는 식물의 형태 및 내부구조, 환경조건 등에 의하여 영향을 받는다. 제초제가 일단 흡수되면 살초효과의 발현을 위해 일정 농도 이상의 제초제가 작용 부위로 이행, 축적되어야 한다. 제초제의 흡수 및 이행 정도는 제초제의 화학적 성질뿐만 아니라, 제초제의 처리 부위 및 식물의 형태적 또는 생리적 특성에 따라 좌우되며, 제초제가 작용 부위에 도달하기까지는 여러 과정에서 장애를 받게 되므로 이행되는 제초제의 양은 처리한 제초제의 양에 비하여 점차 감소한다(그림 2-28).

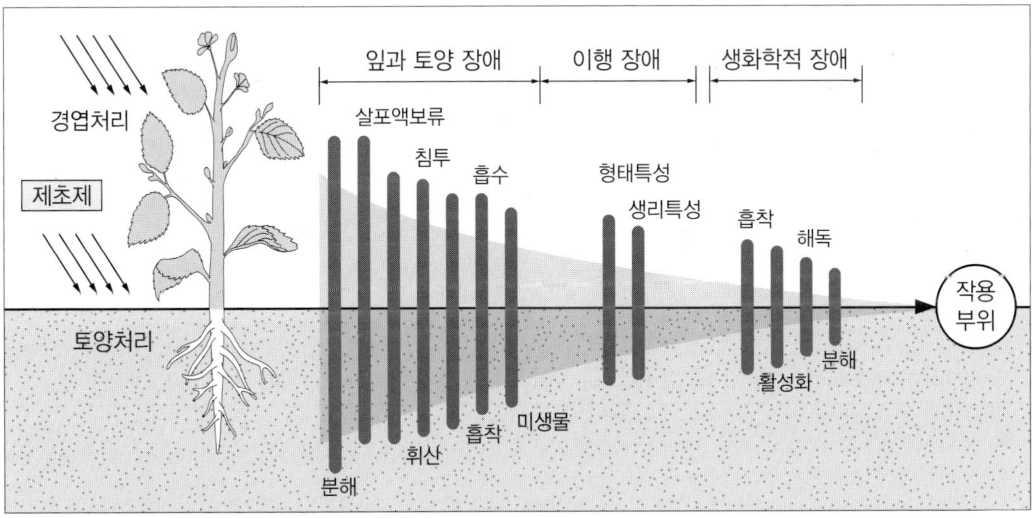

그림 2-28 식물체 내에서 제초제의 흡수 및 이행을 저해하는데 관여하는 요인(SHAW 등, 1960)

1) 제초제의 흡수

식물의 표면과 제초제의 화학적 성질이 제초제의 흡수에 관여한다. 제초제가 식물체 내로 흡수되는 가장 보편적인 두 경로는 잎과 뿌리를 통한 흡수이며, 그 밖에 초엽(coleoptile), 어린줄기 및 종자를 통해서도 흡수된다.

(1) 뿌리에 의한 흡수

토양 중의 제초제는 세 경로, 즉 ① 아포플라스트(apoplast), ② 심플라스트(symplast), ③ 아포플라스트와 심플라스트를 통하여 잡초의 작용부위 속으로 들어간다(그림 2-29 참조). 아포플라스트를 통한 경로는 세포간극, 세포벽, 물관 등으로 이어지는 죽은 세포조직을 통하여 이동되며, 제초제가 내피의 카스파리대(Casparian strip)를 우회하여 물관으로 들어간다.

표 2-12 제초제의 작용단계

단계	구분	세부 과정	관련 요인
1	처리와 흡수 (treatment and uptake)	약제 살포(herbicide application)	비산
		식물체 체류(plant retention)	전착제, 강우
		흡착(absorption)	토양과 엽면흡수(계면활성제)
2	이동(movement)	투과(penetration)	식물체 저항, 온도
		이행(translocation)	약제 특성, 식물체 구조
3	대사(metabolism)	목적 부위에 작용(target action site)	식물체 부위, 약제 특성
		분자화(molecular fate)	약제 작용
3	대사(metabolism)	세포의 구조와 기능변화(change in cell structure and function)	약제(광합성, 단백질 등)와 식물 특성(광엽)
		식물체 고사(plant death)	식물과 약제 특성
4	분해와 잔류 (decomposition and residue)	기상과 토양 요인(climate and soil factor)	온도, 토양분해 등
		약제 반감기(half life)	약제 특성
		제도적 대책(legal policy)	유기농, 농약잔류허용기준(PLS 제도)
5	이용 문제(usage)	식품 잔류(food), 용도 외 사용(그라목손)	약제 특성, 살포 시기 등

심플라스트(symplast)를 통한 경로는 처음에 세포벽으로 들어간 다음 표피와 피층 세포의 원형질 속으로 들어가고, 원형질연락사에 의하여 내피, 중심주, 체관의 순으로 통과한다. 아포플라스트와 심플라스트를 통한 경로는 심플라스트(symplast)를 통한 경로와 같지만 제초제가 카스파리대를 거치지 않고 세포벽으로 다시 들어간 다음 물관으로 들어간다. 뿌리에서 제초제는 주로 증산류(transpiration stream)를 따라 물관을 통하여 상부로 신속하게 이행되므로, 물관을 통한 제초제의 흡수가 체관을 통한 경우보다 더 많고 빠르다. 뿌리에서는 잎처럼 큐티쿨라층이 없으므로 극성의 제초제(물에 대한 용해도가 높음)는 잘 흡수되는 반면, 비극성의 제초제는 흡수되기 어렵다.

(2) 잎에 의한 흡수

잎에 의한 제초제의 흡수는 대부분은 잎의 표면으로 직접 침투하여 흡수된다. 제초제는 세포질에 도달하기 전에 화학적 조성이 다른 여러 가지 구조, 즉 큐티쿨라층, 세포벽, 원형질연락사 등을

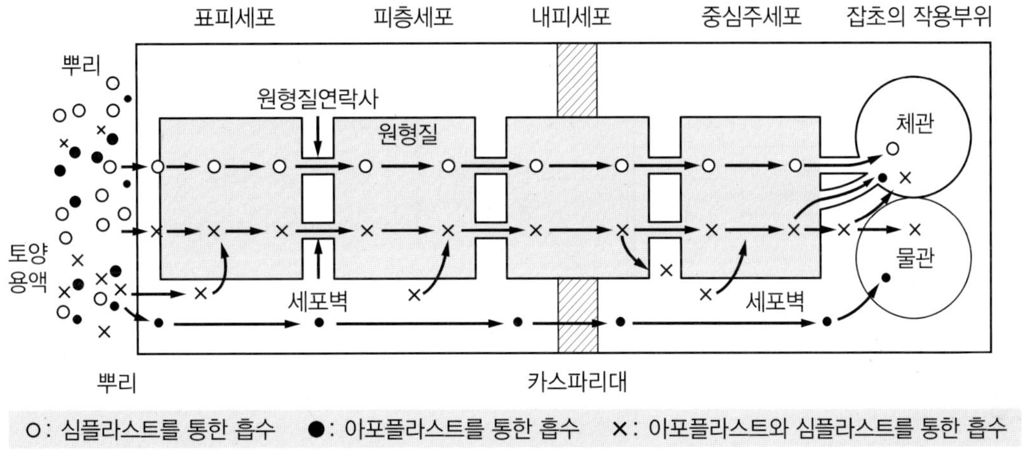

그림 2-29 제초제가 뿌리로 흡수하는 경로를 나타내는 모식도

통과해야 한다. 큐티쿨라층의 표면은 납질, 내면은 큐티클 납질과 큐틴(cutin)으로 구성된다. 큐틴은 비교적 친수성이고 납질은 친유성이므로 큐티쿨라층을 통하여 친수성 및 친유성 화합물을 선택적으로 통과시킬 수 있다. 큐티클 납질은 비극성 정도가 가장 높고, 그 다음으로 큐틴, 펙틴의 순으로 높으며, 셀룰로스(cellulose)는 극성(친수성) 물질이다. 그러므로, 극성화합물은 큐티클 납질을 침투하기가 매우 어렵지만, 일단 이 장벽을 통과하면 연속된 다음 단계로 쉽게 들어간다. 한편 비극성 화합불은 쉽게 큐티클 납질을 통과하지만, 연속된 다음 단계의 통과는 점차 어려워진다. 잎을 통한 제초제의 흡수에 영향을 미치는 요인들은 ① 습윤제로 계면장력을 적게 하여 흡수를 증가시키고 큐티클의 납질이나 유성물질을 용해함으로써 엽면흡수를 증가시킴으로 결과적으로 선택성을 감소시킨다. ② 강우는 약제를 씻겨 내므로 흡수를 저하시킨다. ③ 온도가 상승하면 흡수가 촉진되어 선택성이 감소한다.

(3) 제초제의 이행(Translocation of Herbicide)

식물체 내에서의 제초제의 이행은 체관부는 심플라스트(symplast), 물관부는 아포플라스트(apoplast) 및 세포간극(intercellular space)을 통하여 이루어진다. 뿌리에서 흡수한 아포플라스트 이행 제초제는 물관으로 들어가서 증산류(transpiration stream)를 따라 상승한다. 잎을 통하여 흡수한 심플라스트 이행성 제초제는 광합성 산물과 함께 같은 경로를 통하여 이행된다(잎→체관→뿌리, 눈, 발육 중인 과실, 생장점 등과 같은 광합성 산물 수용기관으로 이행된다).

(4) 식물체에서 제초제 대사

식물체에 의해 흡수된 제초제 성분이 세포 내로 이행된 이후부터 식물체의 고사에 이르기까지

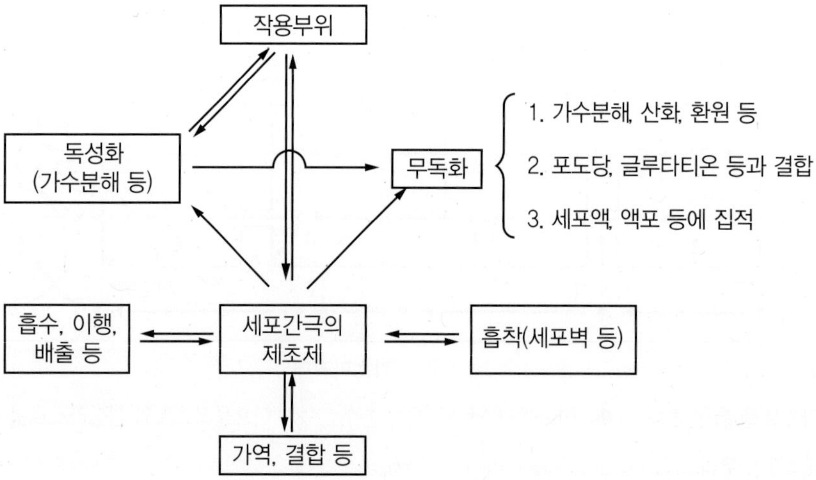

그림 2-30 잡초에서 제초제의 대사 경로

의 과정에서 만나는 일련의 과정을 대사라 하며, 잡초와 작물 간 제초제 선택성의 가장 중요한 기작이다(일반적으로 흡수, 이동을 제외한 과정을 의미). 작물이나 내성 잡초는 제초제 분자의 분해, 다른 물질과의 접합(conjugation), 세포벽이나 액포에 집적(deposition) 등에 의하여 빠르게 제초제 분자를 무독화할 수 있다. 제초제의 분해는 제초제의 분자의 화학구조가 변화되는 것이며, 대부분은 제초제의 분자구조가 변화되면 불활성화되나 가수분해에 의해 독성화되어 살초효과를 나타내는 예도 있다(2,4-DB→베타산화(β-oxidation)→2,4-D). 식물체 내에서 제초제의 분해와 관련된 반응으로 산화, 환원, 가수분해, 하이드록시화 반응, 할로겐이탈 반응, 탈알킬 반응, 탈아미노기반응, 탈카르복시반응 및 식물체 내 구성성분과의 결합 등으로 변화한다.

2. 제초제의 분해반응

1) 산화(Oxidation)

산화는 전자의 이탈에 의해 에너지가 방출되는 과정으로 산소의 첨가 또는 수소의 이탈을 통하여 전자가 산화된 화합물로부터 효과적으로 제거되고 에너지의 방출이 수반된다. 페녹시계(phenoxy) 제초제는 β-산화로 2,4-DB, CPB 및 2,4,5-TB는 각각 2,4-D, CPA 및 2,4,5-T(고엽제)로 산화되어 살초효과를 나타낸다.

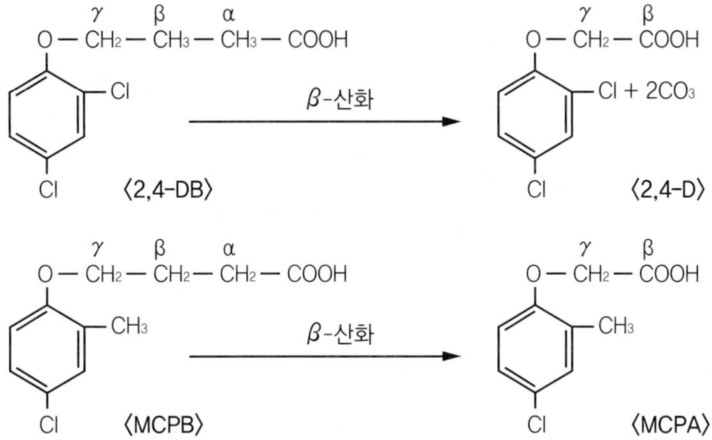

2) 환원(Reduction)

산화의 역반응으로 전자가 첨가되어 환원된 화합물에 에너지를 결합시키는 반응이다. 즉 어느 화합물에서 산소를 제거하거나 수소를 첨가함으로써 그 화합물에 전자를 효과적으로 첨가하여 에너지를 결합시킨다. 대부분은 탈수소반응(dehydrogenation), 즉 산화된 화합물로부터 수소가 이탈되는 탈수소반응에 의하여 이루어진다.

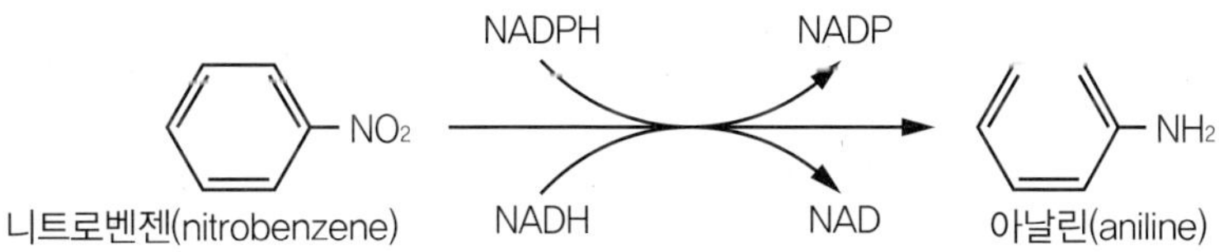

〈금속과 염산으로 환원시킴〉

3) 가수분해(Hydrolysis)

한 분자가 분리되고 물의 이온 (H^+, OH^-)이 한 부분 또는 다른 부분에 첨가되는 반응으로서 보통 둘 또는 그 이상의 새로운 화합물이 생성된다. 식물에서 제초제의 분해는 가수분해에 의해 가장 보편적으로 이루어신다. 카바메이트계(carbamate) 제초제와 아마이드계(amide) 프로파닐(propanil)은 가수분해 과정으로 분해된다.

4) 수산기 반응(Hydroxylation)

다른 원자나 기가 OH기로 치환시키는 반응으로 페녹시계(phenoxy) 제초제에서는 Cl 원자의 위치 전환에 의하여 수산기 반응이 수반된다. 벤조산계(benzoic acid) 제초제에서는 염소(Cl) 원자의 위치가 변환되지 않고 수산기 반응이 일어난다.

트리아진계(triazine) 제초제의 수산기 반응은 탈염소반응(dechlorination), 탈메톡시화반응(demethoxylation), 탈메틸티오화반응(demethylthiolation) 등과 관련이 있다.

5) 탈카르복시 반응(Decarboxylation)

페녹시계(phenoxy), 벤조산계(benzoic acid) 및 우레아계(urea) 유도체를 포함하는 많은 제초제에서는 탈카르복시반응이 일어난다. 탈아미노반응(deamination)은 우레아계(urea) 제초제의 경우에는 탈카르복시반응과 동시에 탈아미노반응도 수반된다.

$$R-\overset{H}{\overset{|}{N}}-\overset{O}{\overset{||}{C}}-NH_2 \xrightarrow{+H_2O} RNH_2 + CO_2 + NH_3$$

〈요소치환계 제초제〉

6) 탈알킬 반응(dealkylation)

제초제 분자의 기본구조에서 알킬기가 대체되면 독성이 변화될 뿐만 아니라 다른 식물에 대한 선택성도 달라지는데, 특히 트리아진계(triazine)와 우레아계(urea) 제초제에서 나타난다. 모누론(monuron)은 고엽제로 우레아계 제초제이다. 수영장에서 조류방제용으로 쓰이기도 한다.

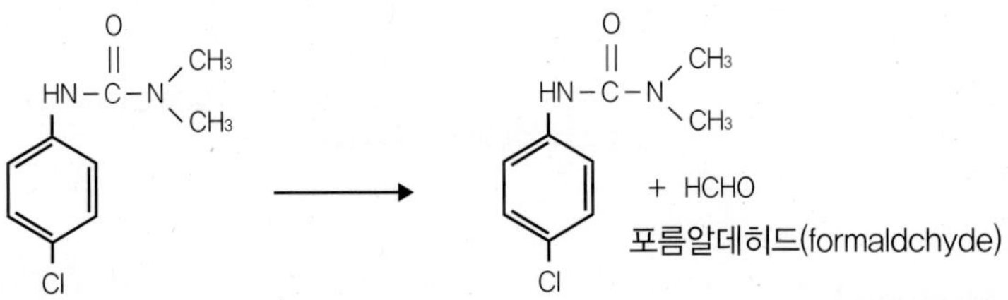

〈모누론(Monuron)〉

7) 식물체 내 물질과의 결합 반응

제초제 분자가 당, 아미노산, 펩티드, 리그닌, 지질 등의 성분과 결합(conjugation)하여 새로운 화합물을 생성한다. 아래 식은 글루코스(glucose)를 결합시킨 반응이다.

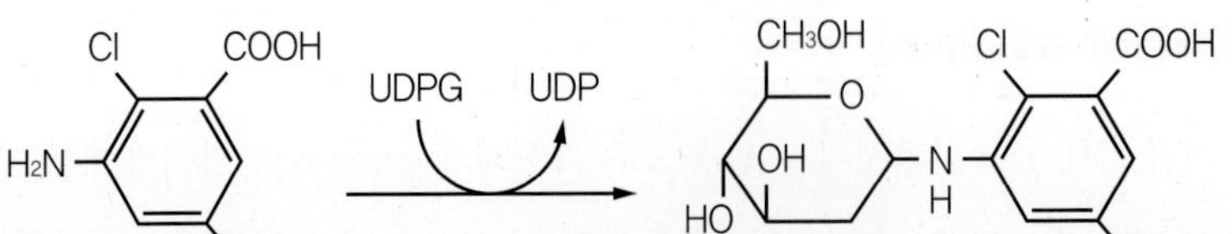

〈클로람벤(Chloramben)〉 〈클로람벤(Chloramben)의 글루코시드(glucoside)〉

3. 제초제에 대한 식물의 반응

많은 제초제는 세포와 조직의 파괴뿐만이 아니라 세포의 분열, 신장 및 분화를 변화시키며, 이와 같은 변화에는 생장 억제, 상편생장(epinasty), 잎의 황화(chlorosis), 백화(albino), 괴사(necrosis), 세포의 미세기관과 막의 변형, 큐티클 형성의 저하 등이 포함된다.

① 생장억제는 모든 제초제에서 볼 수 있으며, 접촉형 제초제는 생장이 억제되기 전에 조직을 고사시킨다. 직접적으로는 세포분열 또는 세포 신장의 저해 때문에 일어나고, 간접적으로는 생장에 필요한 대사 기질의 부족에 의하여 일어난다.

② 세포분열은 카바메이트계(carbamate), 히오카바메이트계(hiocarbamate) 및 디니트로아닐린계(dinitroaniline) 제초제와 CDAA, CPA 등 많은 제초제에 의하여 저해된다. 보통 뿌리의 분열조직에서 볼 수 있지만, 일부 다른 분열조직에서도 볼 수 있다(2,4-D와 같은 옥신계(auxin) 제초제는 일부 성숙한 유조직에서 세포분열과 신장 생장을 촉진하여 조직을 다량 증식시키지만 정단분열조직에서는 세포분열을 저해한다).

③ 세포신장은 세포분열이 제해되는 경우 관련 세포는 정상 세포보다 더 크다. 나프탈람(naptalam)과 2,3,6-TBA는 세포의 신장을 증대시킨다. 일부 제초제는 세포분열과 신장 생장 때문에 야기된 조직분화의 변형 외에 줄기의 물관 분화를 제해한다.

④ 상편생장(epinasty)은 식물의 줄기와 잎이 구부러지거나 비틀리는 현상으로, 페녹시계(phenoxy) 및 옥신계(auxin) 제초제의 통상적인 증상이다. 이들 화합물은 부정근과 캘러스(callus)를 유기시키며 과도한 분얼, 마디에서의 다분지의 형성, 잎의 비후, 초엽(coleoptile)와 잎의 비틀림, 2차 근의 발생 감소, 비정상적인 묘의 발달 등과 같은 비정상적인 생장도 일으킨다.

⑤ 황화현상(chlorosis)은 우레아계(urea), 라실계(racil) 및 트리아진계(triazine) 제초제와 프로파닐(propanil) 등의 광합성 저해형 제초제를 사용 시 흔히 나타난다. 이와 같은 현상은 아마도 일반적인 노화 현상의 결과로서 부차적인 것으로 생각된다.

⑥ 백화현상(albınısm)은 아미트롤(amitrole) 처리 시 새로 발생한 잎에서 나타나며, 이 현상은 엽록체가 발달되지 않기 때문이다.

⑦ 잎의 괴사(necrosis)는 다이콰트계(diquat) 등의 접촉형 제초제를 처리 시 빨리 나타나며, 일반적으로 세포막의 파괴와 관련이 있다.

⑧ 굴광성과 굴광성의 반응 저해는 나프탈람(naptalam), 2,3,6-TBA 등에서 나타난다.

⑨ 밀랍 형성의 저해는 지방산 생합성 저해제에서 주로 나타난다.

⑩ 줄기의 절간 신장저해는 프로파닐(propanil), 알라폰(alapon), 트리아진(trazine) 등 줄기 신장

의 저해는 세포의 분열 또는 신장저해에 기인한다.

⑪ 뿌리의 신장저해는 1차 근의 신장이 옥신계(auxin) 제초제에 의하여 서해되면 부정근의 발달이 촉진된다. 뿌리의 생장 저해는 세포의 부피 생장을 수반하여 짧고 굵은 뿌리가 형성되거나 편평하게 대화(fasciation)가 일어난다.

4. 토양에서 제초제의 동태(Dynamics of Herbicides in Soil)

1) 토양 중 잔류성(Residual Herbicides in Soil)

제초제가 후작물에 대한 해로운 영향이 없이 잡초방제 효과가 있으려면 일정 기간 활성을 가진 채로 토양 중에 남아있어야 한다. 일반적으로 고온다습 조건에서 분해가 빨리 일어난다.

표 2-13 온도와 습도 조건에 따른 제초제의 분해율(반감기, 단위: 일수)

제초제명	습도	온도			
		10℃	20℃	25℃	30℃
프로피자마이드 (propyzamide)	다습	110	38	–	–
	저습	350	121	73	44
시마진 (simazine)	다습	120	49	–	–
	저습	454	186	122	80
리누론 (linuron)	다습	116	75	–	–
	저습	232	150	122	100

제초제의 토양 중 지속성은 일반적으로 반감기(half-life)로 나타내며, 이것은 처리한 제초제의 1/2이 소실되는데 필요한 시간으로 전 기간을 통하여 같은 기울기를 갖는 1차 반응식을 전제로 한다. 토양에 도달한 제초제는 토양환경 내의 여러 가지 인자(토성, 유기물함량, 점토함량 및 종류, 수소(H), 토양 교질의 특징, 토양미생물의 군집, 작물의 재배조건, 광, 강우, 온도 등)에 영향을 받으며 그에 의해 지속 기간이 결정된다. 제초제의 토양 중 지속성은 제초제 분자의 변형 없이 소실되는 물리적 소실과 분해에 따른 화학적 소실 때문에 감소한다. 물리적 소실로는 식물체로의 흡수, 토양입자에의 흡착, 휘발, 토양 하층으로의 용탈 및 토양표면으로의 이동 등이 있으며, 화학적 소실로는 본래의 구조가 화학반응에 따라 분해되거나 광 또는 미생물에 의하여 분해되는 것 등이 있다.

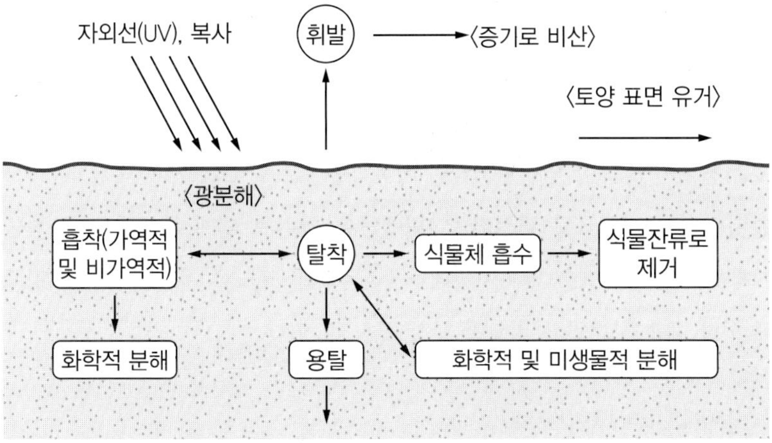

그림 2-31
토양 중 제초제의 소실경로
(Devin & Duke, 1993)

2) 물리적 소실(Physical Disappearance)

(1) 흡착(Absorption)

토양입자 표면에 제초제 분자 또는 이온의 부착 또는 끌어당김을 의미한다. 토양 중 제초제의 흡착과정에는 점토광물, 유기물, 알루미늄, 규소 산화물 및 수화물 등의 토양의 구성성분이 관여하며, 이중 점토광물과 유기물이 중요한 역할을 한다.

① 점토 광물(Clay Mineral)

점토광물은 점토를 구성하는 광물의 주성분으로 규산염 광물을 말하고 지름이 0.002mm 이하인 입자들로서 이들의 결정 격자의 구조는 1:1형 카올리나이트(kaolinite)와 2:1형 몬모릴로나이트(montmorillonite)와 버미큘라이트(vermiculite)가 있다. 1:1형은 하나의 규소(Si_4^+) 원자를 중심으로 4개의 산소 원자가 둘러싸고 있는 사면체 구조 (Si_4O_4)와 하나의 알루미늄 (Al^{3+}) 원자를 중심으로 6개의 수산기 (OH^-)가 둘러싸고 있는 팔면체구조 (Al_3OH_6)가 하나씩 번갈아 가며 판을 이루고 있는 구조이고 2:1형은 두 층의 사면체 구조 사이에 팔면체 구조가 끼워져 있는 것이다. 1:1형은 전기적으로 중성이거나 매우 적은 음전하를 띠며, 표면적과 양이온 치환 용량도 매우 낮다. 반면, 2:1형은 사면체 구조 내의 규소가 알루미늄으로($Si_4^+ \rightarrow Al^{3+}$) 또는 팔면체구조 내의 알루미늄이 마그네슘($Al^{3+} \rightarrow Mg_2^+$)으로 동형치환됨으로써 음전하를 많이 띄게 되고, 또 내표면적이 외표면적을 초과하게 되어 결과적으로 넓은 표면적과 높은 양이온 치환용량을 갖게 된다. 우리나라의 주 점토광물은 주로 1:1형의 카올리나이트(kaolinite)이므로 흡착력이 낮다.

② 토양유기물(Soil Organic Matter)

토양 부식이라고도 하며 산성 유기화합물군으로 분자량이 높다. 부식물질은 부식산(humic acid), 휴민(humin) 및 풀브산(fulvic acid)으로 구성되며 안정한 작용기가 많고, 따라서 제초제들의 유기분자와 상호작용에서 중요한 역할을 한다. 비부식물질로 탄수화물, 단백질, 아미노산, 지질, 왁스 및 저분자량의 유기산들로 구성되며, 미생물에 의하여 쉽게 분해된다. 부식물질이 많이 함유될수록 제초제의 흡착량은 많아지는데, 우리나라의 토양은 유기물함량이 평균 2.5% 내외로, 유기물에 의한 제초제 흡착은 비교적 낮다고 할 수 있다.

③ 제초제의 흡착특성(Absorption Property)

토양교질물(soil colloid)에 대한 제초제의 흡착은 제초제 유효성분의 특성에 따라 크게 좌우된다. 흡착 정도를 지배하는 가장 중요한 특성은 제초제 분자의 전하분포이며, 그 외에도 각종 작용기(-COOH, C=O, -OH 및 $-NH_2$) 및 제초제의 수용해도 등도 흡착에 관여한다. 제초제 유효성분의 물에 대한 용해도가 감소하면 소수성이 증가하는데, 이렇게 되면 제초제 분자는 토양교질물에 강하게 흡착된다.

(2) 용탈(Leaching)

용탈은 토양 중 물에 의한 제초제의 하방 이동을 의미한다. 그러나 물의 이동에 따라 상방(역용탈), 하방 및 측면으로도 제초제의 용탈이 일어날 수 있다. 용탈에 의한 제초제 이동의 효과는 제초제가 토양에 혼화되는 것이다. 식물체에 의한 제초제의 흡수 기회나 토양 중 잔류가 감소되는 것이고 역효과는 식물의 생육 층으로부터 제초제 소실에 의한 잡초방제 효과 감소, 감수성 작물에서 제초제 이동에 따른 작물 약해의 유발, 역용탈에 의해 토양 표층으로 제초제가 이동하고 연이은 휘발로 제초제 소실량의 증가 및 내성 작물에서도 과량의 축적된 제초제에 의한 약해 등이 발생하는 것이다.

토양 중 제초제의 용탈은 제초제의 용해도, 토양 흡착, 토성, 토양의 투수성 및 유수량에 따라 결정된다. 제초제가 수용성이어서 토양 용액에 용해된 채로 남아있으면 쉽게 용탈된다. 토양입자에 흡착되어있는 제초제는 쉽게 용탈되지 않는다. 사질 토양은 용탈이 크지만, 점질 토양은 용탈이 잘되지 않는다. 흡착이 많이 되지 않는 페녹시알카노익산(phenoxyalkanoic acid)이나 설포닐우레아계(sulfonylurea) 제초제는 이와 반대의 특성을 보이는 우레아계(urea)나 s-트리아진계(triazine)의 제초제에 비하여 쉽게 용탈이 된다.

(3) 휘발(Volatilization)

화합물이 고체나 액체상태로부터 기체형태로 되어 대기 중으로 소실되는 것으로 온도가 증가하면 증기압이 높아져 약제의 휘발량이 증가한다. 토양에 처리한 제초제 휘발의 효과로 휘발된 제초제 분자가 어린 잡초의 경엽을 통하여 흡수될 때 잡초방제 효과가 증대되기도 하고, 또 티오카바메이트 제초제인 EPTC와 같이 토양 공극 사이로 이동되어 토양입자에 흡착된 후 발아하는 잡초 종자를 효과적으로 죽이기도 하나 역효과는 토양으로부터 제초제의 손실이 커서 잡초방제 효과 감소, 공기 중에 휘발된 제초제 분자가 감수성 식물에 약해 유발. 휘발에 의한 제초제의 소실은 토양 혼화 처리나 약제의 제형을 바꿈으로써(액체 제형→입제) 어느 정도는 해결할 수 있다. 대부분의 토양처리 제초제는 식물이 흡수하는 양이 매우 적으나, 설포닐우레아계(sulfonylurea) 제초제의 경우에는 토양 pH가 높은 조건에서 이동성이 매우 크기 때문에 왕성하게 생육하고 있는 작물의 뿌리 부근에서 흡수되는 양이 제초제의 소실에서 중요하다.

(4) 표면 이동(Movement)

대부분의 토양처리 제초제는 물이나 바람에 의한 유실, 제초제는 식물이 흡수하는 양이 매우 적다. 그러나 설포닐우레아계(sulfonylurea) 제초제의 경우에는 토양 pH가 높은 조건에서 이동성이 매우 크기 때문에 왕성하게 생육하고 있는 작물의 뿌리 부근에서 흡수되는 양이 제초제의 소실에서 중요하다.

5. 제초제의 화학적 분해(Chemical Decomposition of Herbicide)

토양 중에서의 주 분해 과정은 화학적 및 미생물에 의한 분해이며, 토양표면에 존재하는 제초제에 대하여는 광에 의한 분해가 중요하다.

1) 화학적 전환과 분해(Chemical Decomposition)

제초제의 화학적 전환은 비생물학적인 방법으로 분자가 파괴되는 것을 의미하며, 토양 중 제초제의 소실과 관련하여 매우 중요한 역할을 한다. 대부분 작용은 반응 매체로써 또는 반응물로써 작용하는 물의 기능에 의하여 중재된다. 가장 보편적인 화학분해로 가수분해(hydrolysis)와 산화-환원(oxidation-reduction) 과정이 있고, 그 외에 불용성 염류(insoluble salts) 또는 화학적 복합물의 형성 등이 있다.

s-트리아진계(s-triazine) 제초제의 가수분해는 토양 중 유기물과 pH가 가수분해 속도에 큰 영향을 미친다. 가수분해와 산화-환원 반응은 토양 중에서 동시에 일어나거나 각각 별도로 일어날 수 있다.

2) 미생물 분해(Microorganism Decomposition)

토양 중의 세균(bacteria), 곰팡이(fungi), 방선균(actinomycetes), 스트렙토마이신(streptomycin)을 비롯한 다수의 항생물질을 분비하여 토양의 미생물 군집을 조절하는 한편, 셀룰로스(cellulose), 리그닌(lignin) 등을 비롯한 각종의 유기물을 분해하는 등의 미생물이 유기제초제 분자를 변화시키거나 파괴해서 제초제를 불활성으로 만든다.

미생물에 의한 분해는 토양 중에 제초제 분자가 파괴되는 경로에 있어 가장 중요한 과정 중의 하나로, 미생물이 생산하는 특정 효소의 촉매반응에 따라 분해가 조절된다. 따라서, 효소작용에 영향을 끼치는 토양수분, 통기, 온도, 수소(H), 유기물함량 등과 같은 다양한 환경인자가 미생물분해에 영향을 미친다. 일반적인 미생물 활동의 최적 조건은 ① 포장용수량의 50~100%의 토양수분이 존재한다. ② 통기 양호할 때 ③ 온도는 27~32℃ 정도일 때 ④ 토양 pH가 6.5~8.0 정도일 때가 좋다. 제초제의 분해에 관여하는 이들 효소의 촉매반응은 탈알킬 반응, 탈할로겐반응, 가수분해, 베타산화(β-oxidation), 수화(hydroxylation) 및 호기 조건에서의 NO_2기의 환원 등이다. 미생물에 의한 제초제의 분해는 최초의 정체기를 거쳐, 반복처리를 하게 되면 분해시간이 점점 빨라진다.

3) 광 분해(Photodecomposition)

유기제초제 분자가 광에 노출되면 광에너지를 흡수하여 분자 내의 전자는 여기(excitation)가 되고 이에 따라 화학결합이 불안정하게 되어 결합이 부서지거나 변형되는 현상을 나타낸다. 광분해는 자외선 영역의 파장(290~450nm)에서 주로 이루어진다. 광분해에 영향을 미치는 인자는 제초제 분자의 광 노출 시간, 광도와 파장, 제초제 분자가 존재하는 매체의 특성이나 용매의 pH, 물이나 공기의 존재 여부 등이다. 포장(field)조건에서 광분해는 토양표면에 노출되어 있는 제초제의 불활성화 과정에 있어 중요한 기작이다.

6. 제초제의 선택성(Selectivity of Herbicide)

1) 선택성의 정의

선택성(selectivity)은 제초제의 일정 농도 범위에 있어서 식물체에 따라 해를 입는 정도가 다른데, 이와 같은 현상을 제초제의 선택성이라 한다. 일반적으로 감수성(susceptibility)은 제초제에 대한 식물체 반응이 정비례하고 내성(tolerance)이나 저항성(resistance)은 반비례하게 된다. 즉, 잡초를 골라 죽이는 특성을 선택성이라고 한다.

2) 선택성의 유형

물리적 선택성은 제초제와 식물체의 접촉을 최소화 또는 방해함으로 얻어질 수 있다. 생리적 선택성은 제초제와 식물체의 접촉과 관계없이 식물체 내에 형성된 생리적, 생화학적 기작에 의하여 비롯된 선택성을 의미한다.

(1) 물리적 선택성(Physical Selectivity)

인위적인 방법에 따른 생태적 선택성(ecological selectivity)과 식물체의 외형적 특징에 따른 형태적 선택성(morphological selectivity)으로 구분할 수 있다. 생태적 선택성은 작물과 잡초 생육의 시간적 차이나 작물과 잡초의 생육공간의 차이를 이용하여 부여하는 선택성(즉, 이앙한 벼에서의 선택성, 차폐막에 의한 선택성, 과수나 삼림의 여름 잡초 방제 등). 차폐막에 의한 선택성이나 과수나 삼림의 하초 또는 키가 큰 작물 아래나 주간에 발생하는 잡초의 방제 등에서 볼 수 있다. 형태적 선택성은 생장점의 위치(외떡잎의 화본과는 지표면 아래 땅속, 쌍떡잎의 광엽 식물은 지상부에 노출되어 있다), 뿌리의 발생 위치 차이 등에 의하여 선택성이 부여된다.

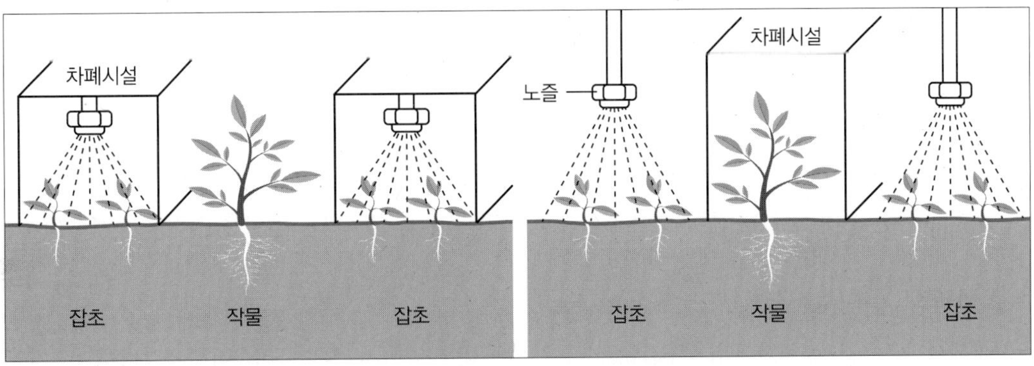

그림 2-32 차폐처리로 작물을 보호하는 제초제 살포모습(Ashron & Minaco, 1991)

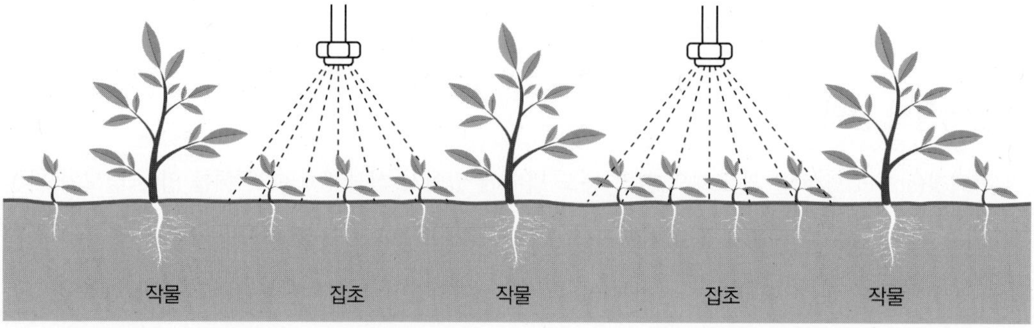

그림 2-33 작물 기부에 제초제를 직접 살포하는 방법
작물에는 최소량이 그리고 잡초에는 최대량이 살포된다,Ashron & Minaco, 1991)

(2) 생리적 선택성(Physiological Selectivity)

제초제의 흡수, 이행, 대사 및 식물체의 대사에 대한 제초제의 영향 등의 차이에 따라 부여되는 의해 선택성이다.

〈심근성 작물〉
심근성 작물은 토양 표면 가까이에 제초제가 남아 있어 영향을 받지 않고 토양 표면 가까이에 남아 있는 잡초는 피해를 입는다.

〈천근성 작물〉
천근성 작물은 민일 제초제가 작물 근계 밑으로 이동하면 살아 남고, 심층에서 발생한 잡초는 제초제가 토양 심층으로 용탈됨에 따라 죽는다.

그림 2-34 제초제의 용탈 차이에 의한 선택성
토양 중 제초제의 위치에 따라 선택상에 차이가 나는 생리적 선택성(Ashron & Minaco, 1991).

① 선택적 흡수(Selective Absorption)

경엽 큐티쿨라층의 왁스의 두께나 조성의 차이에 따라 흡수량이 달라지고, 그 차이에 따라 선택성이 결정된다. 2,4-D는 잔디는 적게 흡수하여 잘 자라고 클로버는 많이 흡수하여 죽게된다.

② 선택적 이행(Selective Translocation)

이행성 제초제(translocating herbicide)의 선택성에 있어서 중요하며, 이행에 관여하는 기작은 흡수부위에서 제초제와 식물 성분과의 결합 또는 제초제의 분해 정도에 따라 달라진다.

③ 제초제의 선택적 대사(Selective Metabolism)

제초제의 선별적 대사에 따른 선택성은 대사에 의하여 제초제 분자가 활성 상태에서 불활성 상태로 바뀜에 따라 주어지는 경우와 불활성 상태의 전구제초제(proherbicide)가 활성의 상태로 바뀌어 나타나는 경우로 나눌 수 있다.

식물체 내에 흡수된 제초제가 불활성화되는 일반적인 단계는 초기에 수산기 반응이 일어나 제초제 분자의 용해도를 높여주고 이어서 당이나 아미노산 등과 같은 물질과 결합을 하게 된다. 이는 시토크롬(cytochrome) P-450(환원형 시토크롬에서 일산화탄소(CO)와 결합하여 450nm 부근의 흡광도에서 관찰되는 단백질의 총칭)에 의한 탈메틸화(demethylation), 퍼옥시솜(peroxisome)에 존재하는 탈아미노 효소(deaminase)에 의한 탈아미노반응(deamination) 반응이다.

아릴 아실라미다아제(aryl acylamidase)에 의한 벼와 피에서의 선택성 차이(벼는 빠르게 가수분해가 되어 해가 없음), 글루타티온-S-전이효소(gulutachion-s-transferase에 의하여 3개의 아미노산(글루탐산-시스테인-글리신)으로 이루어진 글루타티온(glutathione, GSH) 분자 중의 -SH기를 제초제 분자에 도입하여 결합함으로써 제초제를 불활성화시킨다. 옥수수에서 GSH 접합(conjugation)에 의한 아트라진(atrazine)의 불활성화, 식물체에 흡수된 후 활성화되어 살초력을 발휘함으로써 선택성을 나타내는 사례로 페녹시계(phenoxy) 제초제의 2,4-DB나 MCPB 등의 β산화, 제초제인 벤조일프로프-에틸(benzoylprop-ethyl)의 탈에스테르 반응이 있다.

특정 식물체의 대사에 미치는 제초제의 차이에 따라 나타나는 선택성으로 사이클로헥산다이온계(cyclohexanedione) 제초제들의 살초작용기작은 지방산 생합성의 효소인 아세틸코에이 탈탄산효소(acetyl Co-A carboxylase(ACCase))의 작용억제에 기인하며, 대상 식물에 따라 선택성은 큰 차이가 난다.

3) 제초제의 선택성에 영향하는 요인

선택성은 여러 가지 영향을 끼치는 요인들 간의 상호작용에 의하여 그 폭이 결정되며, 물리적인 요인과 생물학적인 요인으로 나눌 수 있다.

(1) 물리적 요인(Physical Factor)

물리적 요인은 제초제와 토양이 주체이고 생물학적 요인은 식물체가 주체인 경우이다. 제초제의 약량, 제형, 처리 위치 및 방법에 대한 선택성이다.

① 처리 약량이 과도하면 내성 식물도 피해를 입게 되어 선택성이 상실된다.

② 제형으로 액제의 경우 계면활성제의 첨가에 기인하여(계면활성제의 첨가는 제초제 분무액의

식물체 표면에서의 습윤성의 증대 및 침투성을 높여주기 때문에 선택성을 감소시킨다. 입제의 경우 제법에 따라 압출조립식은 입제로부터 토양 중으로 주성분의 방출이 비교적 완만하게 이루어지나 피복식의 경우에는 주성분의 방출이 단시간에 이루어지므로 선택성이 감소될 수 있다. 즉 선택성이 달라질 수 있다.

③ 처리 위치는 제초제의 처리로 식물체의 흡수 부위와 접촉 여부에 따라 선택성을 결정하기 때문에 매우 중요한 요인이 된다. 토양처리제의 경우 토양표면에 존재하거나, 처리 후 혼화에 의한 등에 의하여 토양 표층에 존재 또는 작물의 주간에 처리되므로 작물에 가깝게 남아있게 되는데, 만일 제초제가 토양 중에서 용탈 이동이 쉬워 작물의 흡수 부위와 접촉하거나 작물이 발아하여 제초제 층을 통과하면 제초제와 접촉하여 선택성을 잃게 된다. 용탈 이동이 쉬운 디캄바(dicamba)나 달라폰(dalapon) 등은 처리 위치에 따라 작물에 약해를 주는 사례가 흔히 나타난다.

④ 처리방법으로 경엽처리제는 작물을 보호막으로 가리거나 작물의 수관 아래 잡초에 직접 살포함으로써 선택성을 부여할 수 있다.

(2) 생물적 요인(Biological Factor)

선택성에 영향을 미치는 생물학적 요인으로는 식물체의 형태적, 생리적 및 대사적 요인을 들 수 있다. 즉 식물의 형태적 요인인 잎, 생장점, 엽초(coleoptile) 및 중배축(mesocatyl), 뿌리 및 지하부 영양번식기관 등의 차이에 기인한다.

① 잎의 조직과 부위

잎의 표면조직, 줄기에 붙어있는 각도, 외형 및 엽수와 배열형태 등의 거의 모든 것이 선택성과 관련이 있다. 잎의 표면이 왁스로 덮여 있고, 매끈하거나 아주 조밀하게 털이 나 있는 것은 수용성 제초제의 습윤 및 전착이 크게 떨어진다. 엽신의 줄기 부착 각도가 수평이 될수록 부착되는 제초제의 양이 많아진다. 광엽 식물은 화본과 식물보다 제초제의 부착량이 많다. 엽수가 적고 상하의 잎들이 겹칠수록 제초제의 접촉 및 보유량이 감소된다. 생장점(눈이나 분열조직 부위) 접촉형 제초제가 식물체의 생장점에 직접 노출되지 않으면 식물체는 살아남을 수 있다. 화본과 식물의 생장점은 엽초(leaf sheath)의 끝부분 마디로서 이 부분이 보호되어 있는 반면, 광엽 식물의 생장점은 줄기의 끝 또는 엽액에서 노출되어 있으므로, 경엽처리제를 처리할 때 광엽 식물은 제초제에 직접 접촉되어 해를 입기 쉽다. 화본과 식물의 어린 묘의 엽초 마디, 중경 또는 경엽부는 토양처리제의 중요 흡수부위로써, 이 부위가 제초제에 접촉되는 정도에 따라 선택성에서 큰 차이를 나타난다. 즉 클로로프로팜(chloropropham)의 벼에 대한 선택성은 파종 심도로부터 신장하는 중경이 짧아서 제초제 처리층을 통과하지 않아 제초제와의 접촉을 피할 수 있기 때문이다. 피에서는 중경이 길게 표토층 바로 아래에까지 신장한 다음 엽초가 지상부로 출현하기 때문에 중경이 언제나 제초제 처리층을 통과하면서 접촉하게 되어 피해를 나타낸다. 뷰타클로르(butacolor, 마세트)는 벼에 대해 매우 안전한 약제이나 벼 중경의 길이가 긴 품종일수록 약해를 나타낸다.

② 다년생 잡초의 지하부 영양체

영양번식기관을 가진 다년생 잡초는 괴경, 지하경 또는 인경 등에 의하여 번식하는데, 이들 번식기관은 지상부와 달리 제초제에 의하여 쉽게 죽지 않는다.

(3) 생리적 요인(Physiological Factor)

제초제의 흡수, 이행 및 대사에 따른 식물체 내에서의 제초제의 불활성화 등이 주요 요인이다.

① 제초제의 흡수

제초제의 특성에 따라 적정 제초제를 선정함으로써 흡수율을 높일 수 있으며 식물체로의 흡수 특성을 이용하면 선택성을 얻을 수 있다.

② 제초제의 이행

식물체 내에서 이행되는 차이가 선택성을 좌우한다. 예로 아미벤(amiben)은 밀과 피 사이에서 피에 대한 선택성이 높은데, 밀보다 피에서 지상부로의 이행성이 현저히 높다. 프로메트린(prometryn)은 콩에서 목화보다 이행량이 현저히 높으며 감수성도 더 높다.

③ 제초제의 불활성화

제초제는 토양이나 식물체, 광이나 온도 등에 의해 불활성화되거나 분해된다. 그 기간과 조건은 약제의 종류나 제형에 따라 다르다.

④ 식물 성분과의 접합체(Conjugation)를 형성

감수성 식물인 피에서 아미벤(amiben)은 별다른 접합체(conjugation)를 형성하지 않으나, 내성인 밀에서는 글루코스(glucose)와 결합하여 글루코실-아미벤(glucosyl-amiben)을 형성하고 비이행성으로 되어 뿌리에 잔존한다.

(4) 약해 경감제(Safener)의 사용

제초제 처리에 앞서 작물의 종자 등에 약해경감제를 분의처리(dust treatment, 약제를 가루로 만들어 처리)하면 식물체 내에서의 생리적인 작용성에 영향을 끼쳐 제초제에 대한 내성을 증가시킨다. 이때 약해경감제로는 NA(1,8-naphthalic anhyride), 펜클로림(fenclorim), 플루라졸(flurazole) 등이 있으며, 식물체 내에서는 글루타티온-트랜스퍼라제(GST) 활성을 증가시키고 이 효소가 제초제 분자와 글루타티온(GSH)와의 접합체(conjugation)를 촉진시켜 제초제를 불활성화시킨다.

(5) 식물체 내에서 흡수된 제초제의 불활성화

이 능력의 차이에 의한 선택성으로 벼의 경우 아릴 아실라미다아제(aryl acylamidase)의 활성이 높아서 흡수된 프로파닐(propanil)의 가수분해가 쉽게 일어나나 이 효소의 수준이 낮은 피는 감수성을 나타낸다.

7. 제초제의 작용기작(Mode of Action of Herbicide)

제초제의 작용기작으로 식물에 장애를 일으키는 일련의 모든 과정(제초제와 작물 또는 시험대상 식물 간에 이루어지는 모든 상호작용을 포함). 제초제의 작용기작 연구는 흡수, 이동, 대사 등의 영역으로 나눌 수 있다. 작용기작(mechanism of action)으로 제초제의 최종적 살초효과를 일으키는 보다 직접적인 생화학적 또는 생물, 물리적인 과정을 의미. 작용기작보다 협의의 개념이며 제초제의 살초 특성을 지칭하는 직접적인 개념이다. 제초제의 주요 작용기작들은 사람과 가축 독성이 거의 없는 가장 성공적인 제초제는 동물에는 없고 식물에만 독특하게 나타나는 대사과정을 선택적으로 저해하는 제초제들이다. 광합성을 저해하거나(광합성 저해 제초제), 옥신 활성을 교란한다(옥신형 제초제). 지질생합성의 저해거나(화본과 선택성 제초제), 아미노산 생합성의 저해하고(아미노산 생합성 저해 제초제), 세포분열 활성을 저해하는 작용을 하기도 한다.

작용점(target site)은 제초제에 대한 반응이 가장 빠르게 나타나서 식물을 효과적으로 죽일 수 있는 가장 민감한 부분으로, 식물의 주요 대사 과정을 강력하게 저해할 수 있는 생화학적인 위치이다. 엽록체의 틸라코이드막(thylakoid membranes), 옥신 수용체, 지질 및 아미노산 생합성에 관여하는 특정 효소들이다. 각 광계는 특이한 폴리펩티드(polypeptide, 길게 연결된 아미노산), 색소체, 전자공여체 또는 수용체(electron donors/acceptors) 및 에너지가 낮은 곳으로부터 높은 곳으로의 전자이동이 이루어지는 반응중심(reaction center, 즉 제2 광계인 P680과 제1 광계인 P700)이라 불리는 독특한 엽록소를 가지고 있다. 기능상으로 보면 이 두 광계가 연속하여 작용하게 되는데, 제2 광계의 산화 부위(oxidizing side)에서 일어나는 물의 광분해(photolysis)에 의해 생성된 1차 환원물질이 환원력이 낮은 일련의 전자전달체를 통하여 제1 광계로 전자를 전달하며, 여기에서 두 번째의 광 반응이 일어나 궁극적인 전자수용체인 $NADP^+$에 전자가 전달된다.

1) 광합성 저해 제초제

엽록체에서 ATP와 NADPH의 생성은 광계(photosystem)라고 불리는 두 개의 커다란 색소체-단백질 복합체(pigment-protein complexes)에서 광에너지 투여에 의해 이루어지는데 광계는 틸라코이드 막에 걸쳐져 있으며, 틸라코이드 자체는 압착 막(appressed membranes)과 비 압착 막(non-appressed membranes)의 두 가지 기능 부위를 가지고 있다. 막 사이의 밀접한 상호작용을 가진 압착 부위는 제2 광계(PS Ⅱ)를, 스트로마에 노출된 비압착 부위는 제1 광계(PS I)와 ATP 합성 효소 복합체(ATP synthase complex)를 많이 가지고 있다.

① 제1 광계 저해제(photosystem I inhibitors)에는 비피리디니움계(bipyridinium) 화합물인 파라콰트(paraquat, 그라목손)와 다이콰트(diquat) 등이 있다.

② 제2 광계 저해제(photosystem Ⅱ inhibitors)에는 트리아진계(triazine)과 우레아계(urea), 제초제 등이 있다.

2) 색소체 합성저해제

식물의 광합성은 틸라코이드에서 광 에너지를 받을 수 있는 색소인 엽록소와 카로티노이드의 광합성 능력에 의해 이루어진다. 색소체 합성 저해제들은 엽록소 생합성 저해제인 디페닐 에테르계(diphenyl ether) 제초제와 카로티노이드 생합성을 저해하는 백화형 제초제(bleaching herbicide) 등이 있다. 이들의 증상은 어린잎에서 백화현상과 황화, 갈변, 잎이 꺾이는 증상으로 나타나고 약해도 동일하게 나타난다.

그림 2-35
색소체 저해 제초제의 대표적인 증상인 백화현상

(1) 디페닐 에테르(Diphenyl Ether)

디페닐 에테르계(diphenyl ether) 화합물을 비롯한 일련의 약제들은 틸라코이드 막에 있는 프로토포르피리노겐 IX (protoporphyrinogen IX) 산화효소(oxidase, protox)를 매우 낮은 농도에서 저해하여 과량 축적시키며, 이렇게 축척된 포토젠(protogen)은 엽록체 밖으로 누출되어 미토콘드리아, 소포체(ER), 액포, 원형질막 등의 세포 내 소기관의 막 주변이나 스트로마에 집적되며, 이들의 막 주변에 존재하는 산화효소에 의해 효소적으로 산화되거나 비효소적으로 산화되어 강력한 광에 민감한 프로토포르피린 IX(protoporphyrin IX)이 과량 축적된다. 이 물질은 세포 내 소기관들의 막 주변에 집적되어 독성을 나타내 지질 과산화(lipid peroxidation)를 일으킨다.

(2) 카로티노이드(Carotenoid) 생합성 저해형 제초제들

카로티노이드는 광을 수용하는 기능 이외에 엽록소와 산소를 소거시킴으로써 엽록소를 활성산소의 공격으로부터 보호하는 기능이 있다. 따라서, 카로티노이드의 생합성이 저해되면 자유기의 공격과 지질과산화작용이 급속하게 이루어져 엽록체가 파괴된다.

3) 오옥신형 제초제

오옥신형 제초제인 페녹시 아세트산(phenoxy acetic acid) 계열의 MCPA와 2,4-D가 1941년 영국과 미국에서 각각 독립적으로 개발된다. 이들 화합물은 세엽작물(narrow leaf crops) 재배지에 발생하는 광엽 잡초(broadleaf weeds)를 방제할 수 있는 선택성제초제로 일종의 합성 오옥신이며, 식물에 나타나는 형태적 증상은 오옥신 과다반응으로 식물의 생장이 교란되어 감수성 초종은 죽게 된다.

(1) 오옥신 호르몬과 식물 생장

① 오옥신(Auxin)

옥신은 왕성하게 생장하는 조직에서 트립토판(tryptophan)으로부터 합성되며, 성숙한 조직보다 어린 조직이나 왕성하게 자라는 조직에 비교적 고농도로 존재하며 어린 조직이 옥신에 가장 민감한 것으로 생각된다.

② 식물 생장

기관 또는 식물체 수준에서의 형태발생, 굴지성(geotropism), 굴광성(phototropism), 정아우세성(apical dominance), 잎의 노화 및 낙엽(leaf senescence and abscission), 개화, 착과, 과실 성숙 등의 식물생리학적인 측면에서 여러 가지 다양한 영향을 미친다.

(2) 살초 작용

옥신은 잎에서 빠르게 흡수되어 식물체 전체로 이행되기 때문에 식물 생장조절제의 불균형이 뚜렷이 나타나고, 옥신의 생장조절기능이 과부하 됨은 물론 옥신 농도의 과다로 인해 현저한 생장 변화가 일어나는데 3단계의 과정으로 증상이 진전된다.

① 제1단계(1일 내외)

제1단계로 옥신 처리 수 분 이내에 양이온의 세포막 투과성이 현저히 증가한다. 공변세포에서 칼륨이온의 축적이 증가되고 기공이 열리게 되어 광합성이 일시적으로 증가된다. mRNA의 합성과 단백질 합성 및 에틸렌의 합성이 증가한다.

② 제2단계(1주일 내외)

제2단계로 제초제 처리 다음 날부터 새로운 유전자의 발현과 저장양분의 이동에 의한 가시적 증상들이 나타나고 이에 따라 주요 생장 변화가 뚜렷해진다. 마디에 부정근 발생, 조직의 비대, 상편생장(epinasty), 정아우세성의 소멸과 곁눈의 발생 촉진 등이 있다.

③ 제3단계(10일 내외)

제3단계로 세포막의 파괴, 원형질막, 세포기관 및 조직이 붕괴에 이은 뿌리의 파괴, 잎의 황화 및 노화가 진행되고 고사한다.

(3) 옥신 관련 저해제들(Auxin-related Inhibitors)

식물체 내 호르몬에 불균형을 초래해 죽이는 것들로 대사활동이 왕성한 광엽 식물의 분열조직에 축적되어 세포의 이상이나 대량증식으로 식물을 죽게 한다. 옥신의 합성과 이동을 억제한다. 피해는 바람에 약제가 날려 피해를 유발하는 경우가 많다.

그림 2-36 애호박 재배지 인근에서 디킴바 액제를 살포할 때 바람에 약액이 날려 호박잎이 컵 모양, 비틀린 형태, 줄기 부풀림 등의 기형이 발생한 모습

① 벤조산계(benzoic acid)로 디캄바(dicamba), ② 페녹시 카복실산(phenoxy carboxylic acid), ③ 피리딘 카복실산(pyridine carboxylic acids), ④ 퀴놀린 카복실산(quinoline carboxylic acid) 등이 있다. 그 외에 옥신 이동을 억제하는 제초제(auxin transport inhibitors)로 세미카바존(semicarbazone) 등이 있다.

4) 지질 생합성 저해제(화본과 식물의 선택성 제초제)

제한적 경운법, 화본과 작물의 단작 및 광엽 잡초의 선택성 제초제로 광범위한 사용으로 화본과 잡초의 확산이 증대되어 왔다. 사탕무, 감자, 유채 등의 광엽성 후작물의 재배 시 밀과 보리는 후생 잡초로서의 군락 증대가 점점 더 문제가 되어 왔다. 이러한 결과로 세엽 작물뿐만 아니라 광엽 작물의 재배 시 발생하는 화본과 잡초의 선택적 방제를 위한 제초제의 개발이 필요하였다.

(1) 지질 생합성 저해제 기작

① 지질은 식물세포 내에서 잎의 표피(포화지방산), 원형질막, 엽록체막, 기타 세포 소기관의 막(불포화 지방산) 구성에 구조적 및 생화학적으로 필수적인 역할을 하며, 엽록체와 세포질에서 합성된다. 지방산의 합성성 경로는 엽록체의 스트로마와 세포질에서 이루어진다.

② 말로닐 코에이(malonyl CoA)가 아세틸 코에이(acetyl CoA)로부터 만들어져 지방산 합성효소(fatty acid synthase)라 불리는 수용성의 기질(stroma) 효소 복합체의 작용 때문에 포화지방산인 팔미트산(palmitate)으로 된다. 이 효소 복합체는 7개의 효소로 구성되어 있는데, 이는 7개의 효소 간의 중간대사산물을 전달하는 아실전달단백질(acyl carrier protein, ACP)과 공유결합을 하고 있다. 따라서 C_2 단위가 부가적으로 중합되어 한 개의 팔미트산으로 되기 위해서는 7번의 효소 반응이 필요하다.

③ 팔미트산으로부터는 현재 두 가지 대사과정이 가능한데, 첫 번째 경로는 세포질에서 소포체(ER)에 결합되어 있는 수용성의 중합 효소(condensing enzyme)와 신장 효소(elongase)에 의해 식물체 표면의 수베린(suberin과 식물의 백분(epicuticular wax, 포도나 다육식물에서 나타나는 하얀 분가루)에서 발견되는 긴 사슬의 포화지방산(long-chain saturated fatty acids)을 만드는 과정이고, 두 번째 경로는 엽록체에 있는 불포화 효소(desaturases)에 의해 올레산(oleic acid), 리놀레산(linoleic acid) 및 리놀렌산(linolenic acid)과 같은 불포화 지방산을 만드는 과정이다.

(2) 지방산 생합성의 저해 기작

① 아세틸 코에이 카복실라아제(ACCase)의 저해로는 식물의 지방산 합성에 관여하는 첫 번째 효소로서 말로닐 코에이(malonyl CoA)의 생성을 촉매한다.

② 티오카바메이트계(thiocarbamate) 제초제(EPTC(엡탐), 디알레이트(diallate), 트리알레이트(triallate) 등)들은 소포체(ER)에 결합되어 있는 신장 효소(elongase)를 특이적으로 저해하여 긴 사슬의 포화지방산(very long-chain saturated fatty acids) 형성을 억제하기 때문에 수베린과 큐티클 지방(cuticular wax)의 생성에 손상이 일어난다.

(3) 지질 생합성 저해제의 실제(화본과 식물의 선택성)

① 아세틸 코에이 카복실라아제 억제제들(Acetyl CoA Carboxylase Inhibitor)

아릴록시페녹시프로피오네이트(aryloxyphenoxypropoionate, FOPs), 사이클로헥산다이온(cyclohexanedione, DIMs), 페닐피라졸린(phenylpyrazoline) 등이 있다.

② 지질합성 억제제들(Lipid Synthesis Inhibitor)

티오카바메이트(thiocarbamate), 벤조퓨란(benzofuran), 클로로카보닉산(chlorocarbonic acid) 등이 있다.

5) 아미노산 생합성(Acetolactate Synthase, ALS) 저해제

새로운 제초제 계열로 아미노산 생합성(amino acid biosynthesis)을 특이적으로 저해하는 제초제가 개발되었다. 인간과 동물은 필수아미노산이 있지만, 식물과 미생물은 모든 아미노산을 합성할 수 있기에 필수아미노산 생합성의 저해제 개발이 주요 목표가 되어 왔다. 동물의 경우에는 필수아미노산(essential amino acids)이라 불리며 영양소로 매우 중요한 류신, 라이신, 메티오닌, 트레오닌, 트립토판, 페닐알라닌, 발린 등을 합성할 수 없으므로, 이러한 필수아미노산 생합성 저해형 제초제는 포유동물에 대해 독성을 일으킬 확률은 낮다. 이 약제의 약해는 생장이 느려서 키가 작고 오래된 잎이 말리는 증상을 보인다.

(1) 식물 아미노산의 생합성

아미노산 생합성에 관여하는 대부분 효소는 핵에서 암호화되어 세포질에서 합성되고, 아미노산 생합성의 기본물질로 사용되는 탄소골격이 광합성에 의해 만들어지는 엽록체로 이동하여 아미노산을 합성한다. 아미노산 생합성의 저해로 현재까지 여러 필수아미노산의 생합성을 저해하는 제초제들(ALS inhibitors)이 실용화되고 있다.

(2) 아세토락테이트 합성효소(Acetolactate Synthase, ALS)의 저해

포장처리량이 ha당 g 단위의 처리로도 강력하고 선택적이며 광범위한 살초 스펙트럼을 나타내는 새로운 계열의 제초제가 1980년대부터 등장하기 시작한 이들 제초제는 필수, 분지 아미노산인 류신(leucine), 아이소류신(isoleucine) 및 발린(valine)의 생합성 과정의 주요 효소인 아세토락테이트 합성 효소(acetolactate synthase)를 공통의 작용점으로 하고 있다. 다른 아미노산 생합성 저해형 제초제와 같이 ALS 저해형 제초제는 본질에서 비선택적으로 작용하며, 작물과 잡초와의 선택성은 주로 작물체 내에서 일어나는 대사속도의 차이에 기인한다.

(3) EPSP 합성효소의 저해

글리포세이트(glyphosate, 근사미)는 모든 초종의 방제가 필요한 조건에서 사용되는 주요 비선택성 발아후처리 제초제로, 토양 잔류효과가 낮고 식물체 내에서의 이행성이 있으므로 땅속줄기로 번식하는 문제 잡초도 방제할 수 있다. 근사미는 방향족 아미노산인 트립토판(tryptophan), 티로신(tyrosine) 및 페닐알라닌(phenylalanine)의 합성뿐만 아니라 식물의 여러 가지 2차 산물(secondary product)의 합성에도 관여하는 EPSP(5-enoyl-pyruvyl shikimic acid 3-phosphate) 합성 효소를 특이적으로 저해한다. 작용기작 면에서 볼 때 근사미(glyphosate)와 결합된 EPSP 합성 효소에 포스포에놀피루베이트(PEP)가 결합하기 전에 S3P(shikimate-3-phoshate)가 먼저 결합한다. 글리포세이트(glyphosate)는 PEP의 인산기가 결합하는 EPSP 합성 효소의 활성 부위에 작용하는 것으로 보이며, PEP가 결합하여 EPSP를 합성할 수 없으므로 결과적으로 S3P가 축적된다. EPSP 합성 저해제로 근사미(glycines)가 있다.

6) 글루타민 합성효소의 저해제

글루포시네이트(glufosinate)의 암모늄염은 비선택성 발아후처리 제초제로 글루타민 합성 효소(glutamine synthase)의 강력한 저해제이다. 이것은 암모니아를 축적하게 해 식물을 신속히 죽게 한다.

7) 세포분열의 저해제

(1) 세포주기(Cell Cycle)

식물의 분열조직은 식물이 생장하는 전 기간 동안 배 발생(embryonic) 상태를 유지하여 계속 생장에 관여한다. 분열조직의 세포는 세포주기(cell cycle)로 알려진 정확한 일련의 과정을 거치는데, 이 과정은 4개의 불연속적인 기간으로 나눈다.

(2) 유사분열 억제제(Mitosis Inhibitor)

유사분열 저해형 제초제들은 튜불린(tubulin)과 결합하여 튜불린이 마이크로튜불린(microtubulin)으로 폴리머화(polymerization) 하여 정상적인 스핀들(spindle)의 기능을 저해한다.

① 분열조직에서 마이크로튜블(microtuble, 미세소관)의 분해를 촉진하여 미세소관이 소멸되도록 하는 제초제들(microtubule polymerization inhibitors), 이 계통의 제초제를 처리한 세포는 스핀들(spindle)의 마이크로튜블(microtuble)이 없으며 염색체가 전기에 머물러 있게 된다. 디니트로아닐린계(dinitroaniline), 포스포로아미데이트(phosphoroamidate), 피리딘(pyridine) 등이 있다.

② 양극에서 스핀들마이크로튜블(spindle microtuble)의 정상적인 배열을 방해함으로써 유사분열을 억제하는 제초제들이다. 이 제초제들을 처리한 분열조직에서는 여러 개의 방추사 극이 뚜렷하게 나타나 정상적인 방추사의 기능이 저해되며, 궁극적으로는 염색체의 비정상화가 초래된다. 카바메이트(carbamate)가 여기에 속한다.

(3) 세포분열 억제제(Cell Division Inhibitor)

① 불포화 지방산의 억제(inhibition of unsaturated fatty acid)

아세트아마이드(acetamide), 글로로아세드아마이드(chloroacetamide), 옥시아세드아마이드(oxyacetamide) 등이 있다. 이 제초제들은 팔미테이트(palmitate)로부터 스테아르산(stearate)으로의 신장과 올레산(oleic acid)으로의 불포화 작용을 억제하며, 결과적으로 리놀레산(linoleic acid), 리놀렌산(linolenic acid) 및 다른 불포화 지방산의 생합성과 생체막의 생합성을 저해하여 세포분열 시 원형질막 정상적으로 형성되지 않고 세포분열이 저해된다.

(4) 셀룰로스 억제제(Cellulose Inhibitor)

① 세포벽의 형성

원형질막 상에서 각각의 글루코스(glucose) 분자는 약 12,000개의 글루코스 단위를 가진 비분지 셀룰로스(unbranched cellulose) 분자(가닥)로 합성되고 각 분자의 쌍들은 서로 수소결합을 통하여 미세원섬유(microfibril)라고 하는 얇은 판 모양의 조각을 형성한다. 마이크로피브릴(microfibril)의 각 다발은 이와 같은 쌍을 약 40개 정도 갖고 있으며 이 구조물들이 원형질막의 외부에 순차적으로 배열하여 세포벽(cell wall)을 만든다. 따라서 셀룰로스 마이크로피브릴(cellulose microfibril)의 생합성이 저해되면 유사분열(mitosis)의 말기에 세포벽 형성을 할 수 없게 되어, 결과적으로 세포분열을 완수할 수 없게 되는 결과를 가져온다.

8. 제초제의 사용(Usage of Herbicide)

실용 현장에서 제초제 적용에 관련된 원리와 기술의 중요성은 가장 적절한 제초제를 선택하는 것만큼 중요한 의미를 지니고 있다. 실제로 제초제 사용에 있어서 가장 심각한 문제는 약해, 약효의 부족, 후작물에 영향 등과 같은 제초제의 부작용이다. 따라서, 제초제의 제형, 처리기술, 처리농도, 혼합제 및 처리 시 유의사항 등과 같은 적절한 제초제의 처리와 최대 효과를 얻기에 필요한 지식의 습득이 필요하다.

1) 제형(Formulation)

제형이란 실제 사용하기 위하여 생산자가 공급한 제초제 제품을 의미하며, 이 제형에는 유효성분 및 기타 보조제가 포함되는 다양한 형태가 된다. 제형의 목적은 포장조건(field condition)에서 처리하기 쉽게 하고, 또 효과를 증진시키기 위한 것으로, 화학자들은 화합물의 용해도, 휘발성, 식물에 대한 독성 및 기타 여러 가지 특성을 제제를 통하여 바꿀 수 있다.

(1) 제형의 종류

제형에는 액제(액체상태로 만들어져 처리되거나 고형이지만 액상으로 처리되는 제형)로 유제, 수화제, 수용제, 액상 수화제 등이 있고, 고형제(희석할 필요 없이 그대로 살포되는 제형)로 입제 등이 있다(175페이지 참조).

① 유제(Emulsifiable Concentrate, EC)

비극성 액상 제형으로서 액상 유효성분, 유기용매 및 유화제로 구성된다. 액상이 물에 분산되어 유탁액(기름방울이 물에 둘러싸인 형태)을 형성한다. 살포액은 물로 희석 시 우윳빛을 띠며, 때로 층 분리를 방지하기 위하여 교반할 필요가 있다. 제초제의 유효성분이 물에 녹기 어려운 경우에 이 제형으로 만든다.

② 수화제(Wettable Powder, WP)

증량제, 유효성분 및 분산제로 구성된 고체를 대략 10~20㎛의 입자 크기로 미분화한 것으로서 물에 직접 분산시켜 사용하는데, 보통 제초제의 유효성분이 유기용매에 녹기 어려운 경우에 이 제형으로 만든다. 물에 분산시킨 현탁액이 만들어질 때 계속해서 교반하지 않으면 고체 입자가 탱크 밑면에 가라앉게 된다. 살포액은 콜로이드 상태로 불투명하다. 대부분 수화제는 보통 토양에 처리하지만, 때에 따라서는 경엽에 처리하기도 하는데, 이때에는 별도의 습윤제가 필요하다.

③ **수용제** (Water Soluble Powder, SP)

유효성분이 수용성이고, 수용성 물질의 수용제를 이용하여 만든 제재로서 물에 희석한 살포액이 투명하다. 최대의 경엽 활성을 위해서는 계면활성제가 필요하다.

④ **액상수화제**(Flowable, FL)

아주 미분화된 고체 입자가 액상 내에 현탁되어 있는 제재로 입자의 크기가 수화제보다 작다. 희석없이 제품 그대로 수로의 입구에 처리하거나 물로 희석하여 사용하는데, 물에 희석할 때는 쉽게 분산되므로 교반은 유제와 수화제의 중간 정도면 되고, 살포액은 불투명한 콜로이드 상태로 교반한 후 사용하는데 오랫동안 정치하면 침전이 생긴다.

⑤ **입제**(Granule, GR)

건조한 상태의 고체 제형으로서 희석함이 없이 곧바로 처리한다. 증량제로서 보통 점토가 사용되고, 그 밖에 전분, 건조비료 또는 분쇄된 식물체 등도 이용된다. 입제의 제법에는 ㉠ 주제와 증량제에 물을 가하여 반죽한 것을 압출하여 만드는 압출 조립법(습식법), ㉡ 주제를 증량제에 흡착시키는 흡착법, ㉢ 주제를 용제에 녹인 후 이를 점착제와 함께 증량제(석영 및 모래 등)에 분무하거나 바르는(도포) 피복법 등이 있다.

2) 보조제(Adjuvant)

보조제(adjuvant)는 제초효과의 증진 또는 제초제의 취급을 용이하게 하기 위하여 사용하는 물질로 계면활성제가 대표적이다.

(1) 계면활성제(Surfactant)

유화성, 확전성, 분산성, 습윤성 등을 증진시키거나 액체의 표면 성질을 바꾸어 주는 물질로, 제초제의 제형에 계면활성제를 첨가하면 제초제 주성분의 용해도 및 유화성의 증진, 제형 안정성의 증대, 다른 물질들과의 화합성(compatibility)의 증대, 최종 분무액의 혼합 및 처리의 용이 등의 이점이 있다. 분무 입자와 식물체 표면 간의 접촉 증대, 제초제의 식물체 표면에서의 전착효과 향상 및 식물체 표면에서의 비극성 물질을 용해할 수 있게 하여 침투를 쉽게 만드는 등의 다양한 이점이 있다. 따라서 계면활성제는 제제의 물리 화학적 성질에 크게 영향을 끼치나, 계면활성제의 첨가에 따라 주제가 변형되어서는 안 되며, 그 자체가 작물에 약해를 일으키는 원인이 되어서도 안 된다. 가장 중요한 형태의 계면활성제로 유화제, 습윤제 및 전착제가 있다.

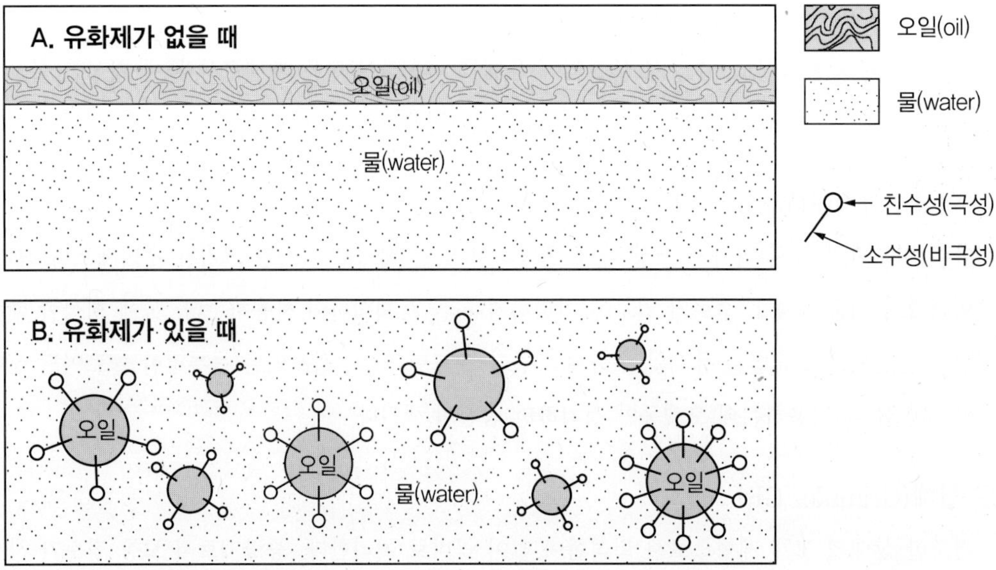

그림 2-37 유화제가 없는 때의 물과 오일의 모습(A)과 기름방울이 물 속에 잘 분산되도록 유화제가 오일과 물을 연결시켜 준 모습이다(B). 〈Ross & Lemm, 1985〉

① 유화제(Emulsifier)

하나의 액체가 다른 액체에 현탁되는 정도를 증진 시키는 물질로 가장 일반적인 것은 물에 기름이 분산되도록 하는 것으로 유화제는 물과 기름의 접촉면에서 두 계를 연결해 주는 역할을 하며, 이러한 작용은 작은 기름방울이 모여 큰 방울이 되는 것을 방지함(그림 2.37 참조).

② 습윤제(Wetting Agent)

서로 반발하는 계면 사이의 표면장력을 감소시켜주는 물질. 수용성 살포액에 습윤제를 첨가하여 식물체의 왁스 표면에 쉽게 접촉할 수 있게 한다.

③ 전착제(Sticker)

식물체의 경엽에 제초제가 부착되도록 하는 보조제. 이것들은 제초제 처리 시의 약액이나 강우 때문에 주성분이 씻겨 나가는 것을 감소시킨다. 여러 가지 전착제들이 습윤제와 혼합 처리되면 적용 범위를 확대하고 효과를 증진한다.

2) 계면활성제(Surfactant)의 작용성

일반적으로 음이온성, 양이온성, 비이온성 및 양쪽성 (양성, 음성)의 4종류가 있다. 음이온성 및 양이온성은 해리되면 각각 음이온 및 양이온으로 되며, 비이온성은 해리되지 않고, 양쪽성은 해리되면 양이온과 음이온의 친수성기를 동시에 가지고 있다. 이 중 농약에 주로 사용되는 것은 비이온성 및 양쪽성 계면활성제이다. 계면활성제의 특성은 HLB(친수-친지방값, hydrophile-lipophile balance) 값으로 나타낸다. 이 값은 0~20 범위에서 사용되는데, 이 값이 클수록 친수성이 크다.

3) 제초제의 농도 계산

우리나라 제초제 제품 포장 용기에는 제초 활성을 나타내는 유효성분 (active ingredient)의 함량이 백분율로 표시되어 있으며, 단위면적당 처리하는 약량은 유효성분으로 계산해야 얼마만큼 처리되었는가를 알 수 있다(농약 희석 192~193페이지 참조). “5% 입제”를 2kg 수준으로 1ha에 처리하는데 필요한 제품량은? 계산식 → 2kg/0.05 = 40kg이 필요하다(그중에서 유효성분은 2kg이다).

4) 혼합 처리(Mixed Application)

제초제의 작용력은 각 제초제의 계통에 따라 다른 살초 특성을 나타낸다. 예로 발생한 잡초의 경엽부에 처리 시 살초효과, 발아 중인 잡초의 종자에 효과, 쌍떡잎 작물재배지에서 발생한 외떡잎 잡초의 방제, 토양 중 잔류효과를 보이는 것이 아닌 잡초와의 접촉에 의해서만 살초 효과를 나타낸다. 따라서 이상과 같은 작용성이 서로 다른 두 가지 이상의 제초제가 생물학적, 화학적으로 양립되면 이것들을 혼합하여 작용시킴으로써 전체적인 잡초방제비용을 절감하고 살초 폭을 확대하는 효과를 얻을 수 있다. 두 가지 이상의 제초제 혼합 시 생물학적 및 화학적 특성의 불일치는 혼합 때문에 유용한 결과를 얻을 수 있는 제초제의 이용 확대를 제한하는 요소가 된다. 생물학적 특성의 불일치는 두 약제가 동시 처리됨에도 불구하고 나타내는 제초 활성의 시기나 작용성이 서로 다른 경우. 화학적 특성의 불일치는 혼합되는 두 제초제 간에 유효성분 및 보조제 등과 같은 물질 간의 화학적 양립성이 성립되지 않을 때이다.

혼합제의 실용적 예로 뷰타클로르(butachlor, 마세트)는 논의 다년생 잡초에는 효과가 없는데, 올미, 올방개 등에 유효한 벤설프론-메칠(bensulfuron-methyl)을 혼합하여 뷰타클로르(butachlor, 마세트)에 의한 1년생 잡초인 피나 물달개비의 방제는 물론 다년생 잡초까지 방제할 수 있다.

5) 제초제의 효과 평가

제초제를 사용할 때는 그 효과를 정확히 측정할 필요가 있는데, 효과의 평가는 약해와 제초효과의 2가지 측면에서 실시한다.

(1) 약해(Phytotoxicity)

약해는 제초제 처리로 인해 작물체 외관에 나타나는 증상을 의미한다. 약해의 평가방법에는 달관 평가(visual score)와 식물체를 직접 측정하여 무처리 대비 약해 정도를 평가하는 방법이 있다.

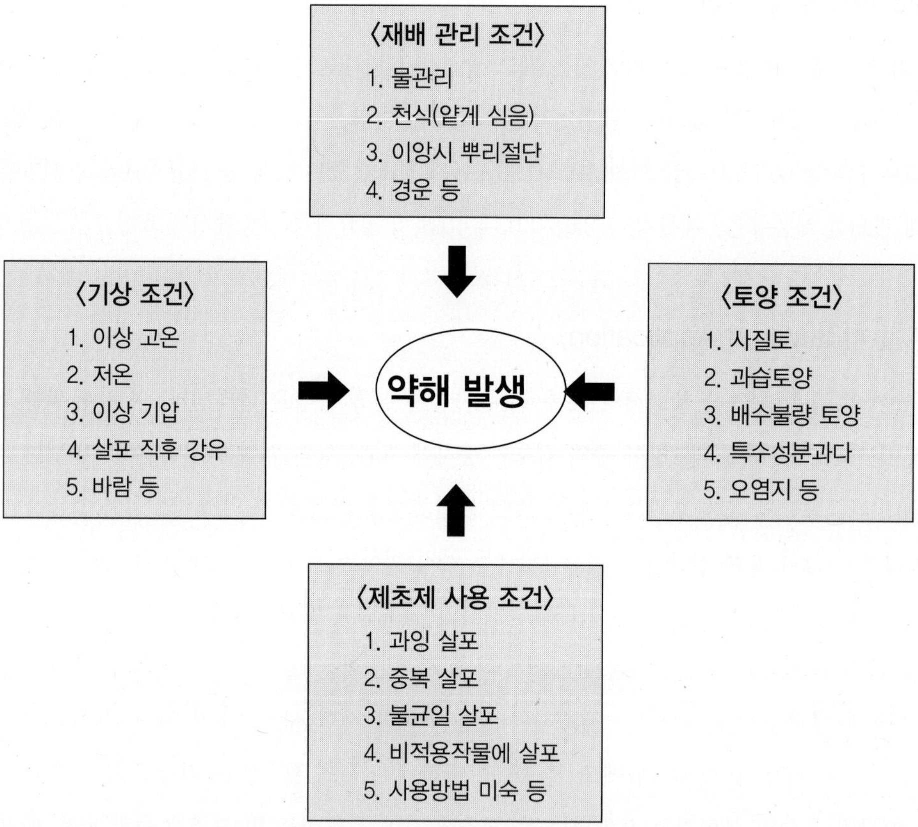

그림 2-38 제초제로 인한 약해 발생 원인에 대한 모식도

(2) 제초 효과

육안으로 관찰하여 평가하는 달관 평가와 방제 후 남아있는 잡초의 건물중 또는 생체중을 무제초구 대비로 평가하는 방법이 있다. 미국 잡초학회의 달관 평가는 작물 약해 평가와 마찬가지로 0~100 단위체계를 사용하는데 우리나라도 이를 참조하고 있으나 제초효과의 평가는 주로 후자의 방법을 사용한다.

제3편 작물보호제(농약)

(Agricultural Chemical)

제1장 작물보호제(농약)의 개관

1. 작물보호제(Pesticide)의 정의와 구비 조건

작물보호제(농약)는 작물의 생육에 직간접으로 피해를 주는 병균이나 해충과 잡초 등을 방제하고 작물의 생육을 조절하기 위하여 사용하는 물질이나 생물을 말한다. 요즘은 농약이라는 용어에 대한 거부감이 있어 '작물보호제'라고도 한다. 농작물(수목 및 임산물 포함)을 해하는 균, 곤충, 잡초, 바이러스, 응애, 선충, 달팽이, 조류, 야생동물과 이끼류, 잡목의 방제에 사용하는 살균제, 살충제, 제초제는 물론 기피제, 유인제, 전착제와 농작물의 생리 기능을 증진하거나 억제하는데 사용하는 생장조절제(식물호르몬) 등의 약제를 말한다. 이는 작물 재배를 위한 모든 약제(agricultural chemical)로 우리나라 농약관리법에는 '농작물과 임산물을 해하는 균, 충, 기타 동식물의 방제에 사용하는 살균제, 살충제, 제초제와 농작물과 농림산물에 직접 영향을 끼치는 약제, 기타 농림수산식품부 장관이 지정하는 약제'를 말한다고 되어 있다. 즉, 작물보호제(농약)란 작물에 해를 끼치는 모든 요소(pests)의 밀도 혹은 증상을 예방하거나 제거하고, 완화하며 몰아내는 역할을 하는 물질, 또는 이 물질들의 혼합물을 일컫는다. 이때 작물보호제(농약)는 화학적 구조와 물리적 성질, 상태에 따라 구분하기도 하고 무기농약, 유기농약, 합성농약, 생물농약, 천연물 작물보호제(농약) 등으로 구분하기도 한다.

표 3-1 작물보호제(농약)의 구비조건

번호	구비조건	특성 설명
1	**경제성**	약값이 저렴하고 살포 비용에 대해 이익이 있어야 한다.
2	**균일성**	품질이나 약효가 일정하고 균일하며 재현성이 있어야 한다.
3	**대량생산성**	수요를 감당할 수 있을 만큼 공급을 할 수 있어야 한다.
4	**보장성**	농촌진흥청에 등록되고 믿을만한 회사로 추후 문제가 될 때 대응할 수 있는 작물보호제(농약)이어야 한다.
5	**안전성**	작물이나 사람과 가축은 물론 환경에 대해 해가 적어야 한다.
6	**안정성**	품질이나 약효가 저장 중이나 살포 후에 변질하지 않아야 한다.
7	**처리용이성**	기상이나 대상에 따라 처리를 쉽게 할 수 있어야 한다.
8	**편리성**	물리적 성질이 양호하고 제조와 살포 등 사용법이 간편해야 한다.
9	**혼용성**	다른 약제와 혼용이 쉬워야 한다.
10	**효과성**	작물보호제(농약)로서 약효가 좋아야 한다. 살균 살충력이 강하고 제초나 목적하는 기능이 충족될 수 있어야 한다.

2. 작물보호제(농약)의 명칭과 구매 시 확인사항

작물보호제는 개발 당시의 이름에서 판매될 때 상품명까지 여러가지 이름으로 명명한다. 논문이나 공식적인 서류에서는 가급적 상품명보다는 일반명이나 품목명을 사용하는 것이 좋다. 작물보호제(농약) 구매 시 확인사항으로 작물보호제(농약)를 구입할 때는 품목등록번호, 작물보호제(농약)의 명칭과 제제 형태, 유효성분 및 일반성분의 함유량, 포장단위, 농작물별 적용 병해충 및 사용량, 사용방법과 시기, 안전사용기준(취급제한 기준), 기타확인(독성 여부와 사람과 가축에 해로운 정도, 수서동물에 대한 유해 정도와 인화나 폭발 정도), 저장과 보관 시 주의사항, 상호와 소재지, 약효보증 기간 등을 확인하여야 한다.

표 3-2 작물보호제의 명칭

번호	명칭명	내용	약제 사례	기타
1	상품명 (trade name)	작물보호제(농약) 제조회사에서 붙인 이름으로 일반명이나 품목명이 같더라도 제조회사에 따라 조제 처방이 다르므로 일반적으로 여러 가지 상품명으로 판매된다. ®이나 TM 등을 붙여서 표시한다.	벤레이트, 2,4-D, 근사미, 근초대왕, 글라신	회사에 따라 같은 성분을 가진 약제도 상품명이 다르다.
2	시험명 (code name)	작물보호제(농약) 개발회사의 약사, 또는 약종의 상징문자에다 선택번호를 부여하여 농약 개발 기간동안 사용한 이름이다.	-	이것은 알 수도 없고 알 필요도 없으나 종종 고유한 중간단계의 상품명으로 나오기도 한다.
3	일반명 (common name)	국제 표준 기구(ISO), 영국규격협회(BSI), 미국규격협회(ANSI)에서 승인 또는 채용되어 국제적으로 통용되며 원제 화합물의 기본구조를 암시하면서 단순화시킨 것을 말한다.	베노밀(benomyl), 2,4-D, 글라이포세이트	논문을 쓰거나 대외적인 발표를 할 때는 일반명을 사용하는 것이 좋다.
4	품목명 (item name)	우리나라 농림수산식품부나 일본의 농림수산성에서 제정하며 이것은 일반명의 글자를 단순화시킨 것들이 대부분이고 작물보호제(농약)의 제제화와 관련하여 붙여진 이름이다.	베노밀 수화제, 2,4-D 글리포세이트 액제, 글라신 액제	영문의 일반명을 한글로 표시하고 뒤에 제형을 붙인 것이 많으나 최근에는 여러 명칭을 사용하고 있다.
5	화학명 (chemical name)	국제순수응용화학 연합(IUPA)이나 케미컬앱스트랙(chemical abstracts, CA)에서 제정하는 것으로 원제 화합물이 가지는 공통 화학구조로 명명한다.	methly1-(butyl carbamoyl)-2-benzimidazole carbamate, 클로로페녹시아세트산, N-(phosphonomethyl) glycine	상당히 복잡하여 일반 소비자들이 사용하기에는 바람직하지 않은 명칭이다.

(주) 2,4-D는 일반명, 품목명, 상품명이 같은 거의 유일한 약제이다.

3. 작물보호제(농약)의 작용특성(Mode of Action)

1) 살균제의 기작

보호살균제는 보르도액과 같이 예방적인 약제이고 접촉살균제는 직접살균제에 해당한다. 이행성 살균제는 식물체 전체나 특수부위에 이동하여 작용하는 약제이다.

2) 살충제의 기작

신경독(유기인제), 원형질독(비소제), 피부독(기계유유제), 호흡독(청산가스), 근육독(데리스제) 등을 일으키는 것으로 나눈다. 시간이 지나면 약제 저항성이 생기고 해독과 분해, 독성증가 등의 부작용이 수반된다.

3) 제초제의 기작

이행성과 접촉형, 선택성과 비선택성, 토양처리와 경엽처리제 등의 다양한 작용특성이 있고 다른 작물보호제(농약)보다 살포 농도와 비산에 주의해야 한다. 제초제 중 ① 2,4-D는 페녹시계 제초제로 식물호르몬인 옥신(auxin) 유사체로 작용하고 ② 아트라진(atrazine)은 트리아진계 제초제로 광합성 저해하며 ③ 디우론(diuron)은 요소계 제초제로 광합성 저해시킨다. ④ 알라(alachlor)는 클로로아세타닐라이드(chloroacetanilide)계 제초제로 분열조직의 생장억제제로, 식물의 생장조절과정(지베렐린, gibberellin pathway)을 저해시킨다.

4) 저항성(Resistance)

저항성은 살충제의 장기사용으로 일어나는 약제에 대한 해충의 내성을 저항성이라고 하며 교차저항성은 어떤 특정 약제에 대해 저항성을 나타내면서 동시에 다른 종류의 약제에서도 저항성을 나타내는 것을 말한다.

5) 작물보호제의 약해(Phytotoxicity)

식물에 대한 작물보호제(농약)가 나타내는 부작용을 약해라고 하며 이는 작물의 종류와 작물보호제(농약)의 특성에 따라 다양하다. 때로는 약제의 조제시 농도계산이나 혼합을 잘못하는 경우에도 발생한다.

4. 작물보호제(농약)의 유통(Circulation of Pesticide)

작물보호제 생산량은 2022년도에 20,746톤이고 출하량은 19,882톤이었으며 출하액은 18,323억 원이었다. 이 중에서 수도용은 2,328억 원으로 12.7%, 원예용은 10,587억 원으로 57.8%를 차지하였다. 제형별 생산량은 유제가 9,773톤으로 47.1%, 수화제가 6,344톤으로 30.6%, 입제가 4,004톤으로 19.3%, 수용제가 0.4%, 분제가 0.2%, 기타 2.4%이었다. 수입 원제는 8,036억 원, 국내 합성 원제는 772억 원으로 수입의존도가 91.2%이었으며 수입국은 중국이 28%, 일본이 23%, 독일 19%, 미국이 10% 순이었다.

표 3-3 우리나라의 작물과 약제에 따른 출하액(톤) (2022년도)

번호	약제	약제간 총액(비율 %)	작물별	출하액(비율 %)
1	살균제	7,042(35.4)	수도(벼논)	1,140(16.2)
			원예(전작포함)	5,902(83.8)
2	살충제	5,078(25.5)	수도(벼논)	740(14.6)
			원예(전작포함)	4,338(85.4)
3	제초제	6,207(31.2)	수도(벼논)	1,197(19.3)
			원예(전작포함)	5,010(80.7)
4	기타 농약	1,555(7.8)	전체 작물	1,555(100)
합계		19,882(100)	작물 전체	19,882(100)

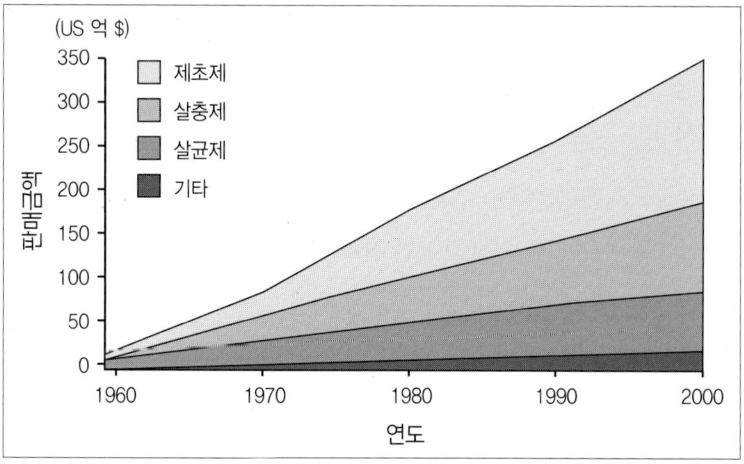

그림 3-1
미국의 작물보호제 판매량 변화

최근에는 작물보호제(농약) 중 수도용은 출하량과 매출액이 약간 감소하는 추세에 있다. 그러나 원예용과 기타 농약은 증가하고 있다. 전 세계적인 제형별 판매액은 제초제가 가장 많고 살충제, 살균제의 순이다.

5. 작물보호제(농약)의 중요성

(1) 작물보호제는 작물의 수량확보나 품질향상에 기여한다.

(2) 작물의 종류나 재배 시기에 선택의 폭을 확대한다. 작부체계의 변천을 가능하게 한다. 즉 조기재배, 시비법 개선, 직파재배 등은 작물보호제(농약)가 없으면 사실상 어렵다. 경제성이 있는 작물의 장기간 연작이 가능하도록 해준다.

(3) 작물 재배의 지역적 한계를 확대시키고 생산비를 낮추는 등 농업의 발전에 기여한다.

6. 작물보호제(농약)의 발달사

1) 작물보호제(농약)의 시대별 역사

천연산물 이용시대(1850년대 이전), 무기농약 시대(1850~1945), 유기합성농약 시대(1945년 이후), 무공해 농약(생물농약) 개발시대(2000년 이후)로 저독성 농약, 잔류성이 적은 농약, 천적에 해가 없는 농약, 유인제, 불임제, 기피제 등의 일반적인 농약과 곤충생육조절제(해충의 행동발육, 생육 탈피 등을 조절), 해충호르몬교란제, 성페르몬제, 화학불임제, 항탈피제, 키틴생합성저해제 등이 연구되고 있고 생물농약(천적 곤충, 천적 미생물, 길항미생물 등)을 이용하여 병해충 잡초를 방제하는 방향으로 나가고 있다.

2) 작물보호제(농약)의 발달사

(1) 최초로 역사에 기록된 작물보호제(농약)는 기원전 고대 메소포타미아 지역인 수메르(Sumer)에서 황을 직접 썼다고 하는 기록(약 4,500년 전)이 있다.

(2) 대략 15세기까지 비소(As), 수은(Hg), 납(Pb) 같은 고독성 물질이 해충 방제에 사용하였고 초기의 작물보호제(농약)로 천연물이나 천연유기약제로 고래기름, 겨자기름, 유채기름, 제충국, 그리고 천연 무기 약제로 보르도액, 석회유황합제, 비산연 등을 사용하였다.

(3) 17세기 무렵에는 니코틴 황산화물(nicotine sulfate)이 담뱃잎에서 추출되어 살충제로 사용되었다(식물성 살충제).

(4) 19세기에 들어와서 식물성 살충제 2가지가 발견되었는데 제충국에서 얻은 피레트린(pyrethrin)과 뉴기니 콩과식물인 데리스(*Derris elliptica*)의 뿌리에서 얻은 로테논(rotenone)이었다.

(5) 농약은 1950년대까지 고독성 물질인 비소를 기반으로 하는 작물보호제(농약)가 주류를 이루었으나 1941년 선택성제초제로 옥신 호르몬인 페녹시계인 2,4-D가 개발되고 1944년 유기인계살충제 파라티온(parathion) 등의 유력한 화합물이 차례로 개발되었다. 유기합성 약제로 유기염소계 살충제(1940년대)로 DDT(dichlorodiphenyltrichloroethane), BHC(benzene hexachloride), 알드린(aldrin), 디엘드린(dieldrin), 엔드린(endrin) 등 드린제가 개발되었고 DDT의 살충성을 발견하고 식물 농약으로 개발한 스위스 제약회사 시바-가이기(Ciba-Geigy)의 연구원 폴 뮐러(Paul Müller, 1948)는 노벨상을 받았다.

* 라첼 카슨(Rachel L. Carson, 1962)은 침묵의 봄(Silent Spring)이라는 책을 통하여 환경문제를 제기하고 농약의 생물농축을 거론하여 환경문제를 일반인들에게 인식시켰다. 이후 미국에서 유독성 농약인 DDT 등이 금지되었어도 개발도상국 일부에서는 여전히 전염병 예방을 위해 DDT 등을 사용하고 있다. 농약의 남용에 의한 자연환경의 파괴를 경고하여 농약의 부작용에 대한 광범위한 국제적 여론을 환기시켰다. 그러나 작물보호제(농약)는 여전히 농산물의 안정공급, 노동의 생력화, 노동생산성의 증대에 공헌해오고 있으나 그 이면에는 여러 심각한 문제를 일으키기도 한다. 제초제 PCP에 의한 어패류의 피해, 현미 속 유기수은의 잔류, BHC의 우유 속 잔류 등이 대표적인 농약의 부작용들이다.

3) 작물보호제(농약)의 유용성

(1) 직접적 이익

① 해충, 병, 매개 생물의 방제로 식량 생산에 기여

농림축산물의 양과 질을 개선하고 다른 지역에서 오는 침입 해충을 방제한다.

② 인간과 가축의 질병 및 해로운 생물의 배제

인간이나 가축의 생명을 보호하고 고통을 줄여주며 질병을 지역적으로 통제할 수 있다.

③ 인류의 활동에 문제가 되는 생물의 제어

전시에는 작전수행을 원활(고엽제)하게 하거나 삼림, 수풀, 잡초가 많은 지역을 개발하고 목재 건물의 보호(흰개미)가 가능하다.

(2) 간접적 이익(시간이 오래 걸림)

① 사회적 이익

이익이 증가하고 영양 상태 및 건강상태가 양호해지며 안정적인 식량 확보 가능해진다.

② 국가적 이익

일자리가 창출되고 수출입 관련 문제가 해결(검역-훈증제 등)되며 국가의 농업경쟁력이 높아진다.

③ 전 세계적 이익

안정적인 식량의 생산과 공급, 온실가스 저감, 인류의 불편함을 줄여준다.

4) 농약사용의 문제점

① 인축과 야생동물에 대한 독성이 나타난다. 여러 가지로 인류건강을 위협한다. 피부나 눈을 자극하거나 암을 유발하기도 한다. 용도 외 사용으로 전 세계적으로 농약은 자살에 사용되는 방법 중 1/3을 차지한다. 우리나라에서도 한 해에 1000명 가까이 농약으로 자살하기도 했는데 단지 이런 이유로 2012년도에는 그라목손의 판매가 금지되었다.

② 자연환경의 평형을 파괴하고 동식물상을 단순화시킨다. 살충제와 제초제 살포 시 95% 이상이 환경 혹은 대상 병, 해충 이외의 생물에 살포되어 부작용이 나타난다. 즉, 생물의 다양성을 줄이게 된다.

③ 자연환경인 공기나 물, 토양을 오염시킨다. 곤충 등 생물의 활동을 저해시켜서 식물의 꽃가루 매개(수분율 감소), 서식처 파괴, 보호 대상 종의 생존을 위협하기도 한다. 잔류 독성으로 인해 환경을 오염시킬 수 있다.

④ 농약에 대한 저항성이 발현될 수 있다. 작물보호제(농약)에 대한 저항성의 발현은 더욱 많은 양의 농약을 살포하게 하고 다시 높은 저항성이 유도되는 악순환 초래한다. 잠재적 해충이 출현 되는 부작용이 생길 수 있다.

⑤ GMO 중에서 콩의 제초제 저항성 품목의 개발(글리포세이트, 라운드업)로 편리성은 높아졌으나 농약의 사용량은 증가되었다.

5) 화학적 방제(농약)의 대체

① 재배적 방제로 다중경작(여러 종류의 작물경작), 돌려짓기, 재배 시기 조절, 저항성 작물 재배 등으로 대체한다.

② 생물적 방제로 천적, 경쟁 종의 활용, 페로몬, 미생물 농약사용(진균, 세균이나 바이러스, 잡초 등) 한다.

③ 물리적 방제로 식물이나 토양에 뜨거운 증기나 화염을 이용하는 방법이나 빛을 이용하는 방법 등으로 방제를 한다. 그러나 아직도 농작물에 병이나 해충이 대발생하는 경우, 경제적 피해 수준 이하로 제어하는 효율적인 방법은 화학적 방제(농약)이다.

제2장 **작물보호제(농약)의 분류**(Classification of Pesticide)

1. 작물보호제(농약)의 사용 목적에 의한 분류

화학조성 별로 무기화합물과 유기화합물로 나누고 물리적 성질(제형)에 따라 액제, 분제, 연무제, 가스제로 나누며 약리작용에 따라서도 중독제(급성독제와 만성독제), 접촉제, 부식제, 기피제 등으로 나눈다.

(1) 살균제(Fungicide)

살균제는 곰팡이를 죽이는 약제이나 세균을 포괄하기도 하고 세균은 살세균제(bactericide)로 별도로 나타내기도 한다. 여기에는 예방이나 보호용 살균제(보르도액, 동제(구리제) 등), 직접살균제(석회유황합제 등), 종자소독제(벤레이트티 등), 토양소독제(클로로피크린 등), 농용항생제(스트렙토마이신(세균), 카수가마이신(진균) 등)가 있다.

(2) 살충제(Insecticide)

살충제는 해충을 방제하는 약제로 ① 독제(stomach poison), ② 접촉제(contact poison), ③ 직접 접촉제와 잔효 접촉제(residual contact insecticide, 대부분의 살충제가 여기에 속한다), ④ 침투성 살충제(systemic insecticide), ⑤ 훈증제(fumigant, 유효성분을 가스로 해서 해충을 방제하는 데 쓰이는 약제)와 훈연제(smoking agent, 유효성분을 연기의 상태로 하여 해충을 죽이는 데 쓰이는 약제), ⑥ 유인제(attractant), ⑦ 기피제(repellent), ⑧ 점착제(수간에 발라 해충의 월동 전후의 이동을 막기 위해 쓰이는 약제), ⑨ 생물농약(biotic pesticide, 해충의 천적(병균·바이러스·기생벌 등)들을 이용하는 제제), ⑩ 불임제(chemosterilant, 해충의 생식기관 발육저해, 알 또는 정충의 생식능력을 없앰) 등이 있다.

(3) 제초제(Herbicide)

제초제는 잡초를 방제하는 약제로 농도가 중요하며 선택성(2,4-D 등)이 중요하다. 비선택성(근사미 등)은 식물전멸약으로 살포 용기나 기상, 작물에 신중히 적용해야 한다. 토양발아전 토양처리제와 발아 후 경엽처리제로 나누고 잡초를 골라서 죽이는 성질에 따라 2,4-D와 같은 선택성 제초제와 파라콰트(paraquat, 그라목손, 음독 시 치명적인 인체유해성으로 인해 판매금지됨)와 같은 비선택성 제초제(식물전멸약, 접촉성 제초제)로 나눌 수 있다. 또 처리 부위와 시기에 따라 알라입제와 같은 발아전처리제와 글라이포세이트(glyphosate, 근사미, 이행성 제초제)와 같은 발아후경엽처리제로 나눌 수 있다.

그림 3-2
농약전시 핀매대의 모습

(4) 살비제(Acaricide, Miticide)

살비제는 응애를 죽이는 약으로 살충제가 잘 듣지 않는 해충인 응애류를 방제하는 약제이다.

(5) 살선충제(Nematocide)

살선충제는 선충을 방제하는 약제로 식물체 속에 있으므로 수간주사(소나무재선충의 방제 등)나 토양처리, 훈증처리를 하여야 한다. 그러나 간접적으로 매개충인 솔수염하늘소를 방제하는 것이 효과적이다. 바이러스를 옮기는 보독충도 그러하다.

(6) 살서제(Rodenticide)

살서제는 소동물인 설치류를 방제하는 약제로 쥐를 퇴치하는 약(쥐약)이다.

(7) 보조제(Adjuvant)

보조제는 ① 전착제(spreader, 작물보호제(농약)의 주성분을 식물체나 병해충에 잘 전착시키기 위하여 쓰이는 약제(농용비누, 계면활성제 등), ② 증량제(diluent, 분제에 있어서 주성분의 농도를 낮추기 위하여 쓰이는 보조제(탈크(talc), 벤토나이트(bentonite), 규조토 등)나 유제, 수화제를 일정한 살포 농도로 만들 때 쓰이는 물 등), ③ 용제(solvent, 농약의 유효성분을 녹이는 데 쓰이는 약제(예; benzene, xylene 등)), ④ 유화제(emulsifier, 유제의 유효성을 높이는 데 쓰이는 약제(예; 계면활성제)), ⑤ 협력제(synergist, 유효성분의 효력을 증진할 목적으로 쓰이는 약제. 효력증진제이다. 약제의 적용을 도와주는 약제) 등이 있다.

(8) 식물생장조절제(Plant Growth Regulator, PGR)

식물생장조절제는 식물의 키를 조절하거나 개화, 과실의 성숙과 같은 생장을 조절하는 것으로 호르몬이 많다. 식물의 생장을 촉진 또는 억제하는 데 쓰이는 약제로 2,4-D, 지베렐린(GA), B-9(daminozide), NAA, MH(maleic hydrazide) 등이 있다.

(9) 살금제(Avicide)

살금제는 새를 치사시키거나 쫓아내는 것으로 새를 제거하는 약제이다.

(10) 살슬제(Pediculicide)

살슬제는 이(lice)를 죽이는 약제이고 살조제(algicide)는 물속의 조류를 제거하는 약제이다.

(11) 연체동물 살충제(Molluscicide)

연체동물 살충제는 연체동물이나 민달팽이를 제거하거나 구축하는 약제를 말한다.

2. 화학조성 및 구조에 의한 분류

1) 무기농약(Inorganic Pesticide)

무기농약은 무기화합물을 주성분으로 하는 농약으로 생석회, 소석회, 황산구리, 유황, 석회황합제 등이 있다.

2) 유기농약(Organic Pesticide)

(1) 천연유기농약(natural organic pesticides)은 천연물에서 유래한 농약이다.

(2) 유기합성농약은 유기화합물을 주성분으로 하는 작물보호제(농약)로 대부분의 화학농약이다.

① 유기인계 농약(organic phosphorous pesticides)

② 카바메이트계 농약(cabamate pesticides)

③ 유기염소계 농약(organochloride pesticides)

④ 유기황계 농약(organosulfur pesticides)

⑤ 유기비소계 농약(organoarsenic pesticides)

그 외에도 유기불소계, 트리아닐계(triazine), 페녹시계(phenoxy), 우레아계(urea) 등 다양하다.

3. 사용형태별 분류

작물보호제는 기상과 환경, 작물에 따라 다양한 형태로 처리할 수 있도록 제형이 만들어져 있다.

(1) 액제(Liquid)

액제는 용제, 유제, 수화제 등으로 나눈다. 살포효과가 우수하다.

(2) 분제(Dust)

분제는 가루로 만들어진 제제이다. 가벼워서 살분기(duster)로 살포가 용이하나 비산의 문제가 발생하기 쉽다.

(3) 가스제(Fumigant)

가스제는 기체로 만들어진 약제이다. 수출입 화물이나 살포하기가 어려운 경우에 유리하다.

(4) 연무제(Aerosol)

연무제는 액체이나 분무 시 미세한 액체인 미스트 상태로 분무 되도록 만든 약제이다.

(5) 도포제(Liniment)

도포제는 연고(ointment)처럼 바를 수 있도록 만든 약제이다.

4. 보조제의 종류

보조제로 전착제, 증량제, 협력제, 용매(용제), 유화제가 있다. 보조제의 작용으로는 습윤성, 확전성, 부착성, 고착성, 현수성, 유화작용, 계면활성제가 있다.

1) 계면활성제(Surfactant)

비누와 같은 계면활성제는 동일 분자 내에 친수성기와 소수성기를 갖고 있으며, 계면(기체-액체, 액체-액체, 액체-고체)의 성질을 바꾸는 효과가 큰 물질로 이 계면활성제의 작용에는 습윤작용(wetting property), 분산작용(floatability), 침투작용(penetrating property), 세정작용(washing property), 고착작용(adhesive property) 등이 있다. 계면활성제 종류에는 음이온성, 양이온성, 비이온성 및 양이온성이 있으며, 농약 제제에는 음성이온성과 비이온성이 주로 쓰인다. 계면활성제의 역할은 주성분과 물 사이에서 주성분을 보다 작은 알맹이 상태로 부유시키는 일이며 주성분끼리의 응집을 방지하는 기능이 크다.

2) 용제(Solvent)

유효성분이나 다른 보조제를 잘 녹이고 유효성분을 분해시키지 않으며, 작물에 약해를 일으키지 않는 용매류(탄화수소류, 할로겐화탄화수소, 알코올류, 케톤류, 에테르류, 아미드류 등)이 있다.

① 용제의 구비조건

작물보호제(농약)에 대한 용해도가 크고 약해가 없으며 원제의 약효와 안정성을 저하시키지 않으면서 사람과 가축에 대한 독성도 적어야 한다.

② 용제의 종류

알코올류, 알데하이드류, 에테르류, 에스터류, 케톤류 등이 있다.

3) 증량제(Diluent)

① 증량제의 구비조건

분말도, 분산성, 비산성, 부착이나 고착성, 안정도, 수분 및 흡습성, 액성(pH), 흡착력, 혼합성

② 증량제의 종류

식물성(대두분, 담뱃가루 등)과 광물성(점토류, 탈크류, 규산질, 석회류 등)이 주요 증량제로 규조토, 탈크, 고령토, 벤토나이트 등이 사용된다.

③ 고체증량제(Carrier)

입제, 분제 등 고형제 등의 조제에 쓰이는 무기 광물성분에는 규조토, 활석, 산성백토, 석회분말, 카오린(kaolin), 벤토나이트(bentonite), 제올라이트(zeolite) 등이 있다.

4) 고착제(Sticker)

고착제는 유효성분이 작물에 잘 부착하게 하는 것으로 카세인(casein), 젤라틴(gelatin), 아교, 고무질 수지, 폴리비닐 알코올(polyvinyl alcohol) 등이 있다.

5) 안정제(Stabilizer)

안정제는 작물보호제(농약)의 저장 중 또는 살포 후에 유효성분이 분해하는 것을 방지하는 것으로 방향족 아민류, 고급지방산 등이 있다.

6) 분사제(Propellent)

염화불화탄소(CFC_5)로 오존층을 파괴하는 사염화탄소(CCl_4)를 비롯한 분사제는 연무제를 제제함에 있어서 분무의 압력을 주기 위하여 쓰이는 물질로 할로겐화탄화수소인 CCl_3F, CCl_2F_2 등이 있다.

7) 전착제(Spreader)

① 전착제의 구비조건

유화력이나 분산력이 크고 주제에 친화성이 있으면서 변질시키지 않아야 한다. 작물에 약해가 없고 경수에도 쓰일 수 있어야 한다.

② 전착제의 종류

전착제는 농용비누, 황산화유, 송지합제, 스티커, 카세인 석회, 식물성 전착제(해조류나 대두 단백질 등)가 있다.

8) 협력제(Synergist)

협력제는 혼용하면 단독 사용보다 효능을 증가시키는 약제로 물리적 성질, pH, 해독 효소의 불활성화 등 협력제와 상승작용을 하는 것으로 피페로닐 부톡사이드(piperonyl butoxide), 설폭사이드(sulfoxide), 황산아연 등이 있다.

9) 유화제(Emulsifier)

유제의 유화성을 증가시키기 위하여 사용하는 보조제, 음이온성, 양이온성, 양쪽성, 비이온성 계면활성제로 분류할 수 있다.

10) 약해방지제(Safener)

약해를 일으키는 인자를 제거하거나 완화시키는 화학물질을 말한다.

5. 작물보호제(농약) 제형의 분류

제제를 그대로의 형태로 사용하는 고형제와 제제는 고형이지만 액상으로 변환하여 사용하는 액제나 분제 등으로 나눈다.

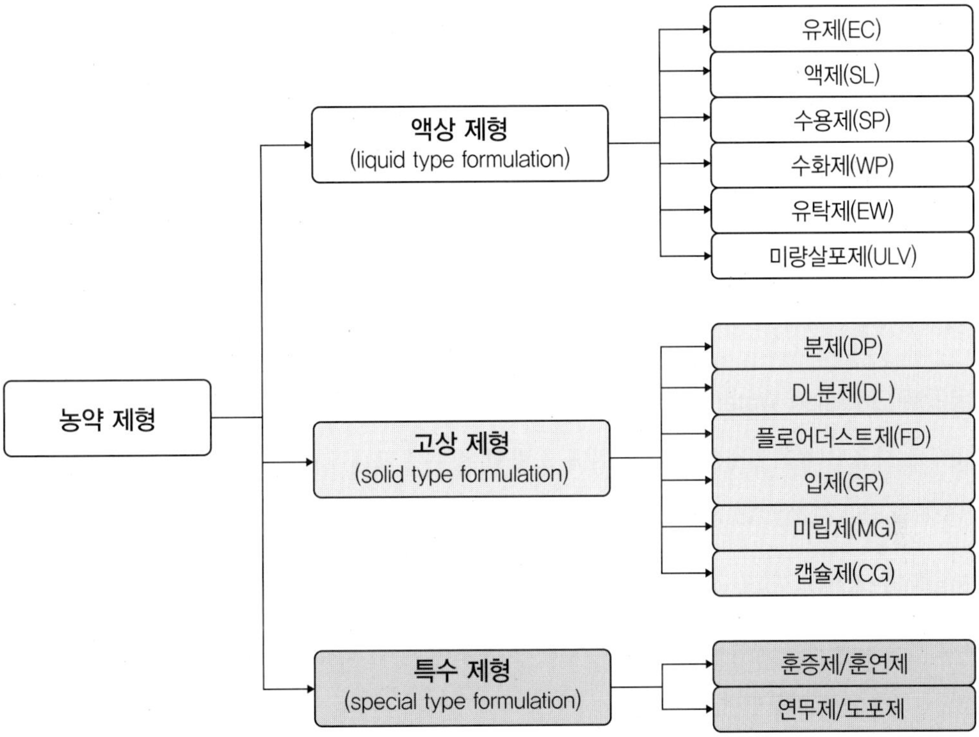

그림 3-3 작물보호제의 제형 분류

1) 액상 제형(Liquid Type Formulation)

(1) 유제(Emulsifiable Concentrate; EC)

주제의 성질이 지용성으로 물에 녹지 않을 때 이것을 유기용매에 녹여 유화제를 첨가한 용액, 사용 시 다량의 물에 희석하여 안전한 유탁액(emulsion)으로 한 다음, 분무기를 사용하여 살포한다. 제제화가 쉬워 가격이 싸고 약효도 우수하다. 살포액 조제도 쉬우나 용제의 위험성이 높다.

(2) 액제(Soluble Concentrate; SL)

주제가 수용성이며 가수분해의 우려가 없는 경우에 주제를 물에 녹이고 동결방지제를 가하여 제재화한 것이다. 제제화가 쉬워 제조비용이 절감되고 살포액 조제도 쉬우나 원제의 용해도, 가수분해 안정성이 필요하다.

(3) 수용제(Soluble Powder, SP)

수용성의 유효성분(10% 이상의 물 용해성이 있어야 함)을 수용성인 증량제로 희석하고, 분상 또는 입상의 고체로 제재화한 것으로 물에 용해해 사용한다.

(4) 수화제(Wettable Powder, WP)

물에 녹지 않는 주제를 카오린(kaolin), 벤토나이트(bentonite) 등의 점토광물과 계면활성제, 분산제를 배합하고, 혼합 분쇄하여 제제화한 것으로 사용 시 수화제를 물속에 넣고 혼합하여, 미분말이 수중에 분산한 현탁액 형태로 사용한다. 주성분과 증량제의 입자 크기는 거의 같아야 한다. 증량제는 pH가 중성인 점토광물이나 활석 가루 등이 사용되며, 가장 많이 사용되는 것은 점토광물인 카오린(kaolin), 몬모릴로나이트(montmorillonite), 할로사이트(halloysite)이며 탈크(talc)와 혼합하여 사용한다. 제제화가 쉬워 가격이 싸지만, 살포액 조제는 불편하다. 흡입에 의한 중독 우려가 크다.

(5) 유탁제(Emulsion Water, EW)

유제에 사용된 유기용제를 줄이기 위해 소량의 소수성 용매에 원제를 용해시키고 유화제를 사용하여 물을 유화시켜 만든 제형이다.

(6) 미량살포제(Ultra Low Volume Spray, ULV)

유효성분을 용제에 녹여서(60% 이상) 만든 제제로 미량 살포에 적합하도록 조제한 것으로 현재는 공중살포용으로 사용한다.

2) 고상 제형(Solid Type Formulation)

(1) 분제(Dusts)

유효성분을 탈크(talc), 점토광물 등이 고체증량제와 소량의 보조제를 혼합 분쇄한 미분말을 말하며, 유효성분농도가 1~5%의 것이 많고, 살충제, 살균제에 많이 사용된다. 수도 병해충 방제에 널리 사용되고 있으나 유제, 수화제보다 작물에 고착성이 좋지 않아 잔효성이 요구되는 과수의 병해 방제용으로는 부적당하다. 입도가 가늘어서, 살포 농약의 대기 중으로의 표류 비산이 문제가 되어 다른 제제로 교체되어가고 있다.

(2) DL 분제(Driftless Dust, 비산방지분제)

보통 분제에서 매우 가는 10㎛ 이하의 미분 분제를 제거하고 20~30㎛의 부분이 중심으로 된 새로운 형태의 분제이다.

(3) 플로어더스트제(Flow Dust, FD)

아주 작은 미립자로 된 분제(평균입경 0.002mm)로서, 하우스 내의 시설재배에 있어서 병해충 방제를 목적으로 하여 개발된 것으로서, 작물보호제(농약)의 미립자가 시설 내에 장시간 부유하고 균일하게 확산할 수 있도록 된 제제이다. 이 제제는 보통 분제의 약 10배 농도의 성분을 함유하는 고농도의 미분제이다.

(4) 입제(Granule, GR)

유효성분을 담체인 고체증량제와 혼합 분쇄하고 보조제로서 고결제, 안정제, 계면활성제를 가하여 입상으로 성형하거나 입상으로 담체에 유효성분을 피복시킨 것 등이 있고 입제의 크기는 0.25~1.5mm의 것이 많다. 입제의 제법에는 조립식, 흡착식, 피복식이 있다. 입제의 장점으로 살포가 용이하고 표류와 비산이 적어서 환경에 대한 안정성이 높다. 단점은 다른 제형에 비하여 많은 양의 농약 주성분이 투여되어야 하고 약제의 부피가 크고 무거우며 생산단가가 높다.

① 조립식

조립식은 주성분, 증량제, 계면활성제, 결합제, 분산제 등을 혼화하고, 소량의 물을 넣어서 반죽한 다음 일정한 입경으로 성형시킨 후 건조하여 제품으로 만든 것이다.

② 흡착식

흡착식은 압출 조립해서 주성분을 제외하고 미리 입자를 만들어 놓고 이것에 주성분을 유기용매에 녹인 것을 불어넣어서 제조하는 방법(이 방법으로 만든 입제는 표면에 광택이 있음)이다.

③ 피복식

피복식은 석영, 강모래, 미립암석 등에 미세하게 파쇄한 작물보호제(농약) 주성분과 접착제 혼합물을 이들 핵광물의 표면에 도포한 것이 있다. 살포기(분무기)가 없이 살포가 가능하고 비산의 위험이 없어 안전하다. 제조방법의 선택폭도 넓으나 시용량이 많아 비경제적이다.

(5) 미립제(Micro-Granule(MG), Fine Granule(FG))

분제의 결점인 표류 비산을 적게 할 목적으로 개발된 것으로 입경 0.062~0.21mm의 미립제로서 공중에서 살포해도 표류 비산이 적다.

(6) 캡슐제(Encapsulated Granule, CG)

농약원제를 고분자물질로 피복하여 고형으로 만들거나 캡슐에 넣어 만든 제형으로 약제의 효율성은 높으나 가격이 비싸다.

3) 특수 제형(Special Type Formulation)

(1) 훈증제(Fumigant)

비등점(끓는 점)이 낮은 작물보호제(농약)의 주제를 액상, 고상 또는 압축가스의 형태로 용기 내에 충전한 것으로 용기를 열면 대기 중에 가스상으로 방출되어 병해충에 독작용을 나타내는 제형으로 온실, 창고, 토양 내부에 가스를 발생시켜 살충 및 살균목적으로 이용한다.

(2) 훈연제(Smoking Agent)

유효성분과 발열제를 종이에 흡착시키거나 캔에 넣어서 불을 붙이면 유효성분이 연기와 함께 공중에 분산하며 주로 시설원예 재배 포장에 사용된다.

(3) 연무제(Aerosol)

유효성분을 용제, 분사제 등과 봄베(bombe)에 충진시킨 것으로 압력을 가하여 공기 중에 분출시켜서 사용하기 위한 제제, 기체 중에서 고체 또는 액체의 콜로이드가 분산 부유하는 제제로 일반적으로 가정용 살충제로서 모기, 파리 등의 구제에 쓰인다.

(4) 도포제(Paste)

작물보호제(농약)를 호상으로 한 제제로서 살서제, 훈연제나 수목의 수간 등에 바른다.

6. 살포액(액상 제제)의 물리적 성질

1) 유화성(Emulsifiabilty)

유화성은 유제(원액)를 물에 가한 경우 기름 입자가 균일하게 분산하여 유탁액(emulsion)으로 되는 성질이다.

2) 습전성(Wetting Property)

습전성은 살포한 약액이 작물이나 해충의 표면을 잘 적시고 퍼지는 성질(계면활성제가 습윤제의 역할을 함)이다. 습윤성(wettability)은 수화제와 물과의 친화도를 나타내는 성질이다.

3) 표면장력(Surface Tension)

표면장력은 공기가 접하는 계면에서 계면장력(적당량의 계면활성제를 첨가하여 표면장력을 낮춤)이다.

4) 접촉각(Angle of Contact)

접촉각은 정지 액체의 자유표면이 고체와 접하는 부분에서 액면과 고체면이 이루는 각도를 말하는데 계면활성제를 첨가하면 접촉각이 작아진다. 결과적으로 약제의 흡수도를 증가시킨다.

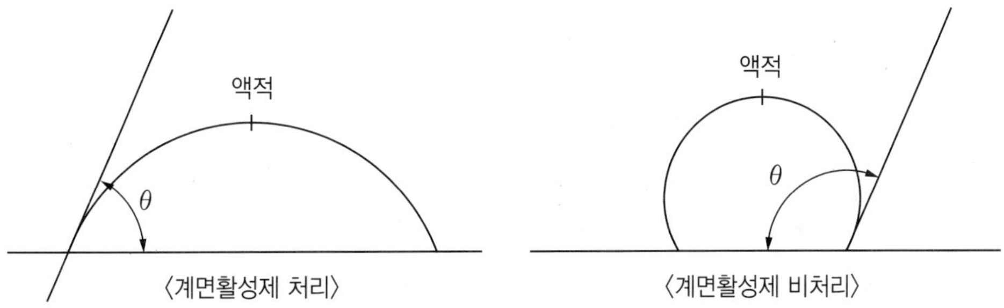

그림 3-4 계면활성제 처리에 의한 액적의 접촉각의 변화

5) 현수성(Suspensibility)

현수성은 수화제의 현탁액에서 고체 입자가 균일하게 분산 부유하는 성질과 그 안정성을 나타내는 것을 의미한다.

6) 부착성(Adhesiveness, 고착성)

부착성은 살포한 약액이 식물체나 충체에 붙는 성질을 의미. 고착성은 부착한 약제가 이슬이나 빗물에 씻겨 내리지 않고 식물체 표면에 붙어 있는 성질(이 성질들은 잔효성이 있어야 하는 보호살균제에서 특히 중요한 성질임)이다.

7) 침투성(Penetrating Property)

침투성은 살포된 약제가 식물체나 충체에 스며드는 성질. 일반적으로 침투성이 강한 약제는 약해가 일어나기 쉽다.

7. 분제(입제 포함)의 물리적 성질

1) 분말도(Degree of Particle Size)

분제나 수화제 입자의 크기를 나타낸 것으로서 분제에서는 50~300 메시 이상(44㎛ 이하)으로 분말도에서 메시(mesh)란 1인치(inch, 2.54cm)에 체 눈의 수를 의미하는데 이것의 숫자가 커지면 입자의 크기는 작아진다.

2) 입도(Particle Size)

보통 분제 10㎛ 전후이고 입제는 297~1,680㎛(0.8~1.0mm 정도)의 것이 많이 생산되고 있다. 무논의 제초제는 방제 효과 면에서 0.3~0.5mm의 정도의 비교적 가는 입제가 요구된다.

제3장 **작물보호제(농약)의 독성과 안전사용**
(Toxicity and Safety of Agricultural Chemical)

1. 농약의 독성

1) 급성독성(Acute Toxicity)

급성독성의 강도 비교는 생쥐, 쥐 등의 동물을 공시하여 경구, 경피적으로 투여하거나 피하, 복강 또는 정맥에 주사하고 1주일 이내에 발생하는 죽은 개체 수를 조사하여 체중 1kg당 반수치사량(medium lethal dose, mg(LD50 mg/kg))으로 표시한다. 급성독성의 강도는 흡입독성(inhalation toxicity)이 가장 강하고 경구독성(oral toxicity), 경피독성(dermal toxicity) 순이다.

2) 만성 독성(Chronic Toxicity)

만성 독성은 쥐나 생쥐 등의 소동물은 전 생애에 걸쳐 실시하고 개, 원숭이 등의 대동물은 수명의 1/10 정도의 장기간에 걸쳐 실시하며 기타 발암성(carcinogenicity) 등도 시험한다. 아급성 독성(subacute toxicity)은 수주~3개월간 실시하여 측정하고 조사한다.

2. 농약의 중독과 해독법(Intoxication and Detoxication)

1) 농약의 안전사용

(1) 농약 사용자의 준수사항

① 고독성 농약은 관상식물에 한하며 식용작물에는 살포를 금지하고 사용 후 14일간은 출입이나 수확을 금지한다. 생장조절제인 B-9(SADH)도 발암우려가 있으므로 과수에는 살포가 금지되며 국화 등의 관상식물에만 살포하여야 한다.

② 고독성 농약은 사용 직전 조제하고 살포자의 입이나 피부에 흡수되지 않도록 하고 3시간 이상 연속작업을 금하며 노역자, 음주자 연소자 등은 살포를 하지 않도록 하며 바람을 등지고 목적 외 사용을 금한다.

2) 중독사고의 예방(Prevention of Pesticide Poisoning)

1) 각종 작물보호제(농약)의 팸플릿이나 사용설명서에 나오는 안전수칙을 지켜야 한다.

2) 작물보호제(농약)살포 시 다량의 약제를 흡입하거나 물에 부착되지 않도록 해야 한다.

① 노출이 적은 작업복을 착용한다.

② 마스크, 방호 안경, 보호 크림을 사용한다.

③ 바람을 등지고 살포해야 한다.

④ 장시간의 작업을 피하고 작업종료 후에는 바로 몸을 씻고, 옷을 갈아입고 충분한 휴식을 취한다.

3) 하우스 내에 살포하는 작물보호제(농약)는 되도록 저독성 농약을 사용하고, 훈연이나 훈증은 해 질 무렵에 한 후 다음날까지는 들어가지 말아야 한다.

4) 농약을 잘못 마시거나 사용하므로 인한 중독이나 자살, 타살을 예방하기 위해 농약의 보관 및 관리를 철저히 해야 한다. 특히 음료수 병이나 부엌 근처에 두는 것은 위험하다.

5) 중독 시에는 가능한 한 빨리 의사의 진단을 받고 당시 사용한 농약의 명칭을 정확히 의사에게 전해야 한다.

* 농약의 용도 외 사용(음독) 시에는 즉시 병원에 가야 한다. 대표적인 농약이 파라콰트(paraquat, 그라목손)로 우수한 제초제이나 폐를 섬유화시켜 치료가 사실상 불가능하다. 따라서 2012년도에 판매금지 되었다.

3) 중독증상의 관찰과 응급조치

(1) 중독증상

① 피부와 눈이 화상이 자극으로 가렵거나 땀이 흐르고 동공이 수축이나 팽창된다.

② 전신이 무기력함, 신경계가 두통이나 현기증이 오고 근육경련이나 비틀거림이 생긴다.

③ 소화계 이상으로 복통이나 설사가 나고 구역질이나 과도한 침이 분비된다.

④ 호흡계가 이상이 생겨 호흡이 곤란하거나 기침이나 흉통이 동반된다.

3. 작물보호제(농약)별 중독과 치료 (Poisoning and Detoxification Treatment)

농약에 중독되어 몸에 이상이 느껴지면 지체없이 작업을 중단하고 휴식을 취한다. 상태가 심하면 바로 병원으로 가서 치료한다. 스스로 자가치료는 삼가하고 의사에게 살포농약과 과정을 상세히 설명한다. 다음에 제시하는 내용은 참고용이고 비상시를 대비하는 것이니 절대로 스스로 치료하려고 하지 말아야 한다.

1) 유기인제(Organophosphate)

(1) 중독원인

입이나 기도로 흡수되면 조직이나 혈액에 영향을 미친다. 신경과 관련된 교감, 부교감신경계, 부신수질, 뇌척수, 아세틸콜린의 마비작용 등이 나타난다.

(2) 중독증상

부교감신경 자극작용(무스카린 작용), 마비(니코틴), 발열과 중추신경계 증상이 나타난다.

(3) 중독치료(스스로 자가치료를 하지 말것)

유기계인 농약에 중독되면 프랄리독심(pralidoxime, PAM)이나 아트로핀(atropin)을 주사한다.

① 피부나 눈에 들어가지 않도록 하고 마셨을 때는 토하게 하고 위를 씻는다.

② 호흡 정지가 되지 않도록 주의하며 필요하면 인공호흡을 한다.

③ 약 3주간은 유기인제와 접촉을 피하고 모르핀(morphine)은 사용하지 않는다.

④ 중증인 경우는 아트로핀을 5~10개를 근육이나 피하에 주사하고 의식이 회복되지 않으면 매 20~30분마다 추가로 정주한다.

2) 유기염소제(Organocholine)

유기염소계 농약에는 DDT, BHC, 드린제 등이 있다.

(1) 중독원인

입이나 기도로 흡수되면 잔류성이 크고 지용성으로 인체의 지방조직에 축적된다.

(2) 중독증상

국부적 마비나 경련이 동반되고 구토, 불안 불쾌감이 생긴다.

(3) 중독치료(스스로 자가치료를 하지 말것)

염류하제를 주고 피부나 위를 세척한다.

① 피부나 눈에 들어가지 않도록 하고 마셨을 때는 토하게 하고 위를 씻는다.

② 인사불성이 되면 인공호흡과 산소치료를 한다.

③ 경련이 있으면 1주간 경과를 보며 특정 약이 없으므로 안정을 시키고 대증요법으로 해결한다.

3) 유기불소제(Organic Fluoro-Compound)

(1) 중독증상

구토, 식욕부진, 경련, 호흡 이상, 심장급박 증상이 나타난다.

(2) 중독치료(스스로 자가치료를 하지 말것)

강심제로 옥시피린, 캄파 등을 정맥에 주사한다.

① 피부나 눈에 들어가지 않도록 하고 마셨을 때는 토하게 하고 위를 씻는다.

② 따뜻하게 하며 안정시키고 수액이나 산소호흡을 한다.

4) 유기수은제(Organic Mercury Compound)

(1) 중독증상

① 급성 중독으로 오심, 구토, 복통, 설사, 구내염, 신염, 피부염을 일으킨다.

② 만성중독은 과민성으로 두통, 악몽을 꾼다. 신경통이나 감각 이상, 손이나 입술이 떨리기도 한다.

(2) 중독치료(스스로 자가치료를 하지 말것)

중금속 중독 해독제인 다이메르카프롤(british anti-lewisite, BAL)을 근주에 주사한다. 수은 배설제로 요오드 칼리(KI)를 섭취한다.

① 난백, 2~5% 중탄산소다로 위를 씻는다.

② 우유나 활성탄, MgO, 타닌산 2:1:1의 비로 15g을 1/2컵 분량의 물에 녹인 것으로 미흡수 농약을 토하게 한다.

5) 카바메이트제(Carbamate)

(1) 중독증상

신경세포 중에 아세틸콜린(acetylcholine) 축적됨으로 이상 흥분과 침 분비, 경련 등이 나타난다.

(2) 중독치료(스스로 자가치료를 하지 말것)

금속 중독 해독제인 다이메르카프롤(british anti-lewisite, BAL)은 특정 독성을 나타내므로 사용할 수 없으나 아트로핀 황산(atropin sulfate)을 주사한다.

6) 비소화합물제(Arsenical Copound)

(1) 중독증상

① 급성 중독은 오심, 구토, 동통, 설사, 경련을 일으킨다.

② 만 성중독은 피부 점막의 염증과 지각장애를 보이기도 한다.

(2) 중독치료(스스로 자가치료를 하지 말것)

금속 중독 해독제인 다이메르카프롤(british anti-lewisite, BAL) 액을 근주에 주사한다. 필요한 시 모르핀은 복통에 사용하고 수액이나 산소흡입을 한다.

① 산성 음료나 탄산수를 주면 안 된다.

② 우유나 1% 비눗물 마시게 하여 위세척을 하거나 미흡수 농약을 토하게 한다.

7) 클로로피크린(Chloropicrin)

(1) 중독증상

눈물, 콧물, 오심, 호흡 이상, 각막혼딕, 폐수종 증싱이 나다닌다.

(2) 중독치료(스스로 자가치료를 하지 말것)

① 피부나 눈에 들어가지 않도록 하고 바로 씻으며 눈은 2% 중조액으로 씻는다.

② 수포는 과망간산칼리 2%의 라놀린 연고를 바른다.

8) 니코틴제(Nicotine)

(1) 중독증상

입, 목구멍이 타는 것 같고 복통, 두통, 하리, 땀이 나고 시청각의 혼란, 호흡촉진, 혈압상승 등 증상이 나타난다.

(2) 중독치료(스스로 자가치료를 하지 말것)

① 피부나 눈에 들어가지 않도록 하고 냉수로 씻으며 마셨을 때는 토하게 하고 0.5% 타닌산 용액, 혹은 5000배 과망간산칼리 용액으로 위를 세척한다.

② 산소흡입, 인공호흡을 시킨다.

9) 메틸브로마이드(Methyl Bromide)

(1) 중독증상

구토, 두통, 오심, 피로감, 경련, 평형 장애와 정신이상, 혼미 허탈 증상이 나타난다.

(2) 중독치료(스스로 자가치료를 하지 말것)

① 신선한 공기를 흡입하게 하고 폐수종의 징조가 보이면 가압산소를 흡입시킨다.

② 일반적인 대증요법을 시행한다.

10) 황산구리와 황산아연(Copper Sulfate and Zine Sulfate)

(1) 중독증상

① 황산구리 중독은 녹청색의 물질을 토한다. 인후의 작열과 동통, 위장의 동통, 혈변의 하리, 혈성뇨, 두통과 동공확대, 경련, 지각마비, 혼수를 일으킨다.

② 황산아연 중독은 위통, 토혈, 혈변, 혼수와 허탈 등의 장애를 보인다.

(2) 중독치료(스스로 자가치료를 하지 말것)

기관지폐포세척술(BAL) 액을 근주에 주사한다.

① 난백 및 완화제를 먹이고 전해질과 물의 평형을 갖게 한다.

② 우유나 1% 페로시안산칼륨(potassium ferrocyanate)로 위세척을 한다.

4. 작물보호제(농약) 잔류와 안전사용(Residue and Safety)

1) 1일섭취허용량(Acceptable Daily Intake; ADI)

실험동물에 매일 일정량의 작물보호제(농약)를 혼합한 사료를 장시간(약 2년) 투여하여 2세대 이상에 걸쳐서 후대에 미치는 영향을 조사하고, 건강에 영향이 없는 양을 계산한 후 다시 적어도 100배의 안전계수를 곱하여 산출한 값으로 사람이 어떤 약물을 평생 걸쳐서 섭취해도 현재의 독물학적으로는 장해를 받지 않는 1일당 최대량을 의미한다.

2) 잔류허용한계(Maximum Residue Limit, MRL)

$$\text{잔류허용한계(ppm)} = \frac{\text{ADI(mg/kg/일)} \times \text{체중(kg)}}{\text{적용농산물 섭취량(kg/일)}}$$

* ADI가 0.1인 살충제 (A)를 몸무게 80kg인 사람이 매일 500g씩 섭취하는 경우 쌀 중에 잔류허용될 수 있는 농약량의 최대치(잔류허용한계농도)는 얼마(B)인가?

$$\text{B(ppm)} = \frac{0.1 \times 80}{0.5} = \text{16ppm(8mg/500g의 쌀)}$$

5. 농약의 약해와 원인

1) 작물에 대한 약해

(1) 약해(phytotoxicity)의 종류

① 급성 약해는 발아 및 어린뿌리의 불량, 반점, 잎의 위조, 낙엽, 낙과 등이며 약제 살포 1주일 이내에 나타난다.

② 만성 약해는 시시히 식물체의 영양 생장, 꽃눈 형성, 과실의 발육 등을 저해하여 생육이 억제, 수량 감소 및 품질의 저하를 가져오는 것으로 약제 살포 1주일 이상 또는 수확 후에 나타나는 것이 보통이다.

2) 작물보호제(농약)에 원인이 있는 약해

(1) 작물보호제(농약) 제제의 품질과 약해

① 불순물의 혼합에 의한 약해로 살비제인 테트라디펜(tetradifen)에 2,4,5-T가 혼합되어 나타난 사례가 있다.

② 원제의 부성분에 의해 나타나기도 한다.

③ 경시적 변화에 의한 유해 성분의 생성으로 파라티온(parathion)이나 메틸 파라티온(methyl parathion)이 분해되어 니트로페놀(p-nitrophenol)이 생성되기도 한다.

(2) 작물보호제(농약) 사용법과 약해

① 혼합하기 때문에 일어나는 약해

유제 형태의 살충제와 수화제 형태의 살균제를 섞으면 유제의 조립이 수화제의 증량제에 흡착되어 응집함으로써 약해가 일어나며 살균제에 침투성의 유화제를 첨가할 경우 식물체 내로의 침투량이 많아져 약해가 나타난다.

② 동시 사용으로 인한 약해

상자 육묘 벼의 모잘록병 방제제인 히막사졸(hymaxazol)에 클로로탈로닐(chlorothalonil)을 혼용하면 약해가 일어나며 포레이트(phorate)나 디술프톤(disulfton)에 메트리부진(metrybuzin)의 동시 사용 시 콩의 생육이 감퇴한다.

③ 근접 살포에 의한 약해

2종 이상의 약제를 며칠 간격으로 처리 시 살포된 약제 상호 간의 반응 때문에 약해 발생한다. 제초제 프로파닐(propanil)을 유기인계 또는 카바메이트계(carbamate) 살포 후 10일 이내에 처리 시 잎에 일소 현상(sunburn)이 나타난다.

④ 기타

그 외에도 상자 육묘의 벼에 입제 처리 시 벼의 잎에 물이 묻어 있으면 잎에 약제가 부착되어 약해를 유발하기도 한다. 비료의 살포나 병충해를 약해로 오진하지 않도록 유의한다.

(3) 작물보호제(농약) 사용 후의 약해

① 표류 비산에 의한 약해, ② 휘산에 의한 약해, ③ 유실에 의한 약해, ④ 잔류농약에 의한 약해, ⑤ 2차 약해로 벼 도열병 방제를 위해 PCBA를 처리한 짚으로 만든 퇴비 속에서 PCBA는 분해되며 그 분해 산물이 참외, 토마토 등의 채소류에 약해가 나타난다. ⑥ 변화물에 의한 약해로 농약 성분이 미생물에 의해 대사되어 그 대사물이 약해를 일으키는 경우로 벤디오카브(benthiocarb)는 특수한 조건에서 탈염소 벤티오카브로 대사되어 벼를 왜화시킨다.

3) 작물에 원인이 있는 약해

(1) 약해의 품종 간 차이

같은 작물보호제(농약)라도 작물의 종류에 따라 감수성이 다른 것을 선택성 제초제에서 볼 수 있다. 석회보르도액과 같은 구리제에 대하여 복숭아나무, 살구나무, 자두나무, 어린 감나무 등은 약해를 받기 쉽고 어린 오이류는 유기염소계에 의하여 약해를 받기 쉽다.

(2) 생육 시기와 약해

일반적으로 생육단계별 작물보호제(농약)에 대한 감수성은 유묘기〉생식생장기〉영양생장기〉휴면기 의 순으로 크게 나타난다.

(3) 기상조건

① 기온과 약해

일반적으로 고온에서는 작물에 의한 농약 흡수가 많으므로 작물보호제(농약)에 의한 약해가 저온에서보다 잘 일어난다.

② 습도와 약해

일반적으로 농약 살포 시 습도가 높으면 처리된 약물이 마르기 어렵지만, 잎 표면 또는 과실 표면은 부착된 약물로 인해서 오랫동안 젖은 상태로 있기 때문에 약물의 식물체 내 침투량이 많아지므로 약해가 일어나기 쉽다.

③ 일조와 약해

약제 살포 전 약광에서 약해가 일어나기 쉬운 경우로 토마토에 대한 메트리부진(metribuzin)의 사용 시와 약제 살포 후 잘 나타난다. 그리고 강광에서 약해가 일어나기 쉬운 경우는 카로틴(carotene) 생합성 저해제인 아미노트리아졸(aminotriazol)의 사용 시 강광일 때 황백화현상이 쉽게 일어나며 석회황합제를 사용한 때도 강광 조건에서 아황산가스가 생성되어 약해를 일으킨다.

4) 토양 조건에 원인이 있는 약해

토양조건에 따른 약해는 주로 토양처리제(입제)일 경우에 일어날 수 있는데 토양에 처리된 작물보호제(농약)의 작물에 흡수되는 정도와 토양에 의한 흡수 정도에 따라 약해가 결정된다. 즉 토성, 유기물함량, 입단구조, 토양수분함량 등에 의하여 결정되는 것으로 흡착이 크면 클수록 약해는 적어진다. 일반적으로 토심이 얕으면 처리한 작물보호제(농약)가 작물의 뿌리에 접촉될 기회가 많아지므로 약해 발생의 가능성이 증가한다.

6. 작물보호제(농약) 사용법

1) 작물보호제(농약) 혼용(Combined Application)

(1) 약제의 연용 관계

보르도액 살포 후 석회유황합제를 처리할 때는 2~6주의 간격을, 반대로 사용할 때도 1~2주의 간격을 두고 사용한다. 이 두 약제의 살포 후 기계유유제를 살포하려면 적어도 1개월의 간격을 두고 살포해야 약해를 방지할 수 있다.

(2) 약제의 혼용

대부분의 작물보호제(농약)는 산성이므로 알칼리성을 띠는 성분이 있으면 효력이 떨어지거나 유독한 물질이 생기게 되어 약해를 초래하게 된다.

(3) 약제 혼용의 장점

① 작물보호제(농약)의 살포횟수를 줄여 방제비용을 절감할 수 있다.

② 서로 다른 병해충의 동시 방제를 통해 약효를 증진할 수 있다.

③ 같은 약제의 연용으로 인해 생기는 내성, 저항성의 억제 등의 효과가 있다.

(4) 약제 혼용의 주의사항

① 희석배수에 주의하고 많은 양을 살포하지 않도록 하며 2종 정도만 혼용하여 살포한다.

② 동시에 3가지 이상의 약제를 섞어서 사용하지 않도록 하고 한 약제를 녹인 후 차례대로 추가하여 희석한다.

③ 혼용한 약제는 당일에 살포하고 침전물이 생긴 약제는 사용하지 않는다.

④ 혼용이 가능한 작물보호제(농약)라도 한번 더 사용설명서를 확인하고 적용대상 작물에만(PLS 적용) 사용한다.

(5) 혼용에 의한 화학적 분해와 변화

① 알칼리에 의한 중화반응으로 생기는 분해 문제

㉠ 유기인계 및 카바메이트계(Carbamate) 작물보호제(농약)와 같은 에스테르형의 농약을 석회보르도액, 석회황합제 등의 알칼리성 약제와의 혼용은 가수분해가 쉽게 일어나 효력이 없어진다.

㉡ 유기염소계 농약은 알칼리성 농약과의 혼용 때문에 탈염소분해가 일어나 약효가 상실된다.

② 금속염의 치환에 의한 분해 문제

㉠ 알칼리성 농약과 마네브(maneb), 지네브(zineb), 티람(thiram) 등의 유기황계 농약을 혼용할 때 유기황계 농약의 금속 부분이 석회와 치환하거나 분해가 촉진되고 용해성이 커지면서 약해를 일으키고 효력이 떨어진다. 이들 약제는 근접 살포도 위험하다.

(6) 혼용에 의한 물리성의 변화 문제

① 각종 유제와 석회보르도액 및 석회황합제를 혼용하면 유제의 안정성이 나빠진다.

② 각종 수화제와 유제의 혼용 시 수화제의 현수성이 저하되며, 드론으로 공중살포 시 고농도 혼용 산포액도 점도가 높아져 살포하기가 어려워지므로 주의한다.

(7) 혼용에 의한 활성의 변화

① 효과가 증대된 사례

㉠ 석회황합제와 황산아연 농약의 혼합은 화살깍지벌레의 방제 효과가 증대된다.

㉡ 말라티온(malathion)과 다이클로로보스(dichlorvos)를 혼용하면 벼의 오갈병을 매개하는 끝동매미충의 방제 효과가 증대된다.

㉢ 1BP와 페니트로티온(fenitrothion) 살충제를 혼용하면 끝동매미충, 애멸구, 벼멸구의 방제 효과가 증대된다.

㉣ 살균제인 에디펜포스(edifenphos)과 살충제인 펜티온(fenthion)을 혼용하면 이화명충, 끝동매미충, 도열병의 방제 효과가 증대된다.

② 약해가 발생한 사례

㉠ 프로파닐(propanil, DCPA제)과 카바메이트계(carbamate) 또는 유기인계를 혼합하면 벼에 대한 선택 살초 작용이 상실되고 벼에서 약해를 일으킨다.

㉡ 말라티온(malathion)과 다이클로로보스(dichlorvos)를 혼용하면 방제효과가 높아지기도 하지만(위 내용) 급성독성이 크게 높아지기도 한다.

2) 작물보호제(농약)의 약효

(1) 작물보호제(농약)의 협력 작용

한 번에 2종의 작물보호제(농약)를 살포하면 효과를 현저히 높일 수 있는데 이를 협력작용(synergism)이라고 한다.

(2) 작물보호제(농약)의 보관

광선이나 습기를 피해 보관할 것, 밀폐하여 보관하고 화기를 피할 것, 주거지역에서 격리하여 보관하고 저온에서 굳어지거나 결정이 되는 것에 주의해야 한다.

3) 작물보호제(농약) 사용 시 주의점

적절한 약제의 선택, 사용 시기와 횟수, 약제의 살포량, 바람이나 강우 등 기상에 유의해야 한다.

4) 사용 후의 주의

① 사용한 농기구 및 보호장비의 세척하고(특별히 제초제는 중요함) 정리한다.

② 쓰다 남은 작물보호제(농약)의 밀봉 및 보관을 철저히 한다(어린이 사고 등).

③ 빈 병의 세척 및 정리, 약 봉투를 소각하거나 국가가 수거하는 곳에 갖다 준다.

④ 살포작업 종사자는 목욕 및 충분한 휴식을 취하고 이상 시 의사에게 문의한다.

⑤ 약제 살포 후 음주나 과로를 하지 않도록 한다.

7. 작물보호제(농약)의 조제와 희석

1) 살포액의 조제

(1) 알칼리성인 물이나 부패한 물은 쓰지 않도록 한다.

(2) 전착제를 사용할 때는 전착제를 소량의 물에 잘 녹인 다음에 살포액에 가하여 골고루 섞어 사용한다.

(3) 물의 온도가 높은 것은 제충국제, 데리스제(derris) 등에는 좋지 않다.

(4) 보르도액은 석회액과 황산구리액을 같은 온도의 액으로 만든 다음에 혼합해야 한다.

① 용액으로 황산니코틴, 석회황합제 등과 같은 것은 물에 소요량을 붓고 잘 저으면 용해되어 균일한 살포액이 된다.

② 수화제는 소요량의 수화제 분말과 소량의 물을 작은 그릇에 넣고 휘저어 풀같이 만든 다음 다시 물로 희석하여 살포액을 만든다. 소요량의 수화제 분말을 자루에 담아 물에 넣고 비벼서 살포액을 만들기도 한다. 수화제의 분말을 조금씩 물의 표면에 뿌리고 가라앉는 것을 기다려 잘 저어서 살포액을 만든다.

③ 유제는 원액의 소요량과 같은 양의 물을 작은 용기에 넣고 잘 저어서 유백색의 액으로 만들며, 이 유액을 소요량의 물에 넣고 잘 저어서 살포액으로 만든다.

④ 수용제는 필요로 하는 양의 수용제 분말을 물에 넣고 잘 저으면 용액과 같은 살포액이 된다.

⑤ 전착제의 첨가법는 유제와 같은 방법으로 만든 액체상태의 전착제를 살포액에 넣고 잘 섞는다. 끈적한 상태의 액상인 것은 필요한 양을 물에 희석하고 잘 저어서 풀과 같이 만든 다음 살포액에 넣고 저어가며 잘 섞는다.

2) 작물보호제(농약)의 희석

농약 사용의 형태에는 살포법, 살분법, 연무법, 훈증법, 도포법, 주입법, 유인법, 기피법 등이 있다. 농약의 농도(농도=(용질/용액)×100)로 계산한다.

(1) 액제의 희석법

희석할 물의 양 = 원액의 용량 × ((원액의 농도/희석할 농도)−1) × 원액의 비중

예로 농도 45% 유제 50㎖를 0.5%로 희석할 때 물의 양은?

50×((45/0.5)−1)×1.27=5652㎖가 필요하다.

(2) 유제의 희석법

물의 양을 원액의 2~3배로 천천히 가하면서 저어서 필요한 농도로 맞춘다.

(3) 분제의 희석법

희석할 물(증량제)의 양=원액(분제)의 용량((원액(분제)의 농도/희석할 농도)−1)

예로 농도 21% 분제 1kg을 1% 분말로 하려면 증량제(물)의 양은?

1kg×((21/1)−1)=20kg의 증량제(물)가 필요하다.

(4) 희석배수

용적법(volume)과 중량법(weight)을 상황에 따라 적용한다.

3) 살포액의 희석법

(1) 배액 조제법

일반적으로 사용자(농민 등)에게 추천하는 희석액 조제법이다.

$$\text{소요약량} = \frac{\text{단위면적당 사용량}}{\text{소요희석배수}}$$

① 100배 이상의 농도로 희석할 때는 농약자체는 배수에 넣지 않는다.

예제) 생장조절제인 다미노자이드(daminozide) 액제 85%를 1,000배로 희석하여 10a당 10 말을 살포할 때 약제의 소요량은?

$$\frac{10 \times 18{,}000\text{mℓ}}{1{,}000} = 180\text{mℓ}$$

이때 정확하게는 1,000mℓ이 아니라 999mℓ로 계산하여야 하나 의미가 없으므로 1,000ℓ로 한다.

② 100배 미만일 때는 농도에 주의한다.

예제) 특정 농약 A 100mℓ를 3배액으로 희석할 때 물의 소요량은?

$$\text{물 소요량(mℓ)} = \frac{100\text{mℓ}}{100\text{mℓ} + 200\text{mℓ}}$$

이므로 200mℓ의 물이 필요하다. 이때 300mℓ가 아님을 주의해야 한다.

(2) 퍼센트(%)액 조제법

중량으로 희석 시에는 제품의 유효성분량을, 용량으로 희석 시에는 유효성분과 비중을 알아야 한다.

① 요구하는 일정 농도의 원액을 퍼센트 액으로 희석할 때 필요한 물량을 구하는 식

예제) 제초제 알라클로르(alachlor) 40% 유제 100mℓ를 0.4%로 희석할 때 요구되는 물의 양은? (단, 원액의 비중은 1로 계산한다.)

$$\text{원액의 용량} \times \left[\frac{\text{원액의 농도}}{\text{희석할 농도}} - 1\right] \times \text{원액의 비중} = \text{희석에 쓸 물의 양}$$

$$100 \times \left[\frac{40}{0.4} - 1\right] \times 1 = 9{,}900\text{mℓ}$$

② 퍼센트 액으로 살포시 10a당 소요 약량을 구하는 식

예제) (A) 약제의 유제 20%를 0.08%로 희석하여 10a당 10말(18ℓ)로 살포 시 소요 약량은? (단, 비중은 1.25로 계산한다.)

$$\text{10a당 소요약량} = \frac{\text{추천농도(\%)} \times \text{10당 살포량(말)}}{\text{약해농도(\%)} \times \text{비중}}$$

$$\frac{0.08 \times 10\text{말} \times 18{,}000\text{mℓ}}{20 \times 1.25} = 576\text{mℓ}$$

(3) 피피엠(ppm) 조제법

보통 살균제는 유제 또는 분제로 사용하며, 그 처리 약량의 표시는 피피엠(ppm)으로 한다.

예제) 40kg의 볍씨에 살균제 베노밀(benomyl) 20% 유제를 6ppm이 되도록 처리할 때 소요약량은? (비중은 1.2)

$$\text{소요약량} = \frac{\text{추천농도(ppm)} \times \text{피처리물(kg)}}{1{,}000{,}000 \times \text{비중}} \times \frac{100}{\text{원액농도}}$$

$$\frac{6 \times 40\text{kg} \times 1{,}000\text{g}}{1{,}000{,}000 \times 1.2} \times \frac{100}{20} = 1\text{m}\ell$$

*ppm은 part per million이므로 $\frac{1}{1{,}000{,}000}$ 로 계산한다.

4) 살포(Spraying)

(1) 살포량

과수와 같이 강한 작물은 살포량을 늘리고 생육후기는 생육초기보다 살포량을 늘린다.

표 3-4 몇 가지 농작물에 대한 살포량 예시

번호	작물	생육 단계	살포량(ℓ/10a)
1	벼	이앙기	80~100
		생육 중기	120~140
		출수기	140~160
2	엽채류	유묘기	50~90
		생육기	180~270
3	포도	성목	180~200
4	사과, 배, 복숭아	성목	270~450

(2) 살포시간과 방법

약제의 성질과 대상 병해충 및 잡초의 발생상황에 의하여 결정된다.

① 날씨가 맑고 바람이 적을 때가 좋다.

② 보호살균제(예방제)는 병원균의 포자가 식물체에 침입하기 전에 살포, 직접살균제(치료제)는 발병 초기에 살포해야 가장 효과적이다.

③ 살충제는 일반적으로 해충의 발생 초기에 살포해야 효과적이다.

제4장 작물보호제(농약)의 각론

1. 살균제(Fungicide)

1) 살균제의 정의와 분류

전염성 병의 원인인 세균과 진균의 감염을 예방하거나, 치료목적으로 쓰이는 약제이다.

(1) 효과발현에 의한 분류

① 보호살균제

식물체의 표면에 엷은 피막을 만들고 외부에서 모여드는 병원균 포자의 발아를 저지하거나, 이것을 사멸시켜 병원체가 식물체 내에 침입하는 것을 방지하는 약제(예, 석회보르도액)이다.

② 직접살균제

병원균이 식물체에 직접 접촉하여 침입할 때는 물론, 식물체 내의 균사 또는 포자에 직접 접촉해서 이것들을 사멸시킨다. 살균력이 강하고 침투성이 좋아야 한다.

(2) 작용기작에 의한 분류

① 호흡 저해제에는 SH 저해제(유기염소계인 클로로타로닐 등), 전자전달 저해제, 산화적 인산화 저해제, TCA회로 저해제 등이 있다.

② 생합성 저해제는 단백질합성 저해제(헬소피라노실 등), 핵산합성 저해제, 유사핵분열 저해제, 세포벽 합성 저해제 등이 있다.

③ 기주식물의 저항성 증대제(살균제인 프로베나졸(probenazole), 살균제인 이프로벤포스(iprobenfos) 등)는 병원균에 대한 기주식물의 저항성을 증대시킨다.

(3) 주성분의 화학적 조성에 의한 분류

구리제(동제), 무기황류, 유기수은제, 유기비소제, 유기주석제, 유기니켈제. 지방족 할로겐 화합물, 방향족 염소 화합물 등이 있다.

(4) 사용 목적에 의한 분류

① 경엽살포제는 대부분의 살균제로 식물체의 잎과 줄기에 살포하는 약제이다.

② 종묘소독제는 베노밀 수화제 등과 같이 종자나 유묘 소독에 사용하는 약제이다.

③ 토양소독제는 플루설파마이드(flusulfamide) 분제와 같이 토양을 소독할 때 사용한다.

④ 저장병방지제는 이미노크타딘초산염(iminoctadine triacetate, IOTA)와 같이 저장 시 발생하는 균을 제거하기 위한 약제이다.

2) 함유 성분에 따른 살균제의 분류

(1) 구리제(Cu)

물에 녹지 않는 구리화합물을 대상 작물 위에 미립자로써 고착시키고, 이산화탄소나 유기산 등에 의하여 천천히 구리이온이 방출되어 식물 병원균에 의한 감염에서 작물을 보호한다.

① 보르도액은 황산구리($CuSO_4$)와 생석회(CaO)를 혼합한 보호살균제이다.

② 구리수화제(wettable copper fungicide)는 보호살균제, 세균병에 탁월한 효과가 있다.

③ 구리분제(copper fungicides dust)로 구리혼합제, 유기구리제 등이 있다.

(2) 수은제(Hg)

독성과 잔류성 때문에 현재는 사용이 금지되어 있으나 우리나라는 종자소독제로 우스풀룬(uspulun)이 사용되었다. 무기수은제(승홍)와 유기수은제(메르크론, 1978년 사용금지됨)가 있다.

(3) 황제(S)

① 무기황제

각종 작물의 흰가루병, 녹병 등에 대한 살균작용과 동시에 과수의 응애류, 깍지벌레에 대한 살충작용도 지니고 있다. 황분말(sulfur dust), 수화성황제(wettable sulfur powder, 황과 벤토나이트를 가열 응용시켜 만듦), 석회황합제(lime-sulfur mixture)가 있다.

② 유기황제

유기황제(organic sulfur fungicide)에 지네브(zineb), 마네브(maneb), 만코지(mancozeb, 만코제브) 등이 있다.

(4) 유기주석제(Sn)

유효성분은 트리페닐(triphenyl) 주석화합물로 그의 수산화물(triphenyl tin hydroxide, TPTH), 염화물(triphenyl tinchloride, TPTC), 착산염(triphenyl tin acetate, TPTA) 등이 있다.

(5) 유기비소제(As)

식물체나 균체 안으로의 침투성이 강하고 생체 안에서 3가의 비소로 되어 효소 등의 티올(thiol)기와 결합하여 저해하거나 인산 대사를 저해한다.

(6) 유기염소살균제(Cl)

벼의 도열병 방제제로 개발되어 널리 사용된다. 일반적으로 잔류 독성이 오래간다. 폴리비닐페닐(PCP)제는 사람과 가축 독성이 매우 강하다.

(7) 유기인계 살균제(P)

원래 살충제로 개발되었으나 도열병 방제제로 사용하고 있다. 주성분은 이프로벤포스(iprobenfos), 상품명은 경농의 키타진(Kitazin), 농협케미컬의 아리아이비, 팜한농의 아그로텍아이비로 판매되고 있다.

(8) 기타

그 외에도 헤테로환식(고리) 질소화합물, 퀴논계(quinone) 살균제, 치환 페놀(phenol) 및 페놀에스테르계(ester) 살균제(디노캅(dinocap), 비나파크릴(binapacryl) 등이 있다.

3) 침투성 살균제

침투이행은 식물체 일부분에 국한되는 것이 많으며, 경우에 따라서는 종자나 뿌리로부터 흡수되어 증산류와 더불어 잎까지 이행되기도 한다. 낮은 농도로도 보호 작용 및 치료 효과. 보호살균제와 비교 시 작용이 선택적이어서 적용 범위가 좁고, 약제에 대한 병원균의 저항성이 생기기 쉬운 결점이 있다. 상대적인 용어로 접촉성 살균제가 있다.

4) 농용항생제

작용에 따라 항세균성, 항균성 및 항바이러스성의 3가지로 나눌 수 있는데 항생물질은 일반적으로 선택성이 강하고, 저항성 균이 있으며, 농작물의 수확 직전이나 수확 후의 생식용 채소 살균제로서의 사용은 금지되어 있다.

5) 기타

그 외에도 토양살균제와 경엽처리 살균제, 종묘 살균제(종자소독제)와 과실방부제 등이 있다.

2. 살충제(Insecticide)

1) 살충제의 정의

해충을 방제하기 위해 사용하는 화학물질을 말한다. 살충제는 섭취나 흡입, 몸의 피부를 통한 침투로 효과를 나타낸다. 대부분의 살충체는 곤충이 다니는 식물의 표면에 분사되거나 살포한다.

2) 곤충체 내 침입 경로에 따른 분류

(1) 접촉제(Contact Insecticide)

처리된 약제가 피부나 기공을 통하여 충 체내로 들어가 독작용을 하는 살충제를 의미한다.

(2) 식독제(Stomach Poison)

곤충의 입을 통하여 충 체내에 들어가서 독작용을 하는 살충제이다.

(3) 침투성 살충제(Systemic Insecticide)

식물의 뿌리, 줄기, 잎 등을 통해 침투 이행하는 성질을 지닌 살충제이다.

(4) 훈증제(Fumigant)

살충제를 가스상으로 사용 시 주로 호흡기관을 통하여 곤충 체내로 침입하는데, 속효성이고 비선택성이며 사용범위가 한정되어 있다. 수출입 농산물의 방제에 많이 사용한다.

3) 살충제의 작용기구에 따른 분류

(1) 살충제의 작용점

① 해충체 표면(기계유유제 등, 질식사)은 신경계의 이상 자극으로 흥분이나 억제를 시켜 곤충을 급속히 죽게 하므로 곤충의 신경계는 살충제가 독작용을 일으키는데 가장 적절한 작용점이라고 할 수 있다.

② 해충의 에너지 생성을 방해한다.

③ 키틴(chitin) 생합성계는 곤충 표피층의 형성을 저해한다. 유약호르몬 생성계로 변태를 방해한다.

④ 성페르몬제는 교미를 교란시키거나 한쪽 성을 유인하여 제거시키는데 사용한다.

(2) 신경기능의 저해

아래 내용은 곤충의 신경기능 저해부위에 따른 살충제 계열별 작용기작이다.

① 축색에서의 저해작용

DDT, 피레드로이드계(pyrethroid) 살충제에서 에이티피아제(ATPase)를 저해한다. 이 에이티피아제(ATPase)의 작용으로 Na^+의 흐름을 차단하지 못하므로 계속적으로 축색 말단에 자극이 전달되어 곤충이 죽게 된다.

② 시냅스 전막에서의 저해작용

γ-BHC와 환상 디엔(dien) 살충제(드린제, drin)로 시냅스 전막에서 시냅스 소포체를 자극하여 신경전달화학물질인 아세틸콜린(acetylcholine)의 과방출을 촉진하여 신경조직에 축적시킴으로써 이상 흥분을 계속 일으켜 해충을 죽게 한다.

③ 시냅스 후막에서의 저해작용

니코틴, 카탑(cartap) 등에서 볼 수 있는 형태로 시냅스 후막에서 신경전달화학물질인 아세틸콜린(acetylcholine)과 경합하여 대신에 후막의 아세틸콜린 수용체에 강하게 결합되고 같은 양상으로 세포막의 투과성을 변화시켜 이곳을 과잉자극하여 이상 흥분시키고, 아세틸콜린의 수용체 결합을 방해하여 자극전달을 억제하거나 차단한다.

④ 아세틸콜린에스테라아제(Acetyl Cholinesterase, AChE)의 저해작용

유기인계, 카바메이트계(carbamate)는 신경전달물질인 아세틸콜린을 콜린과 초산으로 분해하는 효소인 아세틸콜린 가수분해효소(AChE)의 활성작용을 저해하게 되면 시냅스에 축적되어 신경전달기능에 이상을 일으키게 되고 경련과 마비로 곤충을 죽게 한다.

(3) 키틴(chitin) 생합성 저해

키틴(chitin)의 생합성 저해작용을 한다. 요소계 디플루벤주론, 클로르플루아주론 등이 개발되고 있고 이들은 나비나 파리목의 탈피나 용화를 어렵게 한다.

3) 살충제 저항성

(1) 살충제 저항성(Insecticide Resistance)

어떤 살충 개체군내에서 대다수의 개체가 해당 살충제에 대하여 저항력을 가지는 계통이 출현되는 현상으로, 그 해충 개체군을 저항성계통(resistant line)이라 한다(본서 348~350페이지 참조).

① **교차 저항성(Cross Resistance)**

어떤 살충제에 대하여 저항성이 발달한 해충이 한 번도 사용한 적이 없지만, 작용기구(mode of action)가 같은 살충제(예를 들면 유기인계와 카르밤산염제(carbamate) 등에 저항성을 나타내는 현상이다. 한 유전자의 다면발현으로 거의 대부분 동일현상이 나타난다.

② **복합 저항성(Multiple Resistance)**

살충작용이 다른 2종 이상의 약제에 대하여 동시에 해충이 저항성을 나타내는 현상이다. 두 가지 이상의 유전자가 별개로 관여하고 있으므로 항상 같은 현상이 나타난다는 것이 한정되어 있지 않다.

(2) 살충제 저항성의 기원과 발달

① 해충의 집단 중에서 우연한 기회에 돌연변이를 일으킨 소수의 개체가 살충제 저항성 유전자를 획득하게 되어 살충제를 살포한 환경에서도 살아남게 되고 그 자손을 증가시킬 수 있는 결과로 저항성이 생긴 계통이 출현한다.

② 저항성 해충의 출현은 돌연변이설과 도태설이 있는데, 오늘날 대다수 학자는 선천적 존재설을 지지한다. 치사농도 이하의 살충제를 처리하더라도 저항성은 유발되지 않지만, 치사량을 계속 처리할 때에는 선발물질로 작용하기 때문에 저항성이 유발된다.

③ 자연 개체군에 희소하게 존재하는 저항성 유전자를 가지 개체는 살충제의 선발압(selective pressure)에 의하여 초기에는 서서히 증가하다가 계속된 약제 살포에 따라 저항성 증가속도가 빨라진다.

(3) 살충제 저항성의 기작(Resistance Mechanism)

약제 에저항성을 나타내는 해충의 가능한 저항성 기작(resistance mechanism)은 다음과 같다.

① 행동작용으로 약제를 살포한 곳의 기피를 위한 식별능력이 생겨난다.

② 형태적 변화로 살충제의 충체 침투를 막기 위한 피부 두께의 증대와 활력이 증가한다.

③ 생리적 현상으로 살충제의 피부투과성의 감소, 살충제의 독성활성화 저지, 살충제의 보다 신속한 대사와 배설작용의 촉진, 체내에 흡수된 살충제의 해독작용 증대 등이 있다.

(4) 저항성 해충의 방제대책

① 살충제의 과잉사용과 동일 계약제의 연용을 피해야 한다.

② 작용기구가 다른 살충제를 교호적으로 사용해야 한다. 발생횟수가 많고 저항성 유발이 쉬운 응애류의 방제는 작용기작이 다른 한 약제를 연 1회씩 교호 방식으로 사용하면 그 약제의 수명연장과 효과적 방제를 기대할 수 있다.

4) 살충제의 작용특성

(1) 유기인계 살충제

① 살충제의 살충력이 강하고, 적용 해충의 범위가 넓다.

② 식물과 동물의 체내에서 분해가 빠르고, 축적되지 않는다.

③ 약제 살포 후 광선이나 기타 요인에 의하여 빨리 소실되는 경향이 있다.

④ 광선에 의한 분해가 빨라 잔효성이 비교적 적은 편이다.

⑤ 사람과 가축에 대한 독성이 강한 약제가 많다.

⑥) 알칼리성 물질에 의하여 분해되기 쉽다.

⑦ 약해가 비교적 적은 편이며, 식물의 생육에 대하여 좋은 영향을 끼치는 일도 있다.

⑧ 고온일 때 살충효과가 좋고, 저온일 때는 효과가 감소한다.

⑨ 동식물의 체내에서 활성화되어 독성이 커진다.

(2) 카바메이트계(Carbamate) 살충제의 특성

작용기작은 유기인계와 같은 아세틸콜린효소(AChE) 저해제이며, 사람과 가축에 대한 독성이 낮고, 비교적 안정한 화합물이다. 유기염소제와 같이 체내에 축적되는 일이 없어 체내에서 빨리 대사되므로 만성 독성의 염려가 없다. 유기염소계의 잔류 독성으로 인해 이를 대체한다. 신경계의 말단에서 아세틸콜린에스테라제(acetylcholinesterase) 분해효소를 억제한다, 따라서 아세틸콜린(acetylcholine)에 의한 신경 충격(nerve impulses)이 지속적으로 이루어져 흥분상태가 지속되어 마비되고, 신경세포의 손상, 감각기관의 조직이 변화되는 현상을 보인다. 유기인계 살충제의 일반적인 화학구조 말라티온(malathion, 유기인계), 카바메이트계 살충제의 일반적인 화학구조 카바릴(carbaryl, 카바메이트계) 등이 있다.

(3) 유기염소계 살충제의 특성

강력한 살충력이 있고 가격이 저렴하며 적용 범위가 넓다. 그러나 저항성 해충을 유발하고 유용 천적을 같이 죽이며 높은 어류 독성, 잔류 독성 등 많은 문제점 있다. 농약잔류문제 때문에 전 세계적으로 유기염소제의 사용은 급격히 감소하거나 금지되고 있다. 디클로로페닐에탄(dichlorodiphenylethanes, DDT), 사이클로디엔(cyclodiene), 알드린(Aldrin), 디엘드린(Dieldrin) 등), 신경독성 물질로 신경섬유의 나트륨(Na^+)/칼륨(K^+) 비율을 파괴하므로 곤충이 일시적인 흥분을 거친 후 경련, 마비되어 죽게 된다.

① DDT, BHC 등은 이미 사용이 금지되었다.

② 알드린(aldrin), 디엘드린(dieldrin), 엔드린(endrin) 등의 살충제도 사용이 금지되었다.

③ 헵타클로르(heptachlor)는 면화씨바구미 박멸제로 유기염소화합물이다. 지금은 사용금지 농약이다.

④ 엔도설팬(endosulfan)은 어독성이 높아 논에서는 사용할 수 없다.

(4) 유기합성 살충제

① 아바멕틴(abamectin)은 토양 방선균의 배양액에서 분리된 새로운 형태의 항생제계 살충, 살비제이다.

② 벤설탭(bensultap)은 갯지렁이에서 추출한 천연살충물질인 네라이스톡신(nereistoxin)의 유도체이다.

③ 카탑(cartap)은 벼, 과수, 채소의 각종 해충 방제제이다.

④ 메토밀(methomyl)은 벼와 채소의 해충 방제에 사용한다. 백색의 결정성 고체로 유황 냄새가 나는 카르밤산염(carbamate) 살충제. 카르밤산계(carbamate)의 살충제로 해충 방제를 위해 채소류(무, 당근, 파, 고추, 배추, 등)에 사용한다. 매우 강한 독성을 가지고 있다.

⑤ 티오사이클람(thiocyclam)은 갯지렁이의 신경독소에서 분리하여 추출한 네라이스톡신(nereistoxin)을 기초로 하여 합성되었다.

5) 천연물 유래 살충제

살충 성분이 인위적 합성이 아닌 자연물에서 얻어진 것을 말한다. 식물기원의 살충성 물질로 피레드로이드(pyrethroid), 로테노이드(rotenoid) 등이 있고 광물질에서 얻어진 기계유가 있다. 그 외에도 미생물 유래의 살충성 물질로서 곤충병원균의 독소 및 그 스크리닝(screening) 과정에서 발견된 살충성 대사산물이 있다. 동물기원의 살충성물질도 있으며 탄화수소계에서 얻어진 살충제 등이 있는데 이 중에서 특히 우수한 살충성이 인정된 것은 제충국제(pyrethroid), 데리스제(derris)에서 로테논제(rotenoids)는 데리스제를 만드는 식물의 일종으로 알칼로이드 살충제로 사용된다. 이 계통에 속하는 살충제로 니코틴 등은 식물유래 농약이다. 이들 살충제는 그 발견과 실제 사용에서 매우 오랜 역사를 가지고 있으며, 접촉제로 작용하여 속효성이고 작물에 대한 약해가 없으며 인축에 대한 독성이 낮은 장점이 있지만 유효성분의 분해속도가 빠르고 저장성이 없으며 잔효력이 짧다는 결점이 있다. 또한, 오늘날에는 우수한 합성 살충제의 개발에 밀려 그 사용양이 점차 감소되고 있다. 또 최근에는 무공해 농약의 개발이 붐을 이룸에 따라 피레스로이드(pyrethroid) 계통의 천연산 살충제를 모델로 하여 그 구조를 약간 바꾼 합성 피레스로이드(pyrethoid)가 많이 개발되었다.

(1) 피레드린제(Pyrethrin, 제충국)

국화과에 속하는 숙근초인 제충국의 꽃(자방부)에 주로 함유되어 있는 피레드린을 이용하는 것으로 피레스로이드계 살충제(pyrethroid insecticide) 살충 성분에는 피레드린(pyrethrin)을 비롯한 시네린(cinerin), 자스모론(jasmolone) 등이 있다.

(2) 피레노이드계(Pyrethroid) 살충제

제충국의 피레드린(pyrethrin)은 속효성, 저독성이며 살충력이 높고 빨리 분해되는 천연살충제와 화학구조가 유사한 물질로, 알레드린(allethrin)을 비롯한 다수의 화합물이 합성되어 이용되고 있다. 일반적으로 피레노이드계(pyrethroid)는 낮은 농도에서 살충력이 넓으면서 선택성이고 저독성인 동시에 가격이 저렴하다. DDT 및 그 유사체와 동일한 화학적 작용그룹으로 중추신경계(뇌와 척수, 위치상으로 머리에서 허리까지임)나 말초신경계(중추신경계와 정보를 주고받는 신경계) 에 대하여 매우 낮은 농도에서 독성작용을 일으키는 신경독성 화합물이다. 직접 접촉제로써 작용하며, 곤충의 기문이나 피부를 통하여 체내에 들어가 침입 즉시 신경계통에 작용하여 마비를 일으켜 곤충을 죽게 한다.

(3) 니코틴제(Nicotine)

니코틴과 그 유연화합물인 노르니코틴(nornicotine), 아나바신(anabasine, 담배 알칼로이드의 하나로 살충제로 씀) 등이 있다.

(4) 로테논제(Rotenone), 로테노이드(Rotenoid), 데리스제(Derris)

콩과식물의 뿌리에서 분리한 살충성분, 옛날에는 열대지방 원주민이 이 독으로 사냥을 하였다. 데리스속(Derris genera) 이외의 론초카푸스(lonchocarpus) 속, 테프로시아(Tephrosia) 속, 문둘리아(Mundulea) 속 등의 콩과식물에서 다수의 유연체가 분리되고 있다.

(5) 광유 유제(석유류 유제)

기계유 유제는 기계유를 비누로 유화시킨 것이다. 값이 싸고 독성이 없어 과수의 깍지벌레, 응애류 등의 방제에 아직도 많이 이용되고 있다.

6) 훈증제(Fumigant)

가스형태로 해충에 접촉시켜 살충효과를 발휘하는 약제이다. 현재 훈증제로 사용되는 것은 주로 저장곡물에 피해를 주는 쌀바구미, 화랑곡나방 등과 감귤의 깍지벌레류 구제에 사용되며, 토양

훈증제와 구별한다. 메틸브로마이드(methyl bromide), 클로로피크린(chloropicrin), 인화알루미늄(phiostoxin) 등이 있다. 그 외에도 산화프로필렌(propylene oxide)이 있다, 이황화탄소(carbon disulfide, CS_2), 사염화탄소(carbon tetrachloride, CCl_4) 등이 있다.

7) 훈연제(Smoking Agent)

열을 가하면 연소제의 가열작용에 의하여 유효성분이 연무상의 미세한 입자로 공기 중에 확산되며, 이것이 물체의 표면에 부착되어 접촉 및 훈증 작용으로 효력을 나타내는 약제이다. 분제로는 살포작업이 곤란한 시설의 재배에서도 작업이 간편하다. 훈증제와 같이 완전밀폐를 할 필요가 없고, 작업이 간단해서 단시간에 처리가 가능하다. 약제처리가 끝나면 바로 들어가 작업할 수 있다. 다이아지논(diazinon) 훈연제, DDVP 훈연제가 있다.

8) 유인제(Attractant)

곤충이 화학물질의 냄새나 맛에 대하여 반응을 보이는 것을 주화성(chemotaxis)이라고 하며, 자극원을 향해 반응을 보이는 것을 정(positive) 주화성, 그 반대 방향을 향해 반응을 보이는 것을 부(negative)의 주화성이라 한다. 이때 정의 주화성을 이용하여 해충방제에 쓰이는 약제를 유인제(attractant)라고 한다. 곤충유인제는 자극원의 작용성에 따라 성유인제(sex attractant), 먹이유인제(food attractant), 산란유인제(oviposition attractant), 기타 물질 등으로 대별된다.

(1) 성유인제(Sex Pheromone)

자연계에서 곤충의 수컷이 암컷을 인식하는 것은 암컷이 분비하는 미량의 화학물질에 수컷이 유인된 것에 의하며 이와 같은 미량물질을 성페르몬(sex pheromone)이라 한다. 성페르몬을 작물보호제(농약)로 이용한 것이 성유인제이다.

(2) 먹이 유인물질과 산란 유인물질

곤충의 기주 선택에 관계되는 식물성분으로 소나무좀은 소나무만을 찾아서 가해하며, 이화명충은 벼의 줄기에만 식해한다. 곤충의 기주선택에는 기주에 함유되어 있는 유인물질이 관계하고 있는데, 곤충을 유인하는 물질이 식물체중에 함유되어 있는 경우 이것을 먹이유인물질(food attractant)이라 하고, 산란을 촉진하는 물질이 함유되어 있는 경우 이것을 산란유인물질(oviposition attractant)이라고 한다.

(3) 곤충유인제

메틸유제놀(methyl eugenol)은 귤 광대파리의 성충 수컷을 특이적으로 유인하는데 사용하고 있다.

9) 기피제(Repellent)

(1) 위생해충 기피제

다이메틸 프탈레이트(dimethyl phthalate) 등은 모기의 기피제로 이용된다. 벤질 벤조에이트(benzyl benzoate)는 진드기, 모기에 사용한다.

(2) 유해동물 기피제

① 크리올계(cresole) 기피제는 들쥐, 토끼, 멧되지 등에 사용한다.

② 베타-나프톨(β-naphthol) 기피제는 쥐, 토끼 등에 사용한다.

③ 시클로옥사마이드(cyclooximide) 기피제는 들쥐, 들토기, 기타 유해동물에 사용한다.

④ 튜람(thiuram) 기피제는 들쥐, 들토끼에 효과적이다.

⑤ 산화제2철(Fe_2O_3) 기피제는 직파 논이나 못자리의 벼종자, 수확전벼를 참새 등의 식해(食害)로부터 방지하는데 사용한다.

(3) 유해 조류에 대한 기피제

다이알릴다이설파이드(diallyl disulfide, DADS) 기피제는 까마귀, 참새 등에 효과가 있다. 테트라하이드로티오펜(tetrahydrothiophene) 기피제는 까마귀, 흡수성 밤나방 등에 사용한다.

10) 생물살충제(Biotic Insecticide)

천적미생물, 천적곤충, 길항미생물 등을 이용한 병해충의 방제를 목적으로 만들어진 제제이다, 즉 생물을 주제로 한 제제를 생물살충제(biotic pesticides)라고 한다. 현재 실용화된 생물농약 살충제에는 주로 해충의 방제에 쓰이는 미생물 살충제와 천적곤충 살충제가 있다.

(1) 미생물 살충제

세균제제로 생물농약은 바실러스(Bacillus) 계통의 다양한 제제가 있다(표 3-2 참조).

표 3-2 국내 생물농약 등록현황(2005년 기준)

개발 지역	상표명	미생물	적용병해충	개발회사
국내개발	마이코싸이드	*Streptomyces goshikiensis*	잿빛곰팡이병	KIBC
	세이프그로	*Streptomyces colombiensis*	잎집무늬마름병	
	솔빛채	*Bacillus thuringiensis* subsp. *aizawai*	배추좀나방	그린바이오텍
	씰러스	*Bacillus subtilis*	잿빛곰팡이병	
	큐펙트	*Ampelomyces quisqualis*	흰가루병	
	탑시드	*Paenibacillus polymyxa*	흰가루병	
	토박이	*Bacillus thuringiensis* subsp.. *aizawai*	배추좀나방	동부한농
해외개발	그물망	*Bacillus thuringiensis*	배추좀나방	수입
	미성살충탄	*Bacillus thuringiensis* subsp. *aizawai*	나방류	
	바이오비트	*Bacillus thuringiensis*	나방류	
	바이충	*Bacillus thuringiensis*	나방류	
	비결	*Bacillus thuringiensis*	파좀나방	
	비오칸	*Bacillus thuringiensis*	배추좀나방	
	삼공비티	*Bacillus thuringiensis*	나방류	
	슈리사이드	*Bacillus thuringiensis*	복숭아심식나방	
	스콜피온	*Bacillus thuringiensis* subsp. *aizawai*	나방류	
	엠페릴	*Bacillus thuringiensis* subsp. *aizawai*	배추좀나방	
	영일비티	*Bacillus thuringiensis*	나방류	
	튠업	*Bacillus thuringiensis*	배추좀나방	

(2) 천적곤충 살충제

기생벌을 비롯한 다수의 천적곤충이 생물살충제로 이용되고 있다.

11) 화학불임제(Chemosterilant)

곤충의 난자 또는 정자 중의 유전물질(DNA)를 파괴하여 해충의 번식을 정지시키는 물질이다.

(1) 대사길항물질

주로 암컷을 불임화시키며, 작용성이 알킬(alkyl)제 만큼 강력하지 못한다.

(2) 알킬화제(Alkyl)

공통적으로 아지리딘(aziridine) 고리(환)를 가지고 있으며, 개열하여 반응성이 높은 카보니움(carbonium) 이온을 생성하며, 난자나 정자 내의 DNA나 단백질을 알킬화하여 세포기능을 파괴한다.

12) 곤충생장저해제(Insert Growth Requlator)

생장저해제(유약호르몬으로 생식저해제 등)와 탈피저해제(각질생합성저해제로 항탈피제 등)가 있다. 뷰프로페진(buprofezin)은 벼해충인 매미충류, 멸구류의 방제 효과가 있고 그 외에도 디플루벤주론(diflubenzuron), 테플루벤주론 액상수화제(teflubenzuron) 등이 있다.

3. 제초제(Herbicide)

1) 제초제의 분류와 처리형태

제초제의 이름은 화학명, 보통명 및 상품명으로 구분한다(농약편 참조). 제초제의 주요 처리별 분류는 다음과 같다.

(1) 처리 시기

① 파종(이식)전 처리제(preplanting herbicide)는 파종을 하기전에 토양에 처리하는 약제이다.

② 발아전 처리제(preemergence herbicide)는 파종을 한 후에 토양에 처리한다.

③ 발아후 처리제(postemergence herbicide)는 작물이 출현한 이후에 처리하는 약제이다.

(2) 처리 방법

① 토양처리제(soil-applied herbicide)는 발아 전에 토양에 처리하는 약제이다.

② 경엽처리제(foliar-applied herbicide)는 잡초의 잎이나 줄기에 처리하는 약제이다.

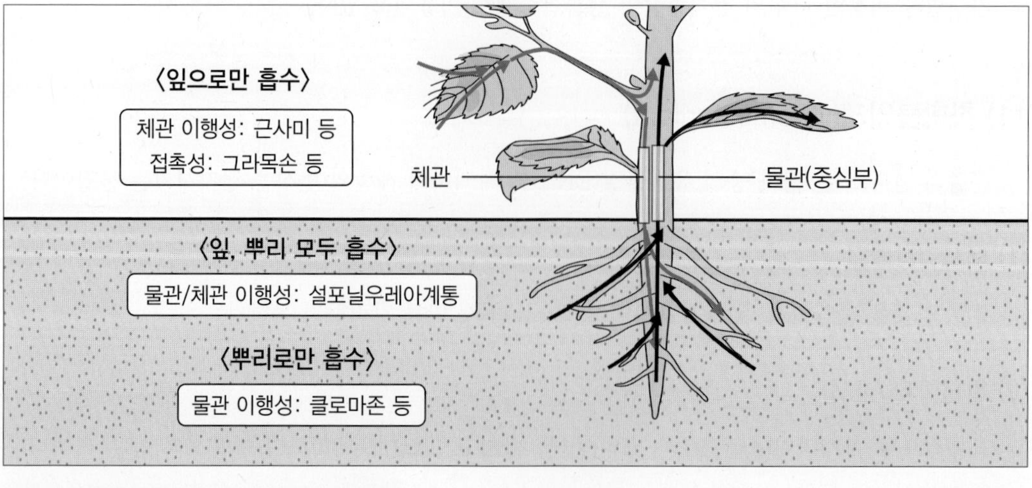

그림 3-5 많은 제초제의 흡수부위와 이행특성

2) 제초제의 제초 활성

(1) 작용기구(Mode of Action)

① 접촉형 제초제(contact herbicide)는 제초제를 살포하면 그 약제가 접촉된 부분 부분만 죽는 약제로 일반적으로 처리 효과가 빨리 나타난다. 그라목손과 약제가 여기에 속한다.

② 이행형 제초제(systemic herbicide)는 제초제가 잡초의 잎에 살포되면 천천히 흡수되고 이행되어 뿌리까지 전 식물체를 죽이는 약제로 근사미와 같은 약제가 여기에 속한다.

(2) 선택성(Selectivity)

① 선택성제초제(selective herbicide)는 2,4-D와 같이 특정 잡초를 골라서 죽이는 약제이다.

② 비선택성 제초제(non-selective herbicide)는 식물전멸약으로 모든 식물체를 죽이는 약제이다.

(3) 제초제 화학

① 무기 제초제(Inorganic Herbicide)

무기 제초제는 화학 구조상 탄소를 포함하고 있지 않은 무기 화합물로 구성된 제초제를 말한다.

② 유기제초제(Organic Herbicide)

대부분의 유기제초제 기본구조는 탄소 사슬을 기초로 하는 지방족(aliphatic group)과 탄소 고리를 기초로 하는 방향족(aromatic group)으로 나눈다. 유기화합물 유도체의 명명은 작용기 및 치환체의 존재에 따라 붙이며, 제초제를 화학 구조적 특징에 따라 분류할 때 이들 작용기, 결합방식 및 치환체를 기초로 한다. 제초제는 화학적인 특징에 따라 물리적, 생리적 작용성이 결정되는데 탄화수소계열의 지방족 제초제는 미생물에 의해 쉽게 분해되고 방향족 구조의 할로겐족(염소, 브롬, 불소 및 요오드) 치환체 제초제들은 직쇄의 지방족 제초제보다 잔류성이 크다. 유기염소계 치환체 중 염소수가 많은 것일수록 토양 잔류성이 더 높다.

3) 제초제의 종류

대부분 제초제는 화학적 특징에 의해 분류될 수 있으며, 같은 화학군에 속하는 제초제들은 여러 가지 면에서 유사한 성질을 나타낸다. 처리방법에 따른 분류군인 경엽처리제, 토양처리제 제초제로 구분한다.

(1) 경엽처리제(Stem and Leaf Treatment)

① 페녹시계(Phenoxy) 제초제

옥신 계열의 호르몬형 제초제로 광엽 잡초에 대한 선택성이 높고 심플라스트(symplast)를 통한 이행성이 크다. 이 계열에 속하는 2,4-D의 개발은 1940년대에 다른 유기제초제 개발의 촉진제가 되었다. 감수성 식물은 상편생장(epinasty) 현상을 보인다.

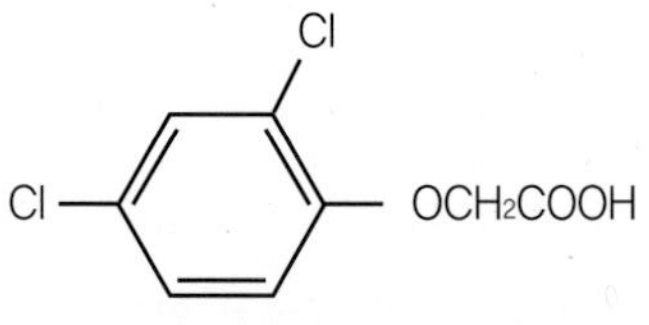

〈2, 4-D〉

㉠ 2,4-D

선택성, 이행형 및 경엽처리형 제초제로 화곡류, 사탕수수, 잔디, 목초 또는 비농경지에서 1년생 및 다년생 광엽 잡초의 방제에 사용한다. 1차 작용기구는 핵산 및 단백질의 대사와 세포벽의 가소성(plasticity)에 영향을 끼치는 효소에 영향을 미친다. 소량을 처리하면 생장촉진제(조직배양 배지)로 이용되나 많은 양을 살포하거나 흡수하면 제초제가 된다.

㉡ MCPP(Mecoprop)

선택성, 이행형 및 경엽처리형 제초제이다. 광엽 잡초인 클로버(토끼풀), 별꽃, 갈퀴덩굴 등의 방제에 효과가 크다. 곡류인 밀, 귀리, 보리 등을 비롯하여 잔디밭 잡초방제에 이용된다. 작용기작은 2,4-D 및 다른 페녹시계(phenoxy) 제초제와 유사하다.

② 벤조산계(Benzoic acid) 제초제

벤조산(benzoic acid)의 유도체로 여기에 속하는 주요 제초제들은 처리방법에 따른 분류 세 가지 모두가 해당한다. 디캄바(ㅇicamba)는 경엽처리형으로 가장 광범위하게 쓰이며 페녹시계(phenoxy)와 유사한 식물생장조절 특성을 보인다. 광엽 잡초의 방제에 쓰인다. 2,3,6-TBA는 토양과 경엽처리형 제초제이고 클로람벤(chloramben)은 토양처리형 제초제이다.

㉠ 디캄바(Dicamba)

선택성, 이행형, 경엽처리형 제초제(토양처리형도 있음)로 여러 가지 1년생, 두해살이 및 다년생 광엽 잡초에 적용하며 대부분의 콩과 잡초에 효과적이다. 처리 후 증상으로 상편생장(epinasty) 현상이나 다른 옥신에 의하여 나타나는 유사한 생장조절반응을 보인다.

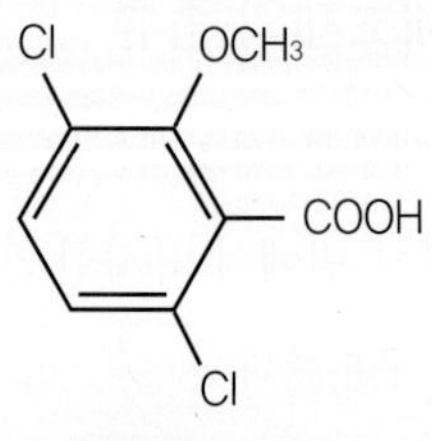

〈디캄바〉

③ 지방족(직쇄형) 제초제

화학 구조상 고리 구조가 없는 탄소 사슬구조의 화합물이다. 유기염소계 제초제인 달라폰(dalapon)은 세포 내의 효소 활성이나 단백질 대사를 저해한다. 주로 1년생 및 다년생 화본과 잡초의 방제에 사용한다. 유기인계 제초제인 근사미(glyphosate, 글리포세이트)는 1년생 잡초를 비롯하여 초본과 목본류의 다년생 잡초의 비선택적 방제제로 사용한다. 방향족 아미노산의 생합성을 저해하는데 심플라스트(symplast) 이동을 통해 이행한다. 글루포시네이트 암모늄(glufosnate-ammonium)은 외떡잎 또는 쌍떡잎식물 모두에 비선택적으로 작용하나 화본과보다는 광엽 잡초에서 더 큰 살초활성을 나타낸다. 글루타민 합성 효소(glutamine synthase)의 활성을 저해하며 이행성이 낮다.

㉠ 글리포세이트(Glyphosate)

근사미라는 상품명의 비선택성이며 이행형 및 경엽처리형 제초제이다. 살초폭이 매우 넓으며 특히 심근성 다년생 잡초에 매우 유효하다. 비선택성이므로 작물이 출아하기 전 또는 작물체가 없는 조건에서 처리해야 한다. 방향족 아미노산의 생합성에 관여하는 EPSP 합성 효소의 작용을 저해한다.

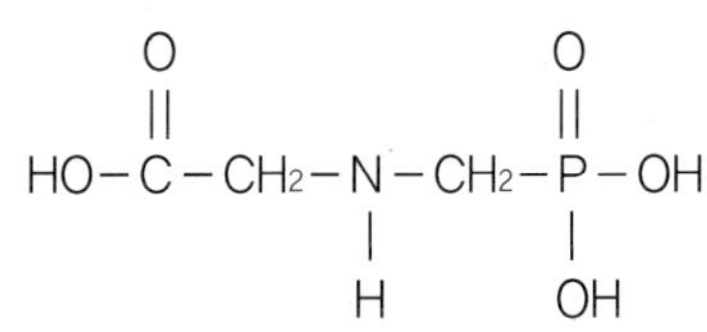

〈글리포세이트〉

㉡ 달라폰(Dalapon)

선택성, 이행형 및 경엽처리형 제초제로 1년생 화본과 잡초인 피, 바랭이, 메귀리 등을 비롯하여 많은 화본과 잡초에 사용한다.

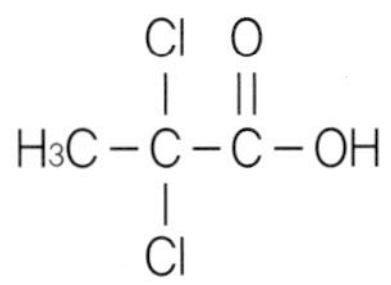

〈달라폰〉

㉢ 글루포시네이트 암모늄(Glufosinate-ammonium)

비선택성, 약간 이행성 및 경엽처리형 제초제로 비농경지, 과수원 등지에서 비선택성 접촉형 제초제로 이용한다. 화본과 잡초보다는 광엽 잡초에서 활성이 높고 식물체 내에서 암모늄(ammonium) 이온이 축적되고 이것의 독작용으로 인하여 식물체가 죽게 된다.

④ 아릴록시페녹시계(Aryloxyphenoxy) 제초제

아세틸코에이(acetyl CoA)로부터 지방산 생합성에 관여하는 아세틸코에이 카복실라아제(acetyl CoA carboxylase, ACCase) 효소의 활성을 저해한다.

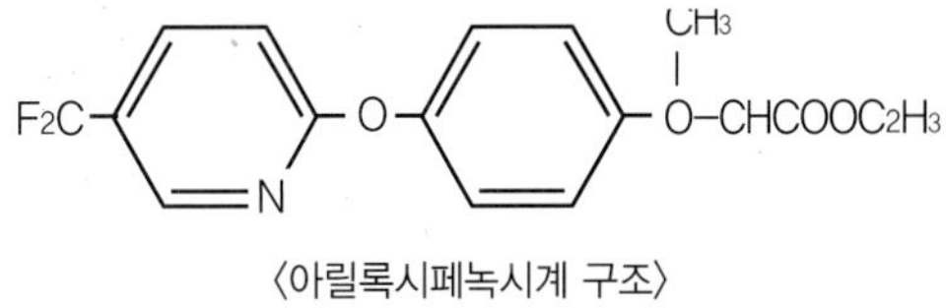

〈아릴록시페녹시계 구조〉

광엽 작물의 재배지에서 화본과 잡초방제용 경엽처리제로 개발되었다. 선택성이 있다.

㉠ **플루아지포-P-뷰틸(Fluazifop-P-butyl, AOPP)**

화본과에 선택성, 이행형 및 경엽처리형 제초제로 광엽 및 다년생 방동사니과 잡초는 내성을 나타낸다.

⑤ 사이클로헥사네딘계(Cyclohexanedione) 제초제

아릴록시페녹시계(aryloxyphenoxy) 제초제와 마찬가지로 아세틸코에이 카복실라아제(ACCase) 효소작용의 저해에 따른 지방산 합성을 저해한다. 화본과 선택성 경엽 처리 제초제로 처리 후 잎이 황화(chlorosis)되거나 안토시아닌(anthocyanin)이 형성되기도 한다.

㉠ **세톡시딤(Sethoxydim)**

화본과에 선택성이 있는 이행형 및 경엽처리형 제초제로 광엽 작물의 재배에서 1년생 및 다년생 화본과 잡초의 방제에 사용된다.

⑥ 벤조디아디아졸계(Benzothiadiazole) 제초제

벤타존(bentazon이 유일하며 광합성 저해에 의해 광엽 및 방동사니과 잡초를 방제한다. 같은 광합성 제초제인 트리아진(triazine) 및 우레아계(urea) 제초제와 달리, 벤타존(bentazon)은 식물체 내 이행이 극히 제한적이다.

㉠ **벤타존(Bentazon)**

선택성, 약간 이행성 및 경엽처리형 제초제로 대부분의 화본과나 콩과 작물 재배에서 광엽이나 방동사니과 잡초의 방제에 접촉처리에 따른 선택 효과를 나타낸다.

⑦ 비피리딜리움계(Bipyridylium) 제초제

2개의 피리딜(pyridyl) 고리가 연결된 화합물들로 접촉형 제초제들이며, 식물의 조직에서 급속한 고사효과를 나타낸다. 토양처리 활성은 없고 경엽 처리 효과만 있으며, 식물체 내 이행은 극히 제한적이고 처리 후 세포막 파괴에 의한 수분손실로 고사시킨다. 광합성과정에서 전달되는 전자를 차단하여 분자상 산소에 전달함으로써 superoxide anion을 생성하며, 이 활성산소는 강력한 산화제로 작용하여 그 자체가 세포조직을 공격하거나 다른 유독한 활성산소종을 발생시킨다.

㉠ **그라목손(Paraquat, 파라콰트)**

비선택성, 접촉형 및 경엽처리형 제초제로 경엽에서 급속히 흡수되며 강우에 의한 소실이 크지 않고, 극히 제한적인 이행을 한다. 광합성 광계 I에서 전자를 수용하여 과산화물 음이

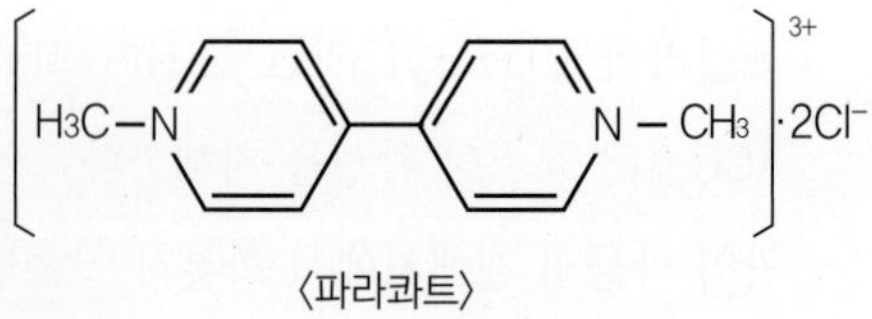

〈파라콰트〉

온(superoxide anion)을 생성하며, 이 음이온(anion)은 또 다른 활성 산소종을 생성한다. 토양 중에서는 점토광물의 음하전 부위에 파라콰트(paraquat) 분자의 양하전이 결합하여 매우 신속하고 완전하게 불활성화된다. 인체에 치명적이어서 2012년도에 판매금지 되었다.

⑧ 피리미딘계(Pyridine) 제초제

벤젠고리의 탄소 하나가 질소로 치환된 구조로서 이 계통의 제초제는 호르몬형으로 식물체 내에서 물관과 체관을 통하여 쉽게 이행된다. 다년생 광엽 잡초를 방제할 수 있으며 토양 및 경엽 활성을 지닌다. 작용기작은 세포 내 핵산의 합성 및 대사를 통한 단백질 및 효소의 생합성을 조절한다.

㉠ 트라이클로피르(Triclopyr)

옥신의 특성이 있는 선택성, 이행형 및 경엽처리형 제초제로 여러 가지 목본류 및 광엽 잡초의 방제에 유효, 대부분의 화본과 잡초는 내성을 보인다. 경엽과 뿌리에 의하여 쉽게 흡수, 이행되어 분열조직에 축적된다. 일차적인 작용기작은 핵산 및 단백질의 대사를 비롯하여 세포벽의 가소성에 관여하는 효소에 영향을 끼치는 것으로 알려져 있다.

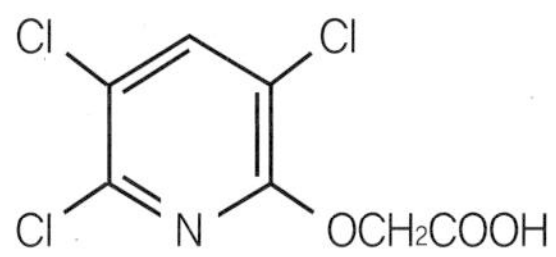

〈트라이클로피르〉

⑨ 퀴놀린계(Quinoline) 제초제

피에 대한 속간 선택성이 매우 크다. 이 계통의 제초제는 퀸클로락(quinclorac)이 유일하다.

㉠ 퀸클로락(Quinclorac)

옥신형으로 작용한다. 선택성, 이행형 및 경엽 겸 토양처리형 제초제이다. 토양 유기물에 흡착되어 제초 활성이 저하되기 쉬우며, 잔효지속기간이 길어 아마, 감자를 포함하는 가짓과 작물 같은 감수성 작물의 후작 재배 시 약해의 위험이 크다. 피에 대한 선택적 방제 효과가 커서 한때는 직파재배에서 전국적으로 사용되기도 하였으나, 후작물에 대한 약해가 전국적으로 문제가 되어 현재는 사용되고 있지 않다. 뿌리와 경엽을 통하여 흡수되며, 작용기구는 옥신 활성에 의한 것으로 알려졌지만, 정확한 기구는 명확히 밝혀져 있지 않다.

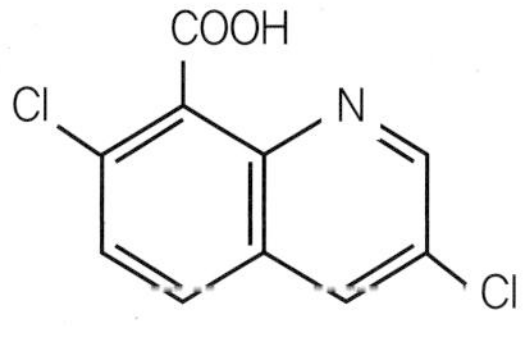

〈퀸클로락〉

2) 경엽 및 토양처리형 제초제(Stem and Leaf/Soil Treatment)

(1) 트리아진계(Triazine) 제초제

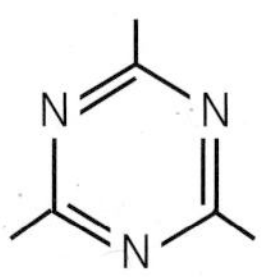

〈트리아진〉

토양처리형으로 1년생 화본과 및 광엽 잡초에 대한 선택적 방제에 광범위하게 이용되고 있으며, 일부는 경엽처리제로 이용하기도 한다. R1 위치의 치환기에 따라 염소 치환체(chlorotriazine), $-SCH_3$ 치환체(methylthiotriazine), $-OCH_3$ 치환체(methoxytriazine), 강력한 광합성 저해제로 광에 의하여 활성화되어 녹색조직의 황화 및 고사를 유발한다. 식물체 내 흡수 후 아포플라스트를 따라 이동하기 때문에 토양처리 시 뿌리로부터 흡수되어 출아 중인 경엽부로 이동한다. 이 계통의 제초제는 일반적으로 토양 중에서의 지속 기간이 비교적 길어서 후작물이 감수성이면 영향을 받을 수 있다. 강우, 토양의 pH, 토성 등이 지속성에 영향을 끼치고, 토양교질에 강하게 흡착되므로 유기물함량이 많은 토양에서 사용하는 것은 바람직하지 못하다.

① 시마진(Simazine)

광합성 저해형, 선택성, 이행형 및 토양처리형 제초제이다. 옥수수나 감귤밭 또는 과수원이나 목초지에서 광엽 및 화본과 잡초의 선택적 방제약제이다. 담배, 귀리, 사탕무 및 많은 채소류는 감수성, 담수 하의 잡초나 조류에 대해서도 선택 살초성을 나타낸다. 처리는 잡초 발생 전에 해야 하며, 주로 토양처리에 의해 약효가 발현된다.

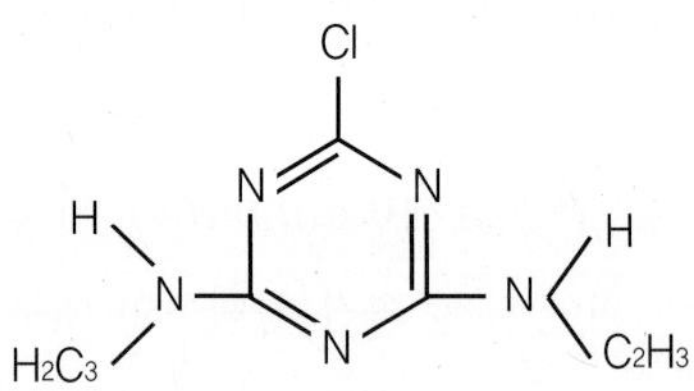

〈시마진〉

② 프로메트린(Prometryn)

광합성 저해제로 선택성, 이행형, 경엽과 토양처리형 제초제로 목화, 셀러리, 완두, 감자 등에서 1년생 광엽 및 화본과 잡초의 선택적 방제에 사용한다.

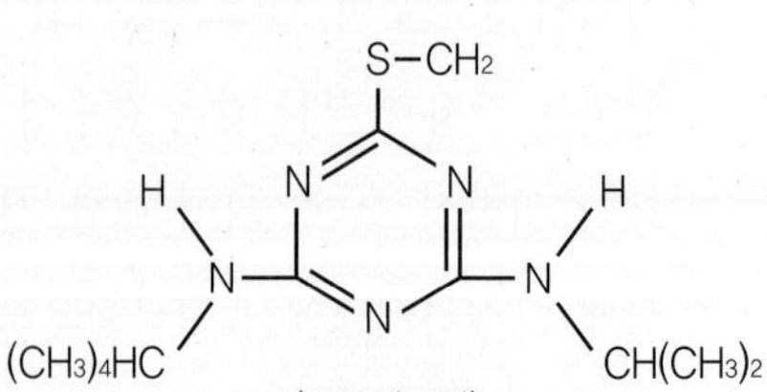

〈프로메트린〉

③ 헥사지논(Hexazinone)

광합성 저해형으로 선택성, 이행형 및 경엽 겸 토양처리형 제초제이다. 비농경지에서 대부분의 1년생 및 다년생 잡초의 방제에 이용되고 수생 잡초나 알팔파, 사탕수수,

커피, 고무나무 등에서 선택적 잡초방제에 적용된다. 토양처리 및 잡초의 생육이 왕성할 때 경엽에 처리한다. 토양에서 활성을 나타내기 위해서는 강우가 필요하다.

〈헥사지논〉

(2) 우레아계(Urea) 제초제

우레아(urea) 수소 원자 중 3개를 다른 기(주로 페닐(phenyl), 메틸(methyl) 및 메톡시(Methoxy)기)로 치환하여 만든다. 대부분의 우레아계(urea) 제초제는 발아 중인 잡초에 선택성을 보여 토양처리형으로 이용되지만, 일부는 경엽 처리 효과도 있다. 광합성 저해 및 세포막 파괴에 의한 작용성을 나타내며, 제초 활성을 나타내기 위해서는 광이 필요하다.

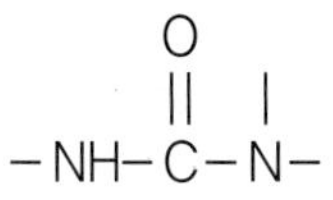

〈우레아〉

① 리누론(Linuron)

광합성 저해제로 선택성, 이행형 및 경엽 겸 토양처리형 제초제이다. 콩, 옥수수, 수수, 목화, 감자 등 작물 재배지의 발아 중인 잡초 또는 발생하기 시작하는 광엽 및 화본과 잡초의 방제에 사용한다.

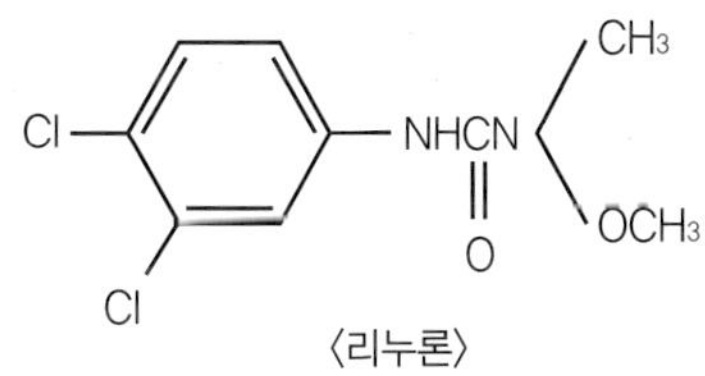

〈리누론〉

(3) 우라실계(Uracil) 제초제

우레아계(urea) 제초제와 많은 유사점이 있으며, 선택성이 높지 않고, 토양 중에서 비교적 오래 지속하므로 작물 적용 폭이 그리 넓지 않다. 감귤 및 목본류와 같은 다년생 작물에 적용하며 비농경지에서 높은 농도로 처리하여 비선택성 효과를 얻을 수 있다.

① 브로마실(Bromacil)

광합성 저해제로 비선택성, 이행형 및 경엽 겸 토양처리형 제초제이다. 비농경지의 1년생 및 다년생 광엽 잡초와 화본과 잡초의 방제에 광범위하게 이용되고 오렌지, 자몽, 레몬, 파인애플 등에서 선택적 방제에 적용된다.

(4) 디페닐 에테르계(Diphenyl ether) 제초제

기본골격은 2개의 페닐(phenyl) 고리(벤젠고리에서 수소 원자 1개가 빠진 것)가 하나의 산소로 연결되어 있다. 경엽 및 뿌리에 의하여 흡수되며, 이행이 크게 제한된다. 약제 처리 후 살초효과 발현을 위해 광이 요구되며, 광에 의해 유리기(free radical)가 생성되어 세포막을 파괴하고 세포질을 누출시켜 식물을 고사시킨다.

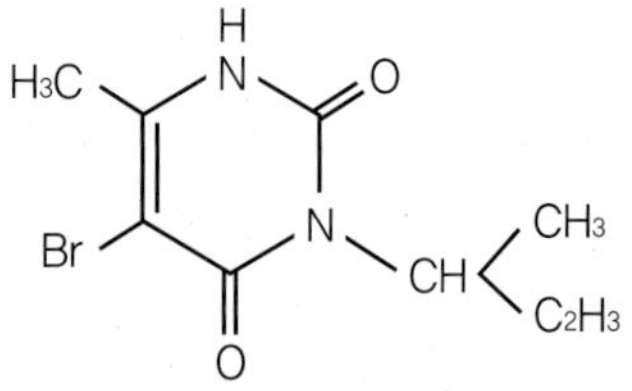

〈디페닐에스테르〉

① 비페녹스(Bifenox)

세포막파괴형, 선택성, 접촉형 및 경엽 겸 토양처리형 제초제이다. 발아 전, 이식 전 토양 혼화 또는 발아 후 처리로 많은 광엽 잡초의 방제에 유효하고 1년생 화본과 및 방동사니과 잡초에 효과가 크며, 콩, 옥수수, 수수, 벼 등이 내성을 나타낸다.

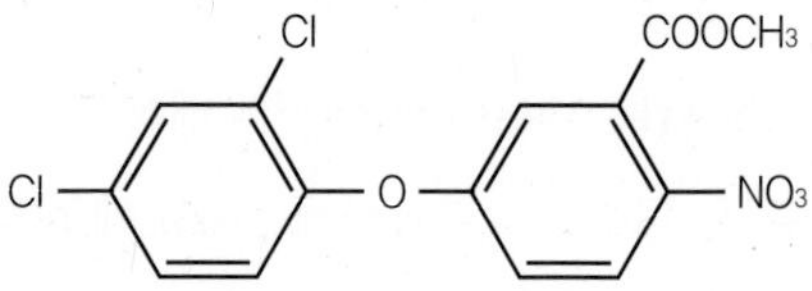

〈비페녹스〉

② 옥시플루오르펜(Oxyfluorfen)

세포막파괴형, 선택성, 접촉형 및 경엽 겸 토양처리형 제초제이다. 과수원 및 비농경지에서 비선택성 제초제로 이용되고 대부분의 1년생 광엽 및 화본과 잡초의 방제가 가능하다. 제초 활성은 뿌리보다 경엽에 접촉된 경우에 높고, 제초 활성에는 광이 요구된다.

(5) 무기 제초제(Inorganic Herbicide)

대부분의 무기 제초제는 유기제초제로 대체되었으며, 부분적으로 식생 관리와 목본류에서의 잡초방제에 한정적으로 쓰이고 있다. 염소산나트륨(sodium chlorate, $NaClO_3$)로 생장 억제, 비선택성, 이행형 및 경엽 겸 토양처리형 제초제로 비농경지나 초지 조성 예정지에서 잡목 및 산야초의 방제에 사용한다.

(6) 카르밤산계(Carbamate) 제초제

카르밤산(carbamic acid, NH_2COOH)의 유도체로 고온하에서 극히 짧은 잔효기간 때문에 제초 활성이 오래 지속될 수 있는 비교적 추운 지역에서 사용되며 휘발성이 없어서 토양 혼화가 필요 없다.

① 클로프로팜(Chlorpropham)

분열조직저해형, 선택성, 이행형 및 경엽과 토양처리형 제초제로 잡초의 발아 전, 발아 후 초기에 처리하여 1년생 화본과 및 광엽 잡초의 방제에 사용한다.

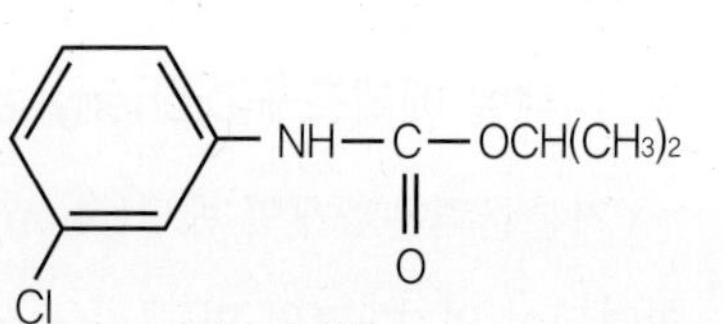

〈클로프로팜〉

(7) 설포닐유레아계(Sulfonylurea) 제초제

저약량에도 높은 활성을 나타내는 것이 기존의 제초제에 비해 큰 이점이다. 화본과보다는 광엽 잡초에 효과가 큰 경엽 및 토양처리에 활성을 보이는 분열조직 저해제이다. 뿌리 및 줄기에 의하여 흡수되고, 식물체 내에서 쉽게 이행되며, 뿌리나 줄기 선단에서의 세포분열 억제에 의하여 생장이 정지된다. 작용기작은 아미노산(류신, 아이소류신, 발린의 합성과정 중 첫 단계를 매개하는 효소)의 생합성 효소인 아세토락테이트 합성효소(acetolactate Synthase, ALS)의 활성을 저해한다.

① 벤설퓨론(Bensulfuron)

광엽 잡초 방제에 사용하는 분열조직 저해형, 선택성, 이행형 및 경엽 겸 토양처리형 제초제(주로 입제로 사용됨)로 논에서 피를 제외한 1년생 및 다년생 광엽 잡초와 방동사니과 잡초의 방제에 유효하다. 피와 같은 화본과 잡초에는 약효가 적어 피에 유효한 약제와의 혼합제로 사용한다.

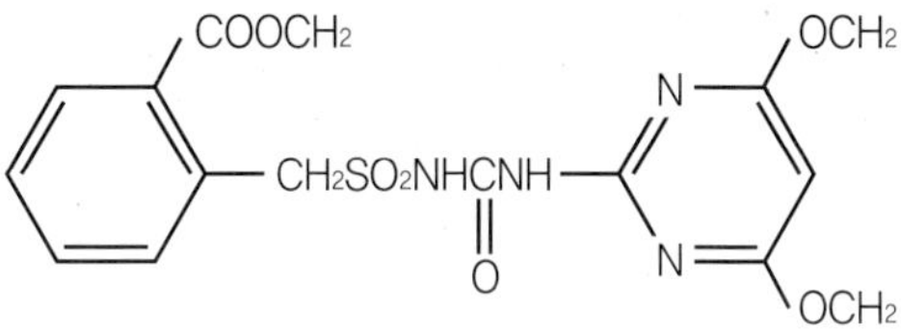

〈파벤설퓨론〉

(8) 이미다졸리논계(Imidazolinone) 제초제

1년생 및 다년생 화본과 잡초와 광엽 잡초의 방제에 사용되고 있다. 작용기작은 판이한 화학구조의 차이에도 불구하고 설포닐우레아계(Sulfonylurea)와 같이 아세토락테이트 합성효소(acetolactate synthase, ALS)의 활성의 저해에 의한다.

① 이마자피르(Imazapyr)

분열조직저해형, 비선택성, 이행형 및 경엽 겸 토양처리형 제초제이다. 뿌리나 경엽으로 흡수되며 경엽으로 흡수된 후에는 지하부로 이행된다.

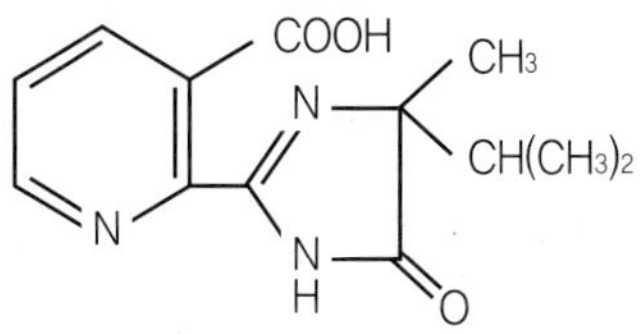

〈이마자피르〉

(9) 니트릴계(Nitrile) 제초제

일부 경엽에 의한 흡수가 일어나나 주로 토양처리형 제초제이다. 발아 중인 1년생 잡초뿐만이 아니라 다년생 잡초의 지하 번식기관에서 발생하는 눈이나 줄기를 고사시킨다. 일반적으로 과수원, 비농경지, 산림 및 수생식물에 적용된다. 물관을 통한 이행이 주로 일어나며, 1차 작용기구는 셀룰로스 생합성 저해로 인정되고 단백질 및 RNA 합성에도 영향을 미친다.

① 디클로베닐(Dichlobenil, DCBN)

니트릴계로 분열조직 저해형이며 비선택성, 이행형 및 토양처리형 제초제이다. 발아 중이거나 왕성하게 분열 중인 생장점 및 뿌리 선단에 강력한 저해 효과를 보인다. 토양에서 뿌리를 통하여 흡수된다. 또 증기 상태에서 경엽으로 신속히 흡수되며, 뿌리로부터 지상부로의 이행은 매우 신속하게 이루어지지만, 경엽을 통한 흡수 후 뿌리로의 이행은 매우 느리다.

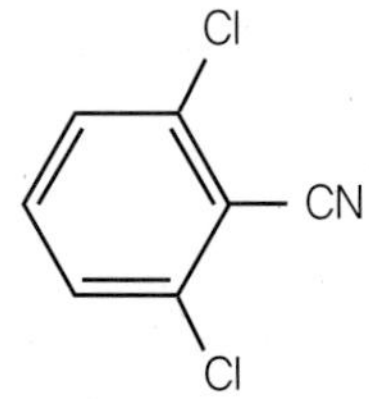

〈디클로베닐〉

(10) 피라졸계(Pyrazol) 제초제

피라졸(pyrazol) 핵을 가진 제초제로써 벼에 높은 선택성을 지니며, 약제 처리 후 감수성 식물에서 클로로필의 합성을 저해하므로 백화현상을 나타낸다.

① 피라졸레이트(Pyrazolate)

생육 억제형으로 선택성, 이행형 및 경엽과 토양처리형 제초제이다. 파종 전 또는 이앙 전에 처리한다. 벼에 매우 안전하며 이앙 벼 및 담수 직파에 적용한다. 주로 유근부 및 유아부에 의하여 흡수되며 엽록소의 생성을 저해한다.

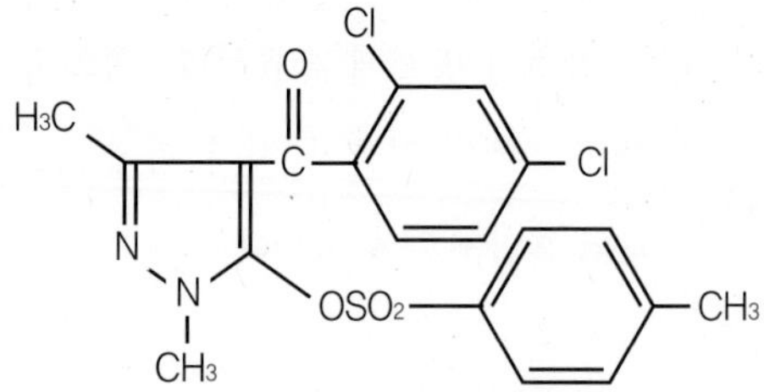

〈피라졸레이트〉

3) 토양처리형 제초제(Pesticide for Soil Treatment)

(1) 아마이드계(Amide) 제초제

매우 다양하고 많은 제초제가 포함되어 있다. 화학적으로 아마이드(amide), 아닐리드(anilide), 아세트아닐리드(acetanilide)로 구분된다. 아마이드계(amide)는 식물체 내에서 이행이 잘 안 된다. 대부분이 토양 활성을 보이고 1년생 화본과 및 광엽 잡초의 방제에 사용된다(예외로 경엽 활성을 보이면서 작용기구도 이들과 다른 프로파닐(propanil)이 있다). 아세트아닐리드계(acetanilide)는 아마이드계(amide)에서 유래되었으며, 뿌리로부터 증산류를 통하여 잎까지 잘 이행된다.

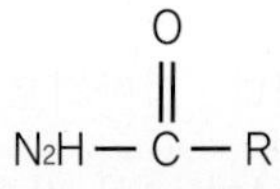

〈아마이드(amide)〉

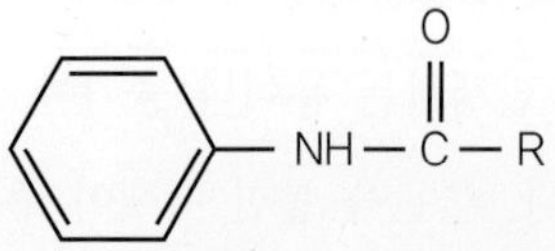

〈아닐리드(anilide)〉

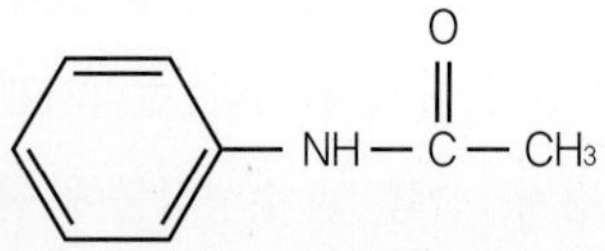

〈아세트아닐리드(aceianilide)〉

① 나프로파미이드(Napropamide)

생육 억제형으로 선택성, 이행형 및 토양처리형 제초제이다. 과수 및 견과류 작물에서 발아 전 처리제로 1년생 화본과 및 광엽 잡초의 방제에 사용한다. 이미 발생한 잡초의 방제를 위해서는 접촉형 제초제와 혼용해야 한다. 보통 토양에 처리한다. 뿌리에 의해 흡수된 후 지상부 경엽으로 급속히 이행되며, 화본과 잡초의 경우 뿌리의 생육을 효과적으로 저해한다.

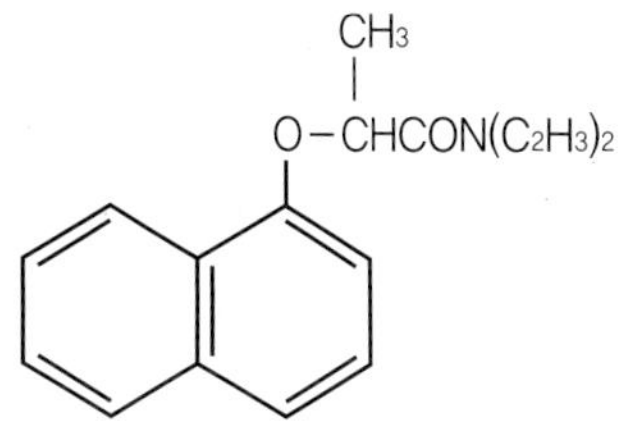

〈나프로파미이드〉

② 알라클로르(Alachlor)

생육 억제형으로 선택성, 이행형 및 토양처리형 제초제, 대부분의 1년생 화본과, 광엽 및 방동사니과 잡초에 사용한다. 옥수수, 콩, 감자, 배추 등의 작물과 일부 원예작물이나 잔디에 처리. 일차적으로 발아 중인 식물체의 유아부에서, 이차적으로 뿌리에서 흡수 후 식물체 전체로 이행되어 영양 생장 부분에 많이 축적된다. '알라'라는 상품명으로 판매되고 있다.

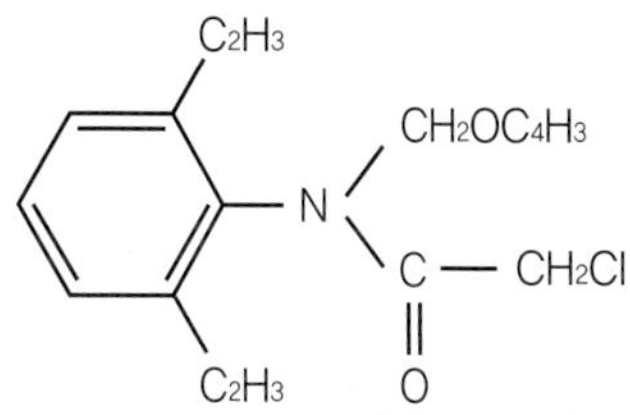

〈알라클로르〉

③ 뷰타클로르(Butachlor)

우리나라에서 마세트라는 이름으로 벼논에 많이 사용된 생육 억제형으로 선택성, 이행형 및 토양처리형 제초제이다. 1년생 화본과, 일부 광엽 및 수생 잡초에 유효하다. 주로 발아 중인 식물체의 유아부로 흡수되며, 이차적으로 뿌리로 흡수된다. 영양 생장을 하는 부분에 많이 축적되며, 분열조직 부분에서 단백질 합성 및 세포분열을 저해한다.

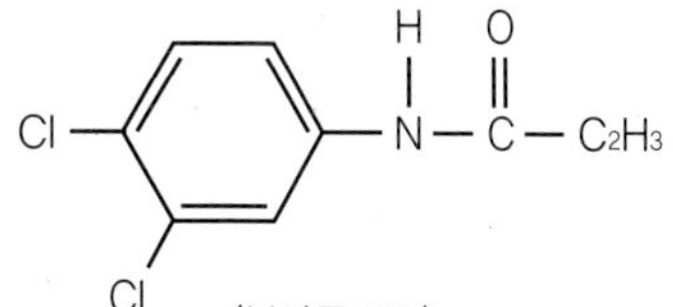

〈뷰타클로르〉

④ 프로파닐(Propanil)

광합성 저해형으로 선택성, 접촉이행형 및 경엽처리형 제초제이다. 벼에 있어서 피의 방제에 이용되고 있는 속간선택성(intergeneric selectivity)이 높은 제초제로써 피를 4엽기까지 방제할 수 있다. 작용기구는 일차적으로 광합성과정의 전자전달을 방해하고 그 밖에 뿌리나 엽초의 생장을 저해하기도 한다. 벼의 체내에서는 아릴 아실라미다아제(aryl acylamidase)에 의해 대사되어 불활성화된다. 카바메이트계

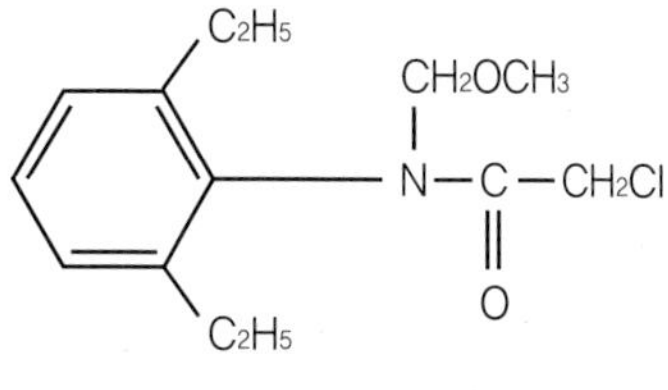

〈프로파닐〉

(carbamate) 또는 유기인계 살충제는 아릴 아실라미다아제(aryl acylamidase)의 작용력을 억제하기 때문에 이들의 근접살포 및 전후 처리로 벼에 대한 선택성이 소실되므로 주의해야 한다.

(2) 디니트로아닐린계(Dinitroaniline) 제초제

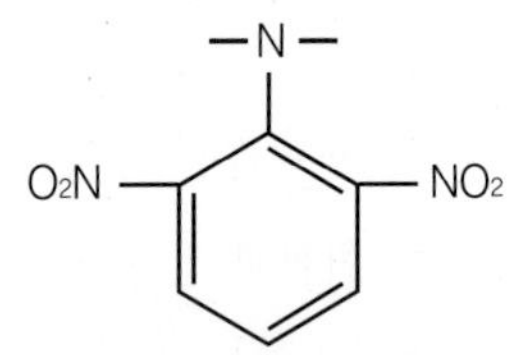

〈디니트로아닐린〉

아닐린(Aniline)의 벤젠고리 2, 6번 위치에 니트로(nitro), 즉 질소기가 치환된 기본골격을 갖고 있으며, 어린 잡초들 특히 1년생 화본과 잡초와 일부 광엽 잡초의 방제에 사용한다. 콩, 땅콩, 목화 등을 비롯하여 과수, 채소 및 원예작물 등이 내성을 나타낸다. 화합물에 따라서는 휘발성이 커서 토양혼화처리가 요구되기도 한다. 경엽 처리 활성은 없으며, 흡수는 발아 중인 유아부를 통하여 이루어지며, 이행은 극히 제한적이다. 제초 활성은 정상적인 세포분열 및 세포벽 형성의 방해에 기인한 뿌리 생장 억제에 의해 나타난다. 약효 증상은 뿌리 끝이 부풀어 오르고, 측근이나 2차 근의 발생이 억제된다.

① 트리플루랄린(Trifluralin)

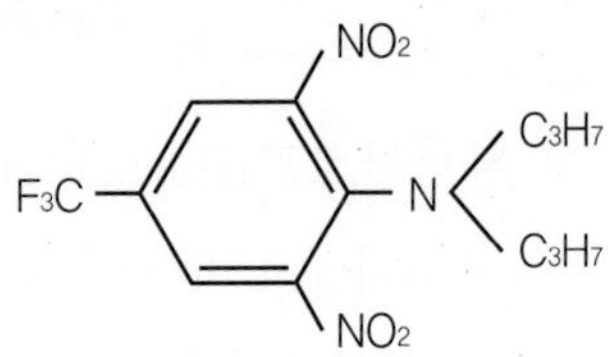

〈트리플루랄린〉

세포분열억제형으로 선택성, 비이행성 및 토양처리형 제초제이다. 피, 바랭이, 강아지풀 등의 1년생 화본과 잡초를 비롯하여 명아주, 쇠비름 등의 광엽 잡초에 유효. 휘발성이 있어서 처리 후 24시간 이내에 토양 혼화가 필요하다. 제초 활성은 종자의 발아와 관련이 있는 생리적 생장 과정에 영향을 끼침에 의해 나타난다.

(3) 티오카바메이트계(Thiocarbamate) 제초제

이행성이면서 선택성을 가진 발아 직후 잡초의 생장을 억제하거나 지하 저장기관의 눈 형성을 억제한다. 작물의 선택성 기구는 확실히 밝혀져 있지 않다. 작물 안전성의 폭이 매우 좁으므로 때에 따라 약해 경감제를 가한 제형을 사용하기도 한다. 주요 작용기작은 지방산 및 왁스 형성을 방해하여 세포의 신장을 저해한다.

① 티오벤카브(Thiobencarb)

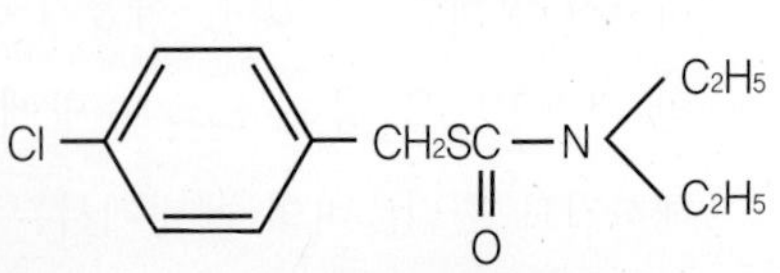

〈티오벤카브〉

생육 억제형으로 선택성, 이행형 및 토양처리형 제초제이다. 벼에 매우 안전하며, 피를 비롯한 1년생 화본과 및 광엽 잡초의 방제에 유효하다. 식물체의 유아부 및 경엽부로 흡수되어 체내에서 쉽게 이행되며, 지방산 생합성 저해로 세포막과 큐티클에 지방이 형성되지 않는다.

(4) 기타(Other) 제초제

① 옥사디아존(Oxadiazon)

화학적으로 디페닐 에테르계(diphenyl ether)와는 다르지만, 작용력은 매우 유사하다. 토양처리형이며 제초 활성에 광이 필요하다. 생육억제형, 선택성, 이행형 및 토양처리형 제초제이다. 벼, 콩, 땅콩 및 과수원과 원예작물에서 1년생 화본과 및 광엽 잡초의 방제에 적용한다. 1969년 '론스타(ronstar)'라는 상품명으로 개발된 제초제로서 한국에서는 '옥사존'이라는 품목명으로 고시되어 있다. 선택성 제초제로서 논의 화본과 및 광엽 잡초 방제에 사용된다. 일년생잡초인 마디꽃, 물달개비, 방동사니, 피, 밭둑외풀 등의 방제에 사용한다. 작용기구로는 카로티노이드(carotenoid) 색소와 상호작용 후에 유리기(radical)를 형성한다. 반감기는 40일 정도이다.

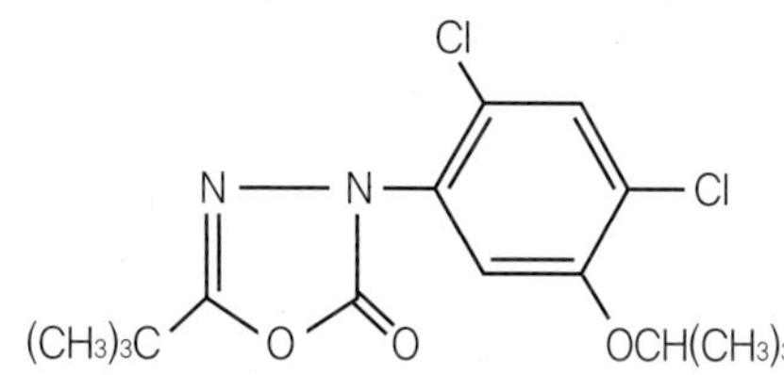

〈옥사디아존〉

② 벤설라이드(Bensulide)

잔디와 채소 작물용 제초제로 이용되며, 뿌리 세포의 분열 및 신장 생장 억제. 생육 억제형, 선택성, 비이행형 및 토양처리형 제초제이다. 1년생 화본과 잡초 및 몇몇 광엽 잡초의 방제에 이용된다.

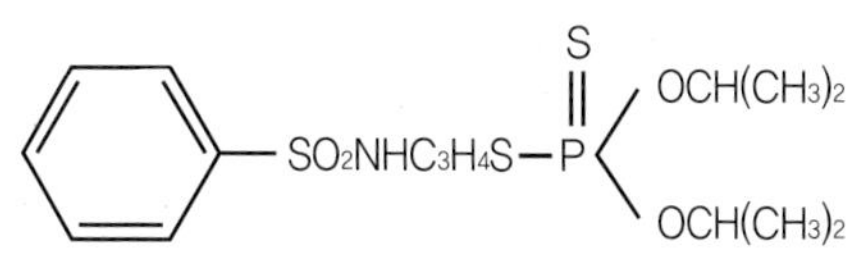

〈벤설라이드〉

4. 살비제(Miticide)

응애류(mites)는 그 종류가 많고 번식력이 왕성하며, 과수, 채소, 콩류, 화훼류 및 수목류에 대하여 곤충에 못지 않은 큰 피해를 주고 있다. 응애류의 방제는 성충과 유충뿐만 아니라 알도 죽일 수 있어야 한다. 살비제 중에는 곤충류에 대하여 일부 살충력이 있는 것도 있지만, 응애류에 대해서만 선택적인 살비력을 지니는 것이 대부분이다. 응애류는 연간 발생횟수가 10여 세대가 되므로 같은 약제를 계속 사용하면 약제저항성의 획득이 빠르다.

1) 살비제의 구비요건

(1) 성충과 유충뿐만 아니라 알에 대하여도 효과가 좋아야 한다.

(2) 응애는 발생기간이 길기 때문에 잔효력이 있어야 한다.

(3) 응애류에만 효과가 있고 다른 부작용이 없어야 한다.

(4) 응애류에 대한 적용범위가 넓어야 한다.

(5) 저항성 응애류에 대해서도 효과가 좋아야 한다.

(6) 약제저항성이 늦게 생기거나 생기지 않아야 한다.

5. 식물생장조절제(Plant Growth Regulator, PGR)

식물의 생육을 촉진하거나 반대로 억제하여 생육을 인위적으로 조절하는 약제를 식물생장조절제 또는 식물생장조정제라 한다. ① 식물 자체가 생합성하는 생장조절물질인 식물호르몬류(auxin, gibberellin, cytokinin, ABA(abscisic acid), ethylene, brassinolide 등이 있음)와 ② 각각의 호르몬류와 화학구조 또는 생리작용이 유사한 합성화합물 등이 있다.

1) 옥신(Auxin)

(1) 옥신의 생리작용

① 식물이나 절편체를 신장시킨다.

② 굴광성, 정아우세, 발근 등 촉진작용을 한다.

③ 단위결과의 유기로 수정이 없이도 씨없는 과실을 만들 수 있다.

④ 탈리현상(abscission)을 지연시킨다.

⑤ 캘러스의 발생을 촉진한다. 식물의 줄기나 잎의 절편을 고농도의 옥신이 함유되어 있는 배지에서 배양 시 세포의 덩어리(callus) 발생을 촉진시킨다.

(2) 인돌 초산(IAA)계 생장조절제

① IAA(인돌초산, indolacetic acid)는 콩나물 생장촉진제로 사용한다.

② IAA와 벤질아데닌(6-benzyl adenine) 혼합제(인돌비)는 콩나물 생장촉진제로 사용한다.

③ 에티클로제이트(ethychlozate)은 밀감의 적과제로 현재 온주 밀감에 등록된 약제로 상표명(피가론, figaron)이다.

(3) 페녹시계(Phenoxy) 생장조절제

이사디(2,4-D), 페노프롭(fenoprop, 2,4,5-TP), 4-CPA(토마토톤, tomatoton)이 있다.

(4) 나프탈렌 초산(NAA)계 생장조절제

루톤(rootone)은 옥신 호르몬으로 발근제로 사용한다.

2) 지베렐린(Gibberellin)

미생물과 고등식물에서 100종 이상의 지베렐린이 분리되어 이용되고 있다.

① 왜생(dwarfness) 식물의 생장을 촉진한다(세포의 신장).

② 장일조건에서 화아가 유도되는 장일식물(시금치, 상추 등)은 지베렐린을 처리하면 화아가 유도된다(단일식물은 처리해도 효과가 없음).

③ 개화에 저온처리가 요구되는 겨울밀의 저온처리 역할을 대체한다.

④ 화아가 유도된 식물의 개화도 지베렐린 처리에 의해 촉진된다.

⑤ 광발아 종자(상추, 담배 등)의 암발아를 촉진한다.

⑥ 포도의 단위결과(parthenocarpy)를 유도한다(씨없는 포도 생산).

⑦ 곡류 종자의 가수분해효소(α-amylase)의 생합성을 촉진한다.

3) 시토키닌류(Cytokinin)

종류에는 6-벤질아미노퓨린(6-benzylaminopurine)은 시토키닌계 생장촉진제로 현재 약자는 BA 또는 BAP로 같은 약제인데 전세계에서 나라마다 다르게 표기한다. 피리딜(pyridyl)은 요소형의 합성 시토키닌이고 제아틴은 옥수수의 배유에서 분리한 최초의 시토키닌 호르몬이다. 생리작용은 다음과 같다.

① 캘러스 배양에서 세포분열을 촉진한다.

② 식물세포의 확대(잎의 생장촉진)한다.

③ 줄기나 잎의 노화를 억제한다.

4) 에틸렌(Ethylene)

에틸렌의 생리작용은 다양한데 일반적으로 노화와 착색으로 크게 대별된다. 생장억제제로 분류하기도 한다.

① 과실의 성숙을 촉진한다.

② 세포의 신장을 저해한다.

③ 콩의 실생(seedling) 종자 생장에서 굴지성(geotropism)을 소실시킨다.

④ 담배 또는 베고니아의 부정근 발생을 촉진한다.

식물에 고농도의 옥신을 처리하면 에틸렌이 생성되므로, 옥신처리에 의하여 유도되는 상당수의 생리현상은 에틸렌의 생리작용으로 볼 수 있다. 에틸렌은 다양한 생리활성을 지니고 있는 화합물이지만 가스체이기 때문에 그대로 사용하기에는 어려우며, 전구체인 에세폰 액제(유효성분 39%)의 형태로 살포한다. 에세폰의 살포에 의하여 발생된 에틸렌은 과실의 착색촉진, 배의 숙기촉진, 파인애플과 망고 등의 개화촉진, 고무나무의 즙액침출을 촉진한다.

5) 브라시놀라이드(Brassinolide)

식물에 대하여 생리조절작용을 가진 첫 번째 스테로이드계(steroid) 화합물이며 천연에는 극미량밖에 존재하지 않고, $10^5 \sim 10^6$ ppm이라는 낮은 농도에서도 식물에 대하여 각종 활성을 나타낸다. 현재까지 14종의 유연체가 발견된다. 미국에서는 유연체인 에피브라시놀라이드(epibrassinolide)가 개발되어 이용되고 있다. 작용특성으로 옥신과 유사하면서도 스트레스를 감소시키는 호르몬으로 사용한다.

① IAA(옥신)와 현저한 상승작용이 있다.

② IAA는 뿌리의 신장을 저해하지만 브라시놀라이드는 뿌리에 대한 저해작용이 없고, 낮은 농도에서는 오히려 신장을 촉진한다.

③ IAA와 같은 이상생육현상(하엽의 뒤틀림, 기형 등)을 일으키지 않고 뿌리, 잎 모두 정상상태 그대로 크게 생장을 촉진하는 데 IAA를 사용하면 에틸렌이 많이 발생하지만 브라시놀라이드(brassinolide)는 이러한 현상이 매우 적다.

④ 지베렐린의 생리작용을 상가적으로 촉진하며 시토키닌(잎의 확대 및 노화방지)과 혼합되면 그 반대작용을 나타낸다.

⑤ 저온, 이상고온, 수분부족 등의 불량환경 시 환경 스트레스를 경감시킨다.

농업에 이용한 사례로 증수(밀, 벼, 옥수수, 콩, 오이 등), 내냉성 강화(벼, 오이, 가지, 토마토 등), 약해 경감(각종 스트레스에 대한 저항성 증가와 제초제의 작물에 대한 약해 경감 등), 내병성 증가(벼의 도열병, 잎집무늬마름병, 오이의 회색 곰팡이병, 토마토의 역병, 배추의 무름병 등)가 있고 그 외에도 수경법에 따른 내염성 증대 효과, 절화의 신선도 유지 효과, 퇴색방지, 토마토의 후숙방지 효과 등 다양하다.

6) 식물생장억제제(Plant Growth Retardant)

식물의 생장을 억제하는 것으로 지베렐린의 생합성을 저해하거나 특정 식물에만 유효하거나 토양 중에서 분해되기 어려운 특성 등이 있다.

(1) 트리아졸계(Triazole) 도복 방지제

유니코나졸(uniconazole), 파클로부트라졸(paclobutrazol), 이나벤파이드(inabenfide) 등이 있다.

(2) 아미드계 생장억제제

다미노자이드(daminozide)로 B-9 또는 SADH라고도 한다.

(3) 피리다진계(Pyridazine) 생장억제제

말레산 하이드라자이드(maleic hydrazide)로 말레이(malei) 또는 MH라고도 부른다.

(4) 지방알코올제

지방알코올제(fatty alcohol)는 지방산 알코올의 4종이 혼합된 접촉형 액아억제제이다.

(5) 유기인계 생장억제제

IBP(키타진, kitazine)는 벼의 도열병, 잎집무늬마름병, 균핵병에도 우수한 효과를 나타내는 침투성 살균제이며, 벼의 도장을 억제해 도복방지에도 효과가 있다.

6. 작물보호제 사용 시 주의사항

① 작물보호제(농약)는 어린이 손이 닿지 않는 곳, 광선이나 습기, 화기를 피할 수 있는 곳에 보관한다.
② 약을 뿌릴 때에는 바람을 등지고 뿌리되 마스크, 고무장갑과 방제복을 반드시 착용한다.
③ 적용대상 작물과 병해충 이외에는 사용하면 안 된다(PLS).
④ 안전사용기준과 취급제한기준을 반드시 준수해야 한다.
⑤ 살포작업은 한낮은 피하고 아침이나 저녁의 서늘할 때 살포한다.
⑥ 작물 전멸약(비선택성 제초제)은 작물이 있는 근처에서는 절대 사용하지 말고 사용한 후에는 반드시 방제기구를 세척한다.

***적용대상에 따른 작물보호제(농약)의 라벨(label)색 분류**

적용대상에 따라 작물보호제(농약)를 분류하는데 사고나 혼선을 피하고 쉽게 구별하도록 살균제(fungicide)는 시판하는 작물보호제(농약) 봉지나 병에 분홍색 라벨로 나타내고 해충을 잡는 살충제(insecticide)는 녹색 라벨로, 제초제(herbicide)는 노란색 라벨로 잡초를 제거하는 데 사용한다. 생장조절제(plant growth regulator, PGR)는 청색의 라벨, 맹독성 농약은 적색, 기타 약제는 흰색으로 표시하여 쉽고 안전하게 식별할 수 있도록 하고 있다.

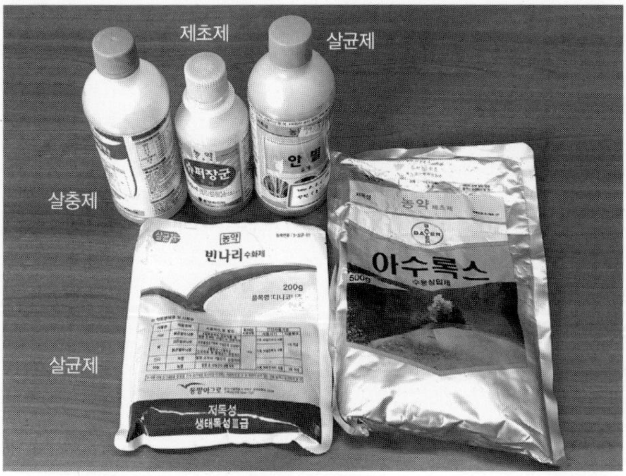

그림 3-6
식별을 쉽게 한 작물보호제(농약)의 포장 모습
초록색은 살충제, 노란색은 제초제, 분홍색은 살균제를 나타내고 병은 액제, 비닐봉지는 분제를 포장한 것임

⑦ 작물보호제(농약)와 동시에 혼용 살포할 때는 반드시 혼용이 가능한지 확인(일반적으로 칼슘이 들어 있으면 피함)하고 사용한다.

⑧ 제4종 복합비료(영양제)와 작물보호제(농약)를 섞어서 살포하는 것은 약해의 원인이 될 수도 있으므로 특별히 유의한다.

⑨ 작업이 끝난 후에는 입안을 물로 헹구고 손이나 발, 얼굴 등을 비눗물로 깨끗이 씻는다.

⑩ 중독증상이 있을 때는 즉시 작업을 중지하고 안정을 취해야 하며 반드시 의사의 지시를 따른다.

⑪ 잘못하여 먹었을 때는 바로 소금물을 먹여 토하게 하고 의사의 치료를 바로 받아야 한다(그라목손은 치명적임).

⑫ 유기인계 작물보호제(농약)의 해독제로는 팜(정제, 주사제) 및 아트로핀(주사제)이 있으며, 카바메이트계 작물보호제(농약)의 해독제로는 아트로핀(주사제)이 있다. 해독제는 반드시 의사의 처방에 따라 사용해야 한다.

⑬ 작물보호제(농약) 빈 병은 농협 또는 한국자원재생공사에서 유상으로 수집하므로 지정된 처리장소에 안전하게 폐기해야 한다.

***농약허용기준 강화제도(Positive List System, PLS)**

농산물 재배과정에서 사용이 허가된 농약들을 목록으로 만들어 잔류허용기준 내에서 사용할 수 있도록 하고, 그렇지 못한 농약은 사실상 사용을 금지하는 제도로 2019년도부터 전면시행되고 있다. 농산물을 재배하는 과정에서 사용이 가능한 농약들을 목록으로 만들어서 미리 설정된 잔류기준 내에서만 사용을 허가하고 목록에 포함되어 있지 않는 농약은 잔류허용기준을 0.01mg/kg로 설정하여 사실상 사용을 금지하는 제도이다. 일본은 2006년, EU는 2008년, 미국과 호주도 비슷한 제도를 운영하고 있다.

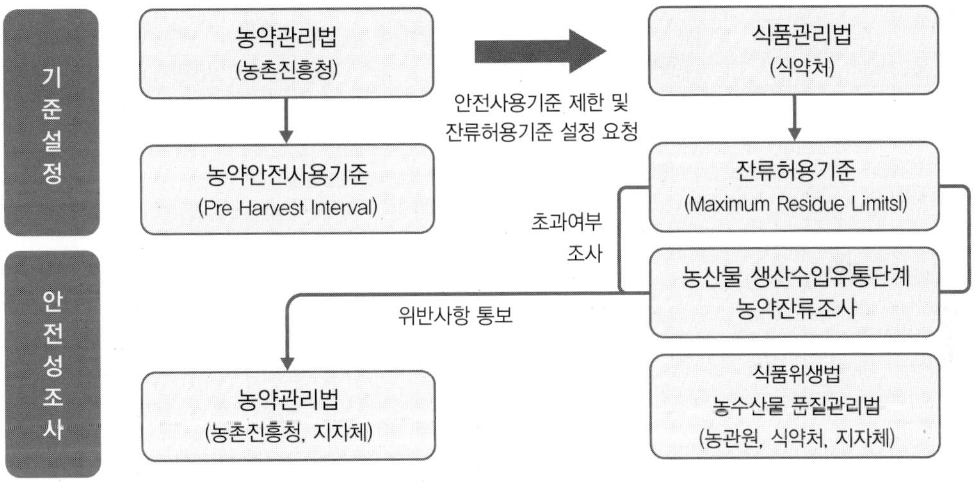

그림 3-7 농약허용기준 강화제도(PLS) 시스템 관리도

표 3-6 농약사용 설명서 내용 예시

가스가마이신 액제 / 입상수화제	유효성분 : kasugamycin ……… (액제)2.3%, (입상수화제)10%
	기 타 : (액제)계면활성제부동재용제,pH조절재방부재소포제 ……… 97.7%
	(입상수화제)계면활성재 점결제, 보조제, 안정재 증량제 ……… 90%
	계 통 : 항생제

[적용병해충 및 사용량] 액제 상표: 기스가민 저독성

작물명	적용병해		사용적기 및 방법	20ℓ 당 사용약량	1,000m²(10a)당 사용량		안전사용기준	
					약량	살포량	시기	횟수
벼	도열병	모도열병	발병직전 또는 발병초기	20mℓ	80mℓ	80mℓ	수확 14일전 까지 사용	5회 이내
		잎도열병	본논초기 : 발병직전 또는 발병초기		80~100mℓ	80~100ℓ		
			본논중후기 : 발병직전 또는 발병초기		140~160mℓ	140~160ℓ		
		이삭도열병	이삭패기 직전부터 수전기					
	갈색잎마름병		이삭패기 직전 및 이삭팬 후 각1회					
	세균벼알마름병		출수직전부터 7일 간격					
배추	무름병		발병직전부터 7일 간격		약액이 충분히 묻도록 골고루 뿌림		수확 3일전 까지 사용	4회 이내

[입상수화제] 상표: 메가폰 저독성

<table>
<tr><th rowspan="2">작물명</th><th rowspan="2">적용병해</th><th rowspan="2">사용적기 및 방법</th><th rowspan="2">20ℓ 당
사용약량</th><th colspan="2">안전사용기준</th></tr>
<tr><th>시기</th><th>횟수</th></tr>
<tr><td>고추(단고추류 포함)</td><td>세균점무늬병</td><td>발병 7일 간격</td><td rowspan="12">20g</td><td>수확 2일전까지 사용</td><td>3회 이내</td></tr>
<tr><td rowspan="2">배추</td><td>노균병</td><td>발병초 10일 간격</td><td rowspan="2">수확 3일전까지 사용</td><td rowspan="7">4회 이내</td></tr>
<tr><td>무름병</td><td>발병직전부터 7일 간격</td></tr>
<tr><td>감자</td><td>무름병</td><td>발병직전 7일간격</td><td>수확 7일전까지 사용</td></tr>
<tr><td>강활</td><td>궤양병</td><td rowspan="2">발병초 7일 간격</td><td>수확 21일전까지 사용</td></tr>
<tr><td>마늘</td><td>무름병잎집썩음병</td><td rowspan="2">수확 14일전까지 사용</td></tr>
<tr><td>인삼</td><td>점무늬병</td><td>발병초 10일 간격</td></tr>
<tr><td>양배추</td><td>검은썩음병</td><td>발병직전 7일 간격</td><td>수확 7일전까지 사용</td></tr>
<tr><td rowspan="2">무</td><td>노균병</td><td>발병초 10일 간격</td><td rowspan="2">수확 14일전까지 사용</td><td rowspan="6">3회 이내</td></tr>
<tr><td>무름병</td><td>발병직전부터 7일 간격</td></tr>
<tr><td>녹색꽃양배추</td><td>검은썩음병</td><td>발병직전 7일 간격</td><td>수확 7일전까지 사용</td></tr>
<tr><td>딸기</td><td>세균모무늬병</td><td>발병초 10일 간격</td><td>수확 3일전까지 사용</td></tr>
<tr><td>담배</td><td>줄기속마름병</td><td>적심후 7일 간격</td><td>25g</td><td>–</td></tr>
<tr><td>감초</td><td>세균점무늬병</td><td rowspan="11">발병초 7일 간격</td><td rowspan="13">20g</td><td rowspan="4">수확 14일전까지 사용</td></tr>
<tr><td>갓</td><td rowspan="10">무름병</td><td rowspan="7">1회 이내</td></tr>
<tr><td>근대 · 냉이</td></tr>
<tr><td>당근 · 미나리</td></tr>
<tr><td>방울다다기양배추</td><td rowspan="2">수확 21일전까지 사용</td></tr>
<tr><td>비트 · 쑥갓</td></tr>
<tr><td>상추(양상추 포함)</td><td rowspan="2">수확 14일전까지 사용</td></tr>
<tr><td>셀러리(양미나리)</td></tr>
<tr><td>양배추</td><td rowspan="2">수확 7일전까지 사용</td><td>4회 이내</td></tr>
<tr><td>청경채</td><td rowspan="2">1회 이내</td></tr>
<tr><td>파(쪽파 포함)</td><td rowspan="3">수확 14일전까지 사용</td></tr>
<tr><td>부추</td><td>무름병</td><td>발병직전 7일 간격</td><td>3회 이내</td></tr>
<tr><td>삽주</td><td>세균썩음병</td><td>발병초 7일 간격</td><td>2회 이내</td></tr>
</table>

[사용방법] [액제· 입상수화제] 1. 장마철에는 비가 멈춘틈을 타서 약을 뿌려 방제시기를 놓치지 않도록 하십시오.

[특 징] [액제·입상수화제]

1. 이 농약은 농업용 항생물질로서 예방 및 치료효과를 동시에 나타냅니다.
2. 이 농약은 침투이행성이 우수하여 이미 식물조직에 침투한 균사의 신장을 억제시킴으로써 초기 병반 형성 및 2차 진전을 저해합니다.

⚠ [액제] 1. 빠른 침투이행성으로 비가 잦은 장마철에도 우수한 효과를 나타냅니다.

[약효·약해에 관한 주의사항] [입상수화제]

1. 이 농약은 중복살포할 경우 약해의 우려가 있으므로 중복살포를 하지 마십시오.
2. 작물이 연약할 때나 이상기후(이상고온, 이상저온, 과습, 건조 등)에서는 약해를 받을 수 있으니 사용을 금합니다.

⚠ **[안전 및 기타 주의사항]**

[액제] 1. 이 농약은 영하 5℃ 이하에서는 얼 우려가 있으므로 보관장소의 온도가 영하 5℃ 이하로 내려가지 않도록 주의하십시오.

[등록회사] [액제] 가스가민(동방아그로) **[입상수화제]** 메가폰(동방아그로)

7. 작물보호제(농약) 내용 표기들

1) 행위 금지표기 그림문자

〈고독성농약〉	〈액상 고독성농약 음독금지〉	〈분제농약 취사금지〉

〈꿀벌독성〉	〈누에독성〉	〈조류독성〉

〈어독성〉

어류에 대한 독성 정도에 따른 농약의 구분(2001년도 기준)

구분	반수를 죽일 수 있는 농도 (mℓ/ℓ, 48시간)	품목수
Ⅰ급	0.5미만	181
Ⅱ급	0.5이상 2미만	153
Ⅲ급	2이상	625
합계	–	959

2) 행위 강제표시 그림문자

〈마스크 보안경〉	〈불침투싱〉	〈장갑 불침투성〉

〈방제복〉	〈잠금장치 보관〉	〈주의·경고〉

3) 등록회사별 '약자 표기' 해설(2022년도 기준)

(1) 정회원사

등록회사명	약자	등록회사명	약자
(주)경농	경농	신젠타코리아(주)	신젠타
(주)농협케미컬	농협케미컬	인바이오(주)	인바이오
(주)동방아그로	동방아그로	(주)팜한농	팜한농
바이엘크롭사이언스(주)	바이엘	한국삼공(주)	한국삼공
선문그린사이언스(주)	선문그린	(주)한얼싸이언스	한얼싸이언스
성보화학(주)	성보화학		

(2) 준회원사

등록회사명	약자	등록회사명	약자
(주)누보	누보	유원에코사이언스(주)	유원
닛산케미칼아그로코리아(주)	닛산	(주)유일	유일
닛소코리아(주)	닛소	(주)이엑스아이디	이엑스아이디
(주)다보인터내셔널	다보인터내셔널	(주)유피엘리미티드코리아	유피엘
(주)대유	대유	(주)장유산업	장유
(유)로탐라이프사이언스코리아	로탐	(주)천지인바이오텍	천지인바이오텍
한국바스프(주)	바스프	(주)케이씨생명과학	KC생명과학
스미토모화학아그로서울(주)	스미토모	(주)태준아그로텍	태준
(주)신영아그로	신영아그로	태평에이지(주)	태평에이지
아그리젠토(주)	아그리젠토	팜아그로텍(주)	팜아그로텍
아그마코리아(주)	아다마코리아	(주)하나바이오	하나바이오
ISK바이오사이언스코리아(주)	ISK	한국마간(주)	한국마간
에프엠씨코리아(주)	에프엠씨	(주)한유에스케이티에스	한유 Skets

출처: 한국작물보호협회 홈페이지

제4편 농림해충학

(Agricultural Entomology)

제1장 농업 곤충(Agricultural Insect)

해충의 대부분은 흡즙이나 저작성 곤충으로 나방이나 진딧물, 응애, 선충 등이 있다. 벼에는 끝동매미충, 멸구. 이화명나방 등이 있고 원예작물에는 진딧물, 깍지벌레, 응애, 온실가루이 등이 문제 많은 해충이다. 요즘 문제가 되는 소나무재선충과 같은 선충(nematode)은 식물체 속에 존재하므로 약제를 수간 주사로 처리해야 하므로 방제가 어렵다. 간접적인 방법으로 매개충을 방제하는 것으로 대응하는 경우가 많다.

즉, 농업해충 중에서 대부분은 곤충으로 곤충은 절지동물 중 곤충강에 해당하는 곤충으로 다리가 6개, 몸이 머리, 가슴, 배 세 부분으로 이루어져 있고 대부분 3쌍의 다리와 2쌍의 날개가 있다. 배에는 심장, 소화계, 생식기관이 있고 머리 부분에는 입, 눈, 더듬이가 있으며 곤충의 입은 무엇을 먹느냐에 따라서 구조가 다르나 각각 구기가 잘 발달되어 있다.

1. 곤충의 특징과 분류(Property and Classification of Insect)

1) 곤충의 특징과 구성

(1) 곤충의 특징

① 농작물의 해충과 익충을 연구하여 해충은 방제법을, 익충은 이용법을 구명하는 데 목적이 있다.

② 농작물의 재배, 농약, 해충의 특성을 종합적으로 연구하여 응용과학으로서 농업 곤충학을 이해해야 한다.

③ 동물 중에서 대부분을 차지하는 곤충은 가장 번성한 부류이다. 이는 아래와 같은 특징이 있기 때문이다.

㉠ 외골격이 발달하여 몸을 보호한다.

㉡ 날개가 발달하여 종족의 생존과 분산에 도움이 되었다.

㉢ 몸의 크기가 작아 소량의 먹이로도 활동에 지장이 없고 적을 피하기도 쉽다.

㉣ 몸의 구조적인 적응력이 좋고 변태를 하여 불량환경에 적응한다.

(2) 곤충의 구성

머리(head), 가슴(thorax), 배(abdomen)로 구별되고 머리는 한 쌍의 촉각(antenna)과 한 쌍

의 겹눈(compound eye), 1~3개의 홑눈(ocellus)과 구기(mouth parts)를 갖추고 있다. 가슴에는 한 쌍의 다리와 날개를 가지고 있다. 배는 다수의 마디로 되어있다.

2) 곤충의 분류

(1) 곤충 분류의 기본 단위

종이나 일반적으로 강부터 분류한다. 분류의 순서는 강(Class), 목(Order), 과(Family), 속(Genus), 종(Species)의 순이다. 곤충의 목(目) 분류는 일반적으로 입과 날개의 진화 정도·날개의 모양·변태의 방식에 의하여 분류한다. 예를 들어 가을에 자주 볼 수 있는 네발나비는 다음과 같이 분류한다.

네발나비 *Polygonia c-aureum* L.
역(Domain): 진핵생물역(Eukaryota)
계(Kingdom): 동물계(Animalia)
문(Phylum): 절지동물문(Arthropoda)
강(Class): 곤충강(Insecta)
목(Order): 나비목(Lepidoptera)
과(Family): 네발나비과(Nymphalidae)
속(Genus): 폴리고니아속(Polygonia)
종(Species): 씨오레움(c-aureum)

그림 4-1 네발나비(*Polygonia c-aureum* L.)의 모습

(2) 곤충의 분류요소

곤충은 날개 유무, 변태 형태, 날개 접기 여부에 따라 다음과 같이 나눈다.

① 날개 유무

㉠ 무시아강(無翅亞綱, apterygota)은 원래 날개가 없는 곤충을 말한다.

㉡ 유시아강(有翅亞綱, pterygota)은 날개를 가지고 있지만 2차적으로 퇴화되어 없는 것도 있다.

② 변태 형태

㉠ 외시류(外翅類, exopterygota)는 불완전변태를 한다.

㉡ 내시류(內翅類, endopterygota)는 완전변태를 한다.

③ 날개 접기 여부

㉠ 고시류(古翅類, paleoptera)는 날개를 접을 수 없다.

㉡ 신시류(新翅類, neoptera)는 날개를 접을 수 있다.

곤충강에 속하는 곤충은 일반적으로 머리, 가슴, 배로 되어있는데 응애(거미강)나 선충(선충강)은 머리와 가슴이 나누어져 있지 않으므로 곤충으로 보지 않는다.

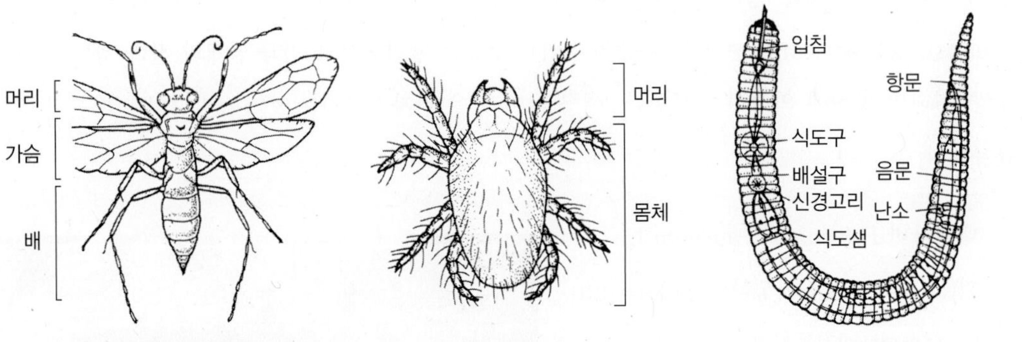

그림 4-2 곤충과 응애 및 선충의 차이

표 4-1 곤충강의 분류표

날개 유무	변태 형태	날개 접기 가능 여부	목별 분류
무시아강 (날개 없음, apterygota)			톡토기목(Collembola), 좀목(Thysanura), 낫발이목(Protura)
유시아강 (날개 있음, pterygota)	외시류 (불완전변태, exopterygota)	고시류 (날개 접기 불가능, paleoptera)	하루살이목(Ephemeroptera), 잠자리목(Odonata)
		신시류 (날개 접기 가능, neoptera)	메뚜기목(Orthoptera), 바퀴목(Blattaria), 사마귀목(Mantodea), 흰개미목(Isoptera), 강도래목(Plecoptera), 갈르와벌레목(Gryllobiattodea), 대벌레목(Phasmida), 집게벌레목(Dermaptera), 흰개미붙이목(Embioptera), 민벌레목(Zoraptera), 다듬이벌레목(Psocoptera), 이목(Phthiraptera), 총채벌레목(Thysanoptera), 노린재목(Hemiptera), 매미목(Homoptera, 진딧물, 깍지벌레, 멸구, 매미충)
	내시류 (완전변태, endopterygota)		딱정벌레목(Coleoptera, 바구미), 부채벌레목(Strepsiptera), 뱀잠자리목(Megaloptera), 약대벌레목(Raphidiodea), 풀잠자리목(Neuroptera), 벌목(Hymenoptera), 밑들이목(Mecoptera), 날도래목(Trichoptera), 나비목(Lepisoptera), 파리목(Diptera, 모기, 파리, 각다귀, 등애), 벼룩목(Siphonaptera)

3) 곤충의 분포상(Insect Fauna)

표 4-2 세계의 곤충상 분포

번호	세계의 곤충 분포 분류	소속 지역
1	구북구(Paleoarctic region)	한국, 유럽, 아시아 북쪽
2	동양구(Oriental region)	인도, 인도지나, 중국 남부, 말레이제도 서부
3	오스트레일리아구(Australian region)	오스트레일리아, 뉴질랜드
4	이디오피아구(Ethiopian region)	사하라 이남의 아프리카, 남부 아라비아
5	신북구(Neoarctic region)	북미, 그린랜드
6	신열대구(Neotropical regioin)	남미, 중앙아메리카, 서인도제도

제2장 **곤충의 생태**(Ecology of Insert)

1. 곤충의 생활사(Life Cycle of Inscct)

1) 곤충의 일생

성충이 교미하여 알을 낳으면 그것이 유충으로 바뀌어서 점점 성장해 간다. 그 다음에 번데기의 시대를 거치는 것도 있다. 이렇게 하여 발육되면 성충으로 되지만 1세대를 끝내는 일수는 종류에 따라서 다르다. 딱정벌레류는 길어서 2~3년이 걸리며 알로부터 성충이 되기까지에는 발육에 따라서 사는 장소를 바꾸는 것도 있다. 또 이러한 성장발육 중에 식성(食性) 기타의 습성이 바뀌는 것도 적지 않다. 곤충의 일생도 알로부터 성충에 이르는 사이에는 여러 가지 변화가 있는 것으로서 부적당한 환경조건(저온, 건소 등)에 마주치거나 뒷박벌레 등의 포식충이나 기생벌에 먹히는 수도 있어서 성충에까지 이르는 것은 전체로 볼 때는 아주 적은 것이다. 포식충이나 기생벌과 같은 외적(外敵)을 총칭하여 천적(natural enemy)이라고 한다. 진딧물은 봄부터 여름에 걸친 고온기에는 암컷 만으로서 번식한다. 그뿐만 아니라 알은 암컷의 뱃속에서 까고 자충(子虫)으로서 태어난다. 대개 군집(群集)하여 생활하고 또 개미와는 서로 협력하는 생활양식을 가지고 있다. 진딧물은 개미에게 꿀을 주는 대신으로 개미에 의하여 다른 적으로부터 보호되고 또 다른 곳으로 운반된다. 이처럼 서로 돕는 관계를 공생(共生)이라고 한다.

2) 곤충의 발생 경과

곤충의 발육은 온도에 크게 의존한다. 유효적산온도는 생물이 일정한 발육을 완료하는 데 필요한 측정온도의 총열량으로 곤충의 발육상태, 발육속도 등을 예측할 수 있다. 계산은 **유효적산온도는 (측정온도-발육 영점온도)×측정온도**에서의 발육일수로, **1일 유효적산온도는 (1일 최고온도 -1일 최저온도)/2-발육 영점온도**로 계산한다. 단 이때 일별 최저온도가 발육 영점온도보다 낮으면 최저온도는 발육 영점온도로 대치하고, 일별 최고온도가 발육 영점온도보다 낮으면 그날의 유효적산온도는 0으로 계산한다.

표 4-3 곤충의 발생 경과

<table>
<tr><th>번호</th><th>발생 경과 단계</th><th>발생 설명</th><th colspan="2">종류와 관련 해충</th></tr>
<tr><td rowspan="2">1</td><td rowspan="2">세대(화성)</td><td rowspan="2">알에서 유충과 번데기를 거쳐 성충이 되고 다시 알을 낳게 될 때까지를 1세대라고 하고 이와 같은 변화를 생활사라고 한다.</td><td>1화성은 1년에 1세대를 경과하는 것</td><td>진딧물</td></tr>
<tr><td>다화성 1년에 많은 세대를 경과하는 것</td><td>사과면충(10여 세대), 목화진딧물(30여 세대)</td></tr>
<tr><td>2</td><td>산란전기</td><td>부화한 알을 낳게 될 때까지의 기간</td><td colspan="2">암컷은 수정낭에 정충을 보관하면서 산란을 조절한다.</td></tr>
<tr><td>3</td><td>난 기간</td><td>낳은 알이 부화할 때까지의 기간</td><td colspan="2">파리(2~3일), 이화명나방과 복숭아순나방(1주일 내외), 텐트나방(약 9개월), 말매미(약 10개월)</td></tr>
<tr><td>4</td><td>유충기</td><td>알에서 부화한 유충이 번데기(불완전변태류에서는 약충)가 될 때까지의 기간</td><td colspan="2">고자리파리(봄 20~30일, 여름 7~8일)</td></tr>
<tr><td>5</td><td>용기(蛹期)</td><td>번데기가 된 후 우화(羽化)할 때까지의 기간</td><td colspan="2">이화명나방, 오이잎벌레(1주일), 도둑나방(제1화기 2~3개월, 2화기 6개월)</td></tr>
<tr><td rowspan="2">6</td><td rowspan="2">휴면</td><td rowspan="2">열악한 환경을 예측하여 발육을 일시적으로 중지하는 것으로 요인은 일장, 온도, 먹이 등이며 내분비기관에서 휴면 호르몬이 분비 휴지는 활동 정지로 환경이 좋아지면 종료된다.</td><td colspan="2">절대 휴면(필수 휴면)은 특정 발육단계에서 필수적으로 휴면하는 것</td></tr>
<tr><td colspan="2">일시 휴면(조건 휴면)은 부적당한 환경에 처한 세대의 개체가 휴면하는 것</td></tr>
</table>

표 4-4 용화(Pupa)의 종류

번호	용화의 종류	설명	관련 해충
1	나용	더듬이, 날개, 다리 등의 부속지가 몸에서 떨어져 있는 형태로 가장 많은 종류에서 볼 수 있다.	벼룩목, 부채벌레목, 딱정벌레목, 벌목, 파리목
2	피용	부속지가 몸에 밀착 고정되어 있고 그 바깥쪽은 최종의 영(4령이나 5령) 유충이 탈피할 때 분비한 물질로 둘러싸여있는 형태로 기문이 닫혀있어 방어력이 없다.	나비목(배추흰나비는 대용, 네발나비는 수용), 파리목, 벌목
3	위용	유충이 번데기가 된 후 피부가 경화되고 그 속에 나용이 형성된 형태이다.	파리목

3) 변태(Metamorphosis)

알에서 부화한 유충은 성충과 형태가 다르며 이것이 여러 차례 탈피를 거듭한 후에 성충으로 변하는데 이와 같은 현상을 변태라고 한다.

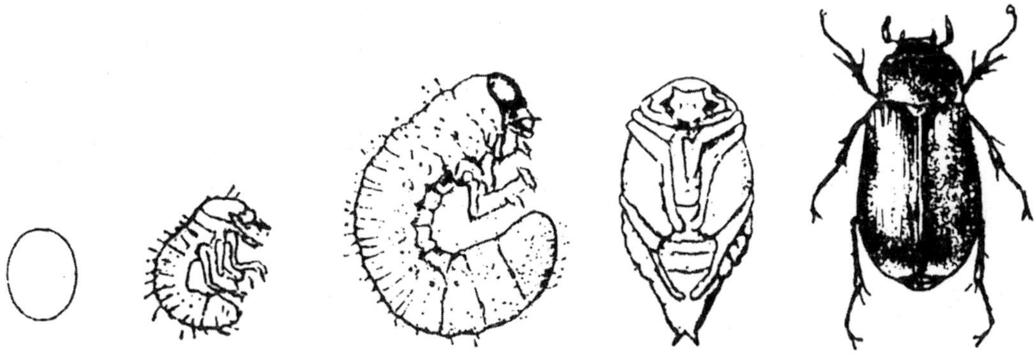

〈알(egg)〉 〈어린 유충(young larva)〉 〈최종령 유충(full-grown larva)〉 〈번데기(pupa)〉 〈성충(adult)〉

그림 4-3 풍뎅이 일종의 변태

표 4-5 변태의 종류

번호	변태의 종류		성장 과정	관련 해충
1	완전변태		알→유충→번데기→성충	나비목, 딱정벌레목, 파리목 벌목 등
2	불완전 변태	반변태	알→유충→성충(유충은 성충과 모양이 아주 다름)	잠자리목, 하루살이목
		점변태	알→유충→성충(유충과 성충은 서로 모양이 비슷함)	메뚜기목, 총채벌레목, 노린재목
		증절변태	알→유충→성충(탈피를 거듭할수록 복부의 뼈마디가 증가한다. 전 약충-제2 약충-제3 약충)	낫발이목
		무변태	탈피만 하고 전체의 변화는 거의 없다.	톡토기목 좀목
3	과변태		알→유충→의용-용(번데기)→성충(유충과 번데기 사이에 의용기가 있음)	딱정벌레의 가뢰과

유충은 성장 발육함에 따라 탈피를 한다. 이 탈피를 기준으로 하여 나이를 나타낸다. 알에서 나온 유충을 제1령, 1회 탈피한 것을 제2령, 등과 같이 나타낸다. 유충기는 일생을 통하여 가장 현저한 성장을 하는 시대이다. 번데기 때에는 먹지도 않고 외견상 성장도 없다. 그러나 내부적으로는 체질의 변화가 이루어져서 성충으로 되는 준비가 진행되고 있다. 변태와 탈피(유충의 몸에 있는 키틴질의 표피를 벗는 것)의 기구는, 뇌의 분비세포에서 나온 호르몬이 전흉선(前胸腺) 또는 그 상동기관(相同器官)을 자극하여 에크디손(ecdyson)의 분비를 촉진시켜 탈피를 하는데, 그때 알라타체에서 나온 유충호르몬이 충분히 있어야 한다. 유충의 말기에 알라타체 호르몬의 분비가 정지되면 억제당

했던 성충의 형질이 나타나 번데기가 되고 이어서 우화가 일어난다. 유충이란 좁은 뜻으로는 완전변태를 하는 종류의 어린 시기를 가리키는 것으로서, 성충과는 형태가 전혀 다르며 구더기·장구벌레 등이 이 시기이다. 이것은 번데기를 거쳐 성충이 되는데, 번데기로 될 때 고치를 짓거나 땅속에 집을 만드는 것도 있다. 불완전변태를 하는 종류의 유기를 약충(nymph)이라 하여 구별하기도 한다.

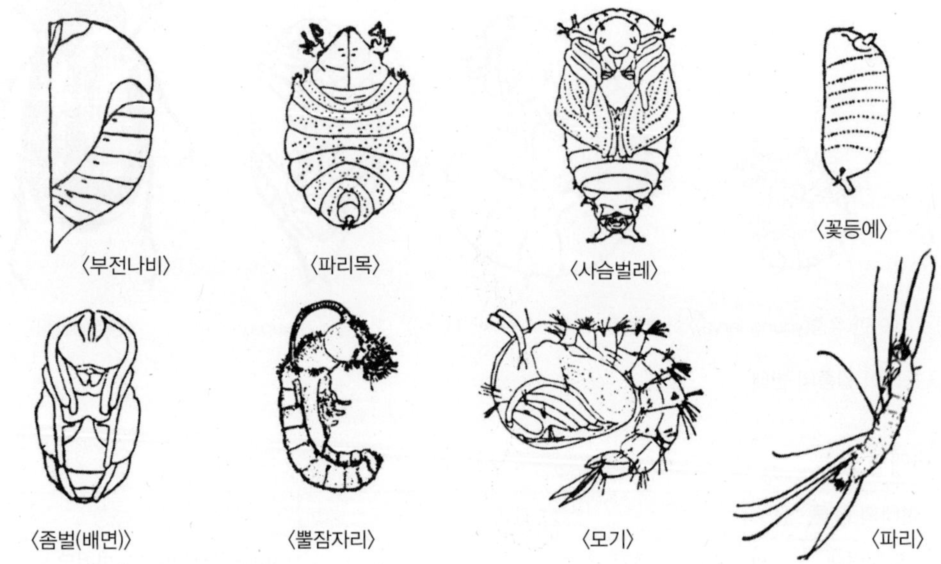

그림 4-4 곤충들의 다양한 번데기 모습

2. 곤충의 행동 습성

서식 장소에 따라 육서와 수서로 나누고 식성에 따라서나 곤충의 먹이에 따라 아래의 표에 나타낸 내용처럼 분류한다.

1) 곤충의 식성

대부분 곤충은 식물질을 먹이로 하고 있지만, 그 외 썩은 것을 먹는 것과 동물질을 먹는 것도 있다. 일반적으로 유충 시대에 많이 먹고(특히 노령유충), 성충이 되면 그다지 먹지 않는다. 3화명충의 초식(草食)은 벼뿐이지만 배추흰나비의 유충은 여러 가지 십자화와 작물을 먹는다. 거세미나 딱정벌레는 잡식성으로서 수십 종의 식물을 섭취한다. 이처럼 먹는 범위가 넓고 적은 것도 주의할 문제이지만 특히 윤작(돌려짓기)을 하는 것은 해충방데에서 중요한 일이다.

표 4-6 식물질을 먹는 것

번호	종류	먹는 부위	관련 해충
1	**식식성**	식물을 먹는 것	대부분 해충이 여기에 속함
2	**균식성**	균류를 먹는 것	버섯벌레과, 버섯파리과, 노란뒷박벌레는 흰가루병균을 먹음
3	**미식성**	미생물을 먹는 것	파리의 구더기
4	**단식종**	유연관계가 가까운 식물만 먹는 종	누에(뽕나무), 솔나방(소나무나 낙엽송), 배추좀나방(십자화과)
5	**다식종**	유연관계와 상관없이 다양한 식물을 먹는 종으로 장식한다.	쐐기나방, 집시나방, 파밤나방, 미국흰불나방, 메뚜기

표 4-7 동물질을 먹는 것

번호	종류	먹는 부위	관련 해충
1	**포식성**	살아 있는 곤충을 잡아먹는 것	뒷박벌레류(깍지벌레류, 진딧물류 등), 포식성 꽃등애유충(진딧물 포식), 말벌류, 사마귀류 등
2	**기생성**	다른 곤충에 기생 생활을 하는 것	기생벌, 기생파리
3	**육식성**	다른 동물을 직접 먹는 것	물방개류, 물무당류
4	**시식성**	다른 동물의 사체를 먹는 것	딱정벌레목, 송장벌레과, 풍뎅이붙이과, 반날개과

2) 주성과 일주활동

(1) 일주활동(Diurnal Activity)

일주활동으로 나비는 주간 활동성이지만 나방은 야간활동성이고 도둑나방은 노령이 되면 낮에는 포기 밑에 숨어 있다가 밤이 되면 나타나 잎을 갉아 먹는다. 1일 중에 있어서 활동의 주기를 일주 활동이라 한다. 나비류는 주간 활동성이고 몸이 가볍고 부드럽지만, 나방류는 야간활동성이고 몸통이 두껍고 크다. 배추흰나비는 봄이면 온도가 높은 대낮에 많이 날지만, 여름에는 아침과 저녁에 많이 활동한다. 줄점팔랑나비도 여름 더운 날에는 아침과 저녁에 날아다닌다. 그러나 가을에는 정오 전후가 가장 활동이 왕성하다. 이처럼 주간 활동성의 것은 기온에 지배되는 것이 많지만 종류에 따라서는 일조(日照) 등이 지배조건으로 되는 것도 있다. 야간활동도 밤새도록 똑같지는 않다. 이화명나방의 활동은 일몰 후 2~3시간이 지난 때가 가장 왕성하며 등불에 모여드는 것도 이때가 가장 많다. 야간활동성의 것은 어두워진다는 것이 크게 자극되는 것으로 이에 따라 활동성이 대략 결정된다. 그러나 기온 등의 외계 조건도 어느 정도 관계되고 적온 이하의 저온이 되면 활동은 약하게 된다.

(2) 주성(Taxis)

동물이 어떤 자극을 받고 몸을 자극이 미치는 방향으로 움직이는 성질 및 물러나는 성질로 주광성(phototaxis), 주화성(chemotaxis), 주수성, 주촉성, 주류성, 주풍성, 주지성, 주열성(thermotaxis) 등으로 분류할 수 있다.

표 4-8 주성의 종류와 특성

번호	종류	특성
1	주광성	빛에 유인되는 것으로 나비, 나방은 양성 주광성을, 구더기, 바퀴류는 음성 주광성을 가지 주광성 고 있다. 유아등에 의한 해충의 구제는 나방의 주광성을 이용한 것이다
2	주류성	소금쟁이와 같이 물이 흘러오는 쪽을 향해서 운동하는 성질이 있다.
3	주수성	물에 유인되는 것으로 수서곤충에서 많이 볼 수 있다. 딱정벌레류, 반날개류 등은 물가에 주수성 모이는 성질이 있다.
4	주열성	땅강아지, 귀뚜라미, 오이잎벌레, 벌, 딱정벌레 등이 늦가을에 따뜻한 민가 부근으로 모이 주열성 것으로 주온성이라고도 한다.
5	주지성	어떤 진딧물은 머리 쪽이 땅을 향하여 앉고(양성 주지성) 주지성 모기는 위를 향하여 앉는다(음성 주지성)
6	주촉성	다른 물건에 접촉하려는 것으로 나방이나 딱정벌레 중에는 주촉성에 의해 나무의 짝이나 주촉성 가지 틈에 서식하는 종류가 있다.
7	주풍성	잠자리, 나비는 바람이 불어오는 쪽을 향해서 날며(양성 주풍성) 주풍성 메뚜기는 바람을 타고 이동한다(음성 주풍성).
8	주화성	잠자리, 나비는 바람이 불어오는 쪽을 향해서 날며(양성 주풍성) 주풍성 메뚜기는 바람을 화학물질에 유인되는 것으로 어떤 곤충은 특수한 식물에 알을 남고, 어떤 유충은 특수한 주화성 식물만 먹는다. 호랑나비는 탱자나무나 귤나무에 알을 낳고 배추흰나비는 십자화과 채소에 알을 낳는다.

3) 개체군 생태

곤충은 1년을 통한 해충의 움직임 즉 월동이나 발생 등을 총칭하여 주년경과라고 한다. 해충을 막거나 구제하는 데는 주년경과를 아는 것이 매우 중요한 일이지만 이것은 해에 따라, 지방에 따라 아주 다른 때도 있다.

(1) 월동(Overwintering)

겨울을 나는 형태(알, 유충, 번데기, 성충 등)는 다양하고 월동장소도 볏짚(이화명충 사망률 약 10% 정도), 토양(딱정벌레), 나무 밑이나 잡초 등으로 온도가 비교적 높고 변화도 적으며 습도도 어느 정도 높다. 흙 속에 잠복하는 딱정벌레는 겨울에는 땅속 깊이 잠복하지만, 이것은 추위를 피하기 위함이다. 기후조건이 좋고 그 위에 적당한 월동장소에서 월동하는 것은 겨울 동안 죽는 비율이 낮다. 볏짚 속에서 월동하는 이화명충은 겨울 동안의 사망률이 10% 이하이다. 겨울은 많은 해충이 활동을 멈추고 휴면상태에 들어가는 것이 많아서 이 기간에는 피해는 크지 않다.

(2) 발생 기간과 횟수

월동을 끝내고 나온 해충은 다음 월동기까지의 약 반년간은 농작물을 해치고 번식한다. 그 발생 기간은 일반적으로 온난지방일수록 길다. 또 따뜻한 해에는 봄의 활동 개시기가 빨라지는 것이 보통이다. 이 발생 기간에 몇 세대를 갱신하느냐 하는 횟수를 발생횟수라고 하는데 이것도 대체로 기후에 지배되어 따뜻한 지방일수록 많은 것이 보통이다. 즉 온난지방일수록 발생 기간이 길고 횟수도 많아 해충의 피해가 클 수 있다.

(3) 발생의 계절적 증감

기상이나 천적, 작물의 상태나 모내기의 시기 등에 따라 계절적 증감을 보인다. 배추흰나비는 봄부터 가을까지 발생을 계속하여 그 사이에 여러 차례의 세대를 반복하지만, 계절에 따라서 개체수의 다소는 현저하게 변화한다.

① 해충의 발생상황은 계절에 의한 증감을 보인다. 계절적 증감을 지배하는 요소는 위와 같이 주로 기상조건이나 천적 등이지만 또 작물의 상태나 모내기의 시기 등과도 많은 관계가 있다.

② 배추흰나비는 봄부터 초여름에 걸쳐 번식을 많이 하지만 그 후는 기생벌 등의 천적 때문에 죽고 또 기온도 높으므로 줄어들며 가을에 다시 약간 많아진다.

③ 멸구류는 매년 많이 발생하는 일이 있는데 이와 같은 해충에서는 발생의 동태에 특히 주의하여야 한다.

4) 해충의 발생예찰(Insect Forecasting)

해충의 발생량과 시기는 해와 장소에 따라 많은 변동이 동반되는데 이를 조사하는 것이 예찰이고 이 예찰을 통하여 방제하는 것이 효율적이다. 요즘에는 농촌진흥청에서 발생예찰을 하고 통보하고 있으므로 이에 따라 방제작업도 적기에 할 수 있다. 예찰 방법은 발생 시기나 발생량의 연차적 변동을 기상요인 등과의 관계로 예찰하는 통계적 방법과 해충의 생리적, 생태적 특성을 실험적으로 조사하여 이것을 토대로 예찰하는 실험적 방법으로 나눌 수 있다.

> *** 병해충 발생의 예찰(식물방역법 제 21조)**
> 농촌진흥청장, 산림청장 및 시, 도지사는 병해충 중 그 분포가 국지적이 아니고 급격히 널리 퍼짐으로써 농, 임산물에 중대한 피해를 일으킬 우려가 있다고 인정하는 병해충에 대하여는 당해 병해충의 번식, 기상 및 농, 임산물의 생육에 관한 상황을 조사하여 그 정보를 관계인에게 제공하여야 한다.

제3장 곤충의 형태와 구조(Morphology and Structure of Insect)

1. 곤충의 형태(Morphology of Insect)

1) 곤충의 일반적 특성

모든 곤충류는 머리, 가슴, 배로 되어있고 각 기관에 따른 특수한 부속기관을 가지고 있다.

① 일반적으로 피부는 딴딴하고 표피에는 키틴질을 함유하고 있다.

② 머리에는 한 쌍의 촉각과 복안 및 입 등이 있다.

③ 구기는 저작성 구기와 흡수성 구기의 두 가지 형으로 나눈다. 독제는 저작구기를 가진 해충에 적용되는데 구기의 형태는 약제 선택과 관계가 깊다.

④ 가슴에 세 쌍의 다리가 있으며 또 개개가 두 쌍의 날개를 가지고(파리류는 한 쌍) 이들은 운동기관으로서 중요한 역할을 하며, 날개의 형상은 곤충류를 크게 분류하는데 중요한 특징으로 되는 것으로서 목(目)의 명칭은 날개의 형태에 따른 것이 많다.

⑤ 배는 보통 속이 비어 있는 관(tube) 모양을 하고 비교적 간단한 구조이다. 끝에는 생식계가 펼쳐져 있고 여기에 부속되어 교미기나 산란관(암컷)이 있다.

2) 곤충의 일반구조

(1) 머리(Head)

머리에는 입, 겹눈, 홑눈, 촉각 등의 부속기관이 있다.

① 입은 큰 턱이 잘 발달하여 씹는데 적합한 저작구기와 바늘 모양으로 되어있어 구기를 찔러 넣고 빠는 데 적합한 흡취구로 크게 나뉜다. 입(구기)은 저작성(독제를 사용)과 흡수성으로 나눈다.

② 눈은 대개 1쌍의 겹눈과 1~3개의 홑눈이 있고 때에 따라서는 없는 것도 있다.

③ 촉각은 사상, 편상, 염주상, 거치상, 곤봉상 등 다양하다.

(2) 가슴(Thorax)

가슴에는 3쌍의 다리가 있으며 대개 2쌍의 날개(파리는 한 쌍)를 가지고 있다.

① 날개는 2쌍이며 앞날개는 가운데가슴에, 뒷날개는 뒷가슴에 달려 있다.

② 기문은 가운데가슴과 뒷가슴에 1쌍씩 있는 경우가 많다.

③ 다리는 가슴 기부로부터 기절, 전절, 퇴절, 경절, 부절(1~2개의 발톱이 있음)이 있다.

그림 4-5 곤충의 구조(말벌)

(3) 배(Abdomen)

관 모양으로 된 배에는 기문과 항문, 생식기가 있어 호흡과 교미와 산란을 한다.

① 기문은 배의 마디마다 1쌍씩 10개 내외로 있으며 이 기관을 통해 호흡한다.

② 생식기에서 수컷은 부속지가 파악기와 삽입기로, 암컷은 산란관으로 변형되었다.

③ 배 끝에는 소화기관의 끝인 항문이 있다.

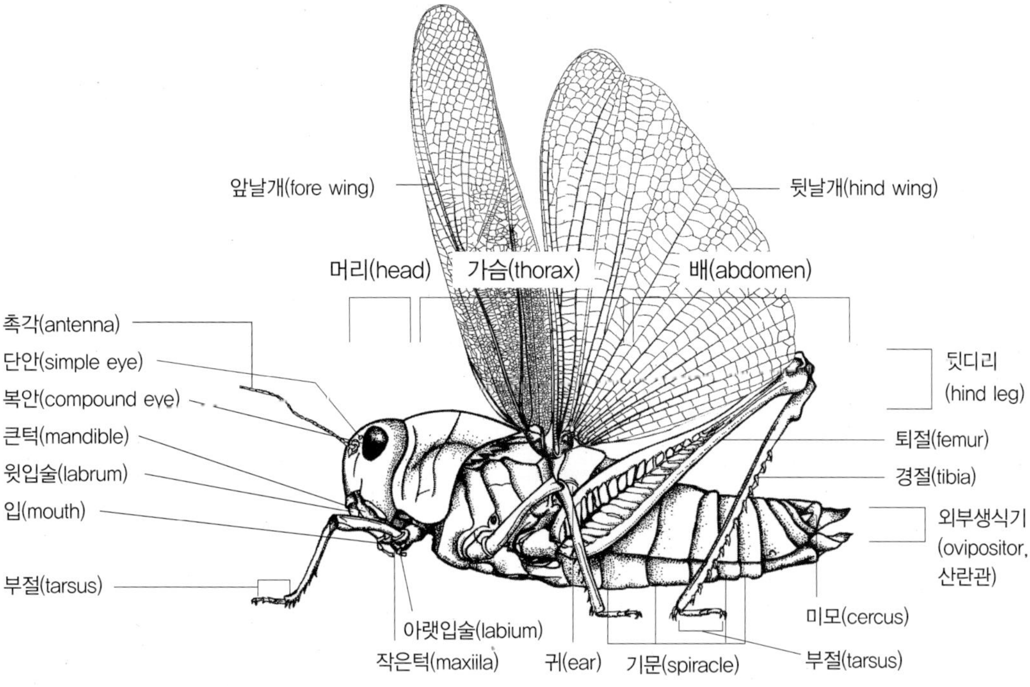

그림 4-6 메뚜기(*Gastrimargus musicus*) 암컷의 주요 몸 구분과 형태

역(Domain): 진핵생물역(Eukaryota)
계(Kingdom): 동물계(Animalia)
문(Phylum): 절지동물문(Arthropoda)
강(Class): 곤충강(Insecta)
목(Order): 메뚜기목(Orthoptera)
과(Family): 메뚜기과(Acrididae)
족(Tribe): 풀무치족(Locustini)
속(Genus): 가스트리마르구스(Gastrimargus)
종(Species): 무시쿠스(musicus)

2. 곤충의 외부 구조

1) 곤충의 외부 구조와 기능

(1) 피부의 형태와 기능

곤충의 피부(integument)는 질기고 단단하여 외골격(exoskeleton)을 형성하므로 털과 감각기관을 가지고 있으며 안쪽에 근육이 붙어 있어 고등동물의 경우와는 매우 다르다. ① 피부는 단단하고 표피는 키틴질이다. 표피, 진피, 기저막으로 구성되어 있다. ② 감각기관을 가지고 있어 외부로부터의 자극을 감지하고 대응하게 한다. ③ 운동에 필요한 근육의 거점이 된다. ④ 이 피부가 외부의 힘인 증산작용이나 병원균으로부터 잘 보호한다.

(2) 외부 구조

곤충의 외부 구조는 크기나 모양에 있어서 매우 다양하지만, 그 기본형은 일반적인 씹는 입(저작형 입)과 두 쌍의 날개, 그리고 축소되지 않은 배 마디들을 갖는 곤충, 예를 들면 메뚜기와 같은 곤충에서 가장 잘 관찰할 수 있다.

(3) 곤충의 체벽 구조

곤충은 무척추동물에 속하는데, 이는 곧 몸을 지탱하는 뼈가 몸 안에 있지 않다는 뜻이다. 곤충은 몸을 둘러싸고 있는 외피 즉 체벽(integument)이 바로 뼈에 해당하며, 이를 외골격(外骨格)이라고 부른다. 이는 마치 몸 안에 뼈가 없이 몸 밖으로 구성된 갑옷만으로 몸의 골격을 유지하는 것과 같은데, 크기가 작기 때문에 충분히 가능한 것이며, 더불어 더 큰 장점을 지니고 있기도 하다.

체벽의 주요 기능을 살펴보면 다음과 같다.

① 외부의 충격이나 병원균과 같은 외부물질의 침입으로부터 몸을 보호해 준다.

② 탈수를 방지해 준다. 곤충은 크기가 작기 때문에 큰 동물과 비교할 때 체표면적에 비해 수분을 함유할 수 있는 체적의 크기가 작은 편이다. 즉 건조한 상황에서 쉽게 수분을 잃을 수 있으며, 이는 곧 생명과도 직결되는 것이다. 따라서 곤충이 육상 생활에 적응하기 위해서는 몸 안에 수분을 어느 정도 유지하는 것이 필수적이며, 이것이 가능한 이유로 체벽이라는 외골격의 역할을 들 수 있다.

③ 단단한 부분과 부드러운 부분을 모두 가지고 있고 이를 적절히 이어주어 유연한 움직임이 충분히 가능하게 해준다.

④ 체벽은 또한 사람의 피부처럼 표면에 난 강모 등을 통해 외부로부터의 자극을 내부로 전달해 주는 역할도 담당한다.

2) 곤충의 피부(Integument)

키틴(Chitin)은 큐티클의 주 화학성분으로, 절지동물의 외골격이나 진균류(버섯, 곰팡이)의 세포막에서 주로 발견된다. 키틴의 구조는 단당류가 β1,4 결합구조로 연결되어 긴 사슬처럼 구성된, 일종의 다당류인데, 자연계에는 셀룰로스 다음으로 풍부한 것으로 알려져 있다. 키틴 분자는 그룹을 이루어 유연한 미소섬유(microfibril)를 이루고 이들이 아미노산들(단백질)과 격자형으로 얽힌 구조를 가지면서 강한 장력을 갖는다. 이들 미세섬유는 하나의 판을 이루면서 일정한 패턴으로 배열되는데, 이 판들이 다시 여러 층으로 겹쳐 하나의 큐티클을 형성한다. 이때, 각 층의 미소섬유 배열 방향이 판에 따라 약간씩 서로 다른 각도를 유지하면서 겹쳐지기 때문에 큐티클은 특히 더 단단하게 된다.

키틴의 강도는 주로 키틴의 사슬들을 연결해주는 수소결합 때문인데, 이와 함께 상표피와 외원표피에서 단백질이 퀴논(quinone)과 반응하여 만들어지는 또 다른 종류의 결합이 포함된 경화(sclerotization) 과정을 거치면서 큐티클의 강도는 더욱 강해진다. 경화 과정은 흔히 멜라닌 등의 색소 침전이 동반되어 외원표피에 주로 갈색의 짙은 색을 부여하는데, 이처럼 단단해지면서 색이 짙어지는 것을 일반적으로 경화 및 흑화(hardening and darkening)라고 한다.

(1) 표피(Cuticle)

곤충 체벽의 주 구성 요소는 표피, 즉 큐티클(cuticle)이다. 체벽의 단면을 통해 기본구조를 살펴보면 큐티클은 다시 몇 개의 층으로 구분이 되는데, 이러한 표피의 역할로서 중요한 것은 탈수방지와 탈피를 통한 성장이다. 큐티클은 날개를 포함한 체벽을 구성하는 주요 요소일 뿐만 아니라, 내돌기, 기관지, 소화계의 전장과 후장, 그리고 일부 분비샘을 구성하기도 한다. 일반적으로 큐티클로 대변되는 체벽의 구성층을 살펴보면 다음과 같다.

표 4-9 곤충의 피부 구성

표피(cuticle)〈바깥쪽〉	외표피 (epicuticle)	시멘트(cement layer)
		왁스층(wax layer)
		지질층(lipid layer
		단백성 외표피(protein epicuticle)
	원표피 (procuticle)	외원 표피층(exocuticle layer)
		중원 표피층(mesocuticle layer)
		내원 표피층(endocuticle layer)
		슈미트층(Schmit's layer)
진피(epidermis)〈중간부위〉	상피세포 (epithelial cell) 피부선 (dermal gland)	
	특수세포 (special cell)	감각세포(sensory cell)
		인편(scale)
		생모세포(trichogen cell, 센털세포)
		소키트세포(tormogen cell, 센털밑세포)
		편도세포(enocyte)
〈안쪽〉	기저막(basement membrane)	

① 외표피(Epicuticle)

외표피는 큐티클 단면에서 몸의 가장 바깥쪽에 위치한다. 보통 여러 개의 층으로 구성되며 흔히 가장 바깥쪽에 시멘트층, 그 다음에 왁스층이 함께 존재한다. 상표피의 두께는 보통 0.003mm 이하이고 단백질과 지질을 주성분으로 한다.

상표피의 표면은 특히 왁스층에 의해 소수성을 띠며 탈수를 막는 역할을 한다. 또한, 표면의 미세구조에 따라 빛의 반사 정도나 각도가 달라지고 이에 따라 체색도 달라진다.

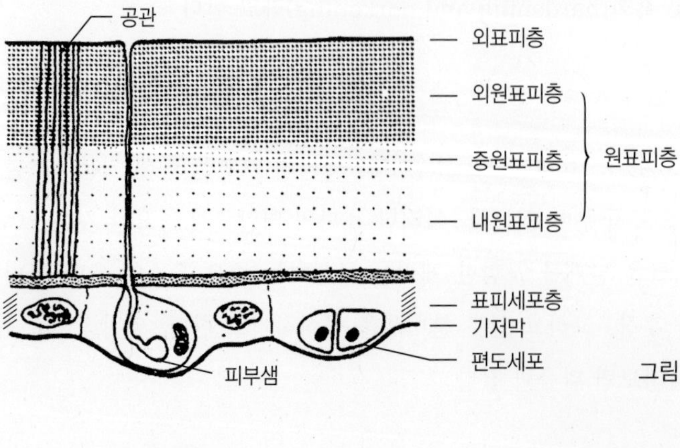

그림 4-7 체벽의 단면도(Gillott, 1980)

소수성은 탈수방지 외에도 빗방울을 떨쳐낼 수 있도록 해주며, 상표피를 통해 보호색이나 의태가 가능하여 적을 피하는 데 도움을 준다. 또한, 상표피는 해로운 자외선을 반사시키고, 종 특이적 후각 신호를 보내는 통로 역할을 한다.

② 원표피(Procuticle)

상표피 아래에 표피가 만들어지는 것을 보면 처음에는 한 가지 종류의 표피, 즉 원표피(원큐티클)가 먼저 형성이 된다. 그 후 원표피가 다시 바깥쪽과 안쪽이 서로 다르게 특성화되면서 구분된다. 이때 바깥쪽 부분의 경화된 원표피를 외원표피(외큐티클, exocuticle)라고 한다. 외원표피는 색소 침착이 일어나 진한 색을 띠게 되며, 비수용성이다.

③ 내원표피

내원표피(내큐티클, endocuticle)는 원표피가 특성화되면서 안쪽에 형성되는 부분으로, 보통 외원표피보다 두터우며, 색이 따로 없고, 외원표피와 같은 경화 과정을 거치지 않아 다음 탈피 과정에서 재활용할 수 있다. 외원표피와 내원표피는 두께가 10um 이상으로, 딱정벌레의 경우 두께가 0.5mm에 이르기도 한다.

(2) 진피(Epidermis)

진피는 내원표피 아래에 위치하는, 살아 있는 한 층의 단세포 군이다. 진피는 진피 위에 놓이는 큐티쿨라층을 형성하는 중요한 역할을 담당할 뿐만 아니라 탈피과정에서 내원표피를 소화시켜 재흡수함으로써 큐티클 일부를 재활용할 수 있도록 해준다. 또한, 탈피 후 원표피를 형성하는 과정에서 원표피를 지나 밖으로 나가는 가는 관들을 형성하게 해주어 이 관을 통해서 왁스를 분비하게 해주기도 한다. 깍지벌레류에서 볼 수 있는 왁스 등은 진피층에 발달한 피부샘(dermal gland)으로부터 분비되는 것이다.

(3) 기저막(Basement Membrane)

기저막은 진피 아래에 위치하는 얇은 막으로 이 막을 지나면 곤충의 몸 안에 해당된다. 따라서 기저막은 체벽이 놓이는 기반이자 외골격과 체강(body cavity)을 구분지어 준다. 기저막은 물질의 투과에는 관여하지 않으며, 두께는 0.0005mm 이하이다. 주로 결합조직에서 볼 수 있는 점액은 다당류와 콜라겐 등으로 구성된다.

3) 곤충의 체색(Body Color)

곤충의 몸은 여러 가지 색을 띠는데, 체색은 주로 체벽에 의해 나타나지만, 때로는 혈액에 의해 나타나기도 한다. 체색에는 표피의 물리적 구조에 의해 나타나는 구조색이 있고, 색소 화합물에 의해 나타나는 화학색이 있으며, 때로는 이 두 가지 색이 함께 나타나기도 한다.

그림 4-8
식물체와 비슷한 색을 띤 진딧물의 모습

① 구조색(Structural Color)

구조색은 일종의 물리적 색으로, 큐티클 표피의 구조가 매우 복잡하게 되어있어 빛이 분산되거나 간섭 또는 굴절이 일어나면서 그 정도에 따라 일정한 파장은 반사하고 다른 파장은 흡수하여 색이 정해지는 것을 말한다. 흔히 금속광택으로 보이는 푸른색, 녹색 등이 이러한 구조색에 해당하며, 딱정벌레나 나비 등에서 종종 볼 수 있다. 표피층의 과립의 크기, 박막층의 간격이나 굴절계수, 표면 홈의 간격 등에 따라 달라진다.

② 화학색(Chemicl Color)

적색 색소인 카로티노이드나, 갈색 또는 흑색 멜라닌 등은 일종의 화학적 색으로, 색소색(pigmental color)은 색소 화합물이 빛을 흡수하는 정도에 따라 일정한 색이 나타나는 것을 말한다. 색소는 큐티클이나 진피에 저장하기도 하지만, 몸 안에 있는 체액의 색이 몸 밖으로 비치면서 색을 나타내기도 한다. 또 색소는 곤충이 스스로 만들어내기도 하지만, 섭식하는 식물체에서 유도되기도 하며, 때로는 공생 미생물에 의해 색이 나타나기도 한다. 곤충은 체색을 주변과 유사하게 하여 적으로부터 자신을 은폐하는데 사용하는 경우가 많지만, 그와 반대로 체색을 통하여 자신을 강렬하게 드러냄으로써 경고 신호를 보내는 데 사용하기도 한다. 방어의 목적 이외에도 곤충의 체색은 서로 동일한 종임을 인식하고 암수가 서로를 유인하기 위해 이용한다. 또 멜라닌의 흑갈색은 빛을 흡수하여 몸에서 열에너지로 전환할 수 있게 해주거나 유해광선을 차단해주기도 한다.

4) 곤충의 체벽 구성요소

(1) 형태적 구성 요소

체벽을 형태적으로 구성하는 요소들을 살펴보면 다음과 같다.

① 경피(Sclerite)

경피(경판)는 외골격에서 경화되어 단단한 키틴이나 큐티클판 부분을 뜻하며, 주로 판형 구조를 하고 있다. 쉽게 접히거나 유연하지 못하며, 외골격 대부분을 차지한다.

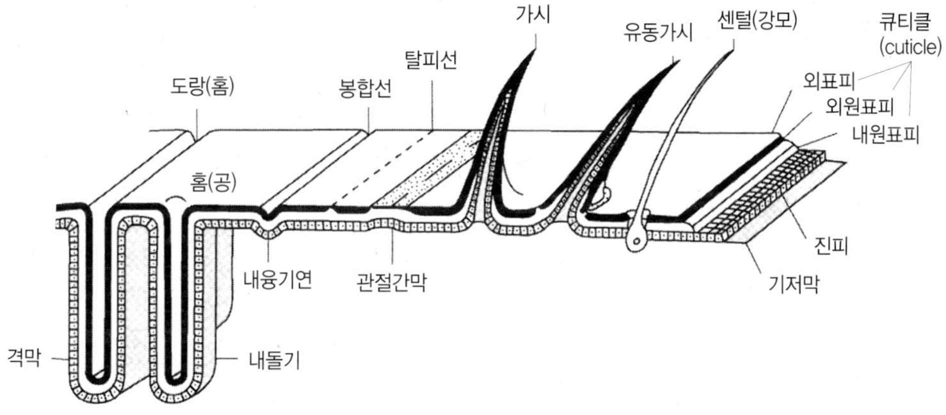

그림 4-9 체벽의 구성요소

② 격막(Phragma)

경판의 구조를 하고 있지만, 몸 안쪽으로 들어간 부분으로, 겉으로 도랑이 형성되어 넓은 판형으로 들어간 부분은 겉으로는 도랑(홈; sulcus), 안으로는 격막이라고 한다. 또 겉으로 깊은 구멍이 생기듯 홈이 파인 것을 밖으로는 홈(공, pit), 안으로는 내돌기(apodeme) 또는 체벽 내돌기(apophysis)라고 한다. 내돌기는 때로는 넓은 의미에서 외골격이 안으로 자라서 들어간 것을 통칭하기도 하는데, 내돌기의 가장 큰 역할은 몸 안에 형성되는 근육이 붙을 자리를 제공하는 것이다.

③ 봉합선(Suture)

내돌기나 격막처럼 안으로 깊게 들어간 것이 아니고 약간의 홈이 파인 듯하거나 경판을 구분지어 주는 경계 구조들을 보면, 먼저 몸 안쪽으로 살짝 내려선 듯한 선을 겉으로는 봉합선, 안으로는 내융기연(internal ridge)이라고 한다. 또 탈피할 때 갈라지는 부분을 탈피선(허물벗기선, ecdysial line)이라고 하는데, 이 부분은 선을 따라 외원표피가 거의 없어 내원표피가 흡수된 다음 쉽게 갈라지는 곳이다. 그리고 관절간막(arthrodial membrane)은 관절 사이에 형성된, 경화되지 않은 큐티클로서, 유연성을 제공하는 역할을 한다.

④ 가시(Spine)

가시나 강모는 큐티클이 몸 밖으로 뻗어나간 구조이다. 가시는 체벽 자체가 바깥으로 가시 모양으로 자란 단단한 구조이며, 외원표피가 존재하고 유연성이 없이 고정된 형태이다. 그중에는 기부에 소켓이 발달하면서 관절의 역할을 해주어 가시가 움직일 수 있게 되어있는 유동가시(며느리발톱; spur)도 있으며, 이에 반해 움직임이 불가능한 가시를 특별히 고정가시 또는 부동가시로 구분하기도 한다.

가시는 진피층이 함께 밖으로 뻗어있는 구조를 하고 있는데, 그 외에 진피 세포 없이 큐티쿨라층만 작은 가시들을 형성하는 경우에 이를 미세모(microtrichium)라고 한다. 한편, 강모(seta)는 센털이라고도 하는데, 사람의 피부에 나는 털이나 머리카락과 유사하며, 기부의 소켓을 통해 표피와 연결되고, 신경이 연결되어 있어 감각이 가능하게 되어있다. 강모는 센털 세포(trichogen cell)에서 분비되어 만들어지며, 센털 미세포(tormogen cell)가 제공하는 기부공간에 위치하고, 감각세포(sensory cell)에 의해 감각이 가능하게 되어있다. 이 세 가지 세포들은 모두 강모의 기부 아래에 위치해 있다.

(2) 화학적 구성 요소

체벽의 주 화학적 구성성분은 키틴이지만, 이 외에도 몇 가지 중요한 화학적 구성성분이 있는데, 그 대표적인 것은 다음과 같다.

① 레실린(Resilin)

레실린은 매우 탄력이 좋은 단백질로서, 특히 메뚜기나 벼룩의 다리 연결 부위 등에 많이 존재한다. 레실린은 키틴이 다층구조를 형성할 때 각 층 사이에 레실린층을 이루며 구성되고, 무정형의 꼬인 체인들이 서로 연결된 화학적 구조를 가지고 있다. 레실린은 메뚜기의 날개 기부에서 처음으로 발견되었으며, 현재 가장 탄성이 좋은 단백질로 알려져 있다. 97%의 높은 탄성 효율을 보이는 레실린은 최근 인위적 합성이 가능해지면서 탄성체로서의 다양한 활용이 예상된다.

② 아스로포딘(Arthropodin)

아스로포딘은 큐티클에서 키틴과 결합하는 수용성 단백질로서 뜨거운 물에 잘 녹는다. 아스로포딘은 체벽을 물에 녹였을 때 나오는 단백질을 통칭한 것이다. 내원표피에 주로 분포하며, 큐티클에 유연성을 부여한다. 아스로포딘이 퀴논과 결합하여 경화 과정을 거치게 되면 스클러로틴이 만들어진다.

③ 스클러로틴(Sclerotin)

스클러로틴은 큐티클에서 키틴과 결합하는 비수용성 단백질로서, 뜨거운 물에선 녹아나지 않는다. 외원표피에 주로 분포하며, 큐티클을 단단하게 만들어주고 색을 띠게 해준다. 곤충의 체절은 발생 과정에서 여러 마디로 몸이 나뉘면서 형성된 것이다. 이러한 분절(마디 형성, segmentation)을 통해 단단한 마디들은 부드러운 관절간막으로 연결되면서 유연성을 확보하게 된다. 곤충은 체절들이 공통의 기능을 효과적으로 수행하기 위해 다시 연합하여 합체절(tagma)을 만들면서 기능상 중요한 특성을 효과적으로 증진시킨다. 즉 곤충은 마디 연합(tagmosis)을 통해 머리, 가슴, 배라는 합체절을 형성하는 것이며, 이때 각각의 합체절은 6개, 3개, 11개의 마디가 모여 형성된다. 한편, 이와는 별도로 곤충은 종류에 따라 일부 마디들이 연합 또는 퇴화하면서 전체 마디의 수가 줄어드는 경우가 많이 있다.

5) 머리의 기본구조

머리는 발생학적으로 주 구성 요소인 더듬이와 눈 등이 앞쪽 마디의 융합된 부분에 위치하고 그 뒤로 3개의 마디(큰 턱, 작은 턱, 아랫입술)가 추가로 더해지면서 모두 6개의 체절이 합체절을 이루어 구성된 것이다. 머리에서 가장 중요한 요소는 더듬이, 눈, 그리고 입이며, 이 외에도 머리의 형태적 구성 요소로 정수리(vertex), 뺨(gena), 이마(frons), 이마방패(clypeus) 등이 있다. 이마는 머리를 구성하는 경판들이 서로 접한 봉합선이 역 Y자로 갈라진 아래쪽 부분을 말하며, 이마 위쪽을 정수리, 이마 양옆을 뺨, 이마 아래쪽을 이마방패라고 한다.

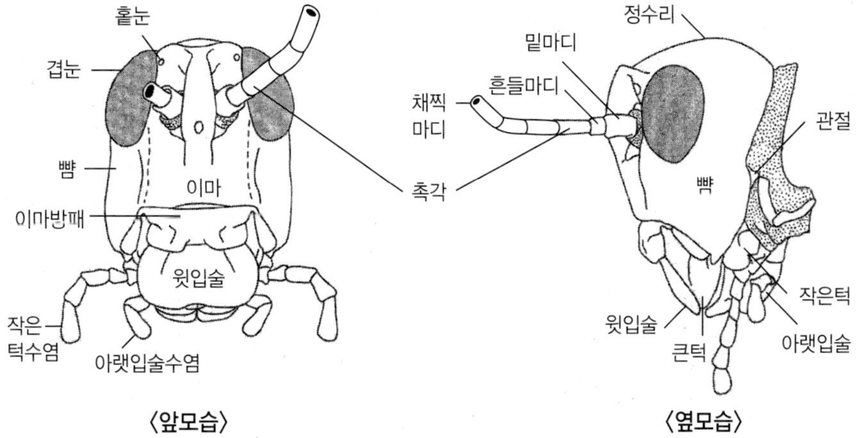

그림 4-11 메뚜기의 앞모습과 옆모습(Daly, Doyen & Purcell III, 1998)
벼메뚜기는 두텁날개, 도약형 다리, 입은 저작구(씹는형)를 가지고 있으며 하구식이다. 사상촉각을 가지고 불완전변태(점변태)를 한다.

그러나 곤충의 종류에 따라 구성 상태는 차이가 크며, 이마도 종에 따라 매우 좁거나 때로는 없기도 하다. 머리(head)는 입, 겹눈, 홑눈, 촉각 등의 부속기관이 있다. 곤충의 머리는 기본적으로 잘 경화되어 있는 편이며, 겉으로는 시각과 촉각 등 감각수용의 중심이자 섭식인 시작되는 부분이고, 속으로는 뇌를 가지고 있어 신경계의 중심을 이룬다. 머리에 대한 입의 위치와 방향에 따라 다음과 같이 나누기도 한다.

① 전구식(Prognathous)

입에서 음식을 받아들이는 방향이 소화관이 놓인 몸의 방향과 대체로 동일한 방향으로 놓이게 되어있을 때 이러한 입을 전구식 입이라고 한다. 길앞잡이와 같은 곤충에서 볼 수 있다.

② 하구식(Hypognathous)

입에서 음식을 받아들이는 방향이 소화관이 놓인 몸의 방향과 대체로 직각인 방향으로 놓이게 되어있을 때 이러한 입을 하구식 입이라고 한다. 메뚜기와 같은 곤충에서 볼 수 있다.

③ 후구식(Opisthognathous)

입에서 음식을 받아들이는 방향이 소화관이 놓인 몸의 방향과 예각인 방향으로 놓이게 되어 있을 때 이러한 입을 후구식 입이라고 한다. 노린재와 같은 곤충에서 볼 수 있다.

그림 4-10 입의 방향에 따른 머리형 구분

(1) 곤충의 더듬이(Antenna, 촉각)

곤충은 종류에 따라 크기가 다르지만 2개의 잘 발달된 더듬이(안테나)가 있다. 더듬이는 매우 중요한 구실을 하는데 사람의 눈, 귀, 입과 같은 구실을 한다. 더듬이의 역할은 소리(모기)를 듣고 맛(개미)을 느끼기도 하며 방향(바퀴)이나 냄새(나방들)를 식별한다. 즉 더듬이는 머리의 앞쪽 또는 위쪽으로 존재하는 한 쌍의 감각 구조로서, 직접 더듬이를 갖다 대어 느끼는 것은 물론 더듬이의 감각모 등의 기능을 통해 냄새, 페로몬, 습도, 진동, 풍속, 풍향 등도 감지하게 된다. 더듬이는 크게 3개의 마디로 구성되는데, 기부 쪽에서부터 밑마디(scape, 기절), 흔들마디(pedicel, 경절), 채찍마디(flagellum, 편절)가 있으며, 채찍 마디는 다시 여러 개의 마디로 구성되는데, 이들 마디는 진정한 마디로 보기에는 어려우므로 흔히 아분절 또는 버금 마디(subsegment)로 취급된다. 밑마디는 더듬이를 머리 외피에 연결해주는 첫 마디이고, 흔들마디는 대부분 곤충에서 주로 소리를 감지하는 존스턴기관(Johnston's organ)을 가지고 있다. 모기의 존스턴기관은 15,000개의 막대감각기로 구성되고 가청거리는 1m 이내에 있는 암컷의 날갯소리를 탐지할 수 있다). 채찍 마디는 그 나머지 부분을 말한다. 더듬이는 형태적으로 종에 따라 매우 다양할 뿐만 아니라, 길이나 모양에서 성적 이형(sexual dimorphism, 암수에 따라 다르게 나타나는 것)을 나타내기도 한다. 더듬이에는 다음과 같은 종류들이 있다.

① 강모상(Setaceous)과 사상(Filiform)

강모상은 마디가 가늘어지면서 매우 짧은 더듬이로, 잠자리 등에서 볼 수 있으며, 마치 일반적인 강모와 비슷한 모양을 한 매우 단순한 형태이다. 반면 사상의 더듬이는 실베짱이, 하늘소, 메뚜기 등 많은 곤충에서 볼 수 있으며, 강모상과 비슷하나 훨씬 더 길다.

② 염주상(Moniliform)

각 마디가 둥근 형태를 띠면서 마치 염주가 이어진 듯한 모양을 하고 있으며, 흰개미 등에서 볼 수 있다.

③ 곤봉상(Clavate)과 구간상(Capitate, 방울 모양)

이들은 마디가 정단부 쪽으로 갈수록 조금씩 굵어지지만 정단부 쪽 몇 마디는 그 이전 마디들과 형태적으로 차이가 크게 나는 경우이다. 곤봉상은 끝으로 가면서 굵어지는 정도가 서서히 증가되어 마치 곤봉의 형태를 띠는 경우로서 무당벌레 등에서 볼 수 있다. 구간상은 정단부 쪽 몇 개의 마디가 갑작스럽게 폭이 넓어지면서 마치 더듬이 끝이 방울처럼 넓어진 경우이다.

④ 거치상(Serrate, 톱니 모양)과 즐치상(Pectinate, 빗 모양)

대부분의 마디에서 한쪽이 비대칭적으로 기울거나 늘어난 형태이다. 거치상은 마치 톱날과 비슷한 구조를 하고 있는 경우이며, 방아벌레 등의 딱정벌레에서 볼 수 있고, 즐치상 역시 딱정벌레에서 볼 수 있는데, 이 경우는 각 마디마다 옆으로 늘어난 정도가 심해서 마치 머리 빗는 빗을 닮은 모습이다.

⑤ 우모상(Plumose, 깃털 모양)

각 마디에서 강모가 발달해 마치 깃털모양을 하고 있는 경우이다. 일부 수컷 나방의 더듬이처럼 양쪽으로 강모가 나면서 마치 납작한 깃털모양을 하는 경우도 있고, 일부 수컷 모기의 더듬이처럼 강모가 각 마디마다 돌아가면서 난 경우도 있다.

⑥ 자모상(Aristate, 가시 모양), 침상(Stylate, 바늘모양)

더듬이의 마디들이 형태적으로 비슷하지 않고, 한두 마디가 특이한 형태를 띠는 경우이다. 자모상은 집파리 등에서 볼 수 있는 것으로 더듬이의 마디가 손바닥 선인장처럼 굵고 많은데 그 중 마지막 셋째 마디에 크고 긴 자모가 뚜렷이 나 있다. 침상은 마지막 마디가 가늘고 뾰족한 바늘 모양으로 되어있으며, 파리매 등에서 볼 수 있다.

⑦ 슬상(Geniculate, 무릎모양)

슬상은 두 번째 마디가 짧고 옆으로 꺾이면서 마치 무릎이나 팔꿈치 같은 모양을 하고 있으며, 개미 등에서 볼 수 있다.

⑧ 새상(Lamellate, 아가미 모양), 부채상(Flabellate)

새상(鰓狀)은 끝 몇 마디의 폭이 훨씬 넓어져서 타원형에 가까운 엽편 모양을 할 때를 나타내며, 수염풍뎅이 등에서 볼 수 있다. 부채상은 끝 몇 마디가 옆으로 길게 늘어나 층을 이루면서 일종의 판 모양을 하는 경우이다. 부채벌레 등에서 볼 수 있다.

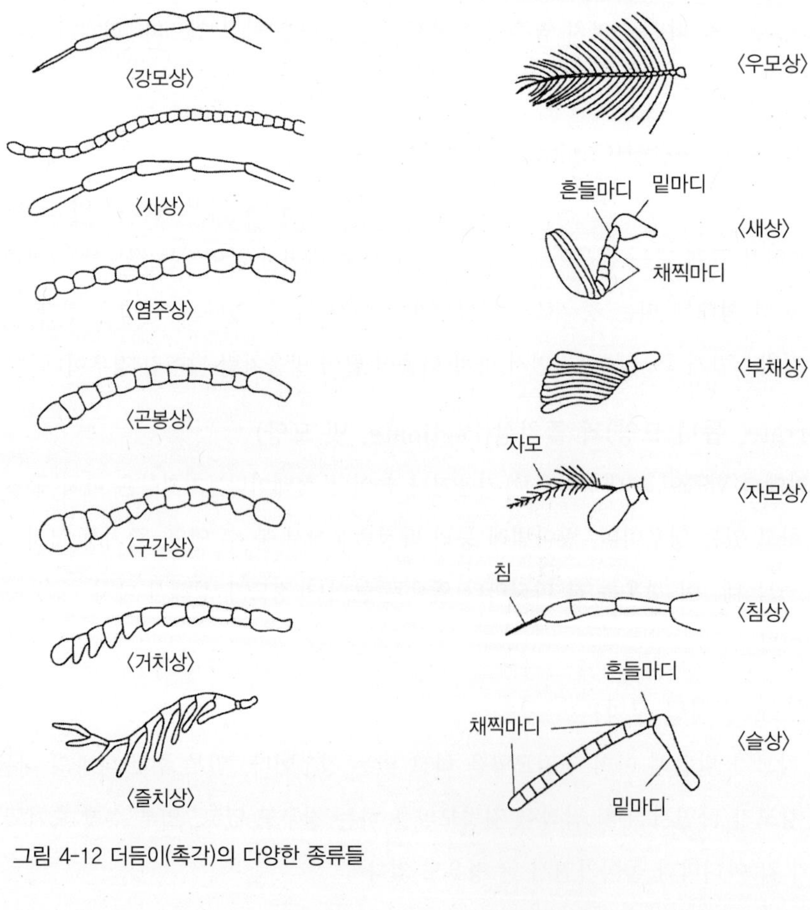

그림 4-12 더듬이(촉각)의 다양한 종류들

(2) 눈(Eye)의 구조와 종류

곤충의 눈은 대개 1쌍의 겹눈과 1~3개의 홑눈이 있지만, 곤충에 따라 홑눈이 없는 것도 있다. 곤충의 눈은 겹눈과 몇 개의 홑눈으로 나누어지는데 애벌레 때는 홑눈이고 성충이 되면 겹눈을 가지는 곤충이 많다. 겹눈은 사람과 달리 겹눈 하나하나가 수많은 렌즈로 되어있으나 겹눈 하나는 독립된 점 하나씩만 볼 수 있으나 망막에 있는 수많은 감각세포에 의해 하나의 물체를 알아본다. 겹눈은 각각의 낱눈에 맺힌 물체는 모자이크처럼 하나의 상을 이룬다.

성충의 경우 일부 눈이 퇴화된 경우도 있으나 대부분 곤충은 낱눈(ommatidium)이 모여 이루어진 겹눈(compound eye, 복안)을 한 쌍 가지고 있고, 여기에 추가로 홑눈(simple eye, 단안)을 몇 개 가지고 있다. 겹눈을 구성하는 낱눈의 개수는 곤충에 따라 적게는 몇 개에서 많게는 수천 개에 이르며, 홑눈은 보통 2~3개 정도 가지고 있으나 종에 따라 없기도 하다. 단순 변태를 하는 종류는 약충에서도 성충과 같은 유형의 눈(겹눈)을 가지고 있지만, 완전변태 부류의 유충은 대개 낱눈이 몇 개 모여 눈의 역할을 한다. 홑눈과 마찬가지로 유충의 낱눈 군도 시각적으로는 겹눈의 보조역할 정도로 생각되고 있다. 복안(겹눈)에는 연립상안(apposition eye)과 중복상안(superpodition eye)이 있는데, 연립상안은 도립상(inverted image)을, 중복상안은 정립상(rect image)을 만들어 뇌로 전달하며, 중복상안의 경우 낱눈의 길이가 더 길고 밤과 낮에 받아들여 이용하는 광량에 변화를 줄 수 있어 더 진화된 형태에 해당된다.

성충에서 형태적으로 잘 발달한 눈을 살펴보면, 흔히 잠자리의 눈과 같이 머리의 크기에 비해 눈의 비율이 매우 높고 전후좌우를 거의 동시에 볼 수 있는 때도 있고, 연립상안과 중복상안의 두 가지 유형의 눈을 함께 가지고 있어 때에 따라 마치 눈이 4개인 것처럼 보이는 때도 있다. 한 쌍의 눈이지만 각 겹눈의 낱눈들이 두 곳으로 나뉘어 위치하면서 마치 눈이 4개인 것처럼 보이는 경우를 보면, 물맴이처럼 물 위를 헤엄칠 때 물 밖을 보는 눈과 물속을 보는 눈이 구분된 경우도 있고, 일부 하루살이처럼 짝짓기를 위한 암컷을 구분하는 데 사용하도록 중복상안이 따로 나뉘어 발달하는 경우도 있다. 한편, 종에 따라 눈의 크기나 형태 역시 성적 이형을 띠기도 한다.

(3) 입의 구조와 형태(Mouth Part)

곤충의 입 형태는 크게 고체로 된 음식을 씹는 입과 액체 음식을 빠는 입, 즉 저작구기와 흡수구기로 나눌 수 있다. 씹는 입 즉 저작형입틀(biting mouth parts)은 기본적인 입의 형태이고, 여기에 곤충의 서식환경에 따라 다양한 형태의 빨거나 핥는 입으로 변형되거나 추가되었다. 기본형인 저작형 입을 보면, 이마방패 아래쪽에 있는 입은 크게 사람의 입술 위치에 해당하는 윗입술(labrum)과 아랫입술(labium), 그리고 두 입술 사이에 턱이라 불리는 구조물이 두 쌍 존재하는데,

그중 위쪽 한 쌍의 턱을 큰 턱(mandible), 아래쪽 한 쌍의 턱을 작은 턱(maxilla)이라고 한다.

윗입술은 입을 덮고 있는 하나의 판과 같은 구조로 되어있는데, 앞뒤로 움직일 수 있다. 종에 따라 윗입술에서 유래된 상인두(epipharynx)가 발달하기도 한다. 큰 턱은 씹는 입의 경우 가장 단단한 부분으로, 한 쌍의 강력한 이빨을 구성하는데, 흔히 어금니와 앞니의 역할을 겸하거나 송곳니의 역할을 하며, 음식을 자르고 씹는 일을 주로 담당한다. 또한, 큰 턱은 때에 따라 크게 발달하면서 방어 또는 공격을 위한 무기 역할을 하기도 한다. 큰 턱에서는 장수풍뎅이나 사슴벌레처럼 암컷보다 수컷의 큰 턱이 훨씬 크게 발달하는 성적 이형(sexual dimorphism, 암수에 따라 다르게 나타나는 것)이 나타나기도 한다.

작은 턱은 큰 턱의 뒤쪽 또는 아래쪽에 위치하는데, 역시 큰 턱처럼 한 쌍으로 구성되지만 각 작은 턱은 큰 턱과 달리 여러 개의 마디로 이루어진다. 기부 쪽에서부터 밑마디(cardo), 자루마디(stipes)가 있고, 자루마디 위에는 두 개의 조각이라 불리는 마디와 수염이라고 불리는 마디가 붙어 있는데, 가운데 쪽 것을 안조각(lacinia), 옆쪽 것을 바깥 조각(galea)이라고 하고, 바깥 조각의 더 옆쪽으로 몇 개의 마디로 된 작은 턱수염(maxillary palpus)이 있다. 작은 턱은 음식을 잘게 부수는 역할과 함께 음식이 입 밖으로 나가지 않고 들어가도록 돕는다. 아랫입술은 윗입술처럼 입을 덮는 구조이나 아래쪽을 덮고 있으며 특히 구조가 훨씬 복잡한 편이다. 작은 턱처럼 몇 개의 마디와 조각, 수염으로 구성되는데, 아랫입술뒷밑마디(postmentum)과 아랫입술앞밑마디(prementum)의 두 마디, 가운데 쪽 조각인 가운데 혀(glossa) 및 옆쪽 조각인 옆 혀(paraglossa), 그리고 아랫입술수염(labial palpus)이 작은 턱의 구성과 매우 유사하다. 하인두(hypopharynx)는 혀에 해당되며, 흔히 아랫입술의 기부 쪽에 위치하지만, 막상 돌출물로서 아랫입술 일부로 간주되기도 한다. 침샘에서 나온 침이 하인두에서 분비되어 나온다. 꿀벌의 경우 하인두선에서 로열젤리를 분비한다.

구조상 큰 턱이 잘 발달하여 식물을 씹어 먹기에 알맞은 저작구기와 부리가 바늘 모양으로 되어 있어 동식물체 조직에 구기를 찔러 넣고 빨아 먹는데 알맞은 흡취구로 크게 나눈다.

① 저작구형(chewing type)은 입으로 식물을 씹어먹는 해충으로 중요 해충에 많다.

② 자흡구형(piercing–sucking type)은 입이 전체적으로 빨대(stylet) 구조를 하고 있다. 보통 빨대구조 안으로 음식이 입안으로 들어가는 관인 먹이도랑(food channel)과 음식을 체외소화 시키기 위해 침을 분비하는 관인 침관(salivary duct)이 존재한다. 진딧물, 깍지벌레, 멸구, 매미충류, 노린재의 구기 형태이다.

③ 절단흡취구형(cutting and sponging type)은 각종 질병을 옮기는 벼룩 등의 위생 해충들이 가지고 있는 구기형이다.

표 4-10 곤충의 입구조와 관련해충

곤충의 입구조	관련 해충
자흡구형	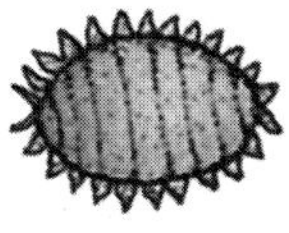 〈깍지벌레〉 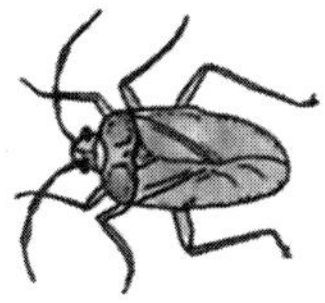 〈노린재〉  〈매미충〉 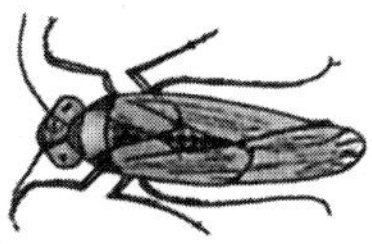 〈멸구〉  〈진딧물(무시충)〉 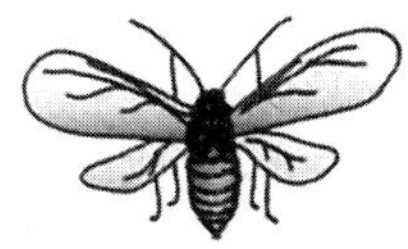 〈진딧물(유시충)〉
저작구형	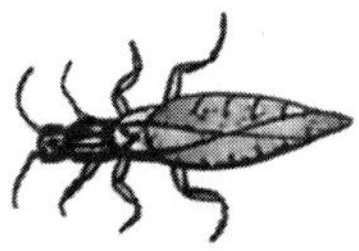 〈총채벌레〉  〈딱정벌레〉  〈메뚜기〉

④ 흡취구형(sponging type)은 침으로 녹일만한 음식이나 액체를 주로 먹는다. 아랫입술은 살집이 있는 끝이 꺾인 모양이고, 들락날락할 수 있게 되어있으며, 두 부분으로 구분되는데, 머리에서 밖으로 튀어나온 부분을 흡수관(haustellum)이라 하고, 말단 쪽 침이 분비되는 판을 입술 판(labellum)이라고 한다. 작은 턱수염이 있다. 파리류의 구기형이다.

⑤ 씹고 핥는 형(chewing-lapping type)은 동식물을 씹어서 그것을 핥는 것이 아니라 입 일부는 씹는 기능을 하고 또 다른 일부는 핥는 기능을 하여 둘 다 가능하므로 붙여진 명칭이다. 작은 턱과 아랫입술이 하나의 잔털이 많은 혓바닥 같은 모양의 주둥이를 형성한다. 주둥이는 보통 접어서 머리 아래에 둔다. 아랫입술은 중앙에 있는 가운데 혀(glossa)를 가지며, 아랫입술수염과 작은 옆 혀(paraglossa)로 둘러싸여 있다. 가운데 혀의 끝을 아랫입술 끝판 또는 부채꼴 입술 끝판(flabellum)이라고 한다. 작은 턱은 가운데 혀의 양옆으로 위치한 바깥조각(galea)과 두 개의 소형 작은 턱수염으로 구성되어 있다. 말벌이나 꿀벌의 구기형이다.

⑥ 여과구형(filtering type)은 물속에 있는 미생물을 여과시킨다.

⑦ 흡관구형(siphoning-tube type)은 작은 턱은 긴 관으로 된 주둥이(proboscis)를 이룬다. 작은 턱의 바깥 조각이 긴 관을 형성하는 것으로, 사용하지 않을 때는 말려있다. 아랫입술수염이 있다. 나비와 나방의 구기형이다.

⑧ 줄쓸어빠는형(rasping and sucking type) 입줄이라는 목공 도구는 어떤 면을 갈아내는 데 사용되는데, 총채벌레의 경우 왼쪽 큰 턱과 작은 턱이 긴 바늘처럼 생겼으며 이 빨대구조가 식물의 조직을 줄 쓸듯 가는 데 사용된다. 이렇게 갈아서 즙이 나오면 그 즙을 빨아 먹는데, 빨대구조가 즙을 빠는 데 사용되지는 않는다. 반면 오른쪽 큰 턱은 기능을 잃고 작게 퇴화되어 있어 입 구조는 전체적으로 비대칭을 하고 있다.

⑨ 구더기형(maggot type) 입은 파리의 애벌레에서 발견되며, 한 쌍의 외부로 나온 경화된 갈고리(hook)로 되어있고, 잠자리 약충 모양의 입은 하순아기절(submentum)와 하순기절(mentum)가 머리 아래쪽에 길게 접혀 있다가 먹이를 잡을 때 펼쳐지면서 앞으로 뻗어 나갈 수 있게 되어있다. 하순기절 끝에 있는 아랫입술수염 한 쌍은 먹이를 잡기 좋도록 주걱의 형태를 이룬다.

*** 곤충의 감각**

곤충은 냄새는 멀리서도 맡을 수 있지만, 맛은 입속의 감각털로 알 수 있다. 또한, 파리나 나비처럼 다리 끝에도 맛을 알아내는 기관이 있다. 예로 나비의 앞다리에 물을 적시면 입을 펴지 않지만, 꿀물에 적시면 말고 있던 입을 펴서 꿀물을 먹기 시작하며 파리는 다리로 맛을 보고 나서 입으로 먹는다.

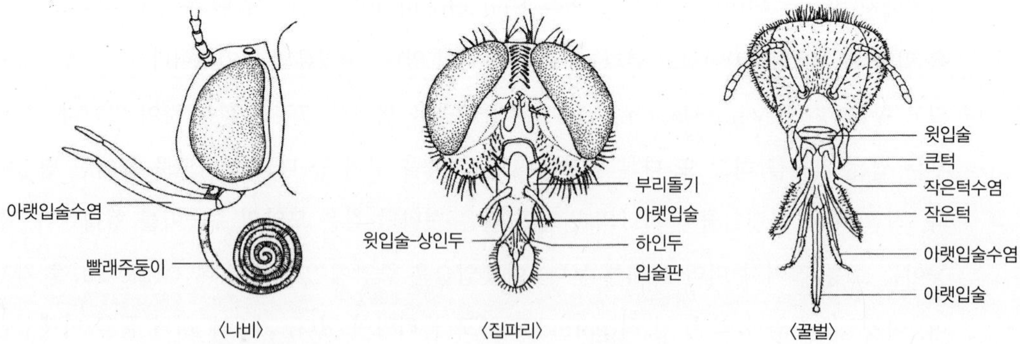

그림 4-13 곤충의 다양한 입모양

*** 곤충의 귀(청각기관)**

귀는 주로 소리를 내는 곤충들이 가지고 있는데 매미, 귀뚜라미, 방울벌레 등이 대표적이며 기타 곤충에게도 있으나 미약하다. 그 위치도 각 각이며 배에 귀가 있는 것, 다리에 있는 것, 가슴에 있는 것 등 다양하게 있다. 대개의 곤충은 몸 천체에 나 있는 털 안에 소리를 듣는 것이 있어 그것으로 희미한 공기의 진동을 잡아낸다.

4) 가슴(Thorax)의 기본구조

가슴은 3개의 마디로 되어있으며 3쌍의 다리와 2쌍의 날개가 있다. 날개는 곤충에 따라 그 모양이 각각 다르다. 나비나 나방의 날개에는 비늘같은 것이 많이 붙어 있는 것이 특징이며 딱정벌레류인 풍뎅이, 하늘소, 사슴벌레를 보면 등에 단단한 덮개를 가지고 있는데 앞날개가 변하여 이루어진 것으로 덮개 날개라고 한다. 각 마디는 앞가슴(prothorax), 가운데가슴(mesothorax), 뒷가슴(metathorax)이라 한다. 앞가슴에는 앞다리(foreleg)가, 가운데가슴에는 가운데다리(midleg)가, 그리고 뒷가슴에는 뒷다리(hindleg)가 각 한 쌍씩 붙어 있다. 또한 앞가슴을 제외한 두 개의 가슴마디에는 각각 한 쌍의 날개가 붙어 있는데, 원시적인 곤충은 날개가 없기도 하고, 진화된 곤충에서도 때로 날개가 이차적으로 퇴화되기도 하였다. 가운데가슴에 난 날개를 앞날개(forewing), 뒷가슴에 난 날개를 뒷날개(hindwing)라고 한다.

가슴마디는 배마디와 마찬가지로 단단한 경판과 부드러운 막질로 구성되는데, 보통 경판은 다시 여러 개의 작은 경판으로 구성된다. 이 때 한 마디에서 위쪽 전체를 구성하는 경판을 위판 또는 상판(등판; tergum), 아래쪽 전체를 구성하는 경판을 아래판 또는 하판(배판; sternum)이라고 하고, 그 중 상판과 하판이 다시 여러 개의 작은 경판으로 구성된다.

(1) 곤충의 다리(Leg)

곤충은 성충이나 약충과 유충 모두 가슴마디마다 한 쌍씩 모두 6개의 다리가 존재하는데, 종에 따라 다리가 없거나 퇴화되기도 한다. 애벌레 시기에는 종에 따라 배에도 다리의 역할을 하는 배다리를 갖기도 하지만, 이는 가슴다리와는 확연히 구분되는 것이다. 곤충 외에 응애나 진드기, 거미는 다리가 8개인데, 이들의 유충 시기에는 때로 다리가 6개인 경우들도 있다. 진드기나 응애류는 알에서 깬 1령 애벌레는 다리가 곤충과 같이 6개인 유충상을 띠지만 그 후에는 8개인 약충상을 띤다. 곤충의 다리는 기본적으로 기부에서부터 밑마디(기절, coxa), 도래마디(전절, trochanter), 넓적다리마디(퇴절, femur), 종아리마디(경절, tibia), 발목마디(부절, tarsus)의 다섯 개 마디로 구성된다. 여기에 추가로 흔히 발톱을 갖는 앞발목마디(전부절, pretarsus)가 함께 존재한다. 밑마디는 다리를 몸에 이어주는 기부에 위치한 마디이며, 보통 짧고 굵은 편이나 바퀴처럼 잘 발달하기도 한다. 도래 마디는 보통 넓적다리마디와 결합되어 따로 관절운동을 할 수 없다. 넓적다리마디는 보통 가장 크고 긴 마디로서, 특히 메뚜기처럼 점프를 많이 하는 경우에 잘 발달한다. 종아리마디는 넓적다리마디만큼 긴 경우가 많지만, 근육량은 훨씬 적은 편이다. 발목마디는 여러 개의 발목소마디로 구성된다.

곤충의 다리는 기본적인 유형이 보행형, 즉 걷는데 활용되는 것인데, 그 외에도 곤충의 생태적 적응환경에 따라 매우 다양하게 발달해 왔다.

① 보행지(Walking Leg)

바구미처럼 걷는 다리로서 기본형이라 할 수 있다. 주로 가늘고 긴 형태를 하고 있다.

② 도약지(Jumping Leg)

귀뚜라미와 메뚜기의 뒷다리처럼 점프하기 좋도록 발달한 경우로서, 대개 넓적다리마디가 굵게 발달한다.

③ 포획지(Grasping Leg)

사마귀의 앞다리처럼 먹이를 잡아채기 좋도록 구성된 경우로서, 넓적다리마디와 종아리마디 안쪽에는 흔히 가시가 나 있어 그사이에 먹이를 잡게 되면 빠져나가기 어렵게 되어있다.

④ 화분수집지(Pollen Collecting Leg)

꿀벌의 뒷다리에는 화분 주머니라는 강모가 많이 난 특수구조가 있는데, 이는 화분을 수집하기 위한 것으로 특화된 부분이다.

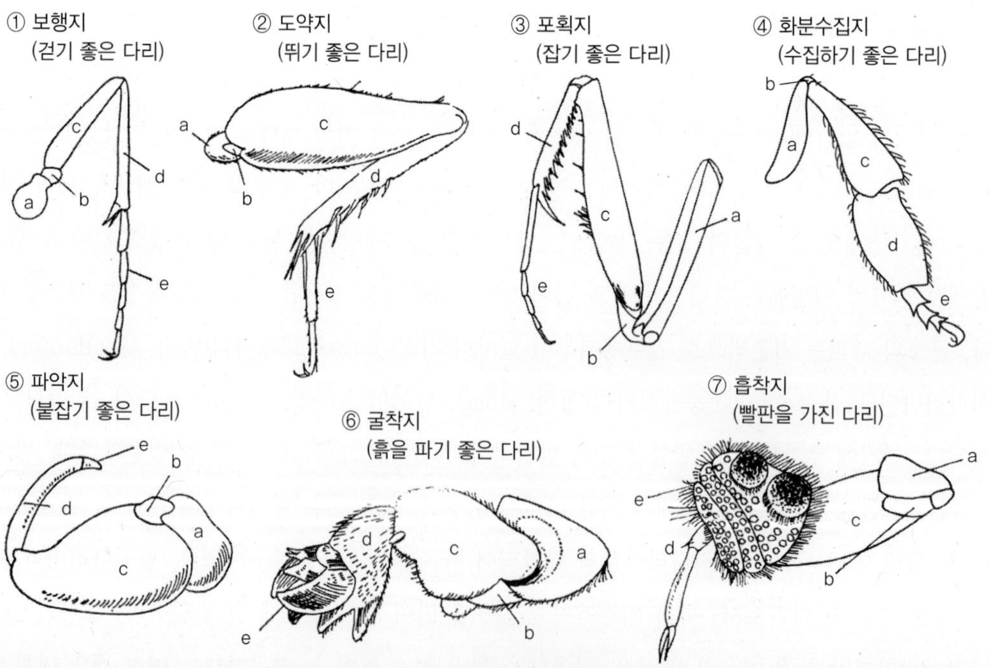

a. 밑마디(기절), b. 도래마디(전절), c. 넓적다리마디(퇴절), d. 종아리마디(경절), e. 발끝마디(부절)로 보통 5개 마디로 구성됨

그림 4-14 곤충의 다리 모양과 기능

⑤ **파악지**(Clasping Leg)

포획형과는 의미가 조금 다르며, 보통 종아리마디와 발목마디를 활용하여 어떤 것을 잡고 있기 좋도록 생긴 경우이다. 머리나 몸에 발생하는 이의 앞다리가 대표적인 경우이다.

⑥ **굴착지**(Digging Leg)

땅강아지의 앞다리처럼 땅을 파기 좋은 구조를 가지고 있는 경우이다.

⑦ **흡착지**(Suctioning Leg)

물방개 수컷의 앞다리에서 발견되는 것으로, 마치 동그란 흡착형 고무판들이 여러 개 붙어 있는 것과 같다. 이것은 암컷의 등 쪽 매끈한 부분에 흡착이 쉽게 하여 수컷이 암컷을 붙잡고 교미할 수 있도록 해주는 구조로서, 암컷 역시 수컷의 흡반이 붙는 부분이 특화되어 있어 공진화 현상을 볼 수 있는 부분이다.

⑧ **경주지**(Running Leg)

길앞잡이 곤충처럼 걷는 데도 사용되지만 주로 달리기하는 데 좋게 되어있다. 보행형보다 근육이 더 많이 발달하고, 가운뎃다리와 뒷다리는 몸의 뒤쪽으로 기운 편이다.

⑨ **유영형**(Natatorial, Swimming Leg)

물벌레처럼 물속에서 헤엄을 치기 좋도록 다리가 넓고 납작하게 발달하고 강모가 한쪽으로 배열되어 물갈퀴의 역할을 해주는 경우이다. 나란히 배열된 강모는 물을 밀어 찰 때는 펼쳐졌다가 다리를 앞으로 당길 때는 다리에 붙어 저항을 최소화하게 되어있다.

(2) 날개(Wing)의 구성과 종류

원시적인 무변태의 곤충을 제외한 대부분의 곤충은 날개가 존재한다. 물론 일부 진화된 곤충에서 날개가 2차적으로 축소되거나 벼룩처럼 아예 퇴화되어 없어진 경우도 있다. 곤충의 날개는 외피가 옆으로 늘어나 추가된 부속지로서, 가슴마디에 있는 다리라는 부속지를 유지한 채 더하여 만들어진, 곤충의 진화와 번성에 막대한 영향을 미친 부분이다. 날개에는 시맥(wing vein)이 존재하는데, 시맥은 날개의 골격구조를 유지하는 역할을 담당하며, 시맥의 패턴은 속 이상의 분류군에서 그룹의 특징을 나타내는 경우가 많다. 시맥에는 기본적인 유형이 있는데, 날개를 펼쳤을 때, 날개의 가장 앞쪽에 있는 시맥을 전연맥(costa)이라고 한다. 전연맥은 비행할 때 바람의 저항을 가장 많이 받는 부분이기 때문에 가장 두껍고 견고한 편이다. 바로 뒤로 나타나는 시맥이 순서대로 아전연맥(subcosta), 중맥(media), 그리고 주맥(cubitus)인데, 이들 세 시맥은 각각 기부로부터 하나의 시맥으로 출발한 다음 중간에 갈라지면서 여러 개의 시맥으로 나뉘는 경우가 많다. 이후에 나타나는 날개의 뒤쪽에 위치하는 시맥으로는 둔맥(anal vein)이 있으며, 그 외에 날개걸이맥(jugal vein)이 나타나기도 한다. 둔맥은 아전연맥 등과 달리 기부에서부터 분리되어 여러 개의 둔맥이 출발하기도 하고, 때로는 중간에 합쳐지기도 한다. 실제로 이러한 기본적인 패턴은 곤충의 종류에 따라 매우 다양한 변이가 나타나며, 때로는 심하게 단순화되어 시맥이 거의 나타나지 않는 경우도 있고, 때로는 시맥이 매우 복잡한 양상을 띠기도 한다. 특히 이러한 종맥들과 함께 종맥 사이를 짧게 연결하는 횡맥(cross-vein)이 분류군에 따라서는 매우 많이 나타나고, 따라서 분류군에 따라서는 날개의 시맥이 훨씬 복잡한 그물 구조를 띠게 된다.

날개는 실제로 체벽이 옆으로 한 겹 늘어난 다음 그 위아래가 붙어서 이루어진 것인데, 시맥은 위아래 외피가 붙지 않고 하나의 관을 이루면서 굳어진 부분으로 이 시맥을 통해 몸의 체액이 흐르게 된다. 곤충의 날개는 잠자리의 경우처럼 앞날개가 위로 올라갈 때 뒷날개가 아래로 내려가는 식의 움직임을 보이기도 하고, 나비나 벌처럼 앞날개가 올라갈 때 뒷날개가 따라 올라가면서 마치 하나로 연결된 것처럼 부드럽게 이어진 움직임을 보이기도 한다. 이 경우 종에 따라 앞날개와 뒷날개의 움직임을 더욱 쉽게 공조시키기 위해서 앞, 뒷날개를 서로 연결하는 경우가 있다.

연결방식으로는 날개가시형, 날개걸이형, 날개갈고리형이 있다. 날개가시형은 나비목에서 발견되며, 뒷날개의 기부 앞쪽에 앞날개 쪽으로 날개가시(frenulum)가 뻗어 나와 앞날개의 전연맥 아래쪽 기부에 있는 보대(retinaculum)로 연결되는 방식이고, 날개걸이형은 역시 나비목에서 발견되며, 앞날개의 시수맥 쪽에서 뒤로 뻗어 나온 날개걸이(jugum)가 뒷날개의 기부와 겹치면서 연결되는 방식이다. 날개 갈고리형은 벌목에서 발견되며, 날개를 펼쳤을 때 뒷날개의 앞쪽에 걸쇠(갈고리, hamulus)들이 있어서 앞날개의 뒤쪽과 연결되어 잡아주는 방식이다.

곤충의 날개는 기본적으로 비행을 위해 만들어져 있다. 이를 위해서 날개는 아주 얇은 막으로 이루어져 있는데, 이런 막질의 날개(membranous wing)는 가벼우면서도 날갯짓을 해도 부러지지 않을 만큼의 견고함을 가지고 있지만, 외부의 물리적 충격에는 약한 편이다. 비행하는 곤충은 기본적으로 이런 막질의 날개를 한 쌍 또는 두 쌍을 가지고 있다. 그 외에도 곤충의 날개는 분류군에 따라 다양하게 발달되어 왔고 그 대표적인 경우들은 다음과 같다.

① 굳은 날개(Elytron)

딱지날개 또는 시초라고도 하며, 딱정벌레, 하늘소의 앞날개에서 볼 수 있듯 단단하게 경화되어 비행보다는 뒷날개를 보호하는 역할을 하는 경우이다.

② 반굳은 날개(Hemelytron)

노린재의 앞날개는 기부 쪽이 단단한 반면, 정단부 쪽은 막질에 가까운 부드러운 날개를 하고 있다. 노린재는 딱정벌레의 굳은 날개처럼 전체가 단단하진 않지만, 앞날개를 접을 때 정단부 쪽 부드러운 부분은 서로 겹쳐 접어서 전체적으로 견고함을 유지하게 된다. 반딱지날개라고도 한다.

③ 두텁 날개(Tegmen)

가죽날개라고도 하며 메뚜기, 바퀴, 사마귀 등의 앞날개에서 볼 수 있으며, 주로 비행에 활용하기보다는 뒷날개를 보호하는 기능을 한다. 가죽 같은 느낌의 질깃질깃하고 두꺼운 날개로서, 잘 찢어지지 않거나 부서지지 않는다.

그 외에 곤충에 날개 중에는 기능적으로 특화된 경우들을 볼 수 있다. 예를 들면, 파리목에서는 뒷날개가 퇴화되는 대신 평균곤(haltere)이라는 구조물이 발달하는데, 이는 비행 시 움직임은 있으나 실제 비행 자체를 하기보다는 비행의 움직임과 방향 및 중심 이동을 감지하고 돕는 기능을 한다. 또 나비목에서는 날개에 난 강모가 인편(scale)으로 변형되어 날개를 덮고 있는데, 인편은 다양한 색을 띠면서 날개의 무늬를 구성하게 하며, 이를 통해 종내 성 신호는 물론 종간 경고색 또는 보호색으로서의 기능을 수행한다. 인편은 또한 페로몬을 분비하는 특수한 인편을 갖기도 하고, 인편 자체가 체온을 유지시키는 기능을 하기도 한다.

5) 배(Abdomen)의 기본구조

곤충의 배는 적게는 7마디에서 많게는 11마디로 구성되어 있으며, 배의 뒤쪽을 통해 교미와 산란, 그리고 항문을 통한 배설을 담당한다. 곤충의 배에는 종이나 분류군에 따라 배 끝에 미모(cercus)가 존재하기도 한다. 한편, 무시류에서는 여러 배마디에 침(stylus)이 쌍으로 존재한다. 곤충의 배에는 성충의 경우 다리와 같은 부속지가 존재하지 않으나, 애벌레 시기에는 다리의 역할을 하는 배다리(proleg)가 존재하기도 한다. 배는 가슴마디에서 설명한 바와 같이 마디마다 경판이 상판과 하판 또는 위판과 아래 판으로 구성되며, 때로는 측판 또는 옆판이 함께 존재하기도 한다. 측판이 위치하는 쪽으로 마디의 대부분에서 숨구멍(기문, spiracle)이 존재하는데, 종에 따라서는 가슴마디에도 숨구멍이 있을 수 있으며, 숨구멍이 있는 마디의 수 역시 종 또는 분류군에 따라 차이가 난다.

기문, 항문, 생식기의 부속기관이 있다. 배는 대개 원통 모양인데 벌에는 꼬리 마디 끝에 날카로운 침이 있으며 반디의 배에는 발광기가 있고 매미의 배에는 발음기가 있다. 또한, 곤충은 동물과 달리 배 양쪽에 나란히 있는 기문(숨구멍)을 통하여 신선한 공기는 기관으로 넣어주고 더러운 공기는 내보낸다.

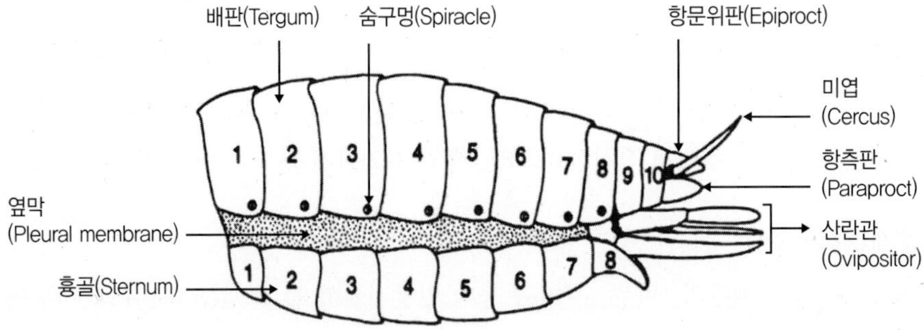

그림 4-15 일반적인 곤충의 배

(1) 생식기(Genital)

진화상 11번째 마디의 경판들은 항문의 주변을 구성하는 것들인데, 일반적으로 항문 주변의 경판으로는 항문 위판(epiproct)과 항문 옆판(paraproct)이 있지만, 특히 이 부분은 교미와 관련된 생식기가 위치하기도 하여 각 경판의 명칭이 분류군에 따라 특화된 경우가 많다. 실제로 곤충의 배는 특히 생식이라는 측면에서 가장 중요한 역할을 담당한다. 암수 간의 교미는 물론이고, 교미 후에 암컷이 산란하기 위해 흔히 산란기(ovipositor)를 통해 식물의 줄기 속이나 땅속에 산란하는 등, 산란에 도움을 받는다. 산란기의 구조적 특징은 분류군의 특성이 되기도 하며, 생식기는 곤충의 분류학적 특징을 가장 많이 가지고 있어 종의 구분에 많이 활용되는 부분이기도 하다.

한편, 꿀벌의 일벌 등은 알을 낳지 않기 때문에 산란기를 원래의 용도로 사용하지는 않지만, 대신 독샘과 연결되어 침(sting, lancet)으로 변형되어 있다. 또 산란기는 흰개미목, 이목, 대부분의 강도래목, 그리고 대개의 하루살이목에서는 존재하지 않는다.

(2) 부속지(Appendage)

곤충의 배에 나타나는 부속지로는 앞에서 언급한 침이나 미모, 또는 배다리 외에도 분류군에 따라 나타나는 도약기나 뿔관과 같은 특별한 부속지가 있다. 그 중 다양한 분류군에서 다양한 형태로 나타나는 미모, 그리고 특별한 분류군에서만 나타나는 뿔관과 도약기에 대해 간략히 설명하면 다음과 같다.

① 미모(Cercus)

미모는 쌍으로 존재하는 측면 미모(cercus)가 있고, 가운데 하나만 있는 중앙 미모(caudal filament)가 있는데, 경우에 따라서는 좀이나 하루살이처럼 이 두 가지가 동시에 존재하기도 한다. 측면 미모는 제 11배마디에 쌍으로 존재하며, 보통 가늘고 긴 실모양인 경우가 많지만,

때로는 집게벌레의 집게처럼 짧고 단단하게 경화된 경우도 있다. 실제로 미모는 촉각기의 역할을 주로 하지만, 집게벌레의 경우처럼 방어 또는 교미를 돕는 기능을 하기도 한다. 그리고 중앙미모는 항문위판에서 출발하는 하나의 미모이다.

② 뿔관(Cornicle)

진딧물의 복부 등쪽 끝에 밖으로 튀어나와 있는 한 쌍의 짧은 관으로서, 적으로부터 공격을 받으면 방어물질을 내는 부분이다. 한편 진딧물의 뿔관에서 감로(honeydew)를 분비하는 것으로 오인할 수 있는데, 감로는 항문을 통하여 분비한다.

③ 도약기(Furcula)

톡토기목에서 발견되는 배에 달린 부속지로서 도약기와 도약기 부착대인 보대(tenaculum)가 있는데, 도약기를 보대에 걸었다가 풀면서 땅에 대고 밀치고 그 반발력으로 톡토기가 튀어 오른다. 톡토기는 그 외에도 복관(collophore)이 달려 있어서 수분을 흡수하는 기능을 하는 것으로 알려져 있다.

④ 외부생식기(Genitalia)

수컷에서는 제9 복절의 부속지가 교미할 때 쓰이는 파악기(clasper) 사이에 삽입기(aedeagus)로 암컷은 제8~9 복절의 부속지가 산란관(oviduct)으로 변형되었다.

(3) 기문(Spiracle)

배는 보통 10개 내외의 마디로 되어있는데 이 마디마다 기문이 1쌍씩 있으며 이 기관을 통해 공기를 흡입한다.

(4) 항문(Anus)

배설을 하는 곳으로 소화기관의 끝이며 대개 배 끝에 있다.

3. 곤충의 내부 구조

곤충의 내부기관은 기능적으로 매우 훌륭한 디자인을 하고 있다. 곤충의 몸 안 공간을 체강(body cavity)이라고 하는데, 이 안은 곤충의 기능을 담당할 다양한 계들 즉 소화계, 순환계, 기관계, 생식계, 신경계, 그리고 내분비계 등이 들어차 있다. 체강은 내배엽성 및 외배엽성의 공간으로 체액이 채워져 있지만, 실제로 혈액 및 혈세포들이 체액에 함께 섞여 있기 때문에 체강은 또한 혈강(haemocoel)이라고도 한다. 혈액은 그러나 헤모글로빈과 같은 호흡색소는 예외적인 경우를 제외하고는 존재하지 않는다.

1) 소화계(Digestive System)

소화기계는 몸의 중앙부를 통해 전장, 중장, 후장이 있고 중장과 후장 사이에는 배설작용을 하는 말피기씨관 등이 있다. 타액선은 보통 입에 존재한다. 소화계는 몸이 중앙부를 통해 있고 '말피기씨관' 등의 부속기관이 있다. 곤충의 식성은 종류에 따라 매우 다양하다. 메뚜기처럼 식물 자체를 가해하기도 하고 사마귀처럼 그런 곤충을 잡아먹기도 하며 기생봉처럼 몸 안에 기생하기도 한다. 또 매미의 약충처럼 물관을 통해 영양분이 거의 없는 수액을 흡즙하기도 하고, 모기처럼 동물의 피를 빨면서 영양분이 높은 혈액을 흡즙하기도 한다. 어떤 흰개미는 완전히 건조된 나무를 가해하기도 하고, 물속에 사는 종류 중에는 조류나 박테리아를 먹고 사는 것도 있다. 곤충의 소화를 담당하는 장은 크게 전장(앞창자, foregut, stomodeum), 중장(midgut), 후장(hindgut)의 세 부분으로 나뉘며, 밸브에 의해 구분이 된다. 음식은 입에서부터 시작하여 항문을 통과할 때까지 소화, 흡수, 그리고 배설과정을 거치지만, 실제로 침을 밖으로 분비하여 체외소화를 일부 수행하는 경우가 많다. 전장은 음식물의 섭취와 임시보관, 그리고 음식물을 갈아서 중장으로 넘기는 역할을 맡고, 중장은 소화액을 통한 소화 및 흡수를 담당하며, 후장에서는 음식 찌꺼기와 말피기 소관을 통해 흡수된 오줌을 배설하는 동안 재활용 가능한 것들을 재흡수하는 일을 담당한다. ① 타액선(salivary gland)은 식도, 인두 및 구강 내에 모든 선(腺)의 총칭이지만 보통의 입에 개구(開口)하는 1쌍의 선과 아랫입술에 개구하는 하순선을 말한다. ② 말피기씨관(Malpighian tube)은 중장과 후장 사이에서 배설작용을 한다.

(1) 전장(Foregut)

전장은 전구강에서 중장으로 운반하는 통로로 전장은 구강(입안)의 앞부분 즉 전구강(preoral cavity)에서 시작되는데, 이 입틀의 공간을 좀 더 세분하면 침이 나오는 침샘강(salivarium)과 음식이 들어가기 시작하는 상구강(cibarium)으로 구분되며, 그 사이에 하인두가 위치하여 두 공간을 구분해준다. 전구강은 인두로 연결되는데, 종에 따라 상구강 주변으로 구강 펌프(cibarial pump)와 같은 근육조직이 발달하여 흡즙을 돕는다.

침은 침샘(salivary gland)이나 아랫입술 샘(labial gland)에서 분비되어 침관을 통해 침주머니 쪽으로 나오는데, 음식을 부드럽게 해주고 pH를 조절하지만, 특히 노린재류처럼 소화효소를 가지고 있어서 체외소화를 돕는 기능을 한다. 모기와 같은 흡혈성 곤충에서는 항응고제(anticoagulant) 성분을 가지고 있어 피가 주둥이 안에서 굳는 것을 방지해 준다. 또한, 침에 있는 어떤 성분은 식물조직에 응고성 흡즙흔을 남기는데, 이는 침형 입을 꽂을 때 가이드 역할을 해주기도 하지만 흡즙한 부분의 상처가 잘 아물도록 하여 식물이 방어기작을 일으키지 않도록 하는 역할을 하기도 한다.

전구강을 통과한 음식은 인두(pharynx)를 통해 삼켜지고, 이어서 식도(esophagus)로 넘어가는데, 연동운동을 통해 다시 소낭 또는 모이주머니(crop)로 보내진다. 소낭은 음식이 잠시 머무는 곳인데, 소화액이 나오지 않지만, 때로 중장에서 거꾸로 밀려 올라온 소화액에 의해, 그리고 침에 의해 일부 소화가 일어나기도 한다. 음식은 중장으로 넘어가기 전에 전위(proventriculus, gizzard)를 거치면서 잘게 부서진다. 전위에는 분쇄기능을 위해 단단한 이빨 돌기가 형성되어 있다. 전장은 물질통과가 거의 불가능해서 흡수기능은 없는 것으로 알려져 있다.

(2) 중장(Midgut)

중장은 영양분의 흡수를 위해 위(ventriculus)가 존재하는 구간이다. 위벽의 세포들은 위로 길고 끝에 융모(microvilli)를 가지며, 소화효소를 분비하여 음식을 소화시킨 다음 이를 다시 흡수하게 된다. 음식이 충분히 소화되기 전에는 곤충의 체벽 조각 등이 중장의 상피세포(epithelial cell)들을 다치게 할 수 있기 때문에 위벽보호를 위한 장내막(peritrophic membranc)을 가지고 있다. 장내 막은 당-단백질로 구성된 간질(matrix)에 키틴 원섬유(chitin fibril)가 얽혀 있는 구조로서 촘촘한 그물망 또는 체와 같이 생겨 흡수될 만한 음식이나 박테리아의 크기를 정해주게 된다. 그러나 곤충의 체액만을 흡즙하며 사는 노린재류의 경우에는 장내막을 가지고 있지 않다.

상피세포는 소화효소를 분비하고 흡수하는 일을 담당하는데, 중장의 pH는 보통 6~7.5 정도이지만, 식물성 먹이를 먹는 곤충류는 일반적으로 pH가 높아 9~12 정도를 유지하는 반면, 파리류는 훨씬 낮은 pH를 갖는 것으로 알려져 있다. pH가 높은 것은 타닌(tannin)과 단백질의 결합을 막아 소화에 도움이 되는 것으로 보고되고 있다.

위의 바로 앞에는 흔히 중장맹낭(gastric caecum)이 존재하는데, 위맹낭은 몇 개의 주머니 또는 관처럼 생겼으며, 위의 일부를 늘려 소화 및 흡수를 돕기 위한 보조역할을 하는 부분이다. 한편, 주로 묽은 식물성 액체를 먹이로 하는 매미나 노린재류에서 볼 수 있는 것으로, 여과실(filter chamber)을 가지고 있는데 이는 특수한 구조로 긴 중장이 고리 모양을 하면서 중장의 끝부분이 중장의 시작 부분에 연결되어 있는 형태이다. 이는 수분함량이 높은 먹이에서 대부분의 수분을 소화액이 분비되는 중장을 거치지 않고 바로 후장으로 보낼 수 있도록 하여 먹이에 함유된 수분함량을 줄이고 소화액의 낭비를 막아 효율성을 높이는 구조이다.

(3) 후장(Hindgut)

후장은 말피기 소관(Malpighian tubule)이 붙는 부분부터 항문(anus)까지를 말하며, 물이나 염, 기타 필요한 물질들을 흡수하고 나머지 음식 찌꺼기는 배설하는 일을 담당한다. 후장의 부분별 명칭으로는 순서대로 유문(pylorus), 회장(ileum), 결장(colon), 직장(rectum)이 있으나, 종에 따라 어떤 부분은 없거나 연합되어 구분 없이 하나의 명칭이 사용되거나 한다. 대체로 회장은 후장의 앞쪽을 뜻하고 결장은 뒤쪽을 의미한다. 유문에는 유문판(pyloric valve)들이 있어서 중장으로부터의 음식 반입을 조절한다. 직장은 두꺼운 직장 육질부(rectal pad)들로 벽을 이루며 이를 통해 물이나 염 등을 재흡수한다. 동물은 함질소 노폐물을 요산, 암모니아, 또는 요소의 형태로 배설하는데 보통 포유류는 요소를 배설하고 대개의 물고기는 암모니아 배설하는데 새나 곤충은 요산을 배설한다. 요산은 다른 형태에 비해 독성도 없고 특히 성분구성에 따른 물이 가장 적어 탈수방지가 중요한 곤충에게는 요산이 가장 적합한 배설형태이다.

① 말피기소관(Malpighian Tubule)

후장의 시작 부분에 붙어 있는 말피기소관은 곤충에 따라 그 개수가 다양한데, 진딧물에서는 아예 없고, 깍지벌레에는 2개, 커다란 메뚜기류에서는 200개 이상 존재하기도 한다. 말피기소관은 끝이 막힌 가는 관 모양을 하고 있으며 기부는 장과 통해 있으며, 몸에서 발생한 함질소 노폐물 등을 체액으로부터 걸러주는 역할을 한다. 말피기소관은 삼투압은 상등하나 이온에 있어서는 차등한 여과액을 혈액으로부터 장으로 보낸다. 이 때, 이온의 흡수 정도에 따른 삼투압에 의해 당, 아미노산, 물 등이 딸려 들어온다. 말피기소관은 또 아미노산(proline)과 유기배출물, 그리고 독성물질을 능동적으로 흡수하며, 당은 다시 에너지를 사용하여 혈액쪽으로 보낸다. 이렇게 말피기소관으로 들어온 여과액은 직장에서 아미노산을 에너지원으로 이용해 물이나 이온 등 몸에 필요한 성분을 다시 능동적으로 재흡수한다

② 은신계(Cryptonephric System)

많은 종류의 딱정벌레와 나비류, 일부 벌에서는 은신계를 활용하는데, 이는 말피기 소관의 먼쪽 끝이 직장에 붙어 있어 직장에서 재흡수되는 수분을 체강을 거치지 않고 말피기 소관으로 바로 받아들이는 체계이다. 말피기 소관이 몸 안으로부터 노폐물과 함께 수분을 흡수하여 직장으로 보내는 반면, 직장에서는 다시 이 수분을 재흡수하여 몸 안으로 보내므로, 은신계는 삼투압차를 이용하여 직장에서 흡수되는 수분을 체강을 거쳐 말피기 소관으로 흡수하지 않고 바로 말피기 소관으로 흡수함으로써 효율을 높인 것이다.

2) 신경계(Nervous System)

신경계는 소화계의 밑부분에 있고 중추는 머리의 뇌이다. 전대뇌는 중추신경계의 중심으로 대부분의 복잡한 행동을 조절하고 중대뇌는 촉각으로부터 감각과 운동 축삭을 담당한다. 후대뇌는 이마신경절을 통해 뇌와 위장 신경계를 연결한다. 내장 신경계는 곤충의 교감신경계로 불리고 말초신경계가 있다. 감각기관(sensory gland)으로 곤충의 감각기는 촉각, 미각, 후각, 청각, 시각의 5가지 주요 기관으로 나뉘며 모두 중추신경의 지배를 받는다. 존스톤기관(Johnston's organ), 고막(tympanum) 등이 있다. 신경계를 구성하는 신경세포인 뉴런(neuron)은 수상돌기(dendrite)와 축색돌기(axon)로 구성되며, 뉴런 간에는 신경연접(synapse)에 의해 서로 연결된다. 뉴런에는 감각뉴런, 연합신경세포인 연합뉴런, 운동뉴런, 그리고 신경내 분비세포인 신경분비세포(neurosecretory cell)가 있다. 감각뉴런이 외부 자극에 반응하여 신호를 전달하고 운동뉴런이 근육과 신경연접(synaps)을 이루며 운동정보를 제공하며, 그 사이에 뉴런과 뉴런을 잇는 연합뉴런이 존재한다. 한편 신경분비세포는 몸 안 여러 곳에 분포하는데, 신경호르몬을 분비하기도 하고 신경자극을 화학적 자극으로 변경시켜 주는 역할을 한다. 곤충의 신경계에는 크게 중앙 신경계, 내장 신경계, 그리고 주변 신경계로 구분할 수 있다.

(1) 중앙 신경계(Central Nervous System)

중추 신경계라고도 하며 신경의 중심부에 해당하는데, 기본적으로 신경절(ganglion)과 신경색(nerve cord)으로 구성된다. 신경절은 몸의 마디마다 한 쌍이 가까이 붙어서 존재하고, 그 사이를 한 쌍의 신경선 또는 신경색이 이어주고 있다. 머리에서 배 끝까지 이어져 있으며, 머리에는 신경절들이 모여 뇌를 구성하고 있다. 뇌는 세 가지 신경절이 연합된 것으로, 전대뇌(protocerebrum), 중대뇌(deuterocerebrum), 대뇌(제3대뇌, tritocerebrum)가 있다. 전대뇌는 겹눈과 홑눈의 시신경을 담당하고, 중대뇌는 더듬이, 그리고 후대뇌는 윗입술과 전위를 담당한다. 뇌의 한 부분은 아니지만 바로 뒤에 식도하 신경절(subesophageal ganglion)이 있는데, 이는 입에 해당되는 3마디의 신경절들이 합쳐져 구성된 것이며, 윗입술을 제외한 나머지 입의 신경을 담당한다.

(2) 내장 신경계(Visceral Nervous System)

곤충의 교감신경계라 불린다. ① 위장 신경계(stomatogastric)는 뇌, 대동맥 및 전장에 관련되어 있다. ② 내장 교감신경계(ventral sympathetic)는 복신경색에 연결되어 있다. ③ 꼬리 교감신경계(caudal sympathetic)는 배의 뒤쪽 마디와 관련이 깊다. 교감신경계라고도 하는데, 크게 곤충의 몸 앞쪽에서부터 위장신경계, 복부교감신경계, 꼬리교감신경계로 구분한다. 내장 신경계가 담당하는 기관으로는 장, 내분비기관, 생식기관, 호흡계 등이 있다.

(3) 주변 신경계(Peripheral Nervous System)

말초신경계는 중앙 신경계와 내장 신경계의 신경절에서 좌우로 뻗어 나온 신경들로 구성되며, 많은 운동뉴런과 감각뉴런을 포함한다.

(4) 뇌(Brain)

뇌는 3쌍의 분절 신경이 융합하여 이루어진 복잡한 구조이다. ① 전대뇌(protocerebrum)는 곤충의 가장 복잡한 행동을 조절하는 중추신경계의 중심부이다. ② 중대뇌(deutocerebrum)는 촉각으로부터 감각 및 운동 축삭을 받는다. ③ 후대뇌(tritocerebrum)눈 이마 신경절을 통해서 뇌와 위장 신경계를 연결한다.

(5) 말초신경계(Peripheral Nervous System)

중추신경계와 내장 신경계의 신경절에서 나온 모든 신경으로 구성된다.

3) 호흡계(Respiratory System)

호흡계는 소화계의 양쪽을 통하고 공기의 유통은 기문(spiracle)을 통하여서 한다. 기문은 흉복부의 측면에 10쌍이 있는 것이 보통이다. 사람의 호흡계에 해당하는 것이 곤충의 기관계인데, 곤충의 경우에는 사람처럼 능동적으로 숨을 들이쉬고 내쉬는 것이 아니라, 가슴과 배마디 양쪽으로 나 있는 기문(spiracle)을 통해 바깥쪽 공기가 곤충의 몸 안으로 들어가고, 이는 온몸에 혈관처럼 뻗어있는 기관지를 통해 세포까지 전달되는데, 이때 외부 공기의 내부 유입 및 전달은 단지 공기의 확산과 통풍에 의해 수동적으로 이루어진다. 기관지를 거쳐 기관 소지를 통해 세포나 조직으로 전달된 공기에서 산소와 이산화탄소의 가스교환은 농도 차에 의해 이루어지며, 이를 세포 내 호흡이라고 한다. 곤충의 이러한 수동적 기관계는 결국 몸 안쪽까지 충분한 산소를 전달하는 능력이 떨어지게 되므로, 곤충의 기관계는 곤충의 크기를 제한하는 주요인이 된다.

(1) 기관계(Tracheal System)

곤충을 포함한 모든 절족동물에서 볼 수 있는 기관계는 개구식과 폐쇄식으로 나눈다. ① 개구식 기관계(open tracheal system)는 기문이 열려있는 기능적인 기관계(氣管系)를 말한다. ② 폐쇄식 기관계(closed tracheal system)는 기문(氣門)이 아예 없고 있어도 기문의 기능이 없다. 곤충은 기문이 몸 바깥쪽으로 나 있으므로 외부 공기가 기관지와 연결된 일종의 개방 기관계(open tracheal system)를 가지고 있다. 대부분 여러 쌍의 기문을 가지고 있고 최대 10쌍을 갖기도 하나, 수서 생활을 하는 곤충의 경우 적게는 단 하나의 기문만을 가지고 있기도 하다. 특히 다른 생물의 몸 안에서 기생 생활을 하는 경우 아예 기문이 없이 피부호흡을 하는 폐쇄기관계(closed tracheal system)를 갖기도 한다.

(2) 기문(Spiracle)

기문은 종에 따라 기문실(atrium)이라는 공간과 그 입구인 기문실개구(atrial aperture), 이물질을 걸러주는 여과기(filter apparatus), 그리고 수분 증발을 막기 위해 기문을 닫을 수 있도록 해주는 밸브(valve)를 갖는다. 기관지는 기문에서 안으로 들어가면서 굵기가 가늘어지는데, 세포와 접촉하기 전에 특히 가늘어진 부분을 기관 소지(tracheole)라고 하고 이 부분은 지름이 0.001mm 이하이고 끝이 막힌 형태이다. 기관지는 용수실 또는 나선사(taenidium)가 용수철처럼 감긴 형태로 관을 형성함으로써 가늘지만 강도를 유지하고 있다. 기관지는 중간 중간 부풀어 오른 형태인 공기주머니(air sac, 기낭)을 가지고 있으면서 공기순환력 및 부력을 증가시킨다.

4) 순환계(Circulatory System)

(1) 순환계의 구성

순환계는 1본의 동으로 된 배관으로 되어있나. ① 곤충의 순환계는 내부분 혈액이나 림프가 체강 내의 내부기관을 직접 싸고 있는 개방순환계(open circulatory system)에 들어 있다. ② 심실은 보통 9개로 각 심실 양쪽에는 1쌍의 심문(ostium)이 있다. 곤충의 순환계는 온몸에 혈관이 있는 것이 아니므로 사람처럼 혈관을 따라 혈액이 흐르지 않고 체강(body cavity) 내 체액과 함께 섞여 순환되는 개방순환계를 가지고 있다. 이 때문에 곤충의 체강은 또한 혈강(haemocoel)이라고도 한다. 그러나 혈액이 세포와 직접 닿는 것은 아니다. 기관이나 진피는 얇은 기저막(basement membrane)으로 싸여 있고, 이 기저막이 혈액과의 물질교환을 돕는다. 곤충에 있어서 혈관은 한 개의 굵고 긴 빨대 같은 혈관이 몸 안 위쪽에 존재하는데, 이를 등혈관(상혈관; dorsal vessel)이라고 한다. 상혈관은 체강 내에서 여러 쌍의 익근(alary muscle)에 의해 제자리를 유지하도록 지지되고 있다. 등혈관은 뒤쪽이 심장(heart)이고 앞쪽이 대혈관(aorta, 또는 대동맥)인데, 심장에는 심문(ostium)이라는 작은 구멍들이 좌우로 여러 쌍 나 있고 이 구멍을 통해 혈액이 들어가고 심장이 박동을 통해 이를 대혈관 쪽으로 밀어 보낸다. 대혈관은 혈액이 머리 쪽으로 분출되도록 하는 통로이며, 이렇게 몸의 뒤쪽에서 앞쪽으로 보내진 혈액은 온몸과 부속지를 돌면서 다시 뒤쪽으로 가게 된다. 심문의 수는 가슴에 최대 3쌍, 배에 최대 9쌍이 존재한다. 혈액은 곤충의 다리, 더듬이나 날개의 시맥을 통해서도 순환이 일어나는데, 가는 부속지의 입구에는 부속 박동기관(accessory pulsatile organ)이 있어서 혈액이 들어가고 나오는 방향을 한쪽으로 정해준다. 혈액은 머리 안 위쪽에서 출발해 더듬이, 다리, 날개 등으로 퍼져 흐르며, 전체적으로 체강 내 위쪽에서 아래쪽으로, 그리고 앞쪽에서 뒤쪽으로 흐르며 순환이 이루어진 다음, 다시 심장의 심문으로 들어간다.

(2) 혈액(Hemolymph)

애벌레처럼 몸이 부드러운 경우 혈액은 전체 몸무게의 20~40%를 차지하는 데 반해, 대개의 성충에서는 20% 이하를 차지한다. 혈액은 대체로 무색이지만, 때에 따라서는 노랑이나 녹색 등 색을 갖기도 하고, 깔따구와 같은 종류에서는 헤모글로빈이 있어서 붉은색을 띤다. 혈액은 호르몬이나 영양분의 전달이나 교환, 그리고 노폐물의 배출을 담당함은 물론, 특별한 경우 산소운반의 기능을 갖기도 한다. 또한, 호흡계에서의 공기 순환조절을 돕고, 체온조절과 탈피 시 탈피 및 팽창을 돕는다. 그리고 혈장(plasma)을 통해서 수분 및 무기염, 지질, 당, 아미노산, 유기산 등을 보존하는 역할을 한다.

혈액을 구성하는 혈구세포(haemocyte)에는 혈장세포 즉 무정형혈구(plasmatocyte), 포장세포(cystocyte), 과립세포(granular cell) 등이 있다. 혈구의 기능은 4가지가 있으며, 식균작용(phagocytosis), 피낭형성(encapsulation), 응고작용(coagulation), 그리고 영양분의 저장 및 배포가 그것이다. 하나의 혈구세포가 외부 침입균을 삼켜서 죽이는 것이 식작용이고, 피낭형성(캡슐형성)은 식작용이 불가능한 커다란 이물질의 경우 여러 세포가 함께 에워싸면서 외부물질을 영양분이나 산소로부터 차단하여 죽이는 경우를 말한다. 또한, 체액 성분인 효소나 단백질 등도 균을 죽이는 역할을 한다. 한편 혈강에는 그 외에도 다른 세포들이 더 발견되는데, 예를 들어 편도 세포(oenocyte)는 혈색소 헤모글로빈을 생성하거나 큐티클의 파라핀(paraffin)을 합성한다.

5) 생식계(Reproductive System)

곤충은 대부분 암수 교미에 의해 알을 낳는 유성생식을 하지만, 어떤 종류는 암컷이 교미와 수정 없이도 새끼를 낳는 단위생식(처녀생식, parthenogenesis)을 하거나, 아직 애벌레 상태에서도 생식기관의 조숙한 발달을 통해 알을 낳는 유생생식(paedogenesis)으로 번식하기도 한다. 또한, 일반적으로 곤충은 교미에 의해 수컷의 정자가 암컷의 몸 안에 들어간 후에 저정낭에 저장되었다가 난자가 성숙하면 몸 안에서 수정시킨 후 산란을 하는 일종의 체내수정을 하지만, 그러나 다양한 예외들이 있으며, 알을 낳는 방식에서도 난생(oviparity, 알이 모체 몸 밖에서 부화) 외에, 난태생(ovoviviparity, 알이 모체 몸 안에서 부화)이나 태생(viviparity, 알이 아니고 바로 태어남)인 경우도 있다.

표 4-11 곤충의 생식방법

번호	생식 종류	생식방법 설명	생식의 사례
1	양성생식	암수가 교미하는 것이다.	대부분 곤충
2	단위생식	수정되지 않은 난자가 발육하여 성체가 되는 것으로 암컷만으로 생식하며 처녀생식, 단성 단위생식이라고도 한다.	밤나무순혹벌, 민다듬이벌레, 벼물바구미, 수벌, 무화과깍지벌레, 여름철의 진딧물류
3	다배생식	1개의 알에서 두 개 이상의 곤충이 발생하는 것으로 난핵이 분열하여 다수의 개체가 된다.	벼룩좀벌과, 고치벌과
4	유생생식	유충은 성숙한 난자를 갖고 있으며 난자는 단위생식에 의해 발생한다.	일부 혹파리과
5	자웅동체	생식기의 외부에서 난자가 생기고 안쪽에서 정자가 생긴다.	이세리아깍지벌레

(1) 자성생식계(Female Reproductive System)

암컷의 생식기관은 난소, 수란관 및 수정낭으로 구성된다. 암컷의 생식계는 수컷보다 조금 더 복잡하며, 수컷의 정자를 들여와 이를 산란 직전까지 보관하고 알을 생산하여 산란을 준비하는 일을 담당한다. 기본적으로는 수컷과 비슷한 구조를 하고 있으나 실제로 매우 다양하게 변화되어 임수 간에 빌생힉직으로 비교가 쉽지 않다. 초기 난모세포는 난소 소관(ovariolc) 안에서 생식실(germarium)과 난황실(vitellarium)을 거치면서 난황을 갖는 난모세포(oocyte), 즉 알(egg)이 만들어지는데, 이때 난황(yolk)을 갖는 과정을 난황 형성(vitellogenesis)이라 한다.한편 저정낭(spermatheca)은 수컷의 저정낭처럼 임시로 정자를 보관하는 곳이지만 암컷의 경우 때로는 훨씬 더 오래 저장할 수 있는데, 이는 저정낭샘(spermathecal gland)에서 저정낭에 보관 중인 정자를 위해 영양분을 공급해주기 때문이다. 정자가 살아있는 기간은 종에 따라 다른데, 흰개미의 여왕흰개미처럼 수십 년을 살면서 계속 산란할 수 있도록 정자를 오랫동안 보관할 수 있는 능력을 갖기도 한다.

(2) 웅성생식계(Male Reproductive System)

고환, 수정관 및 사정관으로 구성된다. 수컷의 생식계는 정자를 생산하여 암컷에게 전달할 수 있도록 준비시키는 일을 맡는다. 정소(testis)는 여러 개의 정소소관(spermatic tube)이 모여 하나의 낭 안에 있는 상태이며, 각 정소 소관은 기부가 가늘어져 수정 소관(vas efferens)을 이루며 이들 수정 소관은 다시 수정관(vas deferens)으로 연결되어 있다. 정소 소관에서 만들어진 정자는 수정 소관과 수정관을 통해서 저정낭(vesicula seminalis, seminal vesicle, 또는 수컷저정낭)으로 이동하여 모아진다. 수컷이 암컷과 교미하게 되면 이들 정자가 사정관을 통해 암컷 쪽으로 이동하게 된다.

이 때 부속샘(accessory gland)에서는 정액(seminal fluid)과 정자주머니(spermatophore)을 만들어 정자가 이동하기 쉽도록 도와준다. 정액은 정자에 양분을 공급하거나 정자의 이동에 관여할 뿐만 아니라 교미 후 암컷으로 하여금 다른 수컷을 피하게 하거나 산란을 촉진시키는 등의 행동 변화를 가져오는 유도물질을 포함하고 있다.

6) 분비계(Secretory System)

분비계로 외분비선은 배우자를 유인하거나 흥분시키는 페로몬, 흰개미에서 끈적끈적한 방어용 물질을 분비하는 이마샘 등이 있고 내분비선에는 성충으로 발육을 제한하는 알라타체, 심장박동을 조절하는 카디아카체, 탈피호르몬의 앞가슴샘 등이 있다. 외분비와 내분비계는 체벽의 각종 물질과 체내대사를 위해 혈액에 분비되고 있다.

(1) 외분비계(Exocrine System)

몸 안에서 작용하는 호르몬과 달리 몸 밖으로 분비되어 종내 또는 종간에 신호를 보내는 물질을 신호물질(semiochemical)이라고 한다. 신호물질에는 같은 종 안에서 통신수단으로 사용하는 페로몬(pheromone)이 있고, 다른 종에게 신호를 보내는데 사용하는 물질인 타감물질(allelochemical)이 있다. 신호물질은 곤충이 아닌 식물이 내는 물질 중에도 카이로몬이나 시노몬에 해당되는 경우가 있으므로 곤충의 외분비계보다 더 광범위한 의미를 갖는다.

외분비선(exocrine gland)은 일반적으로 외배엽성 기원이며 분비물을 체외나 내장에 보내며 곤충 체표면에 두루 퍼져있다. ① 침샘은 전장의 양쪽에 위치한다. ② 악취선(scent gland)은 노린재류의 불쾌한 냄새 분비하고 ③ 이마샘(frontal gland)은 흰개미의 끈적한 방어용 물질을 분비한다. ④ 배끝마디샘(pygidial gland)은 딱정벌레의 불쾌한 물질을 분비하고 ⑤ 페로몬 특히 성페로몬은 배우자를 유인하거나 흥분시킨다.

① 페로몬(Pheromone)

페로몬은 아주 적은 양으로도 신호물질의 작용을 할 수 있는데, 이는 페로몬을 인지할 수 있는 감각모가 잘 발달하기 때문이다. 단지 몇백 개의 페로몬 분자만으로 수컷 나방은 암컷 나방을 향해 이동하는데, 페로몬의 농도가 높아지는 쪽으로 수시로 방향을 조정하면서 10km 이상을 비행하여 암컷을 찾아낸다. 페로몬에는 여러 가지 종류가 있으며 다음과 같다(본서 298페이지 참조).

㉠ 성페로몬(Sex Pheromone)

종에 따라서는 이성을 유인하기 위해 암컷 또는 수컷이 성페로몬을 활용하는데, 멀리 있는 개체에는 성유인페로몬(sex attraction pheromone)을 이용하지만 가까이 온 후에는 교미페로몬(courtship pheromone)을 분비하거나 성유인페로몬의 밀도를 높여 사용한다. 페로몬은 곤충이 자체적으로 만들기도 하고 흡즙식물의 성분으로부터 얻어내기도 한다. 페로몬의 성분은 보통 몇 가지 물질이 특정한 비율로 혼합되어 종 특이성이 나타난다.

ⓛ 집합페로몬(Aggregation Pheromone)

노린재에서 볼 수 있으며 암수 특이성은 없고, 개체들을 모이게 하므로 교미 상대를 찾기 쉬워진다. 적으로부터의 방어, 기주식물의 효과적 공략이나 먹이의 공유, 그리고 사회성을 유지하는 데 사용된다.

ⓒ 분산페로몬(Dispersion Pheromone)

너무 많은 개체가 모인 경우 분산페로몬(anti-aggregation pheromone)을 통해 개체들이 다른 곳으로 가도록 유도한다. 또 종에 따라 산란 시에는 간격 페로몬을 통해 다른 개체들이 가까이에 알을 낳지 않도록 해준다. 나무좀에서 볼 수 있다.

ⓓ 길잡이 페로몬(Trail-making Pheromone)

개미에서 흔히 볼 수 있는 것으로, 길을 따라 이동할 수 있도록 도움을 준다. 효과가 오랫동안 지속되는 편이다.

ⓜ 경보페로몬(Alarm Pheromone)

적으로부터 피하거나 함께 방어를 위해 신호를 보내는 데 사용된다. 사회성 곤충이나 뿔매미, 진딧물 등에서 나타나는데, 방향성 물질이며 매우 빨리 퍼진다.

② 타감 물질(Allelochemical)

어떤 개체가 하나 이상의 생화학적 물질을 내어 다른 종의 개체 성장, 생존, 번식 등에 영향을 주는 생물학적 현상을 타감작용(allelopathy)이라 하고, 타감작용을 일으키는 물질을 타감 물질이라고 한다. 때에 따라 한 종의 페로몬이 다른 종에게는 타감 물질로 작용하기도 한다. 타간 물질은 그 영향이 분비자와 감지자에게 주는 영향에 따라 구분한다.

ⓖ 카이로몬(Kairomone)

신호물질을 분비한 개체에는 대체로 해가 되고 이를 인지한 개체에는 도움이 되는 결과를 낳는다. 포식자가 먹잇감이 내는 페로몬 등의 화학성분을 타감 물질로 인지할 때 이는 카이로몬에 해당된다.

ⓛ 알로몬(Allomone)

분비자에게는 도움이 되지만 감지자에게는 주로 손해가 되는 또는 될 수 있는 경우이다. 식식성 곤충에 저항하기 위해 식물이 분비하는 방어물질이 알로몬에 해당된다.

ⓒ 시노몬(Synomone)

분비자와 감지자 모두에게 도움이 되는 결과를 낳는 물질이다. 만약 어떤 식물이 식식성 곤충에 저항하려는 방법으로 식식성 곤충에 기생하는 포식 기생충을 유인하는 타감 물질을 분비하였다면 이는 분비자인 식물과 감지자인 포식 기생충에게 모두 도움이 되므로 시노몬에 해당된다. 따라서 한 개체로부터 분비된 타감 물질이 관계된 대상에 따라서 알로몬일 수도, 시노몬일 수도 있다.

(2) 내분비계(Endocrine System)

호르몬이란 체내에서 분비되어 몸 안의 다른 곳으로 이동한 다음 다양한 생리작용에 관여하는 물질로서 적은 양이 분비되지만, 그 영향은 매우 큰 편이다. 내분비계는 이러한 체내 호르몬과 관련된 시스템을 의미한다. 내분비샘(endocrine gland)이 있어 외분비선의 독립작용과는 달리 서로 긴밀한 관계를 유지하면서 호르몬(hormone)을 분비하여 혈액에 방출한다.

내분비계의 주축은 세 가지를 들 수 있는데, 신경분비세포, 카디아카체(corpus cardiacum), 그리고 알라타체(corpus allatum)이다. 이들로부터 분비되는 호르몬으로 특히 성장과 생식에 중요한 것으로는 엑디스테로이드(ecdysteroid)류, 유충호르몬 또는 유약호르몬(juvenile hormone), 그리고 신경호르몬(neurohormone)이다.

① 신경분비세포(Neurosecretory Cell)

신경분비세포는 신경계의 여러 곳에 분포하지만, 특히 뇌 쪽에 많이 모여 있고, 대부분 호르몬이 신경분비세포에서 분비된다. 신경호르몬은 작은 단백질로서 신경펩티드(neuropeptide)라고도 하는데, 유충호르몬과 엑디손(ecdysone, 탈피호르몬 분비)의 분비를 비롯하여 곤충의 성장, 항상성, 대사 및 생식 등을 총괄하는 주 조절자의 역할을 한다. 대표적인 신경분비세포의 예를 보면, 전대뇌 쪽에서 분비되는 것들로 뇌호르몬(brain hormone), 탈피 후에 표피의 경화에 관여하는 경화호르몬(bursicon), 삼투압 조절에 관여하는 이뇨호르몬(diuretic hormone), 알라타체 자극 호르몬 등이 있다. 또 다른 예로서, 카디아카체에서도 당과 지질의 이용을 촉진하는 호르몬이나 심장이나 소화계의 근육운동을 자극하는 호르몬 등이 분비된다.

② 카디아카체(Corpus Cardiacum)

카디아카체는 주로 전흉선자극호르몬(prothoracicotrophic hormone)을 저장, 분비하여 심장

박동의 조절에 관여하는데, 이 전흉선자극호르몬은 전흉선(prothoracic gland)으로 이동하여 전흉선의 분비작용을 자극하게 되고, 자극을 받은 전흉선은 탈피호르몬인 엑디손과 같은 엑디스테로이드를 분비한다. 엑디스테로이드는 스테롤(sterol)이 변형된 것으로 곤충 체내에서 합성이 불가능하므로 섭식을 통해서 공급된다. 대표적인 것으로 엑디손과 20-하이드록시엑디손(20-hydroxyecdysone)이 있는데, 엑디손도 분비 후에는 20-하이드록시엑디손으로 바뀐다. 한편, 난소에서 분비되는 엑디스테로이드는 난황의 축적을 돕는다.

③ 알라타체(Corpus Allatum)

알라타체는 곤충의 뇌 뒷쪽에 있는 호르몬 분비선으로 유충호르몬을 분비하는데, 이 호르몬은 변태와 생식을 조절한다. 즉 성충으로의 발육을 억제하는 유약호르몬(juvenile hormone, JH) 생성한다. 기능으로는 변태의 조절 및 생식적 성장의 조절을 담당하는데, 유약호르몬(JH) 농도가 높은 상태에서는 유충의 형태적 특징을 유지시키면서 변태를 막는 반면, 유약호르몬(JH) 농도가 낮아지면 그 반대의 현상이 생긴다. 성충에서 유약호르몬(JH)은 알에서의 난황 축적, 부속샘의 활동조절, 페로몬 생성 등에 관여한다.

7) 근육계(Muscular System)

종주근, 배복근, 측근, 익근(alary muscle, 곤충체의 등에 가로 붙어 있으며 그 중앙이 심장에 부착하여 있고 보통선상으로 집합된 근육계) 등이 있다.

8) 특수조직과 공생(Special Tissue and Synbiosis)

영양과 대사를 하는 특수조직으로 곤충의 기관 사이에 차 있는 백색의 조직인 지방체, 탈피할 때 표피의 생성물질을 합성하는 대형의 세포인 편도 세포 등이 있다.

① 지방체(Fat Body)

곤충의 기관 사이에 차 있는 백색의 조직으로 음식은 소화되면 단당류, 아미노산, 지방산 등으로 변환되어 여러 조직에서 에너지 생성에 이용되거나 고분자화합물로 변환된다. 그 중간과정의 대사에 관여하는 가장 중요한 조직이 지방체이다.

지방체는 흰색 또는 노란색을 띠며, 완전변태류의 애벌레에서 많이 볼 수 있다. 주로 탄수화물, 지질, 질소화합물의 대사에 관여하며, 글리코겐, 지방(중성지방인 triglyceride의 형태로), 단백질을 저장하는 기능을 하고, 혈당(blood sugar)의 합성과 조절, 주요 혈 단백질인 헤모글로빈이나 난황단백질전구체(vitellogenin) 등을 합성한다. 또한 지방체는 살충제와 같은 유해화합물을 무해화합물로 변환시키거나 배설이 용이하도록 하여 제독하는 생화학적 작용도 한다. 따라서 지방체는 사람의 간과 같은 역할을 하며, 곤충에게는 성장, 탈피, 생식에 매우 중요하다.

지방체의 주요 세포로는 지방세포(trophocyte), 요지방세포(urocyte), 균세포(mycetocyte) 등이 있다. 영양세포는 혈 단백질 등의 대사 및 저장을 담당하는데, 영양세포가 적다는 것은 곧 조직구성에 많이 사용 중이거나 영양 상태가 매우 좋지 않다는 뜻이 된다. 요지방세포는 요산 배설물을 임시 보관하는 곳으로 바퀴의 경우 요산을 다시 질소원으로 재활용하는 것으로 알려져 있다. 균 세포는 공생 미생물을 보관하는 기능을 담당한다.

② 편도세포(enocyte)

곤충의 가슴과 복부에 있는 외배엽 기원의 대형세포로 노폐물의 축적, 세포붕괴에 관여하여 효소분배, 지질이나 단백질 합성에 관여한다.

③ 공생 미생물(Symbiotic Microorganism)

동물성 먹이를 먹는 포식성 곤충은 음식의 영양가가 높아 공생 미생물이 거의 필요 없다. 반면 음식이 덜 완벽한 경우에는 공생 미생물의 도움을 받아 추가적인 소화 및 흡수를 하는 경우가 많은데, 주로 공생 미생물은 후장 내에 머물면서 공생 소화를 담당한다. 대표적인 예로서 흰개미는 공생균의 도움을 받아 나무의 셀룰로스(섬유소, cellulose)를 분해하고 직장에서 영양흡수를 한다. 공생 미생물은 처음 태어난 새끼의 경우 장 속에 공생균이 없는 경우가 많은데, 이런 경우 보통 태어나면 바로 공생균이 섞인 어미의 똥을 먹거나, 어미가 알 옆에 함께 분비해둔 공생균 캡슐을 먹어서 공생균을 보유하게 된다. 한편, 매미류나 바퀴류의 경우에는 알이 만들어지는 동안 난소에 붙어 있는 균 세포(mycetocyte)로부터 미리 공생균을 알 속으로 전달한 다음 산란(경란감염)하여 새끼가 처음부터 공생균을 갖고 태어난다.

공생 미생물은 ㉠ 발육 중인 난자에 침입(진딧물은 난소에서 배자가 발생할 때 침입), ㉡ 정공(精孔)을 통한 침입, ㉢ 알껍데기(난각) 섭취, ㉣ 먹이샘을 통한 전파, ㉤ 후장 섭식(흰개미), ㉥ 우연한 기회(바퀴벌레 등), ㉦ 편도 세포(oenocyte)는 탈피할 때 표피의 어떤 생성물질을 합성하는 특수작용에 관여하는 황갈색을 띤 대형의 세포이다.

제4장 **해충방제와 익충의 이용**

1. 해충 피해

1) 해충 피해의 종류

(1) 직접해(Direct Damage, 1차적 피해)

직접 잎을 갉아 먹거나 즙액을 흡수하여 피해를 주는 것을 말한다. 경제적 손실을 식물 또는 사람과 가축이 받는 경우로 해충이 작물의 잎, 줄기, 뿌리 등을 갉아 먹거나 즙액을 흡수함으로써 작물을 상하게 하거나 쇠약하게 하는 것은 가장 보편적으로 볼 수 있는 것이다. 그 예로 외부로부터 식물체를 식해하는(喰害) 것에 벼잎벌레, 줄점팔랑나비, 딱정벌레, 도둑나방 등이 있고, 또 식물체 내부에 숨어서 가해하는 것에는 이화명충, 매미충류, 진딧물, 총채벌레, 노린재 등이 있는데 총채벌레의 종류에 따라서는 잎을 말거나 뿌리에 기생하는 것도 있다. 해충이 산란할 때 가지에 상처를 주는 것도 있는데 이것은 말매미에서 볼 수 있다. 또 진딧물, 선충류와 같이 해충에 기생하기 때문에 그 부분이 벌레혹으로 되어 작물의 발육을 방해하는 때도 있다.

(2) 간접해(Indirect Damage, 2차적 피해)

곤충의 피해로 파생되는 손해(내충성 품종 재배로 인한 수량 저하)로 끝동매미충이 벼의 오갈병을, 진딧물이 바이러스 병을 전파하여 피해를 유발하는 것 등 파생되는 피해를 말한다. 고구마의 흑반병은 방아벌레의 상처로 침입하고 깍지벌레의 분비물로 그을음병이 발생하는 것도 간접피해의 일종이다. 끝동매미충은 벼의 오갈병(萎縮病)을, 또 어떤 종의 진딧물은 감자, 무 등의 바이러스병을 선파하여 피해를 주는데 이 피해는 이들 해충의 식섭석인 해보다도 오히려 해충이 먹은 자리가 상처로 되어 이곳으로부터 병이 침입하는 일도 있다. 예를 들면 고구마의 검은무늬병은 방아벌레에 의한 상처로부터 침입하는 일이 많다. 또 깍지벌레가 많으면 그 분비물로 인해서 그을음병(煤病)이 발생하기 쉽게 된다. 이처럼 해충은 여러 가지 모양으로 작물을 해쳐 그 결과 작물은 정상적인 발육을 할 수가 없다. 심할 때는 수확이 전혀 없는 때도 있다. 또한, 어떤 지방에서 해충이 발생했다고 하면 다른 지방에서는 그 해충이 침입하는 것이 두려워서 그곳의 농산물 구입을 제한하여 통상문제가 생길 수 있다. 이외에 작물의 종류나 재배 기간에 제약을 받는 일도 있다.

2) 피해 정도의 결정

(1) 해충의 개체 수

해충의 수가 많으면 피해도 크다. 벼에서는 수량에도 큰 영향을 준다. 가을에 멸구의 발생 정도가 다른 여러 논에서의 수량 비교를 보면 현저한 차가 있음을 알 수 있다.

(2) 가해 시기

어릴 때나 수확물을 직접 가해하면 피해가 더 크다. 즉 해충의 가해가 언제 되느냐 하는 것도 관계가 크다. 가령 100마리의 해충이 잎을 먹는다고 하면 작물의 어린 시기와 수확기와는 그 영향이 똑같지 않다. 뒷박벌레붙이에 의한 감자의 피해는 괴경의 형성기나 경엽신장기에 가해된 때가 가장 심하고 이보다 늦을수록 피해는 적게 된다. 감자나방(고구마 해충)의 피해도 마찬가지로 8월경 고구마의 비대기에 가장 심한 영향을 준다. 이처럼 수확의 직접 목적물이 아닌 잎이나 줄기가 가해될 때에는 그 시기와 매우 관계가 깊다. 일반적으로 보아 생육이 왕성할 때 가해된 것이 영향을 크게 받는다. 또한, 채소에는 어린 묘시기에 걸리면 때로는 이것이 치명적으로 되어 결주(缺株)가 되는 일이 많다.

표 4-12 해충의 가해 방법

번호	가해 양식		해충명
1	독소 분비		벼줄기굴파리
2	병 매개		애멸구, 진딧물, 나무좀
3	산란		거위벌레, 국화하늘소
4	저작 (갉아먹는 것)	줄기, 잎	벼잎벌레, 배추흰나비, 벼애나방, 풍뎅이
		과실	여러 가지 심식충
		나무, 줄기	하늘소, 나무좀, 이화명나방
		뿌리, 땅속줄기	방아벌레류, 고자리파리, 땅강아지
5	혹(충영) 형성		밤나무순혹벌, 포도 뿌리혹진딧물
6	흡즙		진딧물, 깍지벌레, 멸구, 매미충류

(3) 피해 해석

해충의 개체 수나 가해 시기 외에 작물의 품종, 건강상태, 가해 기간의 장단(長短) 등의 조건도 피해의 대소에 관계하는 일이 있다. 작물이 건강하면 다소 피해를 받아도 작물 자신의 힘으로 어느 정도 보상하는 보상작용이 있지만, 병에 걸린 포기나 냉해를 받은 포기에서의 회복은 곤란하다. 또 가해가 오랫동안에 걸쳐 계속될 때에는 피해는 더욱 심하게 되는 것이 통례이다. 해충이 어떻게 하여 작물을 해치고 또 피해에 있어서 어떻게 나타나는지 그 관계를 명확히 하는 것을 피해해석이라고 한다. 근래에 이 방면의 연구도 진보하여 해충의 발생상황이나 작물의 피해외관을 기초로 하여 감수율을 계산하는 피해예상식도 있다.

2. 방제의 개념

해충 방제는 생물학적 측면과 경제적인 측면에 기초를 두고 계획, 수행되어야 하며 실제적으로는 생물학적 현상을 중심으로 경제적 합리성 및 기술적 측면에서 검토되어야 하고 방제의 필요성은 방제계획의 수립과 방제작업에 필요한 시간적 여유를 가질 수 있어야 한다. 즉 해충의 밀도는 일반적으로 해충의 밀도와 피해량 간에는 정(正)의 상관관계가 있다.

① **경제적 피해수준**(Economic Injury Level, EIL)

경제적 피해가 나타나는 해충의 최저밀도로 병해충으로 인한 피해액과 방제 금액이 같아지는 수준의 밀도를 말한다.

② **경제적 피해 허용수준**(Economic Threshold Level, ETL)

경제적 가해 수준에 도달하는 것을 억제하기 위하여 직접 방제수단을 써야 하는 밀도 수준으로 아직 방제수단을 쓸 시간적 여유가 있는 상태이다.

③ **일반평형밀도**(General Equilibrium Position, GEP)

일반적인 환경조건에서 평균 밀도를 말한다.

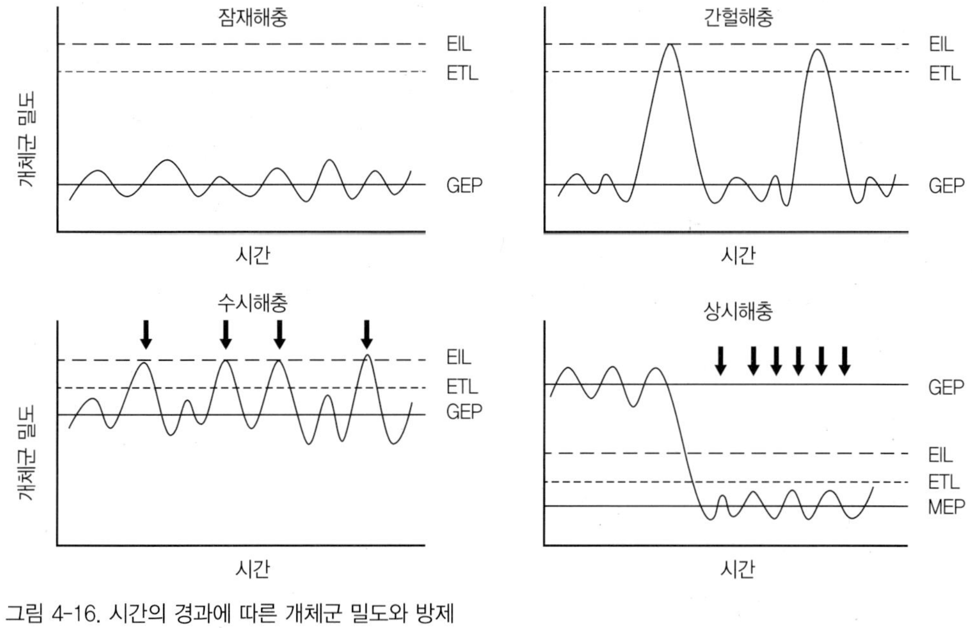

그림 4-16. 시간의 경과에 따른 개체군 밀도와 방제

3. 농업생태계와 해충 발생예찰

1) 농업 생태계의 특성

① 영속성으로 자연생태계의 생물들에 비해 수명이 짧다.

② 식물군은 환경에 대한 저항성이 약하다.

③ 다양성으로 균질도는 높고 종의 다양도는 낮다.

④ 재배와 관리에는 인위적 요소가 크게 관여하고 있다.

2) 해충밀도의 변동

(1) 출생률, 사망률, 이동 등의 요소가 관여한다.

① 출생률은 최대출산능력, 실제 출산수, 성비(性比), 연령구성 비율로 결정된다.

② 사망률은 노쇠, 활력의 감퇴, 사고, 물리 화학적 조건, 천적류, 먹이의 부족, 은신처로 결정된다.

③ 이동은 확산, 분산, 희귀 운동 등으로 계산한다.

3) 발생예찰

① 생물학적 예찰은 해충의 발생 시기와 발생량에 대한 상태이다.

② 경제적 예찰은 어떤 시점의 작물의 종류나 생육상태를 토대로 당시의 해충의 발생 시기와 발생량에 의하여 앞으로 있을 피해량을 추정하는 것이다.

4) 해충 조사

(1) 해충 조사 시 고려해야 할 점

① 방제는 해충의 존재를 전제로 해야 한다.

② 해충이 있다 해도 그 밀도가 어느 수준 이상이 되었을 때 한하여 방제수단이 강구된다.

(2) 해충 조사의 종류

① 정성적 조사는 해충의 종류에 대한 조사로 잠재 해충류, 주요해충류 또는 천적에 대한 조사 등이다.

② 정량적 조사는 해충의 밀도에 관한 조사이다.

(3) 해충 조사의 방법

① 성충은 공중포충망, 유아등으로 포집한다.

② 알은 직접세거나 용제로 씻어내린 후 센다.

③ 유충과 번데기를 타락법, 후려치기법으로 조사한다.

(4) 개체군 밀도의 변동과 계산식

$N_t = N_o e^{(b-d)t}$

N_t: t 시간 후의 개체 수 N_o: 최소의 개체 수 e:자연대수

b: t시간 동안의 출생률 d : t 시간 동안의 사망률 t: 극히 짧은 시간

① 개체군 밀도변동의 기본은 b−d를 r로 표시하고 개체군의 증가분을 나타낸다.

② $b>d$ 이면 $r>0$이므로 개체군은 증가한다.

③ $b<d$ 이면 $r<0$가 되어 감소한다.

④ b=d이면 개체군 밀도는 증감이 없는 안정된 것이다.

* 이출(emigration)과 이입(immigration) 시 수정 계산식

$N_t = Noe^{(b-d)t} - E_t + I_t$

E_t: t 시산 농안에 다른 곳으로 이동한 개체 수

I_t: t시간 동안에 다른 곳에서 이동해 온 개체 수

* N_o는 알, 유충, 번데기, 성충 등 여러 가지 생육단계를 달리한 개체들의 합이며 생육단계별 충태의 구성비율은 개체군 밀도증가와 밀접한 관계가 있다.

4. 익충과 이용

1) 익충의 개념(Beneficial Insect)

익충은 우리에게 직접 또는 간접적으로 이익을 주는 곤충으로 누에나 꿀벌 등 직접 이익이 되는산업 곤충과 기생벌이나 기생파리 등 간접적으로 이익이 되는 천적 곤충으로 크게 나눌 수 있다. 전 세계적으로 인구는 증가하고 있으나 식량과 환경문제는 악화되고 있다. 이에 대한 해결책의 일환으로 식용곤충이 대두되고 있다. 식용곤충의 필요성으로 국제적 육류 소비가 지속해서 증가하고 있으나 육류생산 시 문제점으로 사료와 부지문제, 온실가스 문제, 질병 문제로 조류 인플루엔자(AI), 구제역 등 부작용과 환경피해가 커지고 있다. 따라서 앞으로 곤충산업은 육류를 일부 대체할 수 있는 주요한 자원이 될 것이다.

2) 곤충산업과 가치(Insect Industry and Value)

현재 전 세계적으로 20억 명 이상이 2,000종 내외의 식용곤충을 이용하고 있다. 우리나라는 10여 종이 등록되어 있다. 최근에는 양봉산물인 수벌을 이용한 요리법도 개발되었다. 산업규모로 2022년도 현재 3600여 억 원에 관련 농가 수는 3,000개소 정도로 해마다 증가하고 있다.

산업적으로 ① 곤충식품을 생산을 위한 익충의 사육 및 가공, 유통 ② 천적과 같은 매개 곤충의 생산과 이용, ③ 꿀벌의 프로폴리스, 로열젤리는 물론 누에를 이용한 백강잠 등 기능성이나 의약용 곤충의 생산과 가공, ④ 나비축제와 같은 지역축제나 관광용 곤충사육, ⑤ 학습이나 교육, 연구용 곤충의 생산과 이용, ⑥ 집게벌레나 토종벌 등 애완용 곤충 ⑦ 손바닥선인장의 연지벌레와 같은 염색용 곤충, 화장품용 곤충 등으로 이용성이 넓어지고 다양해지고 있다.

(1) 식용곤충의 영양적 가치

영양학적 가치로 동량의 시금치보다 철분(iron)이 15% 많다. 동량의 소고기보다 단백질이 200% (두 배) 많다. 동량의 연어와 대등한 비타민B_{12}가 포함되어 있다. 비타민B_{12}는 세포분열에 관여하고 DNA, RNA, 혈액을 생성하며 신경조직의 대사에 중요한 역할을 한다. 다양한 기능성 성분을 포함하고 있다.

(2) 식용곤충의 경영적 가치

사회경제적 가치로 경제적으로 안정적인 식품 생산이 가능하여 생산성이 높다. 이는 좁은 부지에서도 효율적으로 대량 생산이 가능하여 사료효율도 높다. 경영개선으로 새로운 직업을 만들 수 있고 곤충사육 및 관리와 관련된 고용창출도 가능하다.

〈꿀벌의 여왕벌과 일벌〉

〈식용곤충〉

〈누에〉

〈번데기〉

그림 4-17
익충의 사진들

(3) 식용곤충의 환경적 가치

환경친화적 가치로 기존의 가축을 키워 육류를 섭취하는 것보다 상대적으로 적은 양의 자원(물, 사료, 키우는 부지 등)을 소비하면서도 온실가스(이산화탄소 등)와 암모니아(분변 및 노폐물)는 적게 배출한다. 그리고 사료로 소비되는 곡물은 육류 사육보다 전체 곡물의 30~40% 정도이다. 귀뚜라미(cricket)는 체중 1kg당 이산화탄소 배출량이 돼지의 1/80, 소의 1/2800에 불과하다.

〈장수풍뎅이 유충〉

〈귀뚜라미〉

〈메뚜기〉

〈갈색거저리 유충〉

그림 4-18 대표적인 식용 곤충사진들

제5장 **해충의 방제**(Insect Pest Control)

해충의 방제는 예방이 최선이겠지만 현실적으로 한계가 있어 화학적 방제를 많이 사용한다. 그러나 환경문제와 식품의 안전성에 문제가 발생하고 또 최선의 방법을 아니므로 요즘은 종합적 방제를 위한 다양한 방법을 이해하고 혼합하거나 가중치를 달리하는 방제법에 무게가 실리고 있다. 방제방법들은 개략적으로 다음과 같이 분류할 수 있다.

① 물리적(기계적) 방제는 기구나 온습도, 광선 등 물리적 힘으로 방제하는 방법이다.

② 화학적 방제는 농약을 이용하는 방제법으로 간편하고 확실하지만 부작용도 큰 방제법이다.

③ 생물적 방제는 천적이나 생물을 이용하는 방제법으로 번거롭고 복잡하나 지속적이고 생태적인 방제법이다.

④ 재배적 방제는 저항성(내충성) 품종이나 경운, 재배 시기 조절, 내충성 품종, 재배 시기의 조절 등과 같은 재배적 수단을 이용하는 방제법이다.

⑤ 법적 방제는 국가의 명령에 따른 방제로 국가나 지역 간 검역법 등으로 방제하는 방법이다.

⑥ 종합적 방제(integrated pest control, IPM)는 모든 방법을 같이 쓰는 것보다는 여러 방법 중에서 가장 적절하고 가장 효율적이며 환경에 피해가 적도록 방제하는 것을 말한다.

1. 예방과 구제

해충에 의한 피해를 덜기 위해서는 여러 가지 방법이 있지만, 그 목적으로 보아 예방과 구제(驅除)의 두 가지로 크게 나눌 수 있다. 예방은 사전에 발생하지 않도록 조치하는 것이며 구제는 해충을 몰아내는 것이다.

1) 예방(Prevention)

① 내충성 품종의 이용, 발생환경의 개변(改變), 재배 시기의 조절, 기피제의 살포 등은 대표적인 예방법이다.

② 예방과 구제와의 관계는 우리 인간의 병에 있어서 위생과 치료와 같은 관계인 것이다. 보통 때부터 예방에 주의하여 해충의 발생이 될 수 있는 대로 적게 하면 그만큼 구제는 쉽고 효과도 좋은 것이다.

③ 근래에는 우수한 농약이 많이 나와서 여기에 의뢰한 나머지 예방을 소홀히 하는 경향이 있다.

그러므로 구제만으로 해결하려 하지 말고 그 전에 예방을 치밀하게 해야 한다.

2) 구제(Elimination)

① 약제 살포나 등화유살(燈火誘殺) 등의 구제방법은 그 결과가 즉시 나타나는 것이 특징이며 따라서 해충이 많이 발생한 때에는 이와 같은 방법에 따르지 않으면 안 된다. 그러나 반면에 구제의 효과는 대체로 일시적이며 상황에 따라서는 몇 번이든 반복하여 행할 필요가 있다.

② 해충의 발생이 심해진 다음에는 구제 효과도 그다지 오르지 못하므로 오히려 좀 일찍 실시하는 것이 좋다. 과수원에서 행하는 동계구제는 앞으로의 발생을 억제하는 의미에서 행하는 것으로서 그 목적으로는 예방적 조치라고 하여도 좋다.

③ 천적에 의한 구제는 과정이 번거롭지만 그 효과가 오랫동안 계속되므로 예방상 중요한 것이다.

3) 해충 방제의 문제점

① 우리의 목적은 해충을 방제함으로써 작물을 보호하고 수익을 올리는 데 있다.

② 최근 해충의 방제기술은 대단히 진보하여 그 효과도 현저하게 높아가고 있다. 그 결과로서 지금까지 해충의 피해 때문에 재배 시기가 한정되어 있었던 것도 완화된 것이 적지 않다(벼의 조기재배 등).

③ 해충의 방제 효과에 대해서 의심할 사람은 없겠지만 방제에 의하여 얻은 이익과 방제비와의 균형과 이익 창출에는 주의할 필요가 있다.

④ 이와 같은 의미에서 주요 해충을 중점적으로 취급한다든가 또 일찍이 철저한 구제하여 약제 살포의 횟수를 절약하는 등 연구하여 나가는 것이 중요하다.

2. 해충의 방제법

1) 재배적 방제(Cultural Control)

재배적 방제는 해충의 생활환경을 여러 가지 방법으로 개선하여 해충이 발생하기 힘들고 발생량이 억제될 수 있게끔 하는 것을 말하며 대체로 재배적 수단이 이용되는 방제수단으로 방제 원리라는 측면에서 생태적(生態的, ecological) 방제라고 할 수 있다. 생태적 방제법은 예방을 목적으로 경종적(耕種的) 방법과 같이할 수 있어 비용이 들지 않는다. 해충의 식성, 발생 시기 등 생태학적 특성을 고려하여 환경조건을 바꾸어 주고 재배법이나 시기 등을 조절하는 것이다.

(1) 환경조건의 변경

작물을 재배함에서는 될 수 있는 한 해충이 많이 발생하는 시기를 피하게끔 시기를 조절한다든가 또는 해충에 강한 품종을 선택하는 일은 해충의 발생 가해를 예방하는 면에 있어서 중요한 문제이다. 이 외에 윤작을 한다든가 시비(施肥) 등 해충 대책의 입장에서 연구할 여지가 많다.

(2) 미기상의 조절

직접 해충이 접하고 있는 기상조건을 말하며 우리가 말하는 기상조건과는 차이가 크다. 논밭의 기상조건을 변경하여 해충의 번식 또는 활동을 억제하는 것도 생각할 수 있다. 벼잎굴파리는 저온성의 해충으로서 논의 기온을 올려주면 어느 정도 번식을 막을 수가 있다. 이 방법으로 관개수는 논의 주위를 한 바퀴 돌려서 물의 온도를 높이면 좋다. 이것은 냉해방지에도 유익하다.

(3) 포장위생(Sanitation)

수확 후 포장에 남아 있는 작물이나 식물 잔사물을 제거하는 것은 해충 발생을 억제하는 데 큰 도움이 된다. 이 방법의 이용에는 해충의 월동, 발생 경과, 행동 습성에 관한 지식이 필요하다.

(4) 경운(Cultivating)

해충은 토양의 화학적 성질, 수분함량, 토종 생물 등의 영향을 받으며 간접적으로는 작물의 생육을 통하여서도 영향을 받으므로 경운이 필요하다.

(5) 재배 시기의 조절

콩풍뎅이의 피해를 감소시키기 위하여 조생종을 재배하는 것이 좋다. 종자를 해치는 톡토기에 대해서는 일찍이 파종하는 것이 피해가 적다. 이 해충은 새로 나온 싹이나 어린뿌리를 씹으므로 해충이 나오기 전에 싹이나 뿌리가 상당히 자라면 피해도 그다지 심하지 않다. 콩의 애풍뎅이가 많이 발생하는 9월경에 콩이 상당히 자라있으면 피해가 적다. 따라서 애풍뎅이가 많이 발생하는 곳에서는 조기재배가 안전하다.

(6) 내충성 품종의 이용

내충성은 비선호성, 항충성, 내성으로 분류한다. 내충성 품종의 이용은 누적적이고 인간이나 환경에 대한 부작용이 없으며 비용이 적게 들어 해충의 밀도억제를 위한 잠재능력이 큰 방제수단의 하나이다. 작물의 품종에 따라서는 해충이 그다지 붙지 않거나 피해를 받아도 나타나는 정도가 적은 것이 있다. 유충이 콩의 깍지에 먹어 들어가는 콩명나방은 털이 없는 콩에는 산란하지 않으므로 거의 피해가 없다. 벼줄기굴파리도 벼의 품종에 따라서 피해의 정도가 다르며 내충성 품종을 선택하는 것이 효과적인 방제법이다.

(7) 윤작(Crop Rotation)

이동성이 적은 해충 즉 방아벌레의 유충과 같은 흙 속의 해충은 윤작을 하면 어느 정도 발생을 억제할 수 있다. 그러나 이것을 넓은 범위에 걸쳐서 실시하지 않으면 효과가 작다. 또 전작물(前作物)에 대해서 될 수 있는 대로 공통한 해충이 적은 작물을 후작물(後作物)로 선택하는 것이 중요하다. 채소의 경우 특히 방아벌레를 목표로 할 때는 콩류, 장다리, 토마토, 가지 등을 넣은 윤작을 한다. 여러 가지 다른 작물을 교호적으로 재배하는 것도 방법에 따라서는 효과가 크다.

(8) 토성의 개량

땅속에 생활하는 해충에 적용될 수 있다. 각다구는 배수가 양호한 토양에 발생이 적고, 포도 뿌리혹벌레는 모래땅에 발생이 적다. 질소 과용의 논에는 이화명충이 많아지고 멸구류의 발생도 많다. 이 논에는 규산질 비료를 주면 방제효과가 있다.

(9) 재배관리의 개선

① 간작은 포장 내의 미기상을 변화시켜 해충의 발생억제 요인이 된다.

② 토성을 개선하는 것은 관개수, 객토, 시비 등은 토성에 상당한 영향을 주어 해충의 발육에 영향을 미친다.

③ 재배 시기를 조절하여 해충이 없거나 또는 적을 때에 작물을 자라게 하면 피해를 줄일 수 있다.

④ 재식 거리는 작물의 생육과 밀접한 관계가 있어 해충의 발육에 영향을 미친다. 소식(疎植)을 하면 해충의 발생이 적어진다.

⑤ 입지조건의 선택, 중간숙주의 제거, 수확 방법의 개선, 적심, 전정, 전지, 솎기 등으로 재배관리를 하면 병충해 발생을 줄일 수 있다.

⑥ 인분뇨와 같은 것을 시용하면 쉬파리의 산란이 집중된다.

2) 물리적 방제(Physical Control)

해충을 맨손이나 간단한 기계류를 써서 방제하는 것으로 물, 온도, 광선, 방사선, 감압(減壓) 등과 같은 수단을 이용한다.

(1) 유살

해충의 특이한 행동 습성을 이용하여 유인하여 죽이는 방법으로 여러 가지 기구가 이용되기도 한다. 이화명충, 딱정벌레류는 밤중에 등불에 모이는 습성이 있다. 이 성질을 이용하여 유아등에 해충류를 모이게 하여 죽일 수 있다. 종래에는 광원(光源)으로서 석유램프나 전등이 사용되었는데 근년에는 효력이 높은 청색형광등이 많이 쓰이게 되었다. 등불에 모이는 곤충류는 일반적으로 짧은 파장(波長)에 끌리는 성질이 있는데 청색형광등은 이 조건에 알맞은 파장을 내므로 유아등의 광원으로서 적당하다. 60W의 전구(電球)에서는 1㏊에 한 등의 비율로 설치하지만, 청색형광등을 사용하면 5㏊에 등 1개의 비율이 좋다. 점등은 발아 기간을 통하여 행한다. 벼의 이화명충에 대해서는 현재 약제 살포로서 그 피해를 현저하게 경감(輕減)시킬 수 있게 되지만 청색형광등에 의한 효과도 커서 수량의 증가율이 약 5%라고 한다. 그리고 한 번 설치하면 노력이나 경비가 그다지 들지 않으므로 이화명충의 대책으로서는 역시 유력한 방법의 하나이다.

(2) 포살

① 직접법으로 포살, 척살(刺殺), 압살, 궤살, 타살 등의 방법을 사용한다.

② 간접법으로는 타락(打落), 흔들기, 갉아 내리기, 긁기, 피해부의 제거, 선별, 끈끈이 포충망의 이용하는 방법을 쓴다.

포살에 의한 방법은 거의 경비가 들지 않지만, 그 반면에 노력이 많이 들기 때문에 가정과 같은 소규모일때 가능한 방법이고 넓은 면적일 때에는 포살보자 농약 등 약제 살포를 하는 것이 유리하다. 그러나 도둑나방과 같이 알이 덩어리(난괴)로 되어있는 것은 이것을 잡아 없애는 것이 효과적인 방법이다. 유충의 구제가 곤란한 하늘소나 산란에 의해 가지에 상처를 입히는 말매미 등은 성충의 포살이 유력한 방제대책이다.

(3) 차단(Blocking)

과수원에서 과실에 종이 주머니를 씌워주는 것은 심식나방이나 그 밖에 해충의 가해를 방지하기 위함이다. 이때 종이에 기피제를 쓰기도 하며, 도랑 만들기 등도 차단의 한 방법이다.

(4) 온도처리

생물은 고온이나 저온에 오랫동안 처리하면 죽게 되기 때문에 이 방법을 해충의 방제에 이용한다.

① 고온처리 시 곤충은 60~66℃의 고온에서 짧은 시간에 죽는다(52~55℃에서 3~4시간 처리), 태양열, 온수, 증기, 불 등을 이용한다.

② 저온처리 시 곤충은 일반적으로 5~15℃에서 활동을 중지하고 -27~0℃가 되면 죽게 된다. 저온처리의 효과는 저온→고온→저온으로 온도변화를 주는 것이 좋다.

(5) 수분처리

곡물 저장 시 함수량이 12% 이하(보통 수매할 때 수분은 15% 내외임)에서는 곰팡이나 해충의 발육이 거의 불가능하다.

(6) 광선처리

유아등이나 고주파를 이용하는 방사선은 해충에 치사 작용과 불임 작용이 있다.

3) 화학적 방제(Chemical Control)

(1) 약제에 의한 방제의 목표

현재 해충 방제라고 하면 약제 살포를 연상할 만큼, 이 방법은 널리 보급되고 또 방제작업 중에서는 극히 중요한 위치를 차지하고 있다. 약제에 의한 방제를 화학적 방제(chemical control)라고도 하지만 이 방법은 효과가 확실하며 빠르게 나타나고 작업도 비교적 간단하다. 또한, 약제는 각 종류의 해충에 대하여 같은 효과를 나타내고 한 번의 살포로서 많은 종류의 해충을 동시에 구제할 수가 있다. 이처럼 화학적 방제에는 여러 가지 이점이 있지만, 약제나 살포기구 구입에 경험을 요하고 또 약제에 따라서는 약해와 중독의 위험도 있으므로 이 점을 주의하여야 한다. 약제에 의한 해충 구제에는 적어도 그 포장에 있는 해충을 전멸시키거나 그에 가깝게 목표를 세운다. 진딧물 등은 약간이라도 살아 남아 있으면 그것이 번식하여 곧 먼저 상태로 되므로 철저하게 구제하여야 한다.

(2) 살충제의 합리적인 사용법

살충제를 합리적으로 사용하려면 다음과 같은 점에 주의해야 한다.

① 약제의 선택

독제(저작형)는 갉아먹는 저작형 입을 가진 해충에게 사용할 수 있고 그 밖의 해충에 대해서는 접촉제를 사용한다. 잎을 말고 그 속에 숨어 사는 진딧물이나 줄기의 내부에 숨어 있는 이화명나방 등은 침투성이 강한 약제를 사용하지 않으면 효과가 없다. 이밖에 약해의 위험성이 있는 것은 사용을 피하고 또 독성이 강한 것은 될 수 있는 한 다른 약제를 쓰도록 한다. 또한, 가격이나 그 밖의 살균제와의 혼용 여부도 생각해야 한다.

② 살포방법

분제, 수화제, 유제 등의 형태에 따라서, 또 목적으로 하는 해충이나 작물의 상황에 따라서 살포방법을 달리한다. 잎 뒷면에 기생하는 진딧물에 대해서는 될 수 있는 대로 그곳에 약제가 묻도록 살포해야 한다. 또한, 흙 속의 해충에 대해서는 분제를 땅속에 넣고 갈아엎는다든가 액제를 관주하는 방법도 있다.

③ 약제 살포의 농도와 살포량

목적물에 따라 연구하여야 하지만 농도를 높이는 것은 오히려 약해의 원인이 되고 또 농도를 높인 만큼 잔효성도 증가하므로 무리하게 높은 농도로 뿌리는 것은 좋지 않다. 살포량은 무성한 벼에서 액제이면 10a당 180ℓ, 분제이면 10a당 3kg이 표준이다.

④ 살포 시기와 횟수

살포의 적기는 해충의 발생상황, 작물의 상태, 약제의 종류 등에 의하여 결정되지만, 일반적으로는 발생의 초기부터 중기에 걸쳐 숨기 때문에 구제가 힘들므로 특히 초기에 구제하는 것이 중요하다.

(3) 살충제의 분류

살충제는 살충기작(insecticidal mechanism)이나 사용형태 또는 화학적 성질에 따라 분류한다.

① 살충기전에 의한 분류

접촉제, 독제, 침투성 살충제, 훈증제로 분류한다. 이밖에 살충제의 효력을 증진시키거나 해충을 유인하는 것도 있다.

② 살충제의 형태에 의한 분류

액제(용액, 유제, 수화제 등), 분제, 입제, 훈증제로 분류한다.

(4) 살충제의 작용 기작

① 살충작용은 많은 인자들의 지배를 받으며 그 관계는 대단히 복잡한 것으로 경우에 따라서는 협력적 또는 길항적으로 상호작용을 한다.

② 살포된 살충제가 곤충체 내에 들어가 실제적으로 살충작용을 일으키는 곤충체 조직을 작용점이라고 하며 작용점은 피부, 원형질, 호흡계, 신경계 등이 있다.

(5) 살충제의 선택

① 살충제의 생물검정은 약제의 효력을 비교할 때에는 약량과 사망률과의 관계를 조사하여 판정자료로 한다.

② 살충효과는 온도, 습도, 강우, 광선, 기타의 조건에 좌우될 뿐 아니라 해충의 행동 습성이나 생리적 조건에 따라서도 달라진다.

③ 혼합으로 약제의 종류에 따라서 혼합이 가능한 것와 혼합하면 약효가 떨어지거나 작물에 약해를 일으키는 것이 있으므로 약제 선정 시 혼합가능 여부를 고려해야 한다

④ 작물에 대한 약해는 식물의 종류, 생육기간, 살포부위, 살포시 작물의 생리적 상태, 기상조건, 살포법 등에 영향을 받으며 약해를 막으려면 약해를 받기쉬운 작물에 약제를 살포할 때에는 약해 방지를 위한 보조제를 첨가하는 등 세심한 주의가 필요하다.

⑤ 인축에 대한 중독작용에 유의해야 한다.

⑥ 살충제 선택의 종합적 기준을 적용한다.

일반적으로 광범위하게 이용할 수 있는 것, 숙련된 전문가의 조언을 꼭 필요로 하는 것, 특수한 조건에서만 사용이 가능한 것, 건축재와 같은 극히 제한된 범위 내에서만 사용할 것이다.

표 4-13 화학적 방제의 장단점

장점(Strong Point)	단점(Weak Point)
① 해충에 대한 적용범위가 넓다.	① 익충이나 인축에 피해가 발생한다.
② 방제 효과가 빠르다.	② 잠재해충이 해충화할 수 있다.
③ 단독 또는 혼합제로 여러가지 해충의 동시방제가 가능하다.	③ 약제를 처리할 때만 방제가 가능하다.
④ 소규모 방제가 가능하다.	④ 수시적 방제로 매회 비용이 발생한다.
⑤ 사용이 간편하다.	⑤ 저항성 해충의 출현 가능성이 높다.
⑥ 새로운 해충이 출현해도 기존 살충제로 방제가 가능하다.	⑥ 해충의 밀도 회복속도가 빠르게 나타날 수 있다.
⑦ 방제비용이 저렴한 편이다.	⑦ 과용과 오용으로 인축 및 환경에 잔류독성을 일으킬 가능성이 있다.

4) 생물적 방제(Biological Control)

생물적 방제는 천적의 이용, 불임성의 이용, 유전학적 원리의 이용, 내충성 품질의 이용, 경쟁에 의한 치환 현상 등 생물 자체를 해충의 개체군 밀도억제수단으로 이용하는 해충 방제법이다. 따라서 생물적 방제는 생물군집 내의 해충과 천적 간의 평형 현상과 관계되는 종 구성문제, 개체군 밀도 간의 상호작용, 무생물적 환경요인의 생물에 미치는 영향과 광범위한 생태학적 지식을 토대로 계획되고 수행되어야 한다. 생물적 방제이론은 해충 개체군과 생물적 방제요인인 천적 개체군 간의 상호작용을 토대로 생물군집의 평형 현상의 개념에 따르고 있다.

(1) 생물적 방제의 장점과 방법

① 생물적 방제의 장점

생물계의 균형유지하고 방제 효과가 반영구적 또는 영구적이다. 환경이나 생태적인 문제가 적고 화학적 문제가 없다.

② 생물적 방제에 이용되는 수단

생물적 방제를 위해서는 국내외의 유력천적을 탐색하여 찾거나 도입하여 이용한다. 천적류의 보호하고 증식하여 방사하는 과정을 거치게 된다.

(2) 천적(Natural Enemy)에 의한 방제

해충이 번식하며 발육하여 가는 사이에는 여러 가지 천적, 예를 들면 그 해충에 기생하는 벌, 파리, 균류 또는 이것을 포식하는 됫박벌레, 응애, 잠자리, 조류 등에 의하여 도중에서 먹혀 없어지는 것이 적지 않다. 그 때문에 이들 천적을 잘 이용하여 해충 방제에 응용하게 되는데 이 방법을 생물적 방제라고도 한다. 이것은 적당한 천적이 없으면 실시할 수 없다는 것과 약제 살포와 양립하기 힘든 문제가 있지만 유력한 천적이 있을 때는 이것을 이용하여 좋은 성적을 올린 예가 많다. 그뿐만 아니라 이 효과는 영속적이며 한번 실시한 후에는 그대로 두어도 해충이 증가하는 일은 거의 없다. 이와 같은 점은 생물적 방제의 큰 특징이다.

① 천적의 보호증식

유력한 천적이란 잘 기생하고 또는 포식하는 것으로 번식력도 왕성하여야 한다는 것이 조건이다. 이와 같은 유력한 천적을 인공적으로 증식하여 논밭에 방사(放飼)하면 가장 효과적이다. 그러나 현재의 상태에서는 포식조류(捕食鳥類) 때문에 집을 만들어주어 죽이지 않도록 주의하여 줄 정도이다.

② 천적의 도입

특정 지방에 천적이 없을 때 다른 지방에서 새로운 해충이 들어오면 때로는 번식이 과대하게 일어나 원산지 이상의 피해를 주는데 그 이유로서는 침입한 지방에 유력한 천적이 없기 때문이다. 따라서 원산지로부터 유력한 천적을 수입하는 일을 생각할 수 있는데 우리나라에서 사과의 사과면충에 기생벌을 수입한 경우나 귤의 해충인 이세리아깍지벌레의 구제를 위해 오스트레일리아 원산의 베달리아됫박벌레를 수입하여 성공한 경우, 루비깍지벌레의 기생벌인 루비좀벌을 제주도 감귤원에 이식시킨 것이 좋은 예이다.

(3) 천적의 종류

천적은 포식성 천적과 기생성 천적으로 크게 나누고 이를 유지하는 천적 유지식물이 필요하다.

① 포식성 천적

포식성 천적에는 칠레이리응애, 무당벌레, 칠성 풀잠자리와 어리줄풀잠자리, 오이이리응애, 애꽃노린재류, 진디혹파리가 있다. 무당벌레나 사마귀와 같이 저작형 입틀을 가지고 있는 것은 피식자를 간단히 씹어 먹거나 통째로 삼켜버린다. 침노린재, 풀잠자리 유충, 꽃등에 유충 등과 같이 흡즙형 입틀을 가진 것은 먹이의 체액을 빨아먹는다. 이때 강력한 독과 소화효소를 주사하여 재빨리 먹이를 무력화시킨 다음에 차분히 먹어 치운다.

② 기생성 천적

기생성 천적은 콜레마니진디벌, 온실가루이좀벌, 굴파리좀벌, 잎굴파리고치벌 등이 있다.

③ 천적 유지식물

천적 유지식물(banker plant)은 천적이 해충을 모두 공격하고 나서 더 이상 기생할 기주가 없어지면 죽거나 다른 곳으로 이동하게 되는데, 그 이전에 천적의 먹이를 준비해 두어 천적을 계속 유지해 줄 필요가 있다. 천적 유지식물은 이처럼 천적을 유지 증식시킬 수 있는 식물을 뜻한다. 식물에서 초식자가 증식을 하게 되고, 그 초식자를 먹이로 하여 포식자나 기생자가 증식하게 된다. 다만, 천적 유지식물에 있는 초식자는 기주전환을 못하여 작물에 해를 주지 않아야 한다.

(4) 미생물 살충제의 장단점

생물적 방제의 일부로 미생물을 이용하기도 하는데, 이는 장점이 ㉠ 해충에 대하여 기주 특이적으로 작용한다. ㉡ 환경변화에 대하여 비교적 안정성을 가지고 있다. ㉢ 침입 해충에 종종 높은 독성을 가지고 있다. ㉣ 화학적 방제와 천적과 같이 사용할 수 있다. ㉤ 일부 바이러스는 자연자원으로부터 수집하여 이용할 수 있고, 자연상태로 발생하는 병을 유발할 수 있다.

그러나 단점은 ㉠ 근연종의 해충이 혼재하여 발생한 경우에는, 종에 대한 기주 특이성이 크게 작용하여 한 종류에만 감염되고 다른 종에는 감염되지 않을 수도 있다. ㉡ 특정한 해충에 제한하여 사용하기 때문에 방제비가 비싸다. ㉢ 방제제를 생산하고 적용하는데 기술과 관리 문제가 있다. ㉣ 화학적 살충제와 같이 특허를 가질 수 없어 비전매품이다. ㉤ 자외선과 pH, 열 등과 같은 물리적 요소에 민감하게 반응한다.

(5) 미생물 살충제의 곤충에 대한 병원성

① 진균(Fungi)

곤충 기생균 자체에 의한 피해(물리적)나 진균이 생산하는 독성물질 또는 살충성 물질이 주체(화학적) 선충 포식균, 선충 기생균도 있다. 작용기작으로 ㉠ 감수성 기주와의 접촉으로 병에 걸린 다른 곤충의 체표에 형성된 분생자가 바람, 식물, 물 등에 의해 분산한다. ㉡ 분생자의 발아(적절한 온도와 습도가 필요) 후 균사가 생성되고 물리적 압력과 효소작용으로 곤충의 외피를 관통한다. ㉢ 외피 및 진피 세포를 관통한 균사는 체강 내에 도달하고 체액 중에서 균사를 형성하여 출아하고 증식한다. ㉣ 기주의 체강 안쪽은 균사가 성숙하여 신장한 균사로 가득 차게 된다. ㉤ 기주체 내에서는 진균이 조직이나 기관으로 침투하면서 살충성 물질이 생산하여 죽게 한다. 단점으로는 ㉠ 분생자의 발아를 위해 적절한 온도와 습도가 필요하다. ㉡ 기주와의 접촉이 있어야 한다.

② 세균(Bacteria)

바실루스속(Bacillus)의 종인 포필리에(popilliae)나 투링기엔시스(thuringiensis, Bt제제)와 세라티아속(Serratia, 그람음성)과 스트렙토코쿠스(Streptococcus, 그람양성) 속이 이용되고 곤충병원성은 세균이 생산하는 독소에 의하는 것과 균이 곤충의 체내에서 증식하여, 패혈증(敗血症)을 일으키는 것으로 나눌수 있다. 작용기작으로는 유충기에 경구적으로 감염, 곤충의 장내로 이동(중장)하거나 곤충체 내로 이동하여 감염시키거나 결정형 독소용해 및 분해(중장 내), 곤충체 내의 지방체(fatbody)를 양분 삼아 증식하는 경우가 있다. 독소활성(중장내)이나 증식과 함께 독소를 분비, 세포막파괴(중장 상피세포), 곤충의 체내에 패혈증을 일으키거나 세포막에 부착되어(중장 상피세포) 기능하기도 한다. 장점으로는 미생물 살충제 중에서 화학 살충제에 가장 가까운 성상을 보이고 Bt제제는 바이러스(virus)나 진균처럼 유행병을 일으키지 않기 때문에 화학살충제와 같이 살포가 가능하다.

③ 바이러스(Virus)

바이러스에는 박쿨로바이러스(baculovirus)로 미생물 살충제의 중심 숙주세포의 핵 안에서 복제되는 것이 있고 세포질 다각체병 바이러스 (cytoplasmic polyhedrosis virus), 곤충 폭스바이러스(entomopox virus) 숙주세포의 세포질에서 복제 등이 있다. 공통점은 입자가 봉입체라는 단백결정체 중에 싸여있고 환경에 매우 안정적이며 작용기작으로 유충기에 경구로 감염되어 중장 소화액의 작용으로 용해된 바이러스가 중장 내로 들어가 중장의 작용체인 미세융모에 부착하고 세포막과 바이러스막이 융합하여 기주의 감수성 조직에서 증식하는 경우이다. 단점으로는 곤충바이러스활성이 저온에서 비교적 장기간 유지되고 자외선이나 60℃ 이상 고온에서는 급격히 감소하며 진균이나 세균처럼 인공배지에서 증식 불가능하고 기주 곤충이나 곤충배양 세포에서만 증식한다는 것이다.

④ 원생동물(Protozoan)

원생동물은 짧은 기간 안에 빠른 작용을 하는 미생물 살충제로서 매우 제한적인 잠재력, 살아있는 기주에서만 배양할 수 있어 생산비용이 매우 비싸다는 단점(대량 사육 힘들다)이 있고 상처 또는 감염이 일어난 해충을 제어할 수 있는 능력이 있다.

④ 선충(Nematode)

선충은 광범위한 기주 범위를 가지고 있고 불임 유발, 생식력 감소, 기주행동의 변화, 치사 능력이 있으며 장기간 보관이 가능하고 포유류와 유용식물에 대한 안전성, 대량증식이 가능하다. 농약살포용 기구의 사용도 가능하다는 장점이 있다. 화학 농약이나 미생물살충제 Bt인 세균(Bacillus thuringiensis) 등과 함께 혼용하면 상승작용(synergy effect) 있다.

(5) 페로몬(Pheromone)의 특징과 이용

페로몬은 특정한 생물적 기능을 저해, 자극시킬 수 있는 물질로 개체들 사이의 생리적이고 행동적인 활동을 조절하고 개체에서 발산되는 단일 또는 혼합화합물로서 같은 종의 다른 개체가 반응한다. 호르몬(hormone)은 체내 분비선에서생산, 개체 내에서 생리적이고 행동적인 과정을 조정하는 겨우라면 카이로몬(kairomone)은 페르몬과 비슷, 다른 종의 개체가 이 화합물을 좋아하므로 대부분 기주가 유인하는 작용을 하고 알로몬(allomone)은 방출된 화학물질에 다른 종의 개체가 반응하고 방출자에게 방어 역할을 한다(본서 274~276페이지 참조).

① 페로몬의 역할(Role of Pheromone)

성 페로몬(Sex pheromone)은 개체군 집합을 위해 먼거리에 작용, 성적 자극제로서 가까운 거리에 작용한다. 페로몬은 생식 행동자극(sex pheromone), 먹이원으로의 집합(aggregation pheromone), 대규모 방어 전략자극(alarm pheromone), 개체군 밀도조절을 할 수 있다. 특히 사회성 곤충에서 중요한 역할, 이동자극제(locomotory stimulant)로 운동성(kinesis)의 원인이 되는 화합물로 방향 신호가 없는 곳으로 이동속도를 증진하여 곤충을 분산이나 회귀에 영향을 준다. 그리고 이동저지제(locomotoryarrestant)는 운동성의 원인이 되는 화합물로 방향신호가 없는 곳으로 이동속도를 저하시키고 화합물 근원지 주위에 모여들게 한다. 유인제(attractant)는 곤충의 이동을 화합물의 근원지로 유도한다. 유인제에는 곤충이 분비하는 정보통신화합물을 포함해서, 곤충이 좋아하는 동식물의 먹이에서 유래된 화합물이나 추출물 등이 재료로 이용된다. 해충을 유인하여 포획하거나 살충시킬 수 있어 해충예찰이나 방제에 이용되고 있다. 기피제(repellent)는 유인제의 반대개념으로 곤충이 화합물 근원지로부터 멀리 이동하게 하는 화합물이다. 일반적으로 모기와 개미, 바퀴벌레 퇴치를 위하여 사용하지만 농업이나 산림해충의 방제에는 효과가 적다. 섭식, 교미, 산란자극제 또는 저해제(deterrent)도 있다.

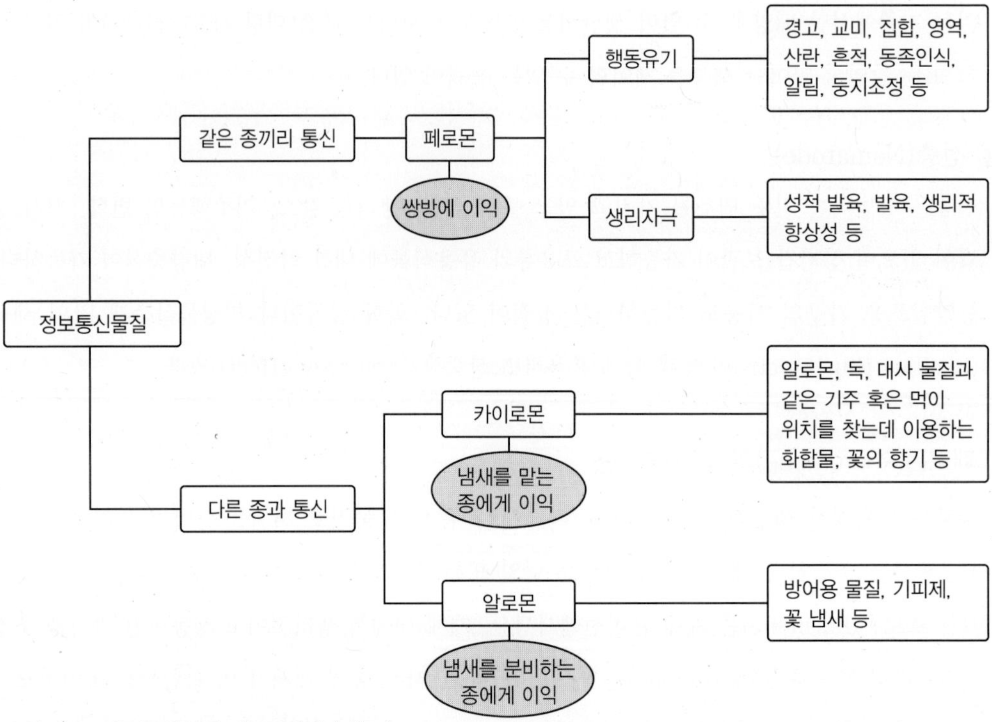

그림 4-19 페로몬의 분류도(278페이지 참조)

(6) 생물적 방제에 이용되는 동물

① 척추(등뼈)동물로 식충성 물고기, 개구리, 새 등 개체의 포충량은 많으나 식충성 곤충에는 미치지 못하여 적극적 방제에는 이용되지 않고 있다.

② 무척추 동물로 식충성 곤충은 식성에 특성이 있고 번식력이 강하여 많이 이용되고 있다.

(7) 생물적 방제의 문제점

농약의 광범위한 사용으로 천적이 감소하여 잠재 해충이 중요 해충으로 바뀌게 되어 생물 간의 평형을 찾기 위해서는 천적의 보호에 힘써야 할 것이며 농약의 남용을 피하여 종합 방제의 방향으로 나아가야 한다.

5) 법적 방제(Legislative Control)

(1) 법적 방제법

법적 방제법은 외국으로부터 새로운 해충의 침입을 방지하고 국내 해충이 크게 발생할 경우 법령에 의하여 조치하는 것을 말하며 이를 위하여 식물방역법이 제정되어 시행 중에 있다.

(2) 식물검역(Plant Quarantine)

식물검역은 외지로부터 새로운 해충의 침입을 막기 위하여 병해충이 붙어 있을 가능성이 있는 담체 물건을 조사하고 제거를 위한 여러 가지 조치를 취하는 것을 말하며 수출입식물검역과 국내 식물검역이 있다. 우리나라는 농림축산검역본부(www.qia.go.kr)에서 시행하고 있다.

(3) 방제명령

방제명령에는 침입 해충의 구제와 저지를 위한 재배, 이동의 제한 또는 금지명령과 소독, 폐기 등의 조치 명령이 있고 재발생의 염려가 있는 해충의 방제를 국가 또는 개인이 노력하여 행하도록 규제한 것이 있다. 다음은 식물검역의 분류와 단계 흐름도이다.

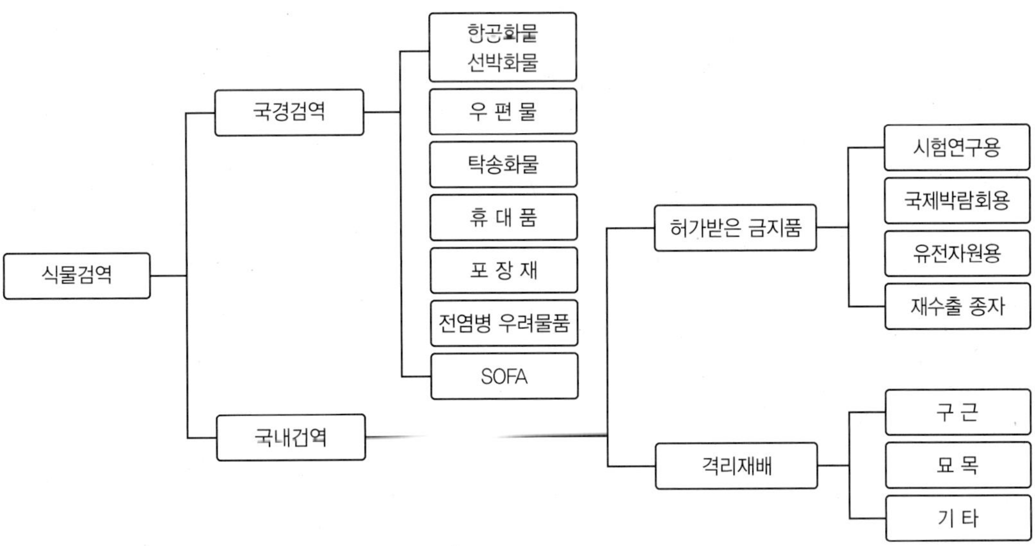

그림 4-20 식물검역의 종류와 과정도

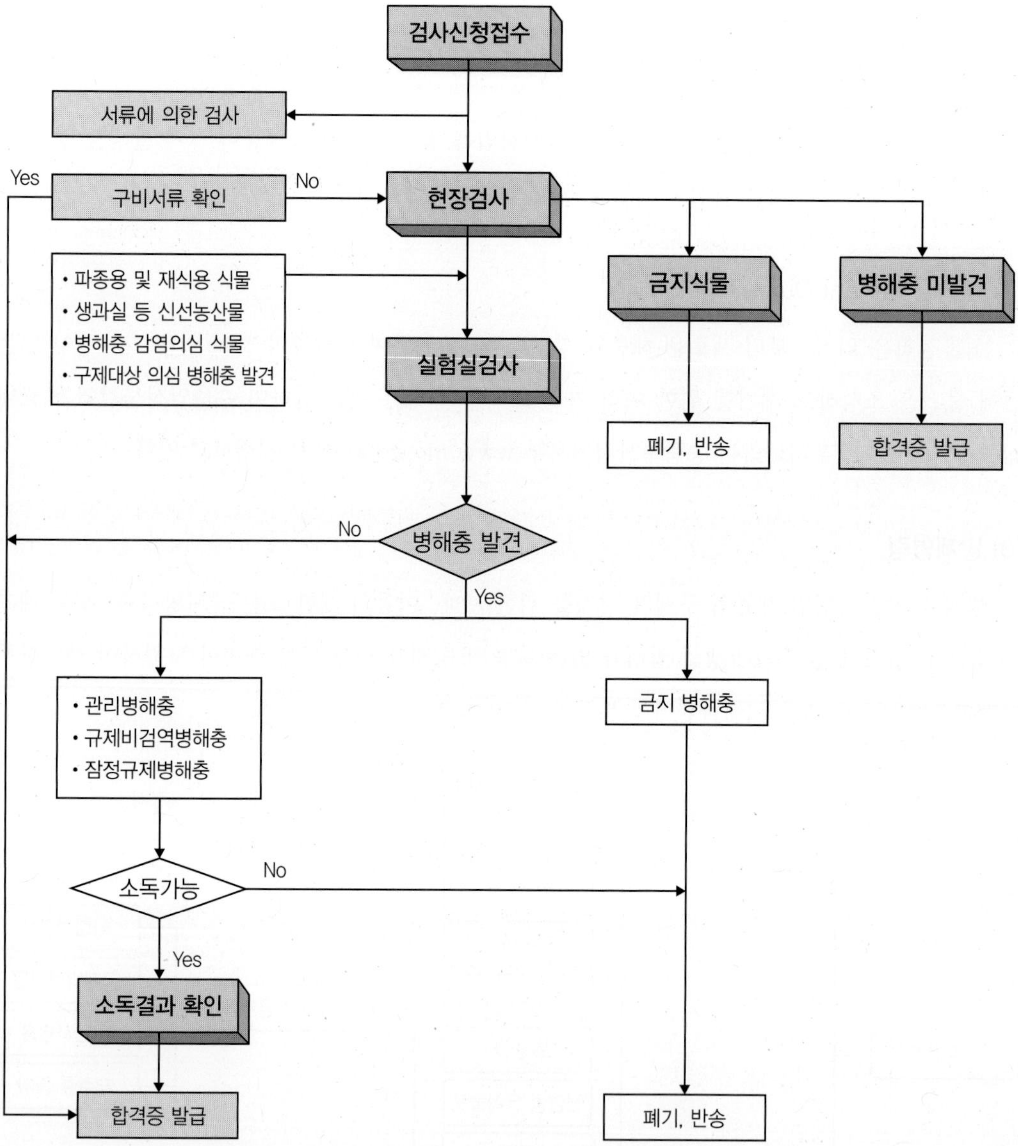

그림 4-21 수입검역의 흐름도

7) 종합적 방제(Integrated Pest Control, IPM)

협의의 종합적 방제법이란 생물적 방제법과 화학적 방제법의 장점을 살리고 단점을 보완하는 것을 목적으로 한다고 볼 수 있다. 이는 여러 가지 방제 수단을 유기적인 조화를 도모하여 이용함으로써 해충에 의한 피해를 작물의 경제적 피해수준 이하로 유지될 수 있도록 해충의 발생량을 관리하는 방제체계이다.

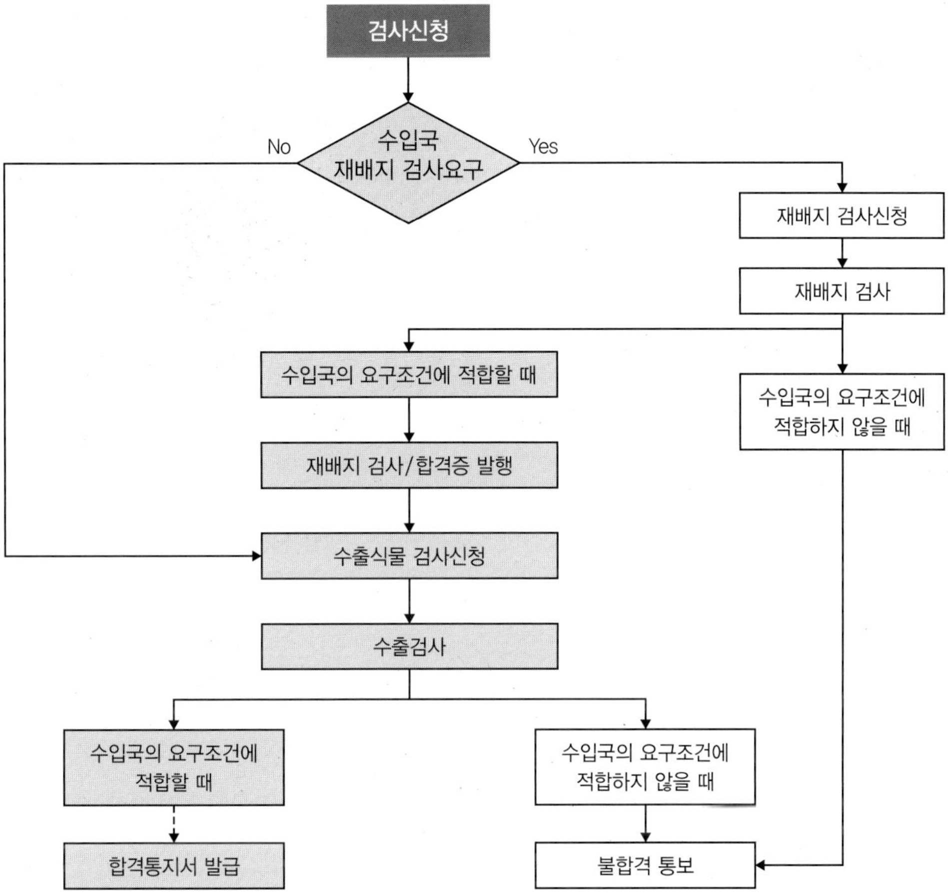

그림 4-22 수입검역의 절차

(1) 종합적 방제의 의의(IPM)

종합적 해충 관리란 이용할 수 있는 모든 방제수단을 통일성 있게 활용하여 해충 개체군의 밀도를 경제적 손실을 피할 수 있는 정도로 억제, 유지하는 한편 부작용을 최소한으로 줄일 수 있는 해충 개체군의 관리수단을 말하며 해충밀도를 경제적 손실이 없을 정도로 유지하는 것을 목적으로 한다. 종합(Integration)이란 여러 가지 다른 유해 생물에 대한 영향을 고려하여 어떤 유해 생물의 방제에 복수의 방제수단을 상호 모순없이 조화롭게 사용하는 것을 말한다. 유해 생물(Pest)이란 무척추동물, 척추동물, 병원 미생물, 잡초를 포함 인간에게 유해한 생물을 말한다. 관리(Management)는 생태학적 원리와 사회경제적 측면을 고려한 행위를 포괄하는 개념이다. 즉 이용 가능한 모든 방제수단을 서로 모순되지 않도록 이용하여 병해충 밀도를 경제적 손실을 피할 수 있는 정도로 억제하고 유지하며 환경에 대한 부작용을 최소화하는 방제수단(관리수단)을 말한다.

(2) 종합적 방제의 필요성

① 살충제에 대한 저항성 해충이 출현한다.

② 방제 후 해충밀도의 조속한 회복이 필요하다.

③ 2차 해충의 발생량 증가하기 때문이다.

④ 살충제의 독성문제가 발생하기 때문이다.

그림 4-23 종합적 방제의 적용

(3) 종합적 방제의 방안

① 토착 천적의 이용한다.

② 살충제의 합리적 이용을 도모한다.

③ 작물의 품종개발로 저항성을 증대한다.

④ 발생예찰을 실시한다.

(4) 종합적 방제 수행의 원리와 적용

① 농약을 전혀 사용하지 않는 것이 아니고 꼭 필요한 때만 농약을 사용하고 가능한 이로운 동물이나 천적에 영향이 적은 선택적 농약을 사용한다.

② 해충을 멸종이나 박멸의 대상이 아닌 자연생태계의 일원으로 천적의 먹이로서 우리 인간에게 경제적 피해를 주지 않는 수준 이하로 억제시킨다.

③ 발생 시기, 발생량에 따라서 방제수단을 마련하고 농약은 재배적인 관리나 천적을 고려하여 최후의 수단으로 사용한다.

④ 특정 해충만이 아닌 작물이 생장하고 있는 농업생태계 전체의 천적이나 해를 입히지 않는 곤충과 생물의 영향도 고려하여 방제체계를 수립한다.

⑤ 단위면적당 최대수량이 아닌 최대부가가치를 목표로 한다.

제6장 **곤충 분류 각론**(Insect Classification)

1. 곤충 목(Order)에 대한 해설

1) **내구류**(Entognatha)

내구류는 입이 머리의 표피로 둘러싸여 안으로 들어가 잘보이지 않는다. 낫발이목, 톡토기목, 좀붙이목이 있다.

(1) **낫발이목**(Protura; proturan)

현재 전 세계적으로 200종, 우리나라에 20종이 있다. 눈, 더듬이, 날개가 없고 습한 산림토양에서 유기물을 섭취하며 증절변태를 한다.

(2) **톡토기목**(Collembola; springtail)

현재 전 세계적으로 2,000, 우리나라에 200이 있다. 씹는 입, 겹눈 대신에 옆에 홑눈이 있고 복부 넷째 마디에 도약기(furcula)가 있고 습한 토양에서 유기물 섭취한다. 알톡토기는 채소의 중요한 해충이다.

(3) **좀붙이목**(Diplura; dipluran)

지구상에 600, 우리나라에 3종이 있다. 씹는 입, 더듬이와 미모가 발달하고 동굴이나 숲의 습한 곳에 서식한다.

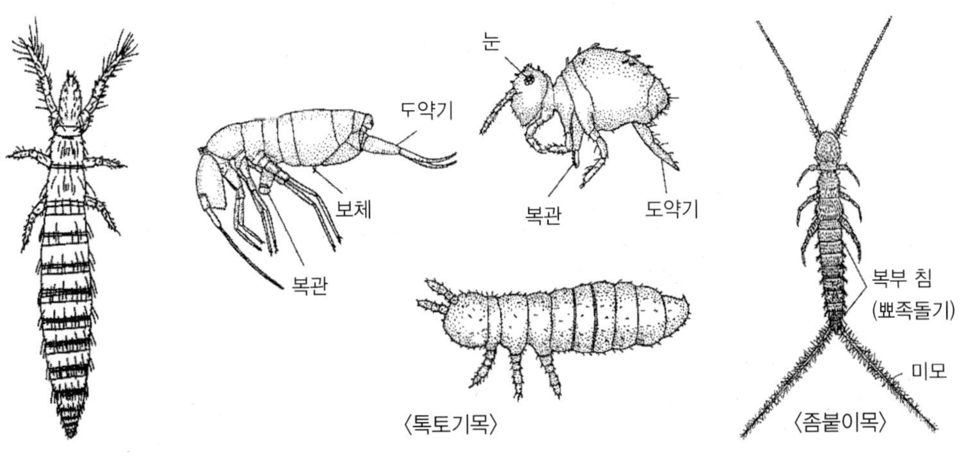

그림 4-24 내구류 곤충의 모습

2) 외구류(Exognatha)

외구류는 입틀 형태가 밖으로 노출되어 드러나는 것, 즉 곤충강은 거의 대부분의 곤충은 외구형이다. 날개가 없는 무시류(無翅類)는 돌좀목(단관절구아강), 좀목(쌍관절구아강) 2종류뿐이며, 나머지는 모두 날개가 있는 유시류이다.

(1) 돌좀목(Archeognatha; jumping bristletail)

현재 전 세계적으로 500여종, 우리나라에 4종이 있다. 씹는 입과 몸에 인편이 많고, 날개가 없으며 더듬이와 미모가 발달하였다. 숲속의 습한 지역에서 낙엽이나 이끼류, 조류, 부식물 등을 먹고 살며 곱추처럼 휘는 것이 특징이다.

(2) 좀목(Thysanura; silverfish)

현재 전 세계적으로 527종, 우리나라에 1종이 있다. 몸은 방추형이며 날개가 없고 배의 각 마디 아래쪽에 돌기가 한 쌍씩 있다. 돌좀과 유사하다. 등이 휘지 않고 습한 곳에 살며 주로 전분을 섭취한다.

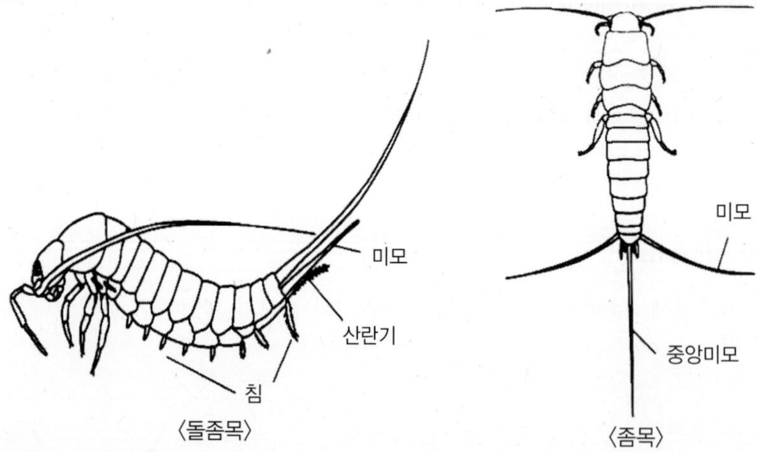

그림 4-25 무시류 곤충들

3) 고시류(Palaeoptera)

고시류는 날개가 있으나 날개를 접을 수 없는 곤충으로 하루살이목, 잠자리목이 있다.

(1) 하루살이목 (Ephemeroptera; mayfly)

현재 전 세계적으로 3,046종, 우리나라에 76종이 있다. 약충은 씹는 입이 있으나 성충은 입 퇴화된다. 앞날개가 훨씬 크다. 약충에서 아성충(subimago)으로 되고 다시 성충이 되는데 수질환경의 지표종이다. 날아다니는 성충무리는 모두 수컷인데 쥬라기에 번성하였다.

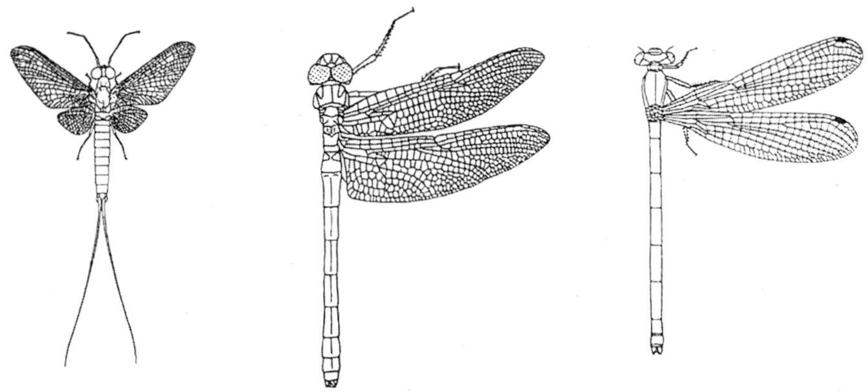

〈하루살이목〉 〈잠자리목-불균시아목〉 〈잠자리목-균시아목〉

그림 4-26 고시류 곤충들

(2) 잠자리목 (Odonata; dragonfly)

현재 전 세계적으로 5,680종, 우리나라에 100종이 있다. 약충과 성충이 포식성이고 독특한 교미 행동을 하며 수컷이 정자를 복부 2번째 마디에 저장한다. 불균시(均翅)아목과 균시아목이 있고 불균시아목은 겹눈이 서로 거의 접합되어 있다. 직장 아가미로 호흡하는 것은 일반적인 잠자리이다. 균시아목은 앞날개와 뒷날개의 모양과 크기가 거의 동일한 경우로 쉴 때 날개를 위로 접어서 늘어 올린다. 약충이 배 끝의 세 개 아가미로 호흡하는데 실잠자리, 물잠자리의 경우이다.

4) 난협목

여기에는 흰개미목, 바퀴목, 사마귀목이 있다.

(1) 흰개미목 (Isoptera; termite)

현재 전 세계적으로 2,864종, 우리나라에 2종이 있다. 씹는 입을 가지고 있고 죽은 나무에 서식하며 장 내에 원생동물이나 박테리아와 공생한다. 후장 섭식을 통해 자손에게 미생물을 전달하며 사회생활을 하는데 왕과 여왕흰개미, 일흰개미, 병정흰개미로 나눈다. 여왕흰개미는 교미 후 날개 절단되고 일흰개미는 약충과 생식력이 없으며 병정흰개미는 생식력이 없는 성충으로 머리와 큰 턱이 발달하여 인간에게는 파괴자와 부식자로 알려져 있다.

(2) 바퀴목 (Blattaria; cockroach)

현재 전 세계적으로 4,565종, 우리나라에 10종이 있다. 씹는 입을 가지고 있고, 살아 있는 화석이라고 불릴 만큼 고생대에 출현하여 현재가지 생존하고 있다. 독일바퀴, 이질바퀴 등은 세계적인 위생 해충이다.

(3) 사마귀목(Mantodea; mantid)

현재 전 세계적으로 2,384종, 우리나라에 8종이 있다. 포식성 곤충으로 90%가 열대와 아열대에 분포하며 겹눈 발달하여 어깨너머로 물체를 볼 수 있는 유일한 곤충이며 육식성이다.

5) 신시류(Neoptera)

신시류는 날개를 접을 수 있는 곤충으로 외구형이다. 대부분 곤충이 여기에 속한다.

(1) 메뚜기목(Orthoptera; grasshopper)

현재 전 세계적으로 23,616종, 우리나라에 130종이 있다. 일반적으로 초식성으로 씹는 입으로 일부 시(屍)식성, 육식성 종이 있다. 앞날개는 혁질(두꺼운 날개), 뒷날개는 막질이다. 뒷다리는 퇴절이 발달되어 점프가 쉽다. 메뚜기 아목(더듬이 30마디 이하)과 여치아목(더듬이 30마디 이상)으로 나눈다. 일부 암컷과 대부분 수컷이 발성하는데 청각기관이 있다. 귀뚜라미, 여치는 앞날개끼리 비벼서 발성, 앞다리 종아리마디에 청각기관이 있고 메뚜기 아목은 앞날개와 뒷다리 비벼서 발성한다.

6) 메뚜기 집합군류

(1) 강도래목(Plecoptera; stonefly)

현재 전 세계적으로 3,497종, 우리나라에 31종이 있다. 입은 저작구이나 퇴화된 것도 있다. 더듬이가 길고 성충의 입은 퇴화되어 있으며 약충이 수서 생활을 하는데 수질 오염의 지표종이다.

(2) 흰개미붙이목(Embiidina; webspinner)

현재 전 세계적으로 458종, 우리나라는 아직 발견된 적이 없다. 열대(일부 온대 지방) 지역에 서식하면서 부식질이나 이끼를 먹는다. 성충과 약충이 앞다리 부절 첫마디에서 실을 뽑는다. 공동생활을 한다.

(3) 대벌레목(Phasmida; walking stick)

현재 전 세계적으로 2,853종, 우리나라에 5종이 있다. 몸이 대나무같이 생기고 식식성이며 씹는 입을 가지고 있다. 위급상황 시 다리를 자동 절단(Autoamputation)한다.

(4) 집게벌레목(Dermaptera; earwig)

현재 전 세계적으로 1,967종, 우리나라에 20종이 있다. 씹는 입을 가지고 있으며 앞날개가 짧아 배를 다 덮지 못한다. 뒷날개를 펼친 모습이 사람의 귀 모양이다. 배 끝에 집게(미모)가 있는데 교미할 때나 먹이를 잡을 때, 방어할 때 사용한다. 야행성이며 습한 곳을 좋아하고 잡식성으로 죽은 곤충이나 썩거나 살아 있는 식물질을 먹는다.

(5) 민벌레목(Zoraptera; zorapteran)

현재 전 세계적으로 34종, 우리나라에는 발견된 적이 없다. 몸이 매우 작고 연하다. 씹는 입으로 곰팡이, 죽은 곤충 등을 먹는다. 열대 숲속의 썩은 통나무에서 무리 지어 생활한다.

(6) 귀뚜라미붙이목(Grylloblattodea)

현재 전 세계적으로 35종, 우리나라에 5종이 있다. 주로 동굴 같은 어둡고 저온 조건에서 생활하는 가장 작은 목 중의 하나이다.

(7) 대벌레붙이목(Mantophasmatodea; gladiator)

현재 전 세계적으로 4종, 우리나라에는 없다. 2002년 살아 있는 종이 아프리카에서 발견된 적이 있다. 몸길이 2~3cm, 육식성으로 갈루아벌레목이라고도 한다.

6) 다듬이목(Psocodea)

총채벌레목과 함께 노린재 집합군에 속한다.

(1) 다듬이벌레목(Psocoptera; psocid)

현재 전 세계적으로 5,574종, 우리나라에 12종이 있다. 몸이 극소형이고 씹는 입이며 무시형과 유시형이 있다.

(2) 털이목(Mallophaga; chewing lice)

현재 전 세계적으로 ,400종, 우리나라에 14종이 있다. 몸이 극소형이고 씹는 입을 가지고 있으며 털이류는 조류나 포유류에 기생하여 표피나 깃털 섭식하기도 하여 펠리컨의 입안에 기생하는 종 있다.

(3) 이목(Anoplura; sucking lice)

현재 전 세계적으로 600종, 우리나라에 12종이 있다. 몸이 극소형이고 뚫어 빠는 입이 모두 흡혈성으로 사람에게 발진티푸스, 참호열 등을 매개시킨다.

7) 총채벌레목(Thysanoptera; thrips)

현재 전 세계적으로 5,749종, 우리나라에 87종이 있다. 몸이 극소-소형이고 쓸어 빠는 비대칭형 입을 가지고 있고 유시형과 무시형, 산란관이 잘 발달한 총채벌레 아목과 산란관이 없거나 미약, 암수 모두 배 끝에 관이 있는 관총채벌레아목으로 나눈다. 불완전변태 군이지만 완전변태 군과 유사하여 약충 2령까지는 날개가 없어 유충이라 하나 약충 후기에는 원시형 번데기 형태가 있다. 농업 해충이 많다.

그림 4-27 총채벌레의 모습

8) 노린재목(Hemiptera, true bug)

현재 전 세계적으로 100,428종, 우리나라에 1,886종이 있다. 노린재목(Hemiptera)은 몸이 극소에서 극대까지 크기가 다양하고 뚫어 빠는 입이 있다. 노린재류(類)는 진수서군, 반수서군, 육서군으로 다시 나누고 입이 머리 앞쪽에서 출발, 반굳은 날개, 뒷가슴에 냄새샘, 육서, 수서, 반수서 생활로 다양하고 식식성, 육식성 등으로 농업 해충이 많다. 침노린재, 허리노린재, 방패벌레, 빈대, 꽃노린재, 소금쟁이, 장구애비, 물장군 등이 있다. 매미류에는 매미 아목(매미, 꽃매미 등)과 진딧물 아목(진딧물, 가루이류, 뿌리혹벌레, 깍지벌레 등)으로 다시 나누는데 입이 뒤쪽에서 출발, 날개는 막질, 육서 생활, 모두 식식성이고 농업 해충이 많다.

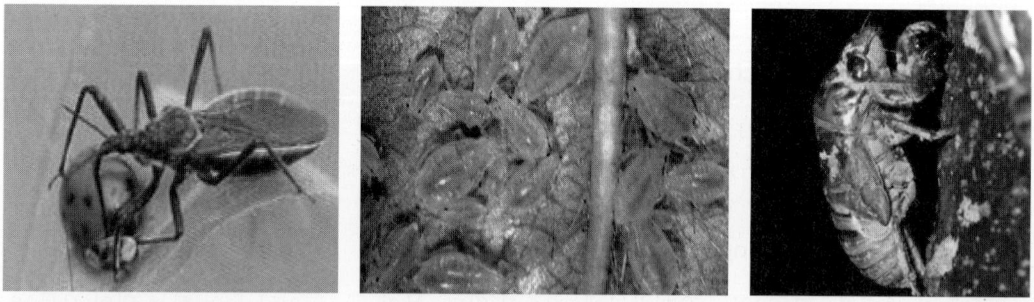

그림 4-28 노린재의 모습

9) 풀잠자리목(Neuroptera; lacewing)

현재 전 세계적으로 5,704종, 우리나라에 37종이 있다. 성충은 씹는 입과 강한 턱을 가지고 있고 유충은 뚫어 빠는 입을 가지고 있다. 대개 육서 생활을 하며 유충이나 성충이 육식성을 하여 천적이나 생물적 방제에 이용된다.

10) 뱀잠자리목(Megaloptera; dobsonfly)

현재 전 세계적으로 337종, 우리나라에 4종이 있다. 유충은 육식성이고 수서형이다.

11) 약대벌레목(Raphidioptera; snakefly)

현재 전 세계적으로 225종, 우리나라에 1종이 있다. 앞가슴이 길게 발달하고 씹는 입을 가지고 있다.

12) 풀잠자리목(Neuroptera; lacewing)

현재 전 세계적으로 5,704종, 우리나라에 37종이 있다. 성충은 씹는 입과 강한 턱을 가지고 있고 유충은 뚫어 빠는 입을 가지고 있다. 대개 육서 생활을 하는데 유충과 성충이 모두 육식성이라 천적이나 생물적 방제에 이용된다..

13) 딱정벌레목(Coleoptera; beetles)

현재 전 세계적으로 359,891종, 우리나라에 3,658종이 있다. 동물계 중에서 가장 큰 목이고 곤충강의 약 40%를 차지한다. 번데기는 나용이고 고치를 짓지 않는다. 씹는 입은 전구식 또는 하구식이고 앞날개는 딱지날개 (또는 시초)이고 습성이나 생활 장소, 먹이 등이 다양하여 식식성, 육식성, 식균성, 식시성, 기생성 등 모두 들어 있다.

그림 4-29 딱정벌레의 모습

여기에는 원시 아목인 곰보벌레. 육식 아목인 길앞잡이, 물방개, 딱정벌레. 다식 아목(풍뎅이 아목)인 유충을 '굼벵이'라 하는데 풍뎅이, 비단벌레, 방아벌레, 반딧불이, 거저리, 바구미, 무당벌레, 반딧불이, 하늘소, 사슴벌레 등 다양하다.

14) 부채벌레목(Strepsiptera; stylopid)

현재 전 세계적으로 603종, 우리나라에 1종이 있다. 몸의 크기는 아주 작고 대개 다른 곤충의 내부에 기생하며, 일부 비기생성이 있다. 기생성 암컷은 다리, 더듬이, 날개, 눈 등이 없고 1령 충이 다른 기주로 이동하여 기생하며 2령 이후는 움직이지 않는다. 과변태(hyper metamorphosis)로 두 가지의 애벌레 형태를 가지며 앞날개는 퇴화되어 가평균곤(pseudohaltere)을 갖는다.

15) 밑들이목(Mecoptera; scorpion fly)

현재 전 세계적으로 681종, 우리나라에 11종이 있다. 부리 주둥이는 입이 길쭉하게 생기고 수컷이 배 끝마디를 올리고 있다. 육서 생활을 하여 초지 등에서 발견된다..

16) 벼룩목(Siphonaptera; flea)

현재 전 세계적으로 2,048종, 우리나라에 37종이 있다. 날개가 2차적으로 퇴화하였고 날개 근육과 다리 근육으로 점프한다. 정온동물에 외부기생을 하는데 14세기 유럽에 흑사병 전파하는 데 관여되어 있다.

17) 파리목(Diptera; fly)

현재 전 세계적으로 152,244종, 우리나라에 1,100종이 있다. 큰황나각다귀, 왕파리매 등이 있다. 파리목의 유충은 씹는 입이며 '구더기'라고 하고 번데기는 나용이고 날개는 한 쌍, 앞날개 퇴화하여 평균곤(haltere)을 가지고 있다. 모기 아목에 모기, 각다귀 등, 등에 아목에 집파리, 초파리, 굴파리, 검정파리, 금파리, 고자리파리 등이 있다. 유충이 마늘이나 파의 뿌리를 가해한다.

그림 4-30 고자리파리의 모습

18) 날도래목(Trichoptera; caddisfly)

현재 전 세계적으로 12,868종, 우리나라에 70종이 있다. 유충은 씹는 형, 번데기는 나용이고 유충과 번데기가 물속에 산다. 물고기의 주식이고 수질 지표종이다.

19) 나비목(Lepidoptera, 나비(butterfly)와 나방(moth))

현재 전 세계적으로 156,793종, 우리나라에 3,000여 종이 있다. 몸은 극소에서 극대까지 있고, 딱정벌레 다음으로 큰 목, 나비류는 나방류의 1종, 우리나라에 10여 종이 있다.

대부분 인편(비늘)으로 덮여 있다. 번데기는 피용이고 성충은 코일 주둥이를 가지고 있다. 나비류는 고치를 짓지 않고 번데기가 되어 '접용'이라고 한다. 나방류는 대부분 고치를 짓는다. 호랑나비, 누에나방, 배추흰나비, 잎말이나방, 주머니나방, 심식나방, 감꼭지나방, 박각시나방, 밤나방, 독나방, 쐐기나방, 불나방 등 다양하다.

20) 벌목(Hymenoptera, bee)

현재 전 세계적으로 144,695종, 우리나라에 2,000여 종이 있다. 몸은 극소(기생성)에서 극대(말벌)까지 다양하고 번데기는 나용이고 대부분 고치를 짓는다. 성충은 씹거나 핥거나 빠는 입을 가지고 있고 가장 진화된 그룹으로 사회성 생활을 하는 종이 많다. 벌 아목과 잎벌 아목으로 나눈다. 잎벌 아목에는 수목 해충이 많다. 벌 아목에는 개미, 꿀벌, 기생성 및 육식성 벌이 포함된다. 수정란은 암컷이 되고 무정란은 수컷이 된다.

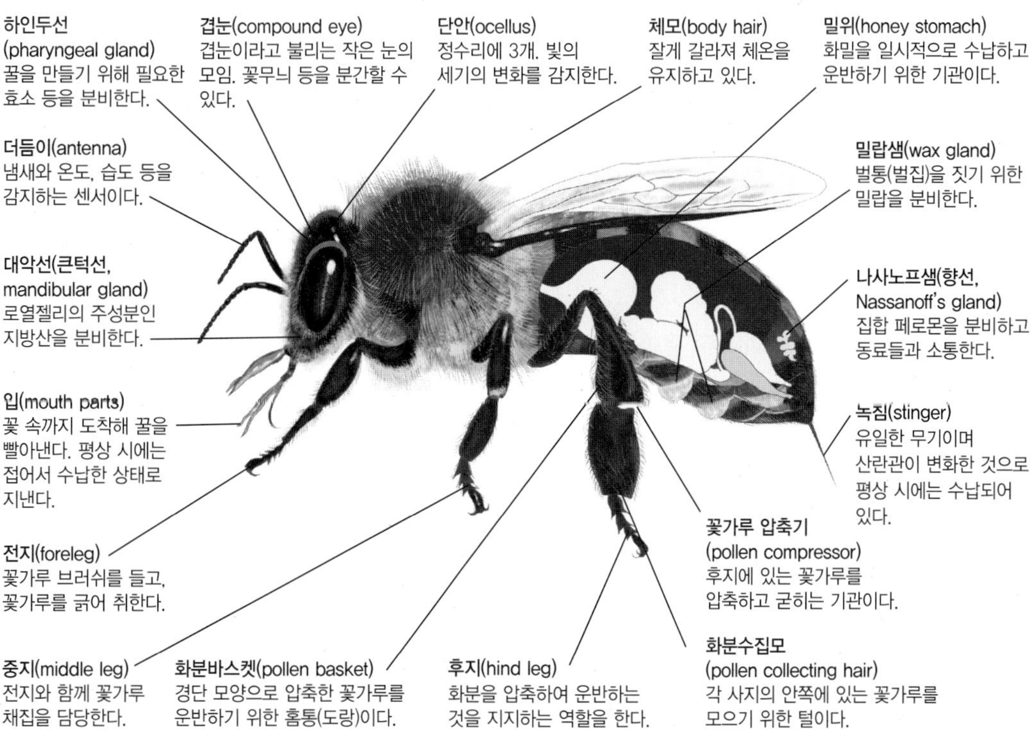

그림 4-31 꿀벌의 부위별 명칭과 기능

제7장 주요 해충

1. 벼의 해충

1) 벼물바구미

그림 4-32 벼물바구미의 성충 모습

벼물바구미는 벼 어린잎과 뿌리를 갉아 먹고 벼잎벌레와 굴파리류는 벼 잎이나 줄기 속을 갉아 먹어 피해를 주는 해충으로 해마다 발생한다. 모내기 당일 육묘 상자에 입제를 뿌려 방제하고 육묘 상자에 약제 처리를 못 할 경우는 모낸 후 10~15일 사이에 등록 약제를 선택하여 방제한다. 벼를 어릴 때 가해하므로 피해가 크다.

2) 애멸구

그림 4-33 애멸구의 약충 및 성충 모습

애멸구는 벼 줄무늬잎마름병을 옮기는 월동해충으로 최근 월동밀도가 낮은 편이지만 중국에서 대량으로 날아올 때 피해가 우려되며 철저한 사전 방제가 필요하다. 발생 우려 지역은 삼광이나 새누리, 조평, 화영과 같은 저항성 품종을 심고 맥류 포장 주변에서 육묘 시 방충망을 씌워 애멸구 유입을 차단하는 것이 좋다. 모내기하는 날 벼물바구미, 벼잎벌레, 굴파리류 등과 동시 방제가 가능한 살충제(입제)를 살포한다.

(1) 피해양상으로 해충이 식물체의 즙을 빨아 먹어 생육 장애를 일으키고 바이러스를 옮기며 줄무늬잎마름병을 매개시킨다.

(2) 생활사는 4령의 약충태로 월동하고 1년에 4~5회, 4월에서 9월까지 발생한다. 알의 형태는 바나나 모양으로 백색이며 길이는 0.6mm 정도이고 약충은 담갈색이다.

(3) 발생기에 농약을 살포하거나 저항성 품종을 재배한다.

3) 흰등멸구

(1) 피해양상으로 해충이 식물체의 즙을 빨아 먹어 생육 장애를 일으키고 도복을 시킨다.

(2) 생활사는 6월 중하순에 중국에서 비래(우리나라에서 월동하지 못함)하므로 저기압이 통과된 날 많이 발견된다. 따라서 비래되는 상황에 따라 발생횟수가 다르나 대체로 연 4회 발생한다. 알의 형태는 바나나 모양으로 백색이며 길이는 0.9mm 정도이고 약충은 담회색이다. 등 쪽에 암갈색 반문이 있고 성충은 흑갈색이나 등의 중앙에 황백색 무늬가 있고 양측은 흑색이고 날개는 투명하다.

(3) 내충성품종을 재배하고 질소비료를 즐기며 발생기에 농약을 살포한다.

4) 벼멸구

(1) 피해양상으로 해충이 식물체의 즙을 빨아 먹어 생육 장애를 일으키고 고사시킨다.

(2) 생활사는 6월 중하순에 비래(우리나라에서 월동하지 못함)하여 번식하나 그 양이 적고 이동성도 낮으나 집중적으로 피해를 일으킨다. 대체로 연 4회 발생한다. 알의 형태는 바나나 모양으로 백색이며 길이는 0.6mm 정도이고 약충은 성충에 비해 작고 날개도 짧다. 성충은 갈색이나 입근처는 흑갈색이고 날개는 담갈색이다.

(3) 내충성품종을 재배하고 질소비료를 즐기며 발생기에 농약을 살포한다.

(4) 비래해충은 초기방제가 중요하므로 멸구가 날아온 지역에서는 볏대 아래쪽을 잘 살펴보아 발생이 많으면 등록 약제로 방제한다.

그림 4-34 벼멸구의 약충(좌) 및 성충(우) 모습

그림 4-35 흰등멸구의 모습

5) 혹명나방

(1) 피해양상으로 해충이 식물체의 잎을 말거나 철하고 식해한다.

(2) 생활사는 번데기로 월동하며 연 2~4회 발생한다. 알은 담황색으로 길이는 1.0mm 정도이고 약충은 두부가 담갈색이나 몸은 황록색, 노숙하면 담황색으로 변한다.

(3) 겨울에 논둑의 잡초를 제거하여 월동충을 죽이고 발생기에 농약을 살포한다.

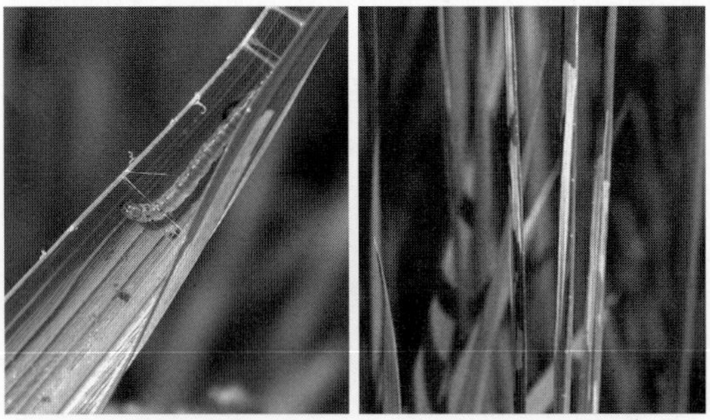

그림 4-36 혹명나방의 유충(좌)과 피해 모습(우)

6) 끝동매미충

(1) 피해양상으로 해충이 식물체의 즙을 빨아 먹어 생육 장애를 일으키고 고사시키며 바이러스성 오갈병을 매개시킨다.

(2) 생활사는 연 4회 발생한다. 알의 형태는 바나나 모양으로 초기에는 반투명하나 점차 황갈색으로 되며 길이는 1.0mm 정도이고 약충은 부화 직후 연한 황색이나 점차 흑갈색으로 변한다. 성충의 날개는 녹색이나 끝이 갈색이나 흑색이다. 수컷은 4~5mm, 암컷은 6mm이다.

(3) 발생기에 농약을 살포한다.

그림 4-37
끝동매미충의 수컷성충(좌)과 암컷성충(우) 모습

7) 이화명나방(이화명충)

(1) 피해양상으로 해충이 식물체 속으로 식입하면 황갈색으로 잎이 마르고 고사한다.

(2) 생활사로 연 2회 발생하고 노숙 유충태로 볏짚에서 월동하며 제1화기는 4월부터 번데기로부터 부화하여 5월부터 발생하여 최성기는 6월이다. 바람에 의해 비산한다. 제2화기는 7월부터 나타나 8월에 최성기에 도달한다.

(3) 발생 최성기일 이후에 농약을 살포한다.

2. 밭작물 해충

1) 보리굴파리

(1) 피해양상으로 해충이 식물체 먹어 초기에는 백색, 후기에는 갈색으로 고사시킨다.

(2) 생활사는 연 2~3회 발생한다. 땅속에서 번데기로 월동하고 5월에 성충이 된다.

(3) 발생기에 농약을 살포하고 피해 상습지에는 석회질소를 시용하고 중경한다.

2) 콩잎말이명나방

(1) 피해양상으로 해충이 식물체의 잎을 식해한다.

(2) 생활사는 연 2~3회, 6~8월에 발생하고 이때 피해가 심하다. 유충으로 월동한다.

(3) 발생기에 유기인계 농약을 살포하고 천적인 잎말이고치별로 방제한다.

3) 담배나방

(1) 피해양상으로 해충이 담배, 고추, 토마토의 잎을 식해한다.

(2) 생활사는 연 2회 발생한다. 땅속에서 번데기로 월동하고 밤에만 활동한다.

(3) 부화유충이 과실속으로 들어가기전에 농약을 살포한다.

4) 꽃매미(*Lycorma delicatula*)

땅속생활을 하지 않는 년1회 발생하는 알로 월동한다. 포도나무 줄기를 흡족하여 고사사키거나 배설물로 품질을 악화시킨다. 기후온난화로 기주식물이 늘어나고 천적이 없어 피해가 늘어나고 있다.

그림 4-38 꽃매미의 모습

5) 노린재

집합페로몬 트랩을 8 개종, 우리나라에 10a를 포장 가장자리와 중앙에 일정 간격으로 배치하는 것이 좋으며 약제 방제는 노린재류의 활동이 왕성한 오후 시간대보다 오전 또는 해 질 무렵에 등록 약제를 살포하는 것이 효과적이다. 약효 지속시간은 약 10일 정도이다.

〈톱다리개미허리 노린재 성충〉 〈썩덩나무노린재 성충〉 〈가로줄노린재 성충〉 〈풀색노린재 성충〉

그림 4-39 노린재의 모습들

6) 담배가루이(whitefly)

온실가루이보다는 크기가 작고 흰색날개와 붉은 눈을 가지고 있으며 주로 작물의 잎 뒷면에 알을 낳는다. 바이러스를 옮기며 감로를 분해해 품질을 떨어뜨린다.

〈성충〉 〈약충〉 〈성충 군집〉 〈피해〉

그림 4-40 담배가루이의 모습

7) 가루깍지벌레(mealybug)

운동성이 있는 깍지벌레는 솜털 모양이어서 솜깍지벌레라고도 한다. 스케일(scale)이라고 하는 개각충은 비슷하지만 종류가 다르다. 가루깍지벌레는 배나무, 복숭아나무에서 흡즙을 하여 피해를 준다. 가루깍지좀벌을 천적으로 생물적 방제를 한다.

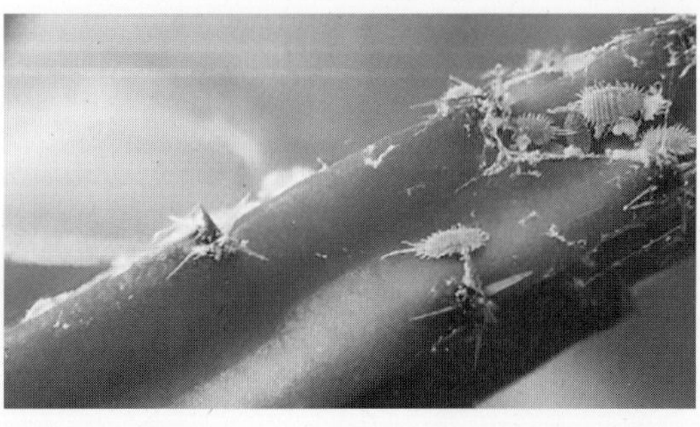

그림 4-41 가루깍지벌레의 피해 모습

8) 달팽이(Snail)

(1) 밤이나 낮에 비가 온 후 활동이 많아진다. 피해양상으로 주로 밤에 다육식물, 채소나 허브 의잎을 식해한다.

(2) 우리나라에 100여종이 있으며 머리가 뚜렷하고 발은 넓고 편평하며 몸 전체가 끈적끈적한 점액이 분비된다. 머리에 2쌍의 더듬이가 있는데 큰 더듬이 끝에 눈이 있다.

(3) 껍질이 없는 민달팽이보다 껍질이 있는 달팽이는 농약으로 방제가 어렵다. 천적인 조류가 먹게 한다.

그림 4-42 달팽이의 모습

3. 저장 해충

1) 바구미

저장 곡류를 가해하는 해충으로 딱정벌레목 바구미과에 속한다. 굳은날개(딱지날개)를 가지고 있으며 알을 300~500개 쌀이나 밀의 낟알에 구멍을 뚫고 낳는다. 애벌레와 성충이 어두울 때 피해를 준다.

그림 4-43 밀에 발생한 바구미

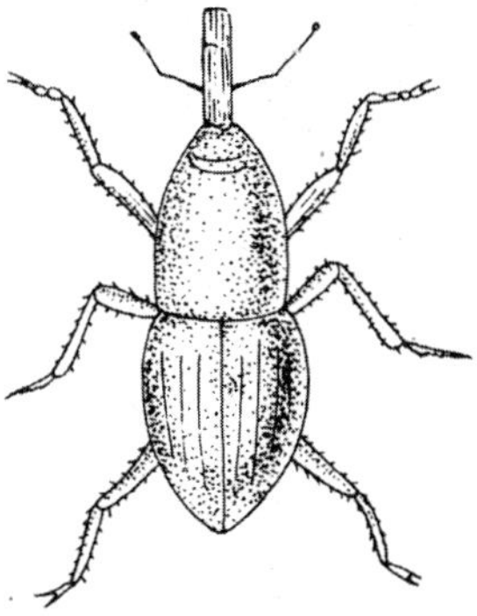

그림 4-44 바구미의 성충모습

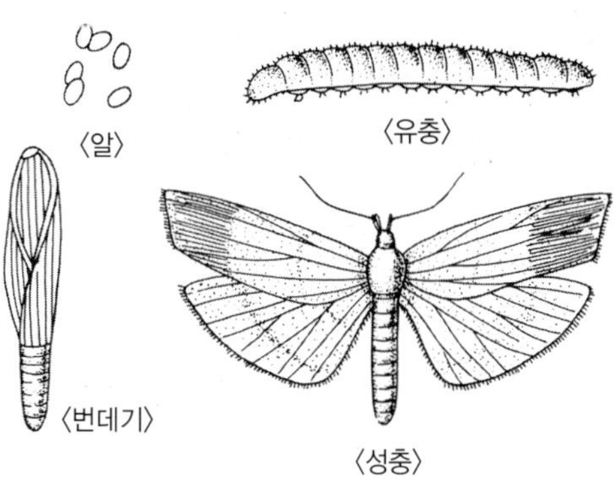

그림 4-45 화랑곡나방

2) 화랑곡나방

나비목 명나방과의 ㅍ해충으로 콩을 먹는다. 유충은 15mm 정도이고 머리는 적갈색이다. 성충의 수명 2주 이내이나 교미후 다음날부터 산란하고 약 150개 정도의 알을 낳는다. 성충은 어두운 곳을 좋아한다.

3) 과실파리

파리목 파리과의 날개에 무늬가 있고 크기와 색상이 다양하다. 파리류는 우리나라에 86종이 있고 일부만 주광성을 나타낸다.

그림 4-46 퀸즈랜드 과실파리(Dacus tryoni)의 모습

4) 밝은갈색사과나방

다른 과실나방과 비슷하여 식별하려면 DNA분석을 해야 한다. 전형적으로 암수가 밝은 갈색이다. 수컷은 7mm, 암컷은 10mm 정도의 크기이다. 유충은 15mm 정도로 짙은 갈색이고 호주나 미국에 많다. 3화기를 지내며 사과를 식해한다. 알은 3~150개 정도를 잎이나 과실에 낳는다.

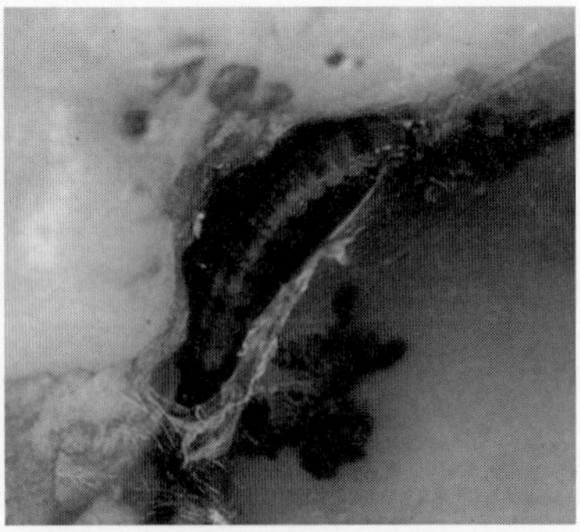

그림 4-47 밝은갈색사과나방(light brown apple moth)의 성충(좌), 사과나방의 유충이 전형적인 보호용 실을 내며 번데기가 되고 있는(용화) 모습(우).

4. 검색표 샘플

1) 배나무 해충 검색표

(1) 잎과 신초를 가해하는 해충

① 잎에서 양분을 흡즙한다.

가. 신초의 잎에서 무리를 지어 가해한다.

1) 잎 뒷면을 가해하면 그 부분이 이상 비대하여 뒷면으로 말린다. ……………… 배나무면충

2) 잎 뒷면을 가해하나 잎은 거의 말리지 않는다. …………………………… 조팝나무진딧물

3) 잎 표면에 기생하며 가해받은 잎은 가운데 엽맥을 중심으로 안쪽으로 세로로 말린다. ……………………………………………………………………… 배나무털관동굴밑진딧물

나. 발아 당시 눈이나 어린잎에 무리지어 가해하여 잎이 말리고 그을음병을 일으킨다.… 배나무이

다. 잎 겉면에 흰 반점이 생기고 잎 뒷면에는 다수의 작은 검은 점이 생기며 성충은 방패 모양이다. ……………………………………………………………………… 배나무방패벌레

라. 잎이 엽록소를 잃고 백색으로 탈색되며 뒷면에 작고 흰 탈피각이 있으며 성충은 몸통 좌우에 검은 점이 있다. ……………………………………………………………… 점박이응애

② 잎을 식해한다.

가. 잎을 말거나 붙여 묶어 놓고 식해한다.

1) 몇 장의 잎을 붙이거나 말고서 식해한다. ……………………………………… 잎말이나방류 (사과무늬잎말이나방, 사과애모무늬잎말이나방 등)

2) 잎을 세로로 접어 양쪽을 붙여 만두 모양을 만들고 그 속에서 가해한다. …… 사과먹나방

나. 잎을 말지 않고 식해한다.

1) 잎 겉면에서 불규칙한 구멍을 뚫고 식해한다. …………………… 풍뎅이류(다색풍뎅이)

2) 어릴 때는 가장자리부터 식해하고, 커지면 전체를 식해하며 자벌레 운동을 한다. 자나방류

3) 어릴 때는 무리를 지어 거미줄 속에서 식해하고, 커지면서 분산하여 개체별로 식해한다. ……………………………………………………………………… 미국흰불나방

③ 신초부분이 시들거나 말린다.

가. 잎이 가로로 산란흔이 생기며 줄기 속에 정원형의 알이 있다. ……………… 배나무줄기벌

나. 신초의 잎이 말리고 잎이 그 속에 산란하며 말린 잎을 식해한다. …………바구미류 일종

(2) 과실을 가해하는 해충

① 과실의 내부를 식해한다.

가. 과실의 겉에서 가까운 부분을 식해하나 일부는 핵심부까지도 먹어 들어가고 표면에 구멍이 생기며, 주변은 까맣게 변하고 가는 배설물 배출된다. ………………………… 복숭아순나방

나. 과실을 핵심부까지 먹어 들어가며 표면이 기형으로 되고 구멍이 생기며 동은 배출되지 않는다. ……………………………………………………………………………… 복숭아심식나방

다. 과실은 건조·수축된 채 가지에 매달리며 굵은 똥을 배출한다. ……………………… 배명나방

라. 성충이 과경에 상처를 내고 과실에 구멍을 뚫고 알을 낳으며 유충이 그 속에서 가해한다. ………………………………………………………………………………… 복숭아거위벌레

② 과실의 외부를 가해한다.

가. 봉지를 씌운 과실에 주로 발생한다.

1) 과실의 움푹한 부분에 하얀 납질물에 싸인 타원형의 벌레가 있다. ………… 가루깍지벌레

2) 표면이 콩가루를 뿌린듯이 되고 검은무늬병균이 침입하여 흑색반문이 생기며 균열이 생긴다. …………………………………………………………………………… 콩가루벌레

나. 과실의 표면에 작은 구멍이 생기고 주변에 동심원상으로 변색되며 부패한다. … 흡수나방류

다. 과실표면을 얕게 갉아 먹어 곰보모양이 되고 잎 조각을 붙여놓는 수도 있다. ……………………………………………………………………………… 사과무늬잎말이나방

라. 과실의 표면을 쪼아 먹은 흔적이 있다. ……………………………………… 말벌, 까치 등 조류

(3) 가지를 가해하는 해충

① 가지의 표피에 부착하여 가해한다.

가. 담갈색 굴깍지모양의 깍지가 붙어 있다. ……………………………………… 배굴깍지벌레

나. 둥글고 검은 빛깔 깍지 모양의 깍지가 기생한다. …………………………… 샌호제깍지벌레

다. 나무껍질 사이, 전정 상흔에 흰가루에 싸인 타원형의 작은 벌레가 기생한다. 가루깍지벌레

② 가지의 표피 밑이나 수부에 먹어 들어간다.

가. 표피 밑에 불규칙한 터널을 파면서 식해하고 후에 껍질이 부푼다. …………… 배나무굴나방

나. 가지의 수부에 깊이 구멍을 뚫고 구멍으로부터 똥을 내어 겉 표피에 부착시킨다. 남날개하늘소

다. 가지를 한 바퀴 고리 모양으로 식해하고 거친 똥을 붙여 놓는다. ………………… 박쥐나방

라. 가지 끝쪽에 둥근 혹이 생기고 그 속에 유충이 가해한다. ………………………… 배혹나방

2) 번데기(용)의 검색표

11. 부속지가 외부적으로 불분명하며 몸에 밀착한다. ………………………………… 72번으로

12. 부속지가 외부적으로 뚜렷하며 몸에 밀착하지 않는다. ……………………… 21, 22번으로

21. 몸이 둥글거나 편평하지만 그다지 납작하지는 않다. 촉각과 날개 딱지는 현저하다. ………
……………………………………………………………………………………… 31, 32번으로

22. 몸이 매우 납작하고 작다. 촉각은 작고 이빨은 흡수형이다. 겹눈은 없다. ………… 벼룩목

31. 입이 씹거나 핥는 데 알맞고 혀는 뚜렷하다. 배의 기부가 현저하게 잘록하다.벌목의 대부분

32. 입이 저작구이고 혀는 없다. ……………………………………………………… 41, 42번으로

41. 촉각이 길며 12절이거나 그 이상이다. 날개는 흔적만 있다. ………………… 51, 52번으로

42. 촉각이 몸길이보다 짧으며 길 경우에는 보통 11절 또는 그 미만이고 몸길이보다 약간 길다. 날개는 단단하며 가운뎃다리와 뒷다리의 끝에 이른다. 다리는 퇴절 끝이 예리하게 굽어졌다. ……………………………………………………………………………딱정벌레목의 대부분

51. 머리가 기형이고 두갑(頭匣)과 입은 길게 돌출한다. 촉각은 16절 이상이며 겹눈 근방에 나 있다. ……………………………………………………………………………………… 밑들이목

52. 머리의 입이 달린 부분이 이상적으로 신장(伸長)되어 있지 않다. …………… 61, 62번으로

61. 이빨이 짧고 크며 원통형인데 굽어 있다. 가슴과 배에 기관새가 있다. 유충은 집 속에 들어 있으며 물속에 산다. ……………………………………………………………………… 날도래목

62. 이빨이 크며 서로 교차되어 있지 않다. ………………………………풀잠자리목의 대부분

71. 몸이 주머니 모양의 유충껍질에 싸여 있으므로 외부에서는 부속지를 볼 수 없다. 표면은 반드럽고 가슴과 배 끝의 기문(氣門)은 흔적만 남아 있다. ………………… 파리목(環縫亜目)

72. 번데기에 성충의 부속지가 나타나 있으며 이것들은 체벽에 밀착되어 있다.… 81,82번으로

81. 머리의 배면에 호흡기관이 현저하게 돌출되어 있으며 날개는 1쌍이다. … 파리목(直縫亜目)

82. 머리에 돌출된 호흡기관이 없다. 기문은 주로 가운뎃가슴과 배의 몇 마디에 있다. 기능적인 입은 없다. 날개는 2쌍이 뚜렷하며 그 안쪽에 촉각이 있다. ……나비목의 대부분

3) 곤충(성충)의 검색표

11. 날개가 없거나 퇴화된 날개가 있다. ……………………………………………… 21, 22번으로

12. 완전한 날개가 있거나 흔적만 남은 날개가 있다. ………………………………………… 23

21. 입이 저작구이다. ………………………………………………………………… 31, 32번으로

22. 입이 흡수, 흡즙구이다. ············ 19
31. 입이 머리의 내부에 함입되어 있어 끝만 볼 수 있다. ············ 41, 42번으로
32. 입이 머리의 내부에 함입되었지만, 외부를 볼 수 있다. ············ 41, 42번으로
41. 배의 마디가 6절로 되었고 점관, 도약기 등이 있다. ············ 톡톡이목
42. 배의 마디가 6절 이상이며 점관이나 도약기가 없다. ············ 51, 52번으로
51. 배의 제1~3절의 복면에 1쌍씩의 작은 복지(腹肢)가 있다. 촉각과 미모(尾毛)는 없다.
············ 낫발이목
52. 배의 제2~7절의 복면에 1쌍씩의 작은 복지가 있다. 촉각, 미모, 미각(尾角)이 있다. 좀목
61. 머리의 안면(顔面) 쪽이 길게 뻗어 있다. ············ 밑들이목
62. 머리는 보통이며 길게 뻗지 않는다. ············ 71, 72번으로
71. 앞가슴이 현저하게 작다. 작은 곤충이다. ············ 81, 82번으로
72. 앞가슴이 보통이며 소형부터 대형의 곤충이 있다. ············ 91, 92번으로
81. 촉각이 5절 이하이고 새와 짐승에 외부기생한다. ············ 털이목
82. 촉각이 5절 이상이고 온혈동물의 피를 빨아먹지 않는다. ············ 다드미벌레목
91. 배의 기부가 잘록하고 미모가 없다. ············ 벌목
92. 배의 기부가 잘록하고 미모가 있다. ············ 101, 102번으로
101. 부절이 3절인데 앞다리의 제1 부절은 극히 납작하며 밑에서 실을 토한다. 흰개미붙이목
102. 부절이 2~5절이며 앞다리의 제1 부절은 보통이다. ············ 111, 112번으로
111. 뒷다리의 퇴절이 통통하고 뛰기에 알맞다. ············ 메뚜기목
112. 뒷다리의 퇴절이 보통이다. ············ 121, 122번으로
121. 앞가슴이 특히 길고 앞다리는 포획지로 되어 있다. ············ 메뚜기목(사마귀아목)
122. 앞가슴이 길지 않고 앞다리도 보통이다. ············ 131, 132번으로
131. 미각이 없고 몸이 단단하다. 촉각은 대개 11절이다. ············ 딱정벌레목
132. 미각이 있다. ············ 141번으로
141. 미각(尾角)이 짧고 마디가 없으며 집게 모양으로 되어 있다. ············ 집게벌레목

이하 생략

제5편 식물병리학
(Plant Pathology)

제1장 식물 병해와 작물보호(Plant Disease and Crop Protection)

작물 재배에서 다수확, 고품질, 빠른 생육의 추구에는 과다하고 부적절한 시비, 과습이나 저온, 고온 등의 부적당한 기상조건과 풍수해나 한발 등의 자연재해와 같은 여러 가지 원인으로 작물의 면역이 약화되어 병이 발생하게 되는데 영양성분의 과부족으로 발생하는 것은 생리적 병이라고 한다. 이 경우 전염은 되지 않으나 실제 병원성 병과 혼동을 일으키기 쉽다. 즉 발병은 맞지 않은 환경으로 인해 면역력이 약해지고 그 작물이 저항성이나 내성이 있지 않은 상태에서 병원균이 침입했을 때 가진 병을 일으키는 것이다. 진균과 세균은 살균제로 큰 문제없이 방제가 가능하나 바이러스는 한번 감염되면 방제할 수 없으므로 태우거나 토양에 묻는 수밖에 없어서 저항성 품종의 선택이나 매개충을 제거하는 등 전염원을 차단해야 한다. 곰팡이나 세균성이 병원인 묘입고병, 그을음병, 연부병, 잿빛곰팡이병, 흰가루병, 탄저병 등 그 병원균의 특성에 따른 방제가 필요하다.

1. 병 발생의 요인들(Factor of Disease)

식물 병에 직접 관여하는 요인에는 주요인(主因)으로 병원(pathogen)이 있고 발병을 촉진하고 유인하는 환경요인인 유인((誘因), 그리고 그 작물이 가지고 있는 유전적인 소인(素因)으로 나눌 수 있다. 여기에 시간이나 인간 요소가 부가적인 요소로 중요하게 관여하고 있다.

1) 병원(Virulent Pathogen)

병을 일으키는 병원은 다양하고 변형된 것이 많다. 그중에서 대표적인 것이 진균(fungi)이고 다음으로는 세균(bacteria), 바이러스(virus) 순이라고 볼 수 있다. 이들을 제어하기 위해 재배적인 기술로 하는 재배적 방제는 물론 화학적 방제방법인 농약, 물리적, 화학적 방제방법을 총동원하고 있지만, 항상 어려움이 많고 국가 차원의 법적 방제나 각종 지원과 규제가 있으나 병원균과의 투쟁은 끊임없을 것이다. 최근에는 식물공장을 위시하여 환경제어로 방제가 쉬워졌으나 시설원예단지에서도 거의 최종 제한 요인은 병원균의 방제로 귀결되는 경우가 많다.

2) 유인(Favorable Environment)

병을 잘 발생시키는 환경조건으로 유인은 질소비료의 과용이나 고온 다습, 부적당한 토양환경과 기상환경 등을 들 수 있다. 사실 재배를 잘한다는 것은 이런 유인조건을 최소화하는 기술이라고 해도 과언이 아닐 것이다.

3) 소인(Susceptible Host)

식물체가 처음부터 가지고 있는 병에 걸리기 쉬운 성질은 종족 소인으로 종족 소인은 어느 종 또는 품종이 병에 걸리기 쉬운 유전적 성질이고 개체 소인은 같은 종 또는 품종 중에서도 개체 간 발병의 정도가 다른 성질을 말한다. 즉 소인은 그 작물이 가지고 있는 병에 잘 걸리는 유전적인 특성 등이다. 감수성(이병성)은 식물이 어떤 병원체와 서로 접할 때 기주가 병에 걸리기 쉬운 성질로 저항성과 상대되는 개념이고 생물성 병원(기생성 병)과 비생물성 병원(비기생성, 비전염성 병)으로 나눈다.

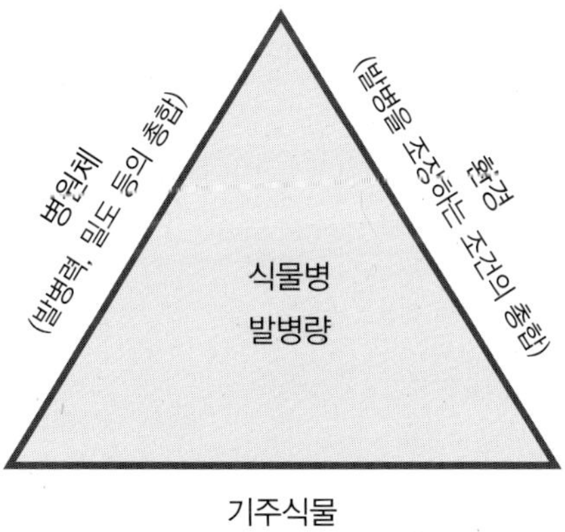

그림 5-1 식물병 발생 삼각형

식물병 발병량은 기주 식물체에서 감수성을 조장하는 조건 총합이다. 즉, 병원체에서 발병력과 밀도 등 총합, 그리고 발병을 조장하는 환경조건 총합으로 산정한다.

식물병은 삼각형 면적, 즉 식물병 발병량은 기주 식물체 감수성이 클수록 증가하고, 병원체 발병력 또는 밀도가 클수록 증가할 뿐만 아니라, 재배 환경조건이 식물체 생육에는 부적합하고 반대로 병원체 생장과 증식에 적합할수록 증가한다. 그리고 식물병 지속시간이 길수록 증가한다.

다시 정리하면 기주 식물체를 건강하게 키우거나, 육종에 의해 저항성을 증대시켜 주거나, 재배자 위생관리, 재배 포장 청결 관리, 약제 살포 등에 의해 병원체 밀도를 낮추거나, 재배환경을 식물체 생육에는 적합하고 병원체 생장과 증식에 부적합하게 제어하고, 병발생 예찰에 의해 식물병을 예방하거나 식물병이 발생하더라도 재배자가 일찍 방제함으로 식물병 지속시간을 줄일수록 식물병 발병량은 최소화할 수 있다.

이때 병 발생의 3 요인에 대처하는 방법으로 ① 병원균인 주인은 병원균을 자체를 제어하거나 농약을 사용한 화학적 방제, 생물적 방제, 물리적 방제 등을 종합적으로 적용하며 ② 환경인 유인은 1가지가 아닌 여러 작물을 다양하게 재배하거나 토양미생물 등 생물상을 다양하게 하고 ③ 기주(host)는 기생을 당하는 것으로 병원이 이미 식물을 침해한 상태에서는 기주인 식물체인 소인은 면역력을 키워 자체 방어를 하게 하거나 내성과 저항성 품종을 개발, 접목묘 등으로 경종적 방제를 한다.

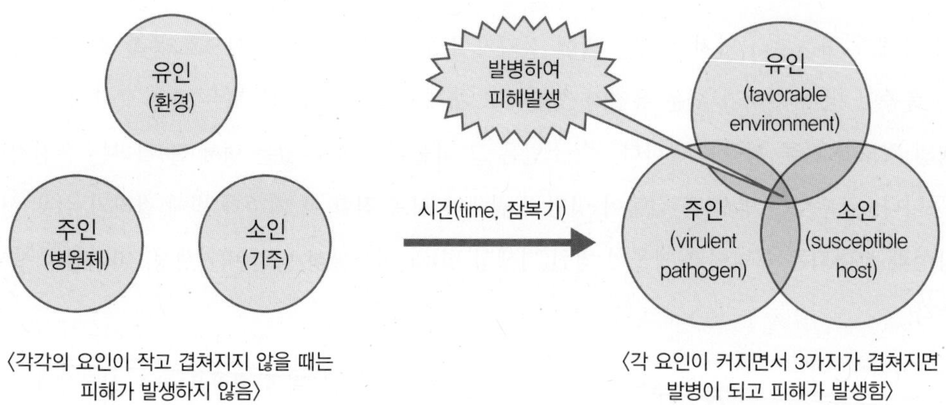

그림 5-2 병의 피해발생 3요소의 상호관계 모식도

2. 식물 병의 역사(History of Disease)

인류의 역사나 농업의 역사는 각종 병해충과 잡초와의 경쟁과 싸움이라고 할 수 있다. 그 과정에서 이를 극복하기 위한 역사적인 고찰을 해보면 먼저 획일화된 농업생태계와 새롭게 도입된 작물이나 병해충이 새로운 환경에서 병의 발생이 많았고 피해도 컸다. 동시에 이를 극복하려는 노력의 일환으로 병리학의 발전도 이루어졌다고 볼 수 있다.

1) 식물 병의 역사적 피해 사례

감자 역병(*Phytophthora infestans*)은 1845~1860 사이에 영국과 아일랜드의 주민을 100만 명을 아사시키고 이주시킨 사건으로 유명하다. 그 이후에도 벼의 깨씨무늬병(*Cochliobolus miyabeannus*), 커피 녹병(*Hemileia vastatrix*), 바나나와 열대성 작물들의 병충해 발생, 수박 덩굴쪼김병(*Fusarium oxysporum*)과 원예작물의 각종 병해 등이 수시로 발생하고 소장되고 있다.

2) 식물 병의 연구자들

더 바리(de Bary)는 1853년 깜부기병 식물 기생문제, 1861년 감자 역병균(진균) 연구와 맥류 줄기 녹병균이 기주교대 등을 증명하는 많은 성과를 거두었고 쿤(Kuhn)은 식물병의 치료로 작물의 병과 그 원인 및 방제법(1861)을 구명하였으며 프랑스의 밀라르데(Millardet)는 1885년 포도의 노균병에 효과가 좋은 작물보호제인 석회 보르도액 개발하여 오늘날까지 많이 사용되고 있다. 버릴(Burrill) 은 사과 화상병이 세균임을 밝히므로(1878~1884) 많은 기여를 하였다. 일본의 도이(Doi)는 1967년 미코플라스마와 유사미생물 발견하고 뽕나무 오갈병, 대추나무 빗자루병(1967)의 방제하는 길을 열었다.

제2장 **병원의 분류**(Classification of Pathogen)

식물에 병을 일으키는 원인으로 진균과 세균은 병원균, 바이러스일 때에는 병원체 또는 병원독소라고 한다. 여기서 식물 병에 직접 관여하는 것을 주인(主因)이라고 하고 이 주인의 발병을 돕는 환경요인을 유인(誘因)이라고 한다.

1. 진균성 병(Fungi)

기생성 병원인 진균(fungi)은 식물에서 병을 가장 많이 일으키는 균이다. 크기는 맨눈으로 볼 수 있을 만큼 크고 모양은 가지가 나 있는 균사가 있고 색깔도 다양하다. 여기에는 ① 조균류로 유주자균류(난포자) 와 접합균류(접합포자), ② 자낭균류(자낭포자) ③ 담자균류(담포자), ④ 불완전균류(유성포자가 없다) 등으로 나눈다.

1) 진균의 특징

(1) 실 모양의 균사체를 가지고 있다. 균사에는 격막이 있는 것(septate), 없는 것(aseptate)이 있다.

(2) 영양체로 균사의 끝이 특수한 모양인 흡기(hostorium)를 세포 안에 박고 영양분을 섭취한다.

(3) 번식체로 어느 정도 발육하면 담자체가 생기고 여기에 포자(spore)가 형성된다. 무성적인 것에는 분열포자, 후막포자, 분아포자, 분생포자가 있다.

2) 진균의 분류

(1) 난균류(유주자균류)

균사의 발달이 미약하고 격막이 없다. 각종 식물의 모잘록병, 감자역병, 감자 암종병 등이 있다.

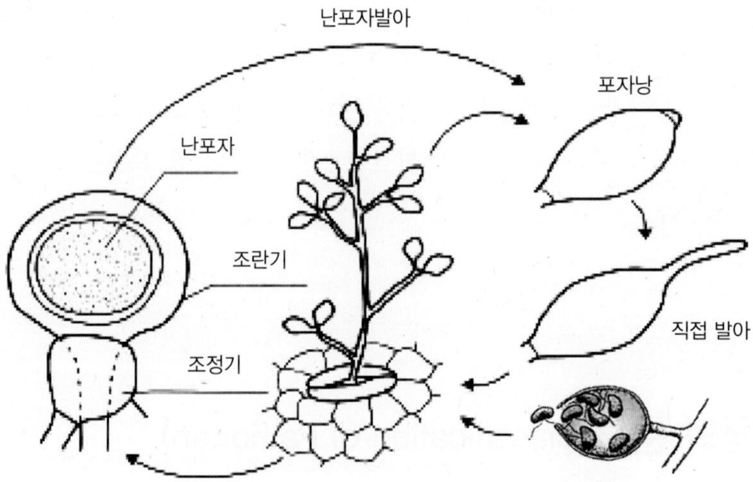

〈감자 역병균(*Phytophthora inoculation*)의 생활사(감염환)〉

그림 5-3 난균류(Oomycota)

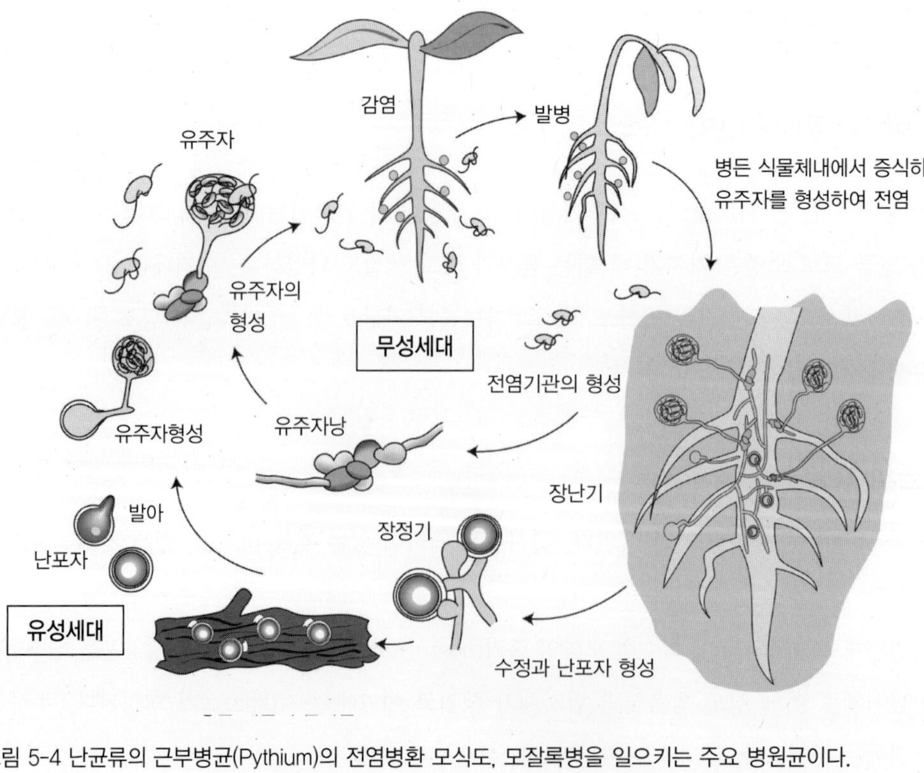

그림 5-4 난균류의 근부병균(Pythium)의 전염병환 모식도, 모잘록병을 일으키는 주요 병원균이다.

그림 5-5 난균류인 토마토의 근부병 발생 모습

(2) 자낭균류

격막이 있고 균핵과 자좌를 형성한다. 유성포자는 자낭 안에 자낭포자를 가진다. 맥류 붉은 곰팡이병, 흰가루병, 흑성병 등이 있다.

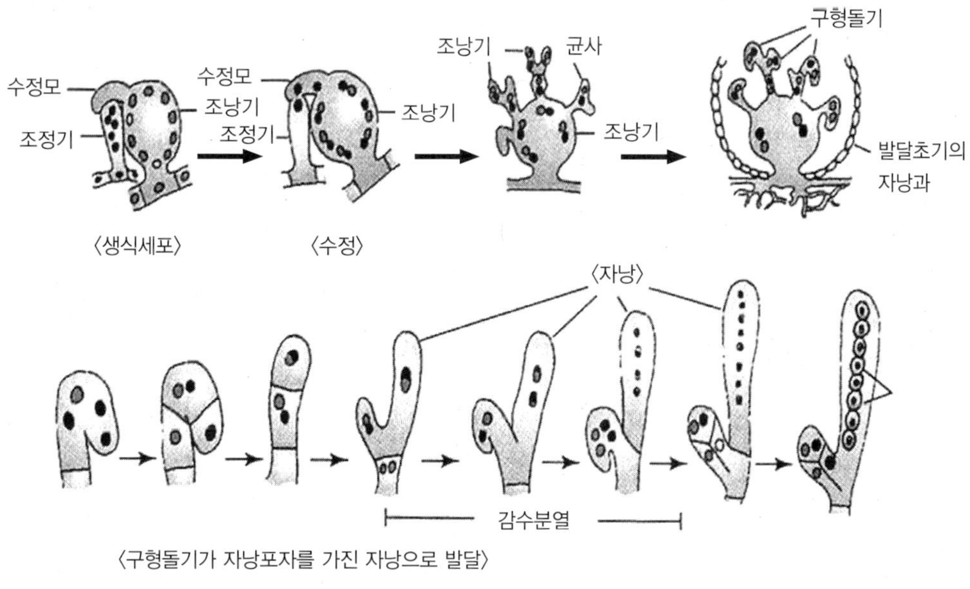

그림 5-6 자낭균의 유성생식

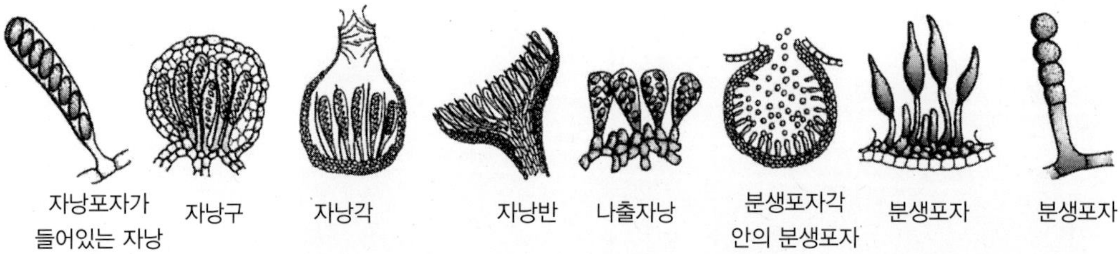

그림 5-7 자낭균류의 전형적인 포자와 자실체

(3) 담자균류

격막이 있고 유성포자는 담자기 위에 생기는 담포자이다. 맥류 깜부기병, 녹병 등이 포함된다.

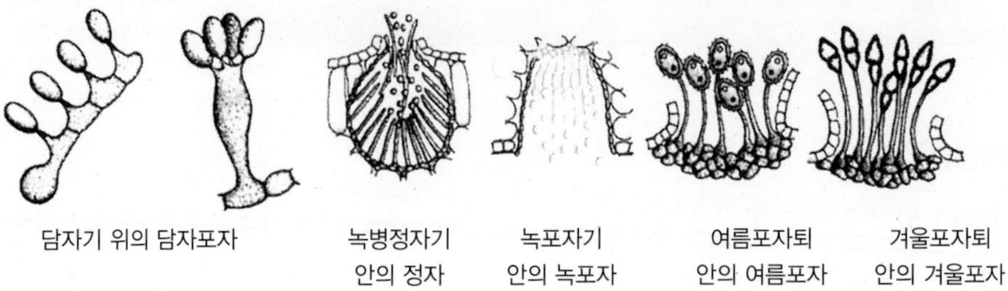

그림 5-8 담자균류의 전형적인 포자와 자실체

(4) 불완전균류

무성적인 분생포자세대만으로 분류한 것, 벼 도열병, 탄저병, 오이 덩굴조김병 등이 있다.

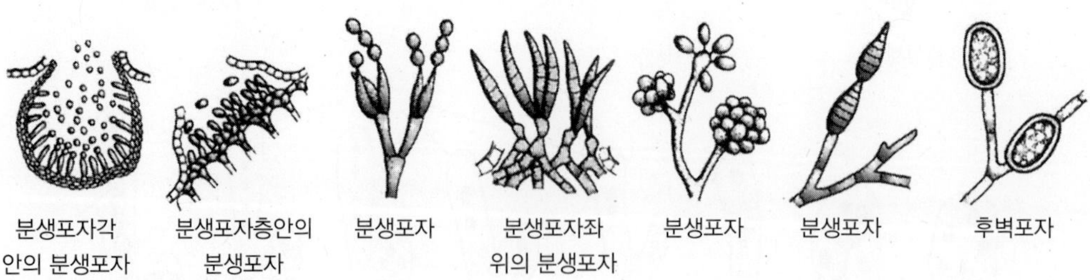

그림 5-9 불안전균류의 전형적인 포자와 자실체

(5) 병꼴균류

유성과 무성생식을 하며 세포벽에 키틴질을 가지고 있다. 양배추 위황병을 일으키며 편모는 운성성이 있다.

(6) 접합균류

비운동성의 무성포자를 만들며 유주자가 없다. 균사는 격벽이 없고 다핵이며 세포벽은 키틴과 키토신능 가지고 있다. 고구마 무름병을 일으킨다.

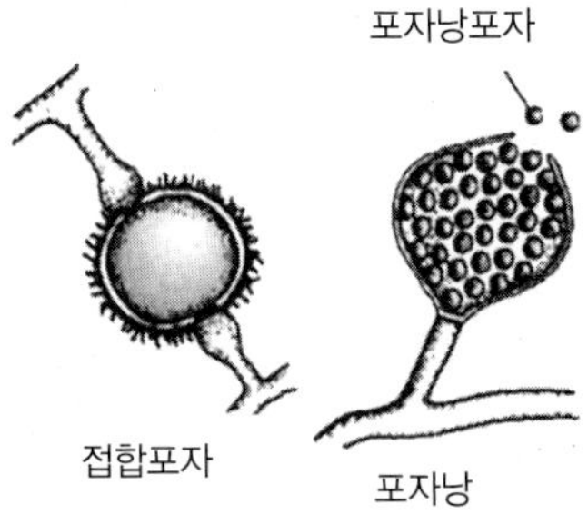

그림 5-10 접합균류의 전형적인 포자와 자실체

(7) 점균류(끈적균류)

단세포이며 아메바 진핵생물로 원형질체는 있으나 세포벽이 없다. 감자 더뎅이병을 일으킨다.

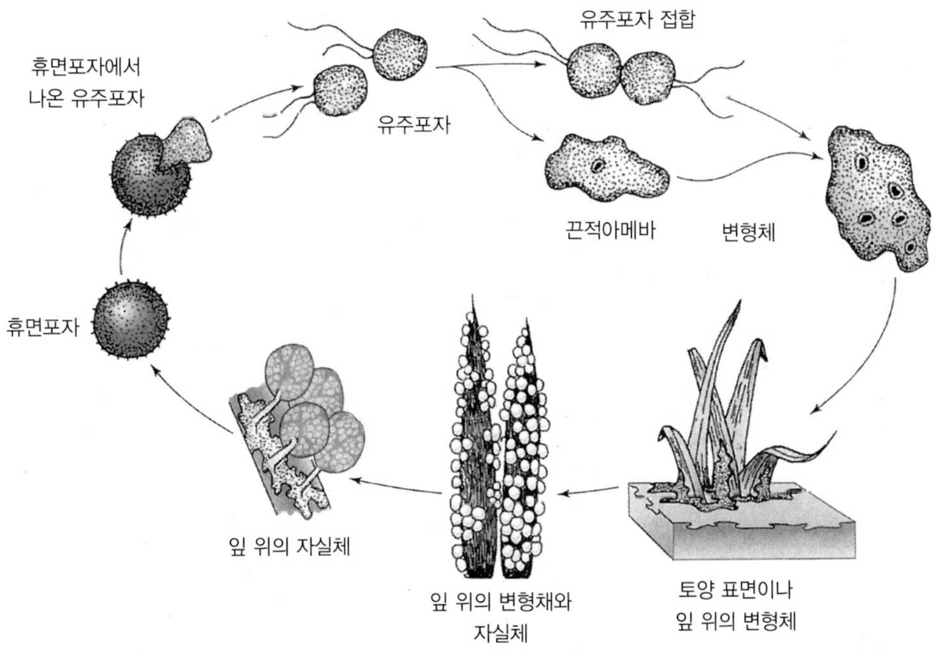

그림 5-11 점균류의 생활사

2. 세균성 병(Bacteria)

세균(bacteria)은 분열균으로 크기는 일반 현미경으로 볼 수 있으며 모양에 따라 구상(球狀), 간상(桿狀), 나선상(螺旋狀) 등이 있고 대개 상처로 감염된다. ① 간균(막대모양), ② 구균(공모양), ③ 나선균(나선모양) ④ 사상균(실모양) 등이 있다.

1) 세균의 특징

(1) 세균은 실모양인 스트렙토마이시스(Streptomyces)를 제외하고는 모두 간상이고 단세포 미생물로서 세포벽, 세포막, 세포질로 구성되어 있다.

(2) 증식은 접합, 형질전환, 형질도입의 방법으로 유성생식도 하지만 대부분의 세균은 무성생식법의 일종인 이분법에 의해 증식한다.

(3) 전반은 물, 곤충, 기타동물 및 인축에 의해 이루어지며 항상 점질물에 의해 집단을 이루고 있으므로 바람에 의한 이동은 없다. 침입은 주로 식물의 상처 또는 자연 개구부를 통해 이루어진다.

2) 세균병의 분류

(1) 스트렙토마이시스(Streptomyces)는 가느다란 균사를 형성한다.

(2) 균사를 형성하지 않는 세균으로 바실러스(Bacillus)는 내생포자를 형성한다.

(3) 내생포자를 형성하지 않는 세균으로 코리네박테륨(Corynebacterium)은 그람 양성이고 토마토의 더뎅이병, 잠두나 강낭콩의 시들음병을 등을 발병시킨다.

(4) 그람 음성이면서 주생모를 갖는 것으로 3-ketolactose를 생성하는 것으로 아그로박테리움(Agrobacterium)이 있고 대나무의 암종병이나 사과 털부리병을 발생시킨다.

(5) 그람 음성이면서 주생모를 갖는 것으로 3-ketolactose를 생성하지 않는 것으로 에르위니아(Erwinia)가 있고 사과나 배의 화상병, 채소 무름병, 오이 풋마름병 등을 발생시킨다.

(6) 그람 음성이면서 단극모 또는 양극모를 갖는 것으로 황색의 군체(colony)를 형성하는 것 중에서 아스파라진(asparagin)을 유일한 탄소 질소원으로 삼는 것으로 산토모나스(Xanthomonas)가 있고 감귤 궤양병, 벼 흰빛잎마름병, 배추나 무의 검은썩음병을 발생시킨다.

(7) 그람 음성이면서 단극모 또는 양극모를 갖는 것으로 황색의 군체(colony)를 형성하는 것 중에서 아스파라진(asparagin)을 유일한 탄소 질소원으로 삼지 않는 것으로 슈도모나스(Pseudomonas)가 있고 담배 불마름병, 콩 점무늬병, 가지의 풋마름병을 발생시킨다.

(8) 그람 음성이면서 단극모 또는 양극모를 갖는 것으로 백색의 군체(colony)를 형성하는 것이 있다.

표 5-1 그람(Gram) 반응에 따른 주요 세균 속의 구분

그람 반응	식물병원 세균 속명
음성	*아그로박테리움(Agrobacterium)*, *에르위니아(Erwinia)*, *랄스로니아(Ralstonia)*, *슈도모나스(Pseudomonas)*, *산토모나스(Xanthomonas)*
양성	*바실러스(Bacillus)*, *클라비박터(Clavibacter)*, *클로스트리듐(Clostridium)*, *코리네박테륨(Corynebacterium)*, *스트렙토마이시스(Streptomyces)*

3. 바이러스성 병(Virus)

독이라는 뜻의 바이러스는 크기가 아주 작아 전자현미경 하에서만 볼 수 있다. 아주 작고 특수하여 화학적 방제가 사실상 불가능 하기 때문에 간접적 방제로 매개충을 방제하거나 숙주의 면역력을 높이며 병든 식물체는 신속히 제거한다. 바이러스보다 더 작고 유사한 바이로이드(viroid)는 현재 가장 작은 병원체(virus RNA의 1/10 정도)로 감자 걀쭉병(접촉 전염, 우리나라에도 존재함)과 같은 것에서 비교적 최근 발견되었다.

1) 바이러스의 특징

(1) 핵산을 중심으로 구형, 타원형, 간상형, 선형 등으로 17~2000nm에 걸친 단백질 소립자들의 밀집체이다.

(2) 크기가 매우 작아 전자현미경으로만 볼 수 있다.

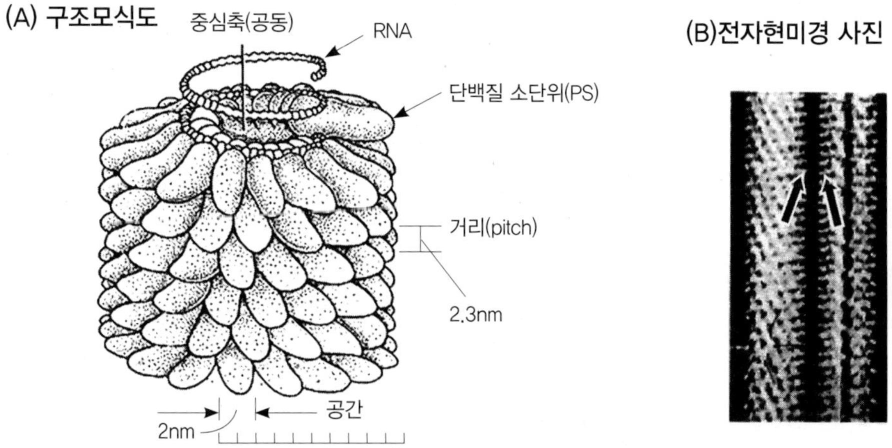

그림 5-12 담배 모자이크 바이러스(TMV) 입자의 구조모식도(A)와 전자현미경 사진(B)
(화살표는 핵산과 단백질 소단위, 오른쪽 입자의 중간의 검은 부분은 2.3nm 거리(pitch)임

(3) 인공배양이 되지 않고 살아 있는 세포에서만 배양이 된다.

(4) 특정생물체에 침입하여 병을 일으키는 감염성, 즉 발병력이 있다.

(5) 전신병징을 보이며 온도에 영향을 많이 받고 세포 내에서도 봉입체를 만들고 세포 및 조직의 변화를 유발한다.

2) 바이러스의 전염

(1) 충매점염은 바이러스의 가장 일반적인 전염수단으로 영속성 바이러스는 매개충의 체내에서 증식하여 지속적으로 전파시키는 것이고 비영속성은 바이러스가 체내에 들어가지 않고 일시적으로 전염되는 바이러스를 말한다.

(2) 수매나 풍매 전염은 바이러스가 물이나 바람에 의해 전염되는 것을 말한다.

(3) 인축에 의한 전염은 사람이나 동물에 의해 생기는 것으로 심지어 담배를 피우는 사람에 의해서도 전파된다,

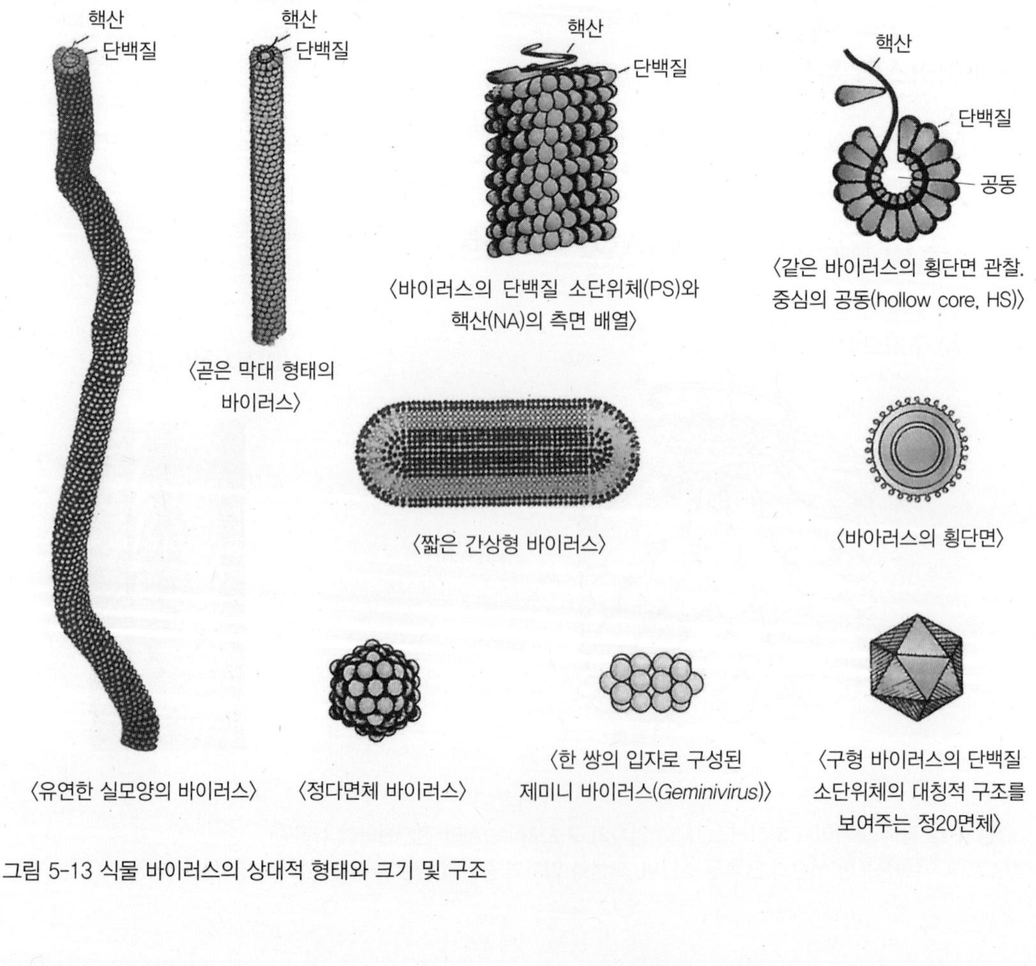

그림 5-13 식물 바이러스의 상대적 형태와 크기 및 구조

*** 식물 바이러스(virus)에 대하여**

전 세계적으로 약 800여 종의 식물 바이러스가 알려져 있고, 우리나라에서도 약 100여 종이 보고되어 있다. 바이러스의 역사적 사례들로 16~17세기에 유럽에서 튤립 꽃잎에 모자이크 무늬가 생기는 현상이 발생하여(모자이크병이 발생하여 생긴 증상) 오히려 고가에 거래되기도 하였다.

바이러스는 ① 광학현미경으로는 볼 수 없는 대단히 작은 실체이고 ② 살아있는 세포 내에서만 증식하며 ③ 기주 생물에 감염하여 병을 일으키는 전염성 병원체로 ④ 무생물 인공배지(lifeless artificial medium)에서 증식하지 못하고, 살아있는 세포 내에서만 증식한다. ⑤ 2분법에 의하여 증식하지 못하고 ⑥ 핵산은 RNA와 DNA 중 한 가지만 보유하고 바이러스(virus) 입자 내에 리보솜(ribosome)을 갖고 있지 않다. ⑤ 인터페론(Interferon, 바이러스에 감염된 동물의 세포에서 생산되는 항(抗)바이러스성 단백질)에 의하여 세포 내 증식이 억제될 수 있는 등의 생물학적 특성을 지닌 초광학현미경적 실체를 말한다. 기주의 종류에 따라 ① 식물 바이러스는 종자식물 바이러스(seed-borne virus) ② 조류 바이러스(algal virus), ③ 곰팡이 바이러스(fungal virus), 세균 바이러스(bacteriophage) 등으로 나눌 수 있고 바이러스 입자(viron)는 RNA 또는 DNA의 어느 한쪽의 핵산을 포함한다. 핵산을 쌓고 있는 캡시드(capsid)는 외피단백질(coat protein)이라고 불리며, 다수의 단백질 하위단위체(protein subunit)로 구성되어 있다.

표 5-2 식물 바이러스의 외부 병징들

번호	구분	병징	발생 병명
1	발육 촉진	암종	뿌리혹병
		소돌기	완두 모자이크병
2	호르몬 변화	오갈(위축)	벼 오갈병
3	색소생산 저해	모자이크	담배 모자이크병
		꽃의 얼룩이	튤립 모자이크병
4	괴사	줄무늬(조반)	감자 괴저모자이크병
		둥근 무늬(윤점)	담배 둥근무늬병
5	2차 병징	잎말림(엽권)	감자 잎말림병
		잎오갈(축엽)	감자 오갈잎모자이크병

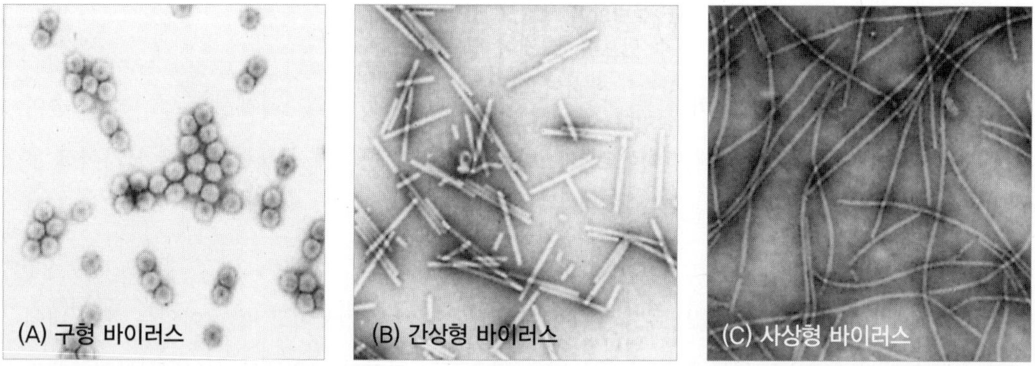

그림 5-14 식물 바이러스의 상대적 모양과 크기(공모양, 막대모양, 실모양)

표 5-3 코로나 바이러스(COVID-19)를 죽일 수 있는 소독제(WHO(세계보건기구)에서의 소개)

번호	한글명	영문명	주요 사용처	장단점
1	염소계 표백소독제	bleach/chorine-based disinfectants	락스, 표백제, 살균제	표백, 살균력은 뛰어나지만 트리힐로메탄, 할로아세틱 등의 발암성 소독 부산물 발생
2	에테르 용매	ether solvents	마취제, 용매	휘발성과 마취성, 인화성이 크며 물에 잘 녹지 않음
3	70% 에탄올	70% ethanol	술, 소독, 연료	휘발성으로 분무 시 화재의 위험이 높음
4	과산화 아세트산	peracetic acid	살균, 소독, 탈취	잔류없이 생분해되는 친환경물질로 인체에 무해하여 식품 살균제로도 사용한다. 다양한 기온, 환경 등에서 동일한 살균력(영하 30℃에서까지 살균력 발휘)을 나타냄
5	클로로포름	chloroform	마취제, 살충제	마취제 성분으로 흡입 시 환각작용이 발생할 수 있음
6	구리	cupper	박막코팅	바이러스에 15분 노출 시 바이러스 검출역가가 1/10로 되고 1시간 노출 시 1/100로 나타남

4. 바이로이드(Viroid)

바이러스보다도 더 작은 전염원에 의한 것으로 최근 발병이 늘어나고 있다. 감자의 갈쭉병을 일으킨다.

그림 5-15
건강한 감자와 감자 갈쭉바이로이드(potato spindle tuber viroid)에 감염된 감자 사진

5. 피토플라스마(Phytoplasma)

피토코플라스마를 예전에는 마이코플라스마(mycoplasma)라고 하였다. 일반 세균과는 달리 세포벽이 없고, 일반 세균은 여과되지 못하는 필터를 통과하며(세균의 크기는 0.5~5μm, 피토플라스마는 0.3μm 정도로 매우 작음). 그람음성균으로 형상은 다형성으로 과립상, 간상, 사상, 성상, 아메바상을 나타낸다. 바이러스와 세균의 중간 정도로 대추나무 빗자루병과 같은 병을 일으키는 것으로 치료는 가능하나 치료과정이 복잡하고 힘들다.

1) 피토플라스마의 특징

(1) 생물계에서 가장 작고 간단한 생물군중 하나이며 세균, 리켓차(rickettsia) 등과 함께 원핵생물에 속한다.

(2) 크기는 70~900nm의 구형이나 불규칙 타원형으로 세포벽은 없고 일종의 원형질막에 둘러싸여 있다.

2) 피토플라스마에 의해 발생하는 병

(1) 약 200여종이 알려져 있으며 매미충류와 같은 흡즙곤충에 의해 매개되며 유병식물의 체관부와 매개충류의 체내에 피토플라스마가 들어 있다.

(2) 피토플라스마에 의한 병은 전신병징을 보이고 매개충에 의한 경란전염은 하지 않는다.

(3) 피토플라스마는 테트라사이클린(tetracycline)계 항생물질로 치료가 가능하다.

(4) 주요 식물병으로 대추나무, 오동나무 빗자루병, 과꽃, 뽕나무 오갈병을 발병시킨다.

6. 점균(Slime Mold)

점균(slime mold)은 끈적균과 변형균으로 동물과 식물의 특징을 모두 가지고 있다고 볼 수 있다.

1) 점균의 특징

(1) 포자에 의해서 증식하고 세포벽이 있으며 발아하면서 유주자를 형성하는데 1~2개의 편모를 가지고 운동한다.

표 5-4 작물에 병을 일으키는 병원균

번호	미생물	특징	주요병
1	진균(fungi, 곰팡이)	곰팡이로 포자나 균사로 번식하는데 작물병의 80% 정도는 이 진균인 사상균에 의해 발생한다.	역병, 균핵병, 뿌리혹병, 근부병, 탄저병
2	세균(bacteria)	단세포로 발병시키는 숫자는 적으나 피해가 크다.	청고병, 연부병
3	바이러스(virus)	숙주에 기생하면 발병하고 그렇지 않았을 때는 무생물처럼 존재함, 병의 종류는 적지만 치료제가 없고 진딧물 등 매개충을 방제한다.	모자이크병, 오갈병
4	피토플라즈마(phytoplasma)	바이러스에 가까운 특수세균으로 방제는 가능하나 복잡하다. 이전에는 마이코플라즈마라고 하였다.	천구소병(빗자루병은 위축, 총생함)

(2) 유주자는 편모가 없어지면 끈적 아메바(myxoamoeba)가 되고 이것이 2개씩 융합해서 접합체가 된다. 이들 접합체는 여러 개가 합쳐져서 변형체가 되고 포복운동을 하며 세균, 효모, 기타 곰팡이 포자를 섭취하면서 육안으로 볼 수 있는 크기에 달한다.

(3) 점균은 동식물의 특성을 동시에 가지고 있다.

7. 비생물성 병원

주로 양분이나 수분의 결핍이나 과잉장해, 온도나 광, 대기오염 등으로 인한 부적절한 환경요인 등을 포함하고 기생성 식물로 줄기에 기생하는 겨우살이와 새삼(메꽃과), 뿌리에 기생하는 열당이 있다.

그림 5-16 억새(화본과)에 기생하는 야고(열당)

1) 영양장해(Nutritional Disorder)

① 질소비료의 부족 시 황화되고 생육이 억제되나 과다 시 도복, 숙기가 늦어지고 병해충의 발생이 많아진다.

② 인산비료가 부족하면 부족 시 주변이 적색화되고 열매의 숙기가 늦어지고 작아진다.

③ 칼륨은 생리대사의 중요 성분으로 감자난 고구마와 같은 서류의 뿌리 생육을 좋게 한다. 부족하면 벼 적고병, 보리 흰무늬병을 유발한다.

④ 칼슘은 식물체 내 이동이 느린 대표적인 다량 필수요소로 부족 시 상추의 팁번이나 토마토 배꼽썩음병, 샐러리 검은 썩음병을 유발하는데 이는 세포벽을 구성하는 물질이기 때문이다.

⑤ 마그네슘은 엽록소의 구성성분으로 부족 시 황화한다. 부족하면 감귤 대황병, 보리 흰깁병이 생긴다.

⑥ 철은 산성토양에서 잘 용해되나 알칼리 토양에서 부족하기 쉽다. 조직배양이나 수경재배 시에 용해도를 높이고 흡수와 이용성을 관리해야 하는 중요한 미량 필수 요소이다.

⑦ 붕소는 아주 소량이 필요한 필수성분이나 십자화과 채소에 부족증이 자주 나타난다. 부족하면 무나 배추 속썩음병, 사과 축과병이 생긴다.

⑧ 망간은 과잉과 결핍 시에 여러 병리현상을 동반하는데 사과는 적진병(망간과잉), 감귤류는 위황병(망간결핍)이 발생한다.

2) 부적당한 토양조건

① 수분이 너무 많거나 배수가 불량하여 과습 시 통기 불량으로 산소가 결핍되어 호흡 효율이 떨어지고 종자의 발아나 생육이 억제된다.

② 토성이나 토양구조에 따라 입단화를 촉진해야 통기와 보수력 등 작물생육이 양호해진다.

③ 토양반응은 pH로 이에 따라 영양성분의 용해도와 이용도가 영향을 받아 작물의 생육이 달라지는데 특별히 블루베리나 벼, 철쭉은 산성토양을 좋아하고 채소류나 보리 등은 중성이나 약한 알칼리성 토양을 좋아한다.

3) 기상장해

① 광은 작물을 생장시키는 근본적인 에너지로 부족하면 모든 작물의 생육이 연약해지고 병이 발생하게 되는데 지나치게 강할 때는 일소병(sun burn)이 발생한다.

② 온도는 생물의 생존과 생장에 절대적이다. 일반적으로 5~40℃에서 생육하나 작물에 따라 최적의 온도는 다양하다. 병이 난다는 것은 부적당한 환경에 크게 영향을 받는다. 냉해는 여름에 온도가 낮은 경우에 발생하고 동해나 한해는 겨울철에 발생하며 고온해는 여름에 주로 발생한다.

③ 수분은 식물의 70% 정도를 구성하는 중요한 요소이므로 부족하면 한발(가뭄)이 들고 강수량이 몰리거나 지나치게 많으면 수해나 습해가 발생한다.

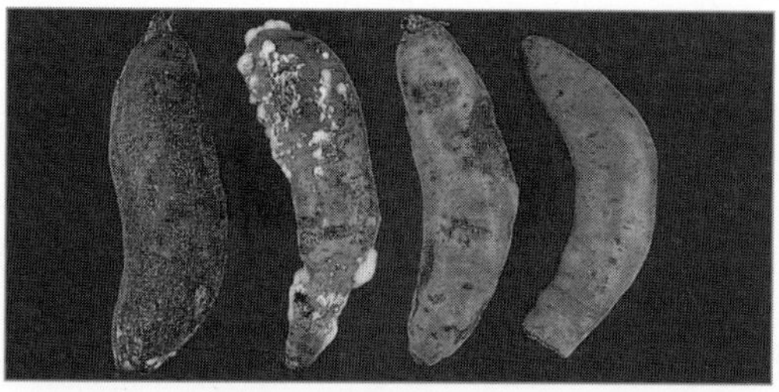

(1) 고구마 저온장해의 모습,(왼쪽에서 오른쪽으로) 7주간 각각 0℃, 5℃, 10℃와 15℃에서 처리한 것이다.

(2) 사과의 고두병(bitter pit)

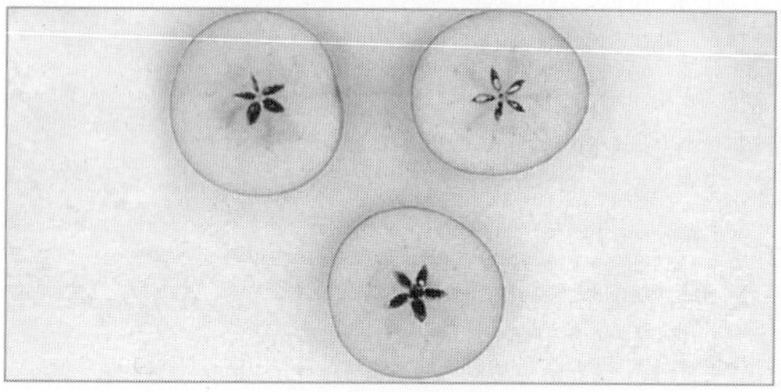

(3) 사과를 0℃에 저장했을 때 생기는 심부갈변(core flush)

(4) '발렌시아' 오렌지를 5℃에 저장했을 때의 저장반점

(5) 파인애플의 흑색심부병, 이런 상태는 보통 수확전의 저온에 의해 발생한다.

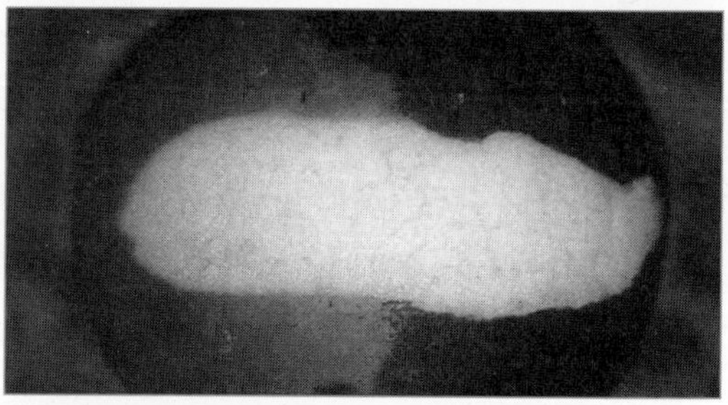

(6) '그라니 스미스' 사과를 0℃에 저장했을 때 나타나는 껍질덴병(superficial scald), 갈색으로 나타나나 표피 아래로 확장되지는 않는다.

(7) 안스리움을 0℃에 3일 동안 저장했을 때 나타나는 저온해의 모습, 0℃(왼쪽 세로 줄), 5℃(가운데 세로 줄), 그리고 오른쪽 세로 줄에 있는 꽃은 20℃에 2일간 저장한 후 15℃에 3일간 둔 경우이다).

(8) 프랜지패니(frangipani)를 4℃에서 3일간 두었을 때의 저온장해(왼쪽)와 20℃에 3일간 둔 정상적(오른쪽)인 모습, 프랜지패니(frangipani)는 인도 재스민으로 향기가 매우 강하다.

그림 5-17 수확 후 저온해의 발생모습

사진 (1)–(6)은 B.B. Beattie가 제공, 사진 (7), (8)은 퀸즈랜드 대학의 D.H. Simons 박사가 제공하였다.

④ 바람은 미풍으로 적절하면 이산화탄소의 공급과 증발산에 도움을 주지만 강풍은 기공이 닫히고 상처가 발생하여 도복과 마찰로 풍해가 발생하고 상처를 통해 병충해의 발생을 조장하게 된다. 방풍림은 차폐의 효과가 뛰어나고 뿌리가 강한 식물이어야 단다.

4) 약해(Phytotoxicity)

작물에 농약을 처리할 때 농도가 과다하거나 오남용할 때 피해가 발생하는 것을 약해라고 한다. 특별히 제초제는 농도에 다른 약해는 잘못 사용하거나 살포 도구의 관리 잘못으로 치명적 피해가 발생할 수 있으니 주의해야 한다.

5) 환경오염 피해(Environmental Pollution Damage)

(1) 대기오염 피해

아황산가스의 피해는 석탄이나 석유, 비료공장에서 주로 발생하며 불소의 피해는 어린잎에서 피해가 크고 잎이 고사하며 떨어진다. 염소가스도 식물에 크게 피해를 준다. 최근에는 미세먼지와 황사가 자주 발생해서 차광으로 인해 광합성에 악영향을 끼친다.

표 5-5 환경요인에 따른 비기생성 병발생 요인들

번호	환경 요인	병발생 요인
1	토양조건	토양습도의 과부족, 토양 보수력, 통기성 등 부적당한 물리적 구조 등
2	기상조건	광선부족, 고온건조, 과습, 바람 등
3	영양장해	양분부족에 의한 결핍증과 영양불균형 장해 등
4	농사작업	농기구에 의한 상해, 농약에 의한 약해 등
5	공업부산물	광독, 연기, 가스, 시멘트 가루 등
6	식물대사산물	수송, 저장 중에 생기는 유해물질 등

(2) 수질오염 피해

수질오염 물질은 토양을 산성이나 알칼리성화 시키며 질소나 중금속 원소의 축적, 농약 등으로 식물에 악영향을 끼친다.

표 5-6 식물에 병을 일으키는 각종 식물 병원(pathogen)의 종류

병원	주 요인	세부 요인
비생물성 병원	부적당한 토양 상태	① 토양습도의 과부족 ② 토양보수력 및 통기불량 ③ 토양양분의 과부족 ④ 유해염류의 집적 ⑤ 부적당한 토양반응(pH)
	부적당한 기상 상태	① 광선의 과부족 ② 지나친 고온 및 저온 ③ 지나친 건조 및 과습 ④ 강풍 및 태풍 ⑤ 폭우, 우박 및 폭설 ⑥ 벼락
	농작업에 의한 해	① 농기구에 의한 상해 ② 농약에 의한 약해
	공업부산물에 의한 해	① 광독 ② 연기, 연무 및 유독가스 ③ 오수 ④ 시멘트 가루
	식물의 대사산물에 의한 식물자체의 해	
생물성 병원	동물	① 곤충 ② 선충 ③ 응애 ④ 연체동물(달팽이) ⑤ 야생동물(쥐, 새) ⑥ 사람
	식물	조류와 기생식물은 겨울살이, 새삼, 현삼
	미생물	① 진균 및 유사균류 ② 세균 ③ 파이토플라스마 및 스피로플라스마 바이러스성 병원: 바이러스, 바이로이드

제3장 식물 병의 기작과 진단 (Disease Mechanism and Diagnosis)

1. 식물병의 발생기작

1) 식물병의 일생(Disease Cycle, 병환)

식물에서 병이 발생하여 다시 되풀이되는 과정을 병환이라고 한다. 병원의 생활사와 기주 사이에 밀접한 관계가 있다.

2) 발병 환경

저온과 다습, 저광도, 많은 질소질 비료의 시용 등은 벼의 도열병을 발생시키는 조건이다.

(1) 발병 환경 요인

① 온도

온도가 낮거나(저온) 높아서(고온) 최적 생장온도를 벗어나면 비기생성병이 발생한다.

표 5-7 온도에 따라 분류한 주요 병들

온도요인	주요 발생 병들
저온 병해	노균병, 잿빛곰팡이병, 균핵병, 도열병(상대적 저온), 복숭아나무 잎오갈병, 보리 줄무늬병, 보리, 밀 녹병
고온 병해	시들음병, 풋마름병(가지과 등), 탄저병(사과나무 등), 덩굴쪼김병

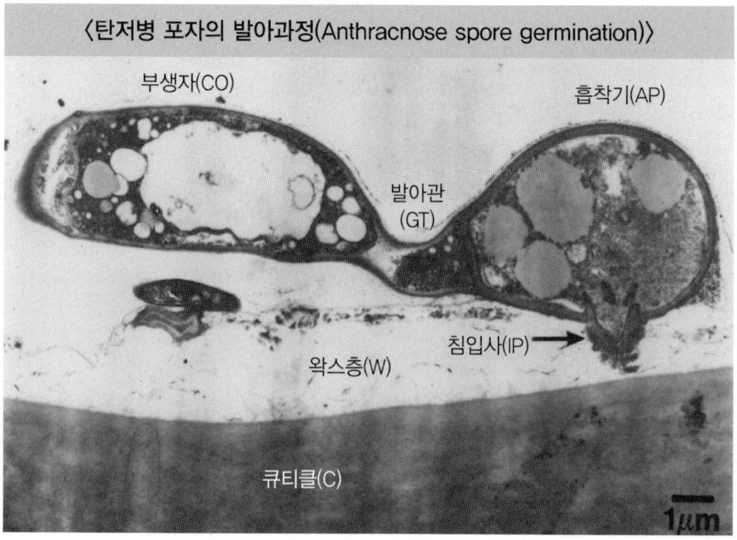

* 수확한 아보카도는 저온에는 진전이 느리나 고온에서 급속히 진행된다.

그림 5-18 아보카도의 표피에 발아하는 *콜레토트리쿰 글로에오스포리오데스*(*Collectotrichum gloeosporioides*)의 포자가 발아하는 과정의 전자현미경 사진

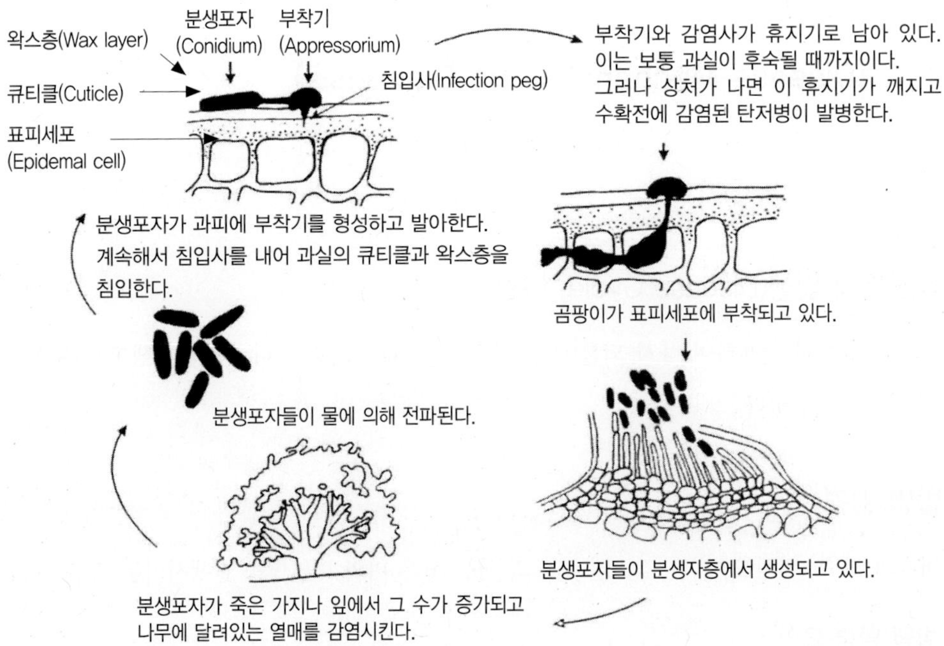

그림 5-19 탄저병의 생활사(Anthracnose disease cycle), 식물의 탄저병균인 *콜레토트리쿰 글로에오스포리오데스* (*Colletotrichum gloeosporioides*)에 의해서 발병되는 탄저병환의 특징에 대한 모식도

② 수분(Water)

대부분 90% 이상의 다습조건을 필요로 한다. 일반적으로 건조하며 병해가 크게 줄어든다.

③ 광(Light)

부족 시 연약해져(음지식물은 광이 많으면 탄저병 등이 발생) 병발생이 많아진다.

④ 비료(Fertilizer)

질소질 비료는 병 발생을 추도하고 규산질 비료는 억제시킨다.

⑤ 미생물(Microorganism)

미생물이 있으면 병발생이 증가한다.

* 길항작용(antagonism)은 병원체의 작용을 억제하는 작용을 말하고 협력작용(synergism)은 병원체의 작용을 조장하는 작용을 말한다.

⑥ 토양반응(pH)

산성토양에서 주로 발병하는 병은 채소류의 토마토 시듦병, 무와 배추 무사마귀병 등이고 알칼리성 토양에서 발병하는 병은 벼나 블루베리 등 산성토양에서 잘 자라는 작물에서 많이 나타난다.

3) 병원성(Pathogenicity)

(1) 병원성(Pathogenicity)

식물에서 병원이 병을 일으킬 수 있는 능력을 말한다. 고병원성은 병을 일으킬 수 있는 능력이 높은 것을 말하고 저병원성은 낮은 것을 말한다. 병에 잘 걸리는 성질은 이병성 또는 감수성이라 하고 병에 잘 걸리지 않는 성질을 저항성이라고 한다.

① 병원성의 의의와 기작

병원성의 생리적 분화로 형태적으로는 같은 종이면서 특정한 식물 또는 품종에만 병을 일으키는 등 병원균의 기생성 및 기타 성질이 다른 현상

병원균의 레이스(race)는 기주의 범위가 다른 한 병원균의 분화형 또는 변종 중에서 기주의 품종에 대한 기생성이 다른 것으로 레이스(race)는 고정적인 것이 주기적 또는 산발적으로 계속 분화하여 다양해진다.

표 5-8 병원성의 유전

번호	유형	병원균
1	교잡(hybridization)	녹병균, 깜부기병균, 사과 검은별무늬병균 등
2	돌연변이(mutation)	감자 역병균, 토마토 잎곰팡이병균, 옥수수 깨씨무늬병균
3	이핵(dicaryon)	균사 또는 포자의 한 세포 내에 유전적으로 다른 핵을 갖는 현상
4	준유성교환 (parasexuality)	유성세대가 불확실한 불완전균류의 영양균사에서 마치 유성생식과 같은 유전적 재조합이 일어나는 현상, 완두 시듦병균, 알파파 줄기마름병균, 보리 점무늬병균 등

② 병원성과 효소

세포벽 물질의 분해효소를 분비하는데 많은 균류는 기주 침입 시(후) 발병이 진전됨에 따라 효소를 분비하며 세포벽을 녹인다.

표 5-9 병원성과 관련 효소

번호	효소	병원균
1	리그닌 분해효소(ligninase)	목재 흰썩음병균
2	셀룰로스 분해효소(cellulase)	무름병균, 썩음병균
3	큐틴 분해효소(cutinase)	잿빛곰팡이병균, 모 잘록병균, 보리 줄무늬병균, 보리 흰가루병균
4	페놀축적 효소(polyphenolase)	벼 깨씨무늬병, 감자 역병균
5	펙틴 분해효소(pectinase)	벼 노균병균, 채소 세균성 무름병균, 모 잘록병균, 고구마 무름병균, 시들음병균(Fusarium) 등
6	헤미셀룰로스(hemicellulase)	채소, 콩 균핵병균, 과수 잿빛곰팡이병균

〈마늘 흑색썩음 균핵병〉

〈마늘 흑색썩음 균핵병 피해 포장〉

〈파 흑색썩음 균핵병〉

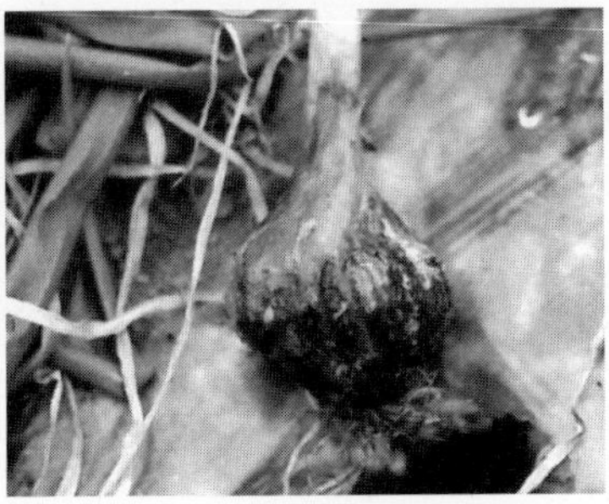

〈양파 흑색썩음 균핵병〉

그림 5-20
마늘, 파, 양파의 흑색썩음 균핵병 피해 상황

4) 병원균의 침입 및 감염

(1) 병원균의 침입

① 각피(cuticle)로 침입하는 균니다. 여기에 해당하는 병원균으로 벼 도열병균, 흰가루병균, 깜부기병균, 녹병균이 있다.

② 자연 개구부로 침입 병원균은 표 5-10과 같다.

표 5-10 자연 개구부와 침입 병원균들

번호	침입 부위	병원균
1	기공(stomata)	녹병균의 포자, 갈색무늬병균, 노균병균, 소나무 잎떨림병균, 소나무류 잎마름병균
2	수공(hydathode)	양배추 검은썩음병균, 사과나 배의 화상병균, 벼 흰마름병균
3	피목(lenticel)	감자 역병균, 감자 더뎅이병균, 과수 잿빛무늬병균, 포플러 줄기마름병균, 뽕나무 줄기마름병균
4	밀선(nectary)	사과 화상병균

③ 상처를 통한 침입

고구마 무름병균, 감귤 푸른곰팡이병균, 바이러스, 채소 세균성무름병균, 과수 근두암종병균, 사과 부란병균, 밤나무 줄기마름병균 등이다.

④ 식물기관을 통한 침입과 감염

작물의 부위별에 따른 병원균의 침입은 아래의 표 5-11와 같다.

표 5-11 식물기관별 발생 병원균들

번호	침입 부위	작물과 병원균
1	화기(flower)	사과(꽃썩음병균), 배. 사과(화상병균, 직접감염), 밀과 보리(겉깜부기병균, 간접감염)
2	실생묘(seeding)	보리(속깜부기병균, 밀(비린깜부기병균)
3	뿌리(root)	무. 배추(무사마귀병균), 토마토(풋마름병균, 시들음병균), 담배(왜화 바이러스병)
4	눈(bud)	감자(암종병균), 대추나무(빗자루병균)

(2) 병원균의 감염(Infection)

① 병원체가 감수성 식물에 침입하여 내부에 정착하고 식물로부터 영양섭취가 이루어졌을 때

② 잠복기간(incubation period) 병원체가 침입 후 초기발병이 나타날 때까지 소요기간

※잠복기의 개념: 대개의 작물에서는 병원균이 들어가서 병해가 나타날 때까지는 소요되는 시간

5) 기주교대(Alternation of Host)

(1) 이종 기생균

녹병균과 같이 전혀 다른 두 종류의 기주식물을 옮겨가며 생활하는 병원균을 말한다.

(2) 기주교대

이종 기생균이 그 생활사를 완성하기 위해 기주를 바꾸는 것이다.

(3) 중간기주

두 종의 기주 식물 중 경제적 가치가 적은 쪽이나. 녹병균은 살아있는 생물체만 기생하는 순활물기생균으로 기주식물에서 포자 세대를 지내고 중간기주에서 여름포자나 겨울포자 세대를 지낸다.

6) 병원체의 기생성

기생체(parasite)는 엽록소가 없어서 스스로 양분을 합성하지 못하고 녹색식물이나 동물에 기생하여 양분을 섭취하고 살아가는 진균, 세균, 바이러스 등이고 부생체(saprophyte)는 죽은 조직이나 유기물에서 영양을 섭취하고 생활하는 것을 말한다.

(1) 절대기생체(Obligate Parasite)

순활물 기생체라고도 하며 살아있는 조직에서만 생활할 수 있는 것으로 녹병균, 흰가루병균, 노균병균, 무, 배추 무사마귀병균, 배나무 붉은별무늬병균이 여기에 해당한다.

(2) 임의기생체(Facultative Parasite)

임의 부생체라고도 하며 기생을 원칙으로 하나 죽은 유기물에서도 영양을 취하는 것으로 반기생체라고 한다. 고구마 무름병균, 잿빛곰팡이병균, 모잘록병균이 있고 반대로 부생을 원칙으로 하나 기생도 하는 것으로 감자 역병균, 배나무 검은별무늬병, 깜부기병균이 여기에 해당한다. 그러나 명확한 구분이 없다.

(3) 절대부생체(Obligate Saprobe)

죽은 유기물에서만 영양을 섭취하는 것으로 순사물 기생체라고도 한다. 목재 심부썩음병균이 여기에 속한다.

7) 보균식물

병징은 나타나지 않지만 기주식물의 조직 속에 병원체를 가진 식물을 말하는데 바이러스(virus)에 감염된 식물의 경우에는 보독식물(保毒植物)이라 한다. 곤충의 경우 바이러스를 몸에 지니고 있으면 보독충이라고 한다.

8) 병에 대한 대응방법

병원체의 작용을 억제하는 기주의 능력으로 병에 대한 식물체의 대처를 말한다.

(1) 감수성(Susceptibility)

식물이 병에 걸리기 쉬운 성질로 이병성이라고도 한다. S로 표기할 때가 많다.

(2) 면역성(Immunity)

식물이 자체 면역으로 어떤 병에 걸리지 않는 성질이다.

(3) 저항성(Resistance)

식물에 병에 걸리지 않고 견디며 저항하는 성질로 주로 R로 표시한다.

① **수직저항성**(Vertical Resistance)

병균의 특정 레이스(race)에만 효과적인 것으로 레이스 특이적 저항성, 단인자 저항성이라고도 한다. 즉 진정저항성, 질적저항성이다.

② **수평저항성**(Horizontal Resistance)

병균의 모든 레이스(race)에 균일하게 작용하는 것으로 레이스 비특이적 저항성, 다인자 저항성이라고 한다. 양적저항성이다.

③ **감염 전 저항성**(Preinfectional Resistance)

식물체 자체의 생리적, 형태적 구조가 병원체의 침입을 억제하는 것으로 각피의 두께, 기공의 수와 개폐 정도, 페놀이나 타닌, 왁스나 큐틴 산 등의 함량에 의해 사전에 감염을 제어하는 저항성을 말한다.

④ **감염 후 저항성**(Postinfectional Resistance)

식물체인 기주와 병원체의 상호작용 때문에 나타나는 저항성으로 병원체 침입 시 기주 세포가 급격히 반응하여 죽음으로써 병원체의 생육이 저지되거나 불활성화되는 ㉠ 과민성(hypersensitivity), 병원체의 기주 침입 후 상호반응결과 기주에서 생기는, 병원체의 발육을 억제하는 물질을 ㉡ 피토알렉신(phytoalexin)이라고 하며, 병원체의 기주 침입 후 기주 측에 기계적인 방어벽이 생기는 ㉢ 조직의 변화를 동반하거나 저항성 품종에서 병원체가 빨리 자라지 못하도록 하는 ㉣ 병원체의 생육 지연 현상과 같은 종류가 있다.

⑤ **저항성의 특성과 분류**

저항성의 종류와 작용기작은 표 5-12와 같다.

(4) 내성(Tolerance)

식물이 병균에 감염이 되어도 실질적으로 피해가 적고 잘 견디는 성질을 말한다.

(5) 회피성(Escaping)

식물이 적극적이거나 소극적인 방법으로 병원체의 활동을 피하여 병에 걸리지 않도록 하는 것을 말한다.

표 5-12 감염시기, 저항성의 종류와 요인, 특성별 분류

<table>
<tr><th>감염시기</th><th>저항성의 종류와 요인</th><th colspan="2">특성</th></tr>
<tr><td rowspan="3">감염전 저항성 (수동적 저항성)</td><td>각피 및 표피의 두께</td><td colspan="2">• 각피가 두꺼워서 토마토 잿빛곰팡이병균, 밀 줄기녹병균 등에 저항성을 형성한다.
• 배나무 붉은별무늬병은 각피가 발달되지 않은 어린잎이나 열매에만 침입한다.
• 표피에 규산이 축적된 규질화 세포가 많은 품종은 벼 도열병에 저항성이 있다.</td></tr>
<tr><td>기공의 수와 개폐 정도</td><td colspan="2">• 사탕무 갈색무늬병균은 기공이 충분히 열린 잎에만 침입한다.
• 밀 붉은녹병균은 닫힌 기공을 통해서도 침입한다.
• 감귤 궤양병균은 기공이 좁게 열리는 만다린 품종에 저항성이 있다.</td></tr>
<tr><td>병원균이 침입하기 전부터 형성된 물질</td><td colspan="2">• 진균의 독성 분비물로 토마토나 사탕무에 있는 고농도 분비물로 보트리티스(Botrytis) 등의 포자 발아를 억제한다.
• 프로토카테쿠산(protocatechuic acid)과 카테콜(catechol)은 양파 유색 품종의 마른 껍질에 존재하는 성분으로 양파 탄저병의 포자 발아를 억제한다.
• 페놀류(phenols)는 밀 줄기녹병균, 감자 더뎅이병균, 벼 도열병균 등에 저항성을 형성시킨다.
• 사포닌(saponin)은 토마토의 토마틴(tomatine)과 같은 항진균성 물질이다.
• 타닌산, 왁스, 큐틴산 등은 병충해 저항성과 밀접한 관계를 가지고 있다.</td></tr>
<tr><td rowspan="10">감염후 저항성 (능동적 저항성)</td><td>과민성 (hypersensitivity)</td><td colspan="2">• 병원체가 침입시 기주세포가 급격히 반응하여 죽음으로써 양분결핍으로 병원균의 생육저지, 불활성화 시키는 현상, 녹병균, 흰가루병, 벼도열병, 감자 역병, 배나무 검은별무늬병 등이 있다.</td></tr>
<tr><td rowspan="3">피토알렉신 (phytoalexin)</td><td>피사틴(pisatin)</td><td>과수 잿빛곰팡이병균, 벼 도열병균, 사과 탄저병균을 완두의 꼬투리에 접종했을 때 생성되는 물질이다.</td></tr>
<tr><td>이포메아마론 (ipomeamarone)</td><td>흑반병(Ceratocystis fimbriata)에 의해 고구마에 생성되는 물질이다.</td></tr>
<tr><td>리시틴(rishitin)</td><td>역병(Phytophthora infestans)에 의해 감자, 고구마에 생성되는 물질이다.</td></tr>
<tr><td rowspan="6">조직의 변화</td><td>코르크 형성</td><td>병원균이 침입한 부위에 몇 겹의 코르크화가 이루어져 발병의 진전을 억제(양배추 위황병) 한다.</td></tr>
<tr><td>이층 형성</td><td>병반부와 건전부 사이 또는 감염된 조직 경계면에 이층이 형성되어 발병 저지(소나무 잎떨림병)한다.</td></tr>
<tr><td>전충제(tylose) 형성</td><td>유조직의 면적을 증가시킴으로써 목부 도관부가 막히게 되어 병을 차단(활엽수) 한다.</td></tr>
<tr><td>검(gum) 형성</td><td>병원균의 침입부위에 보호조직이 형성되어 발병을 억제(수박 덩굴쪼김병–박과 저항성) 한다.</td></tr>
<tr><td>칼로스 돌기 형성 (callose papillae)</td><td>칼로스 돌기를 형성하고 여기에 페놀합합물이 축적되어 병원균 침입 균사 주위에 덮개와 같은 구조를 형성하여 보호(알뿌리–다알리아) 한다.</td></tr>
</table>

(주) 피토알렉신(phytoalexin)은 병원체 침입 시 기주측에서 생기는 병원체 발육을 억제하는 항균물질을 말한다.

9) 병원균의 전반과 분산

(1) 전반 방법

① 공기전염

바람이 병원균의 포자를 운반하여 병을 전파하는 것을 말한다. 예로 배나무의 적성병은 그 포자가 바람에 의해 이동함으로써 전염된다.

② 수매전염

물에 의한 전파로 빗물이 병원균을 이동시키는 것을 말한다.

③ 토양전염

흙에 섞이거나 묘판에서 병이 전염되는 것을 말한다.

④ 충매전염

곤충에 의해 전염되는 것으로 바이러스를 전파시키는 곤충을 보독충이라고 부른다.

⑤ 종묘나 농작업에 의한 전염

과수의 근두암종병은 접목으로, 감자의 역병은 괴경과 함께 퍼진 것이다. 선충이나 바이러스, 잡초 등이 이에 해당한다.

표 5-13 영속형과 비영속형 바이러스 매개충의 특성 비교

번호	내용	비영속형 바이러스	영속형 바이러스	기타
1	매개 곤충	진딧물	멸구, 매미충류	진딧물 100종, 멸구 30종, 매미충 5종 내외
2	매개 곤충과 바이러스 간의 친화성	낮음	높음	–
3	매개충체 내 잠복기간	없음	있음	영속형의 판단기준임
4	매개충체 내 바이러스 보유기간	단기간(분~시)	장기간(일~평생)	영속형의 판단기준임
5	바이러스 접종 소요시간	초(sec)	분(min)	
6	바이러스 획득 소요시간	단기간(초~분)	장기간(시)	
7	바이러스의 모양	주로 간상	주로 구상	
8	바이러스의 성질	비교적 안정	비교적 불안정	
9	전염양식	비영속적	영속적	영속형의 판단기준임
10	전염형	구침형	순환형, 증식형	
11	즙액 접종의 난이도	쉬움	어려움	

(2) 병원균의 전파경로

① 잠복과 보균

병원균이 일정 기간 병을 발생시키지 않고 존재하는 잠복기와 병징을 나타내지 않고 병을 옮기는 보균이 있다. 이때의 곤충을 보독충(viruliferous insect)이라고 한다.

② 중간기주

병원균이 하나의 식물에서만 살 수가 없고 계절과 상황에 따라 서식처를 옮기는 것을 말한다.

(3) 병원균의 서식과 전파(전반)

표 5-14 전염원과 월동장소

전염원	월동장소
병든 식물의 조직 및 잔재물 전염	• 볏짚이나 병든 볍씨에서 수년간 생존(벼 도열병균) • 병든 가지 및 열매 전염(배나무 검은별 무늬병균, 복숭아 탄저병균) • 죽은 식물체에서 생존(벼 노균병균의 난포자, 유채 균핵병균의 균핵)
종자 및 살아있는 식물체 전염	• 병원균이 종자에 섞여 있음(맥류 매각병균, 채소 균핵병균) • 종자표면/종자내부전염(보리와 밀의 깜부기병균, 벼의 도열병균과 깨씨무늬병균) • 종자의 배(胚)까지 침투(벼 키다리병균, 보리 겉깜부기병균) • 감자 표면 및 조직내부 전염(감자 역병균, 감자 둘레썩음병균) • 묘목 전염(과수 근두암종병균, 과수 자주빛날개무늬병균)

표 5-15 전염원과 병원균의 종류와 특성

번호	전염원		특성과 종류
1	곤충 전염		곤충체 내 월동-벼 줄무늬잎마름병균(애멸구), 오이 풋마름병균(잎벌레 성충)
2	공기 전염		잿빛곰팡이병, 흰가루병, 노균병, 탄저병, 세균성 점무늬병
3	영양번식기관 전염		괴경, 구근, 접수 등과 같은 영양기관-감자나 마늘의 바이러스병 등이 여기에 해당한다.
4	잡초 전염		잡초 내 월동(벼 흰잎마름병균, 벼 노균병균, 오이 모자이크바이러스
5	접목 전염		사과 고접병, 바이러스병 등이 여기에 해당한다.
6	종자 전염	진균, 세균	탄저병, 노균병, 시들음병, 덩굴쪼김병, 잎무늬병, 세균성 점무늬병 등이 있다.
		바이러스	콩 줄무늬 모자이크병, 담배 둥근무늬모자이크병, 보리 줄무늬모자이크병, 오이 녹반모자이크병 등이 종자로 전염된다.
7	즙액 전염(바이러스)		병든 식물의 즙액-토마토, 담배모자이크바이러스, 감자 X바이러스 등이다.
8	토양 전염	일반적인 병	역병, 시들음병, 균핵병, 밑둥썩음병, 잘록병, 무름병, 풋마름병, 검은썩음병
		바이러스병	선충이나 진균에 의해 매개 또는 직접 전염-담배 둥근무늬바이러스, 담배 왜화
		작물별병	배추 균핵병균, 시들음병균, 가지과 풋마름병균, 과수 자주빛날개무늬병균, 맥류 오갈병균, 오이류 덩굴쪼김병균
9	충매 전염	비영속성 바이러스	바이러스가 구침(口針)에 머문 상태에서 전염기키는 것으로 진딧물류, 잎벌레, 선충이 오이, 배추, 순무 모자이크 바이러스를 옮긴다.
		영속성 바이러스	바이러스가 체내 증식 후 전염되는 것으로 멸구나 매미충류가 감자 잎말림 바이러스, 벼 오갈 바이러스를 옮긴다.

표 5-16 병원균의 전반과 종류

번호	전염 매개체	병원균
1	곤충	맥각병균, 배나무 화상병균(불확실함), 참나무 시들음병균(광릉 긴나무좀), 오이류 풋마름병균(오이 잎벌레), 벼 오갈병균(끝동매미충, 번개매미충), 벼 검은줄오갈병균, 벼 줄무늬잎마름병균(애멸구), 오동나무 빗자루병균(담배장님노린재), 대추나무 빗자루병, 뽕나무 오갈병(마름모무늬매미충), 배나무 붉은별무늬병, 밀 줄기녹병균(녹병균의 수정을 매개)
2	묘목	잣나무털녹병균, 밤나무 근두암종병균, 포플러 모자이크병균
3	바람	도열병균, 맥류 겉깜부기병균, 벼 키다리병균, 감자 역병균, 밀 줄기녹병균, 배나무 붉은무늬병균, 잣나무 털녹병균, 밤나무 줄기마름병균, 밤나무 흰가루병균
4	물	유주자 형성(무, 배추 무사마귀병균, 벼 모썩음병균, 감자 암종병균, 모잘록병균, 역병균, 노균병균), 토마토 풋마름병균, 벼 흰잎마름병균, 벼 잎집무늬마름병균, 감자 역병균, 사과 화상병균, 근두암종병균, 향나무 적성병균
5	토양	근두암종병균, 묘목의 잘록병균
6	기타	소동물(고구마 검은별무늬병균, 밤나무 줄기마름병균), 선충(시들음병균, 토마토 둥근무늬바이러스병균), 사람(담배 모자이크바이러스병균), 작업 도구(감자 둘레썩음병균)

2. 식물 병의 진단(Diagnosis of Plant Disease)

1) 병징과 표징

(1) 병징(Disease Symptom)

식물체가 병원에 의해서 세포, 조직, 도는 기관에 이상을 일으켜 외부에 나타나는 반응이다. 그러나 외형적인 차이만으로 병을 진단하는 것은 불확실하고 위험하다. 기본적으로 색의 변화로 황화(chlorosis)나 갈변(browning)이 발생하고 위조나 위축이 동반되며 괴사(necrosis), 생육 감소, 비대가 나타나기도 한다. 이병된 식물체가 외부에 어떤 변화가 나타나는 것으로 ① 전신병징에는 시들음병(위조병), 오갈병(위축병), 황화병, 위황병, 바이러스병이 있고 ② 국부병징에는 혹병, 가지마름병, 썩음병, 잎마름병, 빗자루병, 불마름병, 줄기마름병, 미이라병 등 ③ 외형 또는 생육 이상에는 묘잘록병(묘입고병), 시들음병(위조병), 오갈병(위축병), 빗자루병(천구소병), 혹병(암종병), 구멍병(천공병), 잎말림병(권엽병), 잎오갈병(축엽병), 궤양병(곰보병)이 있고 ④ 색의 변화에는 누렁이병(황위병), 모자이크병, 점무늬병(반점병), 줄무늬병(조반병), 무늬마름병(문고병)이 있다. 이들 모두가 동시에 나타나는 경우는 ③ 외형과 색의 동시 변화에는 역병, 잎마름병(엽고병), 불마름병(엽소병), 탄저병, 가지마름병(지고병), 줄기마름병(동고병), 더뎅이병(창가병), 미라병이 있다.

(2) 표징(Disease Sign)

기생성 병에 있어서 흔히 병환부에 병원체 그 자체가 나타나서 병의 발생을 직접 표시하는 것이다. 이 표징은 일정 기간이 지난 후 병원체 그 자체가 나타나는 것이기 때문에 병의 진단이 가능하다. 주로 진균류의 병원체가 식물표면에 나타나는 것으로 눈으로 확인이 가능하다. 가루, 곰팡이, 흑색소립자, 돌기, 버섯, 끈끈한 물질, 냄새(악취) 등이 나타난다. ① 병원체의 영양기관에 의한 것에는 균사체, 균사속, 균사막, 균핵 등이 있고 ② 병원체의 번식기관에 의한 것은 포자, 분생자병, 자실체, 버섯 등이다. ③ 표징에 따른 병명은 흰날개무늬병(백문우병), 녹병, 그을음병(매병), 맥각병, 균핵병, 노균병, 잿빛곰팡이병 흰가루병(백분병), 깜부기병(흑수병) 같은 것들이 있다.

(3) 동정(Identification)

병원체를 분리 배양하고 접종시험을 거치는 등 다양한 방법으로 병원균을 정확히 규명하는 것이다.

고추 궤양병(잎 앞뒤면)

토마토 궤양병(줄기)

토마토 궤양병(열매)

토마토 궤양병 피해포장

그림 5-21
고추와 토마토의 궤양병 피해 양상

2) 병에 대한 진단과 특성

병을 규명하고 진단하며 최적의 방제방법을 수립해야 한다. 진단(diagnosis)은 병든 식물을 정밀 검사하여 병명을 결정하는 것이다. 진단 시는 발병상황, 환경조건, 식물의 종, 품종, 식물의 노유(老幼)등을 먼저 확인하고 전염성 여부 결정한다. 전염성 시 동정을 하는데 동정(identification)은 병원체를 분리배양하고 접종하여 종명을 결정하는 것이다.

(1) 종묘에 대한 처치

① 저항성 품종의 선택

재배의 목적과 지역적 특성에 따라 병에 대한 해당 작목의 특성을 분석해 본 이후에 선택하여 재배한다.

② 건실한 종묘의 선택

충실하고 건강한 묘를 선택하고 병충해 감염 여부를 조사하며 필요하면 유기농 종자를 구입한다.

③ 종자소독

온탕침법은 50℃ 전후의 온탕에 30분 전후로 소독한다. 때에 따라 15℃ 냉수에 7시간 정도 담갔다가 다시 온탕에 처리하는 냉수온탕침법을 실시하기도 한다. 약액에 침지, 그 외에도 살균제를 분의하거나 훈증하여 소독한다.

④ 재배상의 조치

적지적작을 하여 알맞은 환경에서 재배하고 병충해에 노출을 최소화한다. pH를 맞추고 파종 시기와 경종법을 조절하며 객토나 토양소독을 한다. 영양의 공급과 제초나 봉지 씌우기 등의 재배적 조처를 시행한다.

(2) 저장 중 처지

큐어링(curing, 고구마나 감자에서 수확직후 30℃ 정도의 고온과 90% 이상의 다습에서 3~4일 정도 두었다가 저온저장을 하는 것)과 최적 조건에서 저장하여 병충해 발생을 줄이고 저장수명을 연장한다.

3) 육안적 진단

육안에 의한 이 진단은 가장 손쉽고 보편적인 방법이다.

① 병징에 의한 진단으로 모잘록병, 시들음병, 빗자루병 등을 알 수 있다

② 표징에 의한 진단으로 균핵병, 그을음병, 노균병 등을 판별할 수 있다.

③ 외형의 변화로 천공이나 물관 막힘, 혹이 생기거나 시드는 등 외형의 변화가 발생한다.

④ 색채의 변화로는 누렇게 되는 황화(chlorosis)나 줄무늬, 그을음병이 발생한다.

4) 해부 및 현미경적 진단

① 전자현미경(Transmission Electron Microscopy, TEM)

매우 얇은 표본을 만들어 현미경으로 바이러스 입자 확인한다. 면역전자현미경법(Immuno Sorbent Electron Microscopy, ISEM)은 혈청반응을 전자현미경으로 관찰하는 방법이다.

② 해부학적 진단

형태나 색깔로 구별이 되지 않을 때는 식물체를 자르거나 해부함으로써 진단을 할 수 있다.

* 병원체의 동정에 관한 코흐(Koch)의 원칙
① 병원체는 반드시 병환부에 존재한다. ② 병원체는 배지 상태에서 순수하게 배양되어야 한다. ③ 병원체를 순수 배양하여 접종하면 같은 병을 일으킨다. ④ 접종한 식물로부터 같은 병원체를 다시 분리할 수 있다. (주) 로베르트 코흐(Robert Koch, 1843~1910) 독일의 세균학자로 탄저균, 결핵균, 콜레라균 등을 발견하였다.

5) 병원적 진단

인공접종을 하여 병원체를 확인하고 병든 부위에서 미생물을 분리하고 배양한 후에 인공접종을 하고 재분리의 과정을 거친다.

6) 생물학적 진단

생물학적 진단은 식물의 고유한 성질을 이용하여 진단하는 것을 말하고 식물을 이용할 때는 그 식물을 지표식물(indicator plant)이라고 한다.

① 지표 식물법으로 감자 X바이러스(천일홍), 뿌리혹선충(토마토, 봉선화), 과수 자주빛날개병(고구마), 과수 근두암종병(밤나무, 감나무, 벚나무, 사과나무), 기타 바이러스병(명아주, 독말풀, 잠두, 천일홍, 동부콩) 등이 있다.

② 즙액접종법으로 오이 노균병과 세균성점무늬병균을 진단한다.

③ 최아법(괴경지표법)은 감자의 바이러스에서 눈을 발아시킨다.

7) 혈청, 면역학적 진단(병원체에 대한 혈청을 만들어 진단하는 방법)

이화학적 진단으로 물리, 화학적으로 처리하여 진단한다. 바이러스의 경우 혈청을 이용하는 방법도 진단의 한 형태이다. 효소결합항체법(Enzyme Linked Immuno Sorbent Assay, ELISA)과 적혈구응집반응법이 있다.

8) 분자생물학적 진단

역전사 중합효소 연쇄반응법(Reverse Transcription Polymerase Chain Reaction, RT PCR)이나 PAGE 분석법으로 진단한다.

* 진단 시의 주의사항
① 병명의 결정과 치료방법 구명 : 병명을 알았다 하더라도 그 원인과 치료방법이 어떤지도 자세하게 알아야 한다. ② 원인과 결과와의 관계 확인 : 하나의 원인으로 각기 다른 병징이 나타날 수 있고 여러 원인으로 한 가지 병징이 나타날 수도 있다. ③ 현장에서의 진단 : 진단은 현장에서 해야 한다. ④ 전신 진단을 해봐야 하는데 열매에 병징이 있다 하더라도 원인은 뿌리나 줄기에 있을 수도 있기 때문이다.

9) 현미경사용법

(1) 현미경의 구조

① 접안렌즈(Ocular Lens)와 대물렌즈(Objective Lens)

접안렌즈는 현미경 경통의 상단에 부착되는 렌즈로 대물렌즈가 확대한 실상을 더욱 확대시키는 역할을 하고, 대물렌즈는 현미경의 경통의 하단에 부착되는 렌즈로 분해능에 결정적인 영향을 미친다. 광학 현미경은 접안렌즈가 40배, 대물렌즈가 40배로 배율은 최대 1,600배 정도가 한계이다.

② 경통(Body Tube)

간단한 현미경에서는 금속으로된 원통의 상단에는 접안렌즈를 하단에는 대물렌즈를 부착하도록 되어 있다. 최근에는 쌍안경통으로된 현미경이 많고, 이 현미경을 통하여 관찰을 할 때에는 눈이 피곤하지 않기 때문에 편리하다.

③ 회전축(Revolver)

대물렌즈를 부착시키는 것으로 3~5개의 대물렌즈가 부착되도록 되었다. 일반적으로 표본을 관찰할 때에, 저배율의 대물렌즈에서부터 고배율의 대물렌즈를 바꾸어가면서 사용하기 때문에, 렌즈의 배율순서에 따라서 고정해 두면 편리하다.

④ 재물대(Stage)

재물대는 표본을 올려놓고 정확하고 원활하게 이동시키는 장치이며, 재물대 이동나사(stageknob)를 사용하여 표본을 전후 또는 좌우로 이동시킨다.

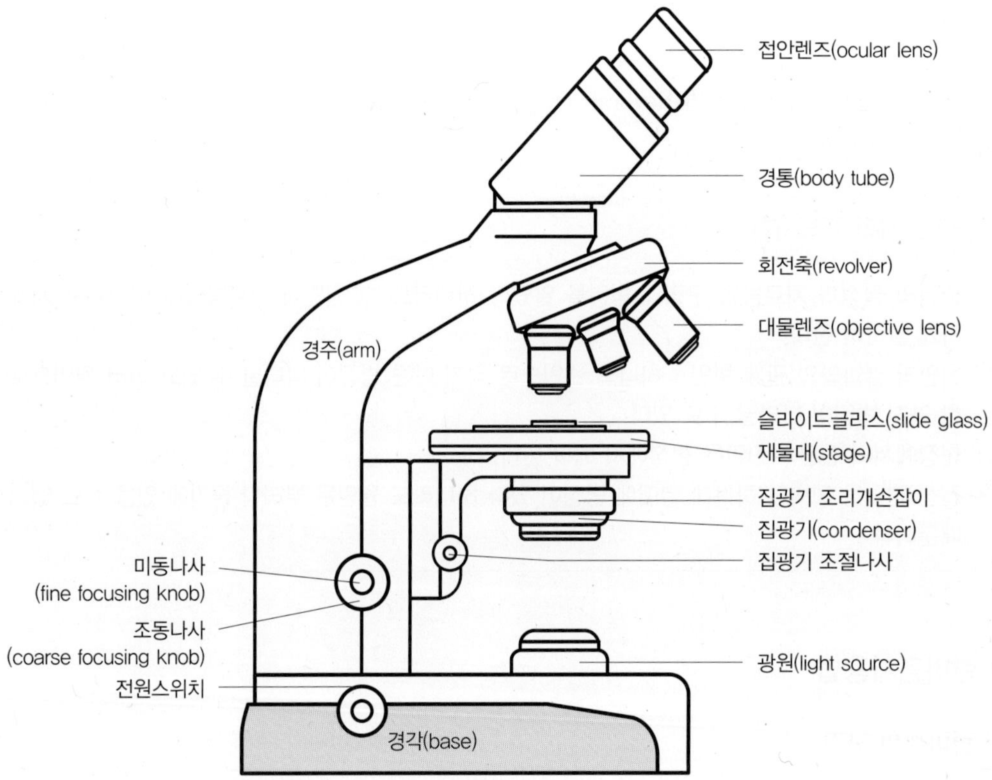

그림 5-22 광학 현미경의 부분별 명칭

⑤ **집광기(Condenser)**

집광기는 해상력을 높이고 밝은 시야를 얻기위한 집광장치로서 상의 본질을 좌우할 정도로 중요한 역할을 하며, 집광기 조정나사(condenseradjustmentknob)를 사용하여 집광기를 상하로 이동시킨다.

⑥ **조동나사(Coarse Focusing Knob)와 미동나사(Fine Focusing Knob)**

조동나사는 대략적인 핀트를 맞추거나 저배율 대물렌즈를 사용하는 경우의 초점 조준장치이며, 미동나사는 정밀한 핀트를 맞추기 위한 초점 조준장치이다.

⑦ **조명장치(Illuminator)**

조명장치는 인공광원의 램프로 되어 있다.

⑧ **경주(Arm)와 경각(Base)**

현미경의 기본골격의 하나로 경주는 팔의 부분에 해당하며, 여기에 재물대와 경통 등이 부착되어 있다고 경각은 다리의 부분으로 안정성이 있어야 한다.

제4장 식물 병의 방제(Contronl of Plant Disease)

1. 식물병의 방제원리(Principle of Control)

1) 사전 예방이 가장 중요

합리적 방제를 위해서는 사전에 알아야 할 사항으로 ㉠ 병의 종류, ㉡병원체의 변이성, 생활사 및 환경의 영향 ㉢ 환경이 기주 및 기주 기생체 상호작용에 미치는 영향 ㉣ 기주의 저항성 및 그 유전자 저항성에 미치는 환경의 영향 등이다.

2. 식물병의 방제개념(Concept of Disease Control)

1) 방제의 종류

(1) 예방(Prevention)

병원체의 침입이나 도입을 배제하거나 제거하는 것으로 예찰이나 위생을 철저히 관리하는 것이다.

(2) 면역(Immunity)

감염과 발병에 대한 기주의 저항성을 높이거나 개량하는 것이다.

(3) 종합적 방제(Integrated Pest Management, IPM)

물리적, 생물적, 화학적 방제법을 총동원하되 최적화하고 효율화하며 환경을 피해를 줄이며 경제적으로 방제하는 것이다.

(4) 법적 방제(Legal Control)

법적 방제는 병충해의 유입을 차단하도록 식물검역이나 국제적인 유통을 제어하여 방제하는 방법이다.

(5) 재배적 방제(Cultural Control)

3. 식물병의 방제방법들(Control Method of Plant Disease)

1) 법적 방제(Legal Control)

(1) 식물검역

규제 병해충에는 검역병해충과 규제비검역병해충으로 나눈다. 수입금지(금지병해충)나 소독이 필요(관리변해충)하다.

① 검역병해충

잠재적으로 큰 경제적 피해를 줄 우려가 있는 국내에 분포되어 있지 아니한 병해충 또는 국내의 일부 지역에 분포되어 있지만 발생 예찰 등 조치를 하는 병해충으로 농림축산식품부령으로 정하는 병해충이다.

㉠ 금지병해충은 국내에 유입될 경우 폐기 또는 반송 조치를 하지 아니하면 식물에 해를 끼치는 정도가 크다고 인정하여 그 병해충이 붙어 있는 식물의 수입을 금지하는 병해충과 병해충 위험분석을 한 결과 위험이 있다고 인정하여 검역본부장이 정하여 고시하는 병해충이다.

㉡ 관리병해충은 국내에 유입될 경우 소독 등의 조치를 하지 아니하면 식물에 해를 끼치는 정도가 크다고 인정하여 검역본부장이 정하여 고시하는 병해충이다.

② 규제비검역병해충

검역 병해충이 아닌 병해충 중에서 재식용(栽植用) 식물에 대하여 경제적으로 수용할 수 없는 정도의 해를 끼쳐 국내에서 규제되는 병해충으로 농림축산식품부령으로 정하는 병해충을 말한다.

(2) 병발생 예찰

농촌진흥청 주관으로 전국 예보(농진청), 지역예보(각도 농업기술원)를 하고 예찰 방법은 기상요인에 의한 예찰, 포자 채집량에 의한 예찰, 포장 순회 예찰 등이 있다.

2) 생물적 방제(Biological Control)

병원균에 의한 식물의 저항성을 유도해 병해를 방제하는 방법이다.

① 교차 보호(Cross Protection)

바이러스(virus)의 간섭작용을 이용하는 것으로 토마토의 TMV, 박과 작물의 CMV 등이 있다.

② 근권 미생물에 의한 방제

근권 진균에는 트리코더민(Trichodermin), 글리오톡신(Gliotoxin) 등이 있고 근권 세균에는 바실러스(Bacillus), 슈도모나스(Pseudomonas) 등이 있다.

③ 길항미생물 이용

병원균의 생육을 억제하거나 저지시키는 능력을 갖는 길항 미생물을 이용하여 용균작용, 기생작용, 경쟁작용, 유도저항성 작용 등을 인위적으로 조절 및 활용한다. 세균에는 아그로박테리움(Agrobacterium), 바실러스(Bacillus), 슈도모나스(Pseudomonas), 스트렙토마이세스(Streptomyces) 등과 진균에는 암페로미세스(Ampelomyces), 캔디다(Candida) 등이 있으며, 기생작용을 하는 것도 있다.

〈배추 뿌리혹병〉

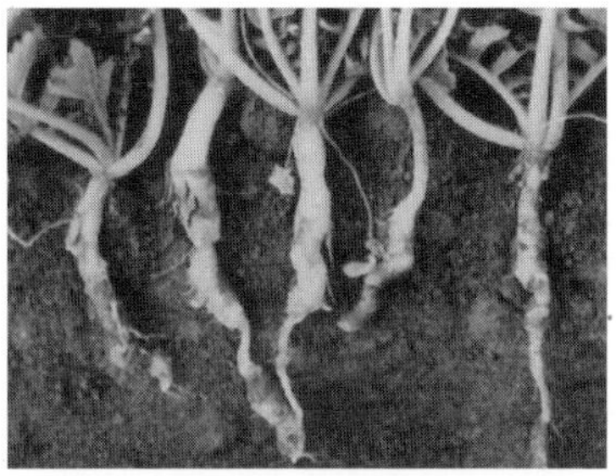

〈무 뿌리혹병〉

〈갓 뿌리혹병〉

〈양배추 뿌리혹병〉

그림 5-23
채소류에 발생하는 뿌리혹병
(근두암종병, *Agrobacterium radiobacter*)

3) 경종적 방제(Cultural Control)

(1) 윤작을 실시한다.

(2) 파종시기 조절한다.

(3) 포장위생에 유의한다. 전염원(낙엽, 이병된 가지 등)을 제거하고 중간숙주도 제거한다.

(4) 토양조건을 개선한다.

① 유주자균류(무, 배추 무사마귀병균, 모 잘록병균, 균핵병균 등)는 토양수분 과다 시 많이 발생하는데 배수(건조)에 주의한다.

② 감자 더뎅이병(알칼리 토양), 무, 배추 무사마귀병(산성), 자주빛날개무늬병(미숙 유기물)은 유기물을 증시하고 석회를 시용하여 산도를 교정한다.

③ 토양 물리성 개량으로 유기물을 증시하고 객토 및 심경을 한다.

(5) 균형과 영양관리에 유의한다.

① 필수원소의 공급과 생육속도(팁번이나 배꼽썩음병 등)를 조절한다.

② 균형 시비로 어느 한 성분의 과부족 없이 고르게 비료를 주고 토양분석을 통해 작물생육에 맞도록 비료 성분을 조절하여 시비한다.

③ 칼륨성분의 부족과 질소성분의 과용은 발병을 촉진한다.

④ 영양분이 부족하면 벼의 깨씨무늬병, 감자 겹무늬병, 토마토 점무늬병, 과수 줄기마름병 등이 많이 발생한다.

(6) 저항성 품종을 재배한다.

이것은 가장 이상적이고 근본적인 방제방법이다.

(7) 접목을 하면 병충해를 줄일 수 있다. 예로 호박대목에 오이, 수박 등을 접목하여 재배한다.

(8) 조직배양(생장점 배양)으로 딸기나 감자를 증식한다.

(9) 고랭지 재배를 하면 바이러스 매개 진딧물이 적어진다(대관령 감자 등).

① 병해충 복합저항성 품종을 육성하여 재배한다.

② 복합 내재해성 품종을 육성하여 재배한다.

4) 물리적 방제(Physical Control)

(1) 좋은 종자와 묘(苗)를 선택하여 재배한다. 즉, 충실한 종자를 선별하기 위해 소금물 가리기를 한다.

(2) 종자소독으로 고추의 경우 50℃에서 1주일간 처리하면 종자 전염병이 많이 줄어든다.

(3) 토양소독을 한다.

(4) 해충은 포살(捕殺), 유살(誘殺), 차단(遮斷) 등을 한다.

5) 화학적 방제(Chemical Control)

농약을 사용하여 병을 방제하는 방법이다.

제5장 **작물에 발생하는 주요 병들(Main Disease of Crop)**

1. 벼 병의 분류(Classification of Rice Disease)

표 5-17 벼에 발생하는 병

번호	병명	병원균	전파(매개충)	월동형태/장소	특징
1	깨씨무늬병	진균(자낭균류)	바람(종자)	병든 볏짚/볍씨	사질논, 노후답에서 발생
2	키다리병	진균(자낭균류)	바람(종자)	종자표면	지베렐린 분비
3	도열병	진균 (불완전균류)	바람(종자)	볏짚/병든 종자	저온다습, 규소시비
4	잎집무늬마름병	진균(담자균류)	물	땅위	균핵과 담포자 형성
5	잘록병	진균	물, 토양	병든 조직/토양	상자육묘에서 많이 발생
6	알마름병	세균	물(종자)	종자	종자전염
7	흰빛잎마름병	세균	물	잡초(겨풀류) 벼 그루터기	태풍과 침수후 발생
8	검은줄무늬 오갈병	바이러스	애멸구	매개충(잡초, 밀, 자운영) 약충	경란전염 아님
9	오갈병	바이러스	끝동매미충, 번개매미충	매개충(잡초, 밀, 자운영) 유충, 성충	경란전염
10	줄무늬잎마름병	바이러스	애멸구	매개충(잡초, 밀, 자운영) 유충	경란전염

1) 벼 깨씨무늬병(Brown spot, 호마엽고병)

(1) 병원: *Cochliobolus miyabeanus*, 진균

(2) 병의 특성과 발병

① 균사 상태로 볏짚에서 월동하고 봄에 분생포자를 생성하며 포자는 바람따라 전파된다.

② 잎에 타원형 암갈색의 반점이 생기며 이삭목과 가지 볍시 등이 암갈색으로 바뀐다.

③ 발병원인으로 고온다습조건, 사질토양으로 토양이 산성으로 되어 영양이 부족할 때 발생이 많아진다.

(3) 병징과 방제

① 저항성 품종을 재배하고 종자소독을 하며 토양을 개량하여 적절한 비료를 공급한다.

2) 벼 키다리병(Bakanae Disease)

(1) 병원: *Gibberella fujikuroi*, 진균(자낭균류)

(2) 병의 특성과 발병

① 분생포자의 형태로 종자표면에서 월동하고 고온에서 잘 발생된다.

② 산성토양에서 심하게 발생하는데 종자를 통해서 감염된다. 지베렐린의 작용으로 키가 커지는 도장현상을 보인다.

*지베렐린(GA)의 원인균이다.

그림 5-24 벼 키다리병의 발병 모습

(3) 병징과 방제

① 병징은 잎은 엷은 녹색으로 가늘고 길게 자라 건전묘의 2배 이상 크며 도중에 죽는다.

② 저항성 품종을 선택하고 건전한 종자를 사용하며 종자소독을 한다.

③ 못자리나 본답 초기에 이병주를 제거한다.

3) 벼 도열병(Blast)

(1) 병원: *Pyricularia oryzae*, 진균(불완전균류)

(2) 병의 특성과 발병

우리나라를 비롯한 동남아 각지에서 가장 큰 피해를 입히는 병 중의 하나이다. 질소질 비료를 과다시비하면 많이 발생한다. 모든 기관에서 발생하는 병으로 다양한 균계를 가지고 있다.

① 병원균은 볏짚 또는 볍씨의 병든 부분에서 균사나 분생 포자로 월동하고 포자는 바람에 의해 쉽게 퍼진다. 분생포자는 2개의 격막을 가진다.

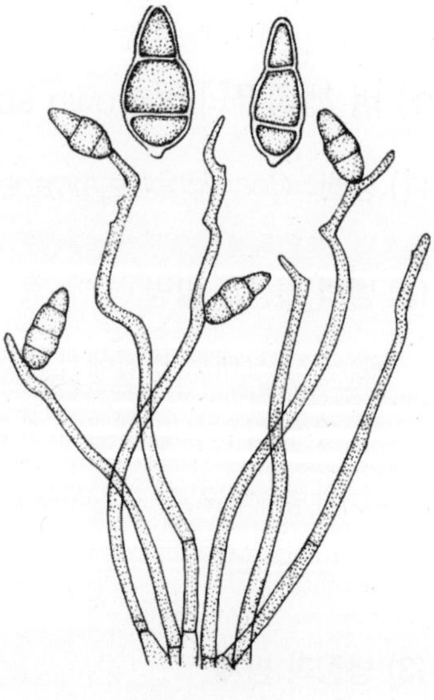

그림 5-25 도열병의 병원균

② 발병 원인으로 공기 중에 있는 분생포자가 침입하여 병을 일으키기 위해서는 25~28℃ 정도의 다소 저온, 100%에 가까운 다습조건이다.

③ 저온다우상태에서 기온이 급격히 올라갈 때, 이앙이 늦고 질소가 많으며 다습조건일 때, 생육기에 물이 부족하거나 찬물을 깊이 대어줄 때, 표토가 얕고 비료의 흡수가 급격할때 많이 발생한다.

(3) 병징과 방제

① 벼의 종자에서 이삭까지 전 부위에 발생하며 갈색의 방추형 병반이 생긴다. 갈점형 병반은 엽맥사이에 생기며 분생포자는 형성하지 않는다.

② 백점형 병반은 토양이 건조하고 다비조건의 유묘에서 생기며 분생포자는 간혹 발생한다.

③ 급성형 병반은 일기가 불순하거나 질소과다로 병의 저항력이 약할 때 생기며 병반 주위가 암록색으로 타원형이거나 부정형이다. 한 개의 병반에서 2000~3000개의 포자가 형성된다.

④ 만성형 병반은 일반적인 병반으로 방추형이며 가장자리는 갈색 중심부는 회백색으로 포자의 형성과 비산이 잘 일어난다.

⑤ 방제법으로 저항성 품종재배, 질소비료 과용금지, 냉수는 온도를 높여 공급해야 한다. 약제로 종자소독을 한다. 종자소독, 이병물을 제거하며 질소질 비료의 과잉공급을 금하고 규소(Si)를 포함한 균형 시비를 한다.

그림 5-26 벼 도열병균 반점 사진

4) 벼 잎집무늬마름병(문고병, Sheath Blight)

(1) 병원: *Pellicularia sasak*, 진균(담자균류)

(2) 벼의 특성과 발병

① 병반 가까이에 균핵을 형성한다. 초기에는 백색에서 점차 담갈색으로 바뀐다.

② 원인으로 23~25℃ 정도의 다소저온, 100%에 가까운 다습조건, 질소비료의 과용과 밀식재배 시에 발생이 많아진다.

(3) 병징과 방제

① 병징은 잎집 표면에 암회색의 부정형 점무늬가 생긴다.

② 방제대책으로 모내기전 써래질 후 균핵을 제거하고 밀식 및 질소질 과잉을 금하고, 칼륨질 비료 증시한다.

③ 장마 후 더운 여름 날씨 지속 시 전용 약제 처리한다.

5) 벼 모잘록병(Seeding Damping Off)

(1) 병원: *Pythium debaryanum*, *Rhizoctonia solani*, *Fusarium* spp., 진균

(2) 병의 특성과 발병

① 난포자로 병든 조직 또는 토양에서 월동하고 관개수나 토양에 의해 전염된다.

② 저온 과습, 통기 불량, 알칼리 토양, 질소비료 과잉일 때 잘 발생한다.

③ 일찍 파종한 못자리, 주야의 온도 차가 클 때 많이 발생한다.

(3) 병징과 방제

① 병징은 종자가 발아하지 않거나 발아해도 올라오지 못하고 고사한다.

② 못자리 관리는 주간 30℃ 이하, 야간 10℃ 이상으로 유지한다.

③ 건전 종자를 사용하고 pH는 4.5~5.5 정도의 무병 상토를 사용하고 전문 약제를 살포한다.

6) 벼알마름병

(1) 병원: *Burkholderia glumae*, 세균

(2) 병의 특성과 발병

① 호기성 그람음성 간균으로 생육 적온 30℃에 잘 발생한다.

② 침종 시 이병 종자에서 건전 종자로 전염되고 벼 출수 후 1주간 고온(30~35℃), 다습환경에 발병한다.

(3) 병징과 방제

① 병징으로 이삭 전체 또는 일부분이 말라 죽거나 썩고 벼알은 담황색~청갈색, 현미는 갈색 줄무늬가 생긴다. 어린 모에서 엽초가 갈변, 잎몸이 꼬이는 기형이 생기고 황갈색으로 고사하기도 한다.

② 건전 종자를 사용하고 종자를 소독한다. 육묘 시 고온 다습, 질소질 비료를 많이 사용하지 않는다.

③ 발병 포장은 수확 후 볏짚을 소각하거나 제거한다.

7) 벼 흰잎마름병(Bacterial Leaf Blight, 백엽고병)

(1) 병원체: 산토모나스 오리자(*Xantomonas oryza*), 세균성

(2) 병의 특성과 발병

① 원인으로 온도가 26~30℃ 정도에서 잘 발생하고 강한 바람으로 잎에 상처가 생기면 세균이 침입하므로 태풍과 홍수가 겹칠 때 많이 발생한다.

② 월동 잡초나 벼의 그루터기에서 월동하는데 태풍이나 침수가 발생했을 때나 질소 과용은 병의 진전을 촉진한다.

(3) 병징과 방제

① 병징으로 어린 벼는 새잎이 나올 때 노랗게 되고 미전개나 전개된 잎은 황록색의 줄이 세로로 나타난다. 처음에 잎의 끝이나 가장자리가 담황색, 회백색, 백색의 물결이 생기고 심하면 잎 전체가 말라 죽는다.

② 기주식물(줄풀, 겨풀, 빕새피) 제거하며 질소 과용을 금하고 규산, 칼륨질 비료 중시한다.

③ 논두렁의 잡초를 태워 월동 애멸구를 제거하고 저항성 품종을 재배한다.

④ 장마 기간 중 침관수 피해 시 전용 약제 처리한다.

8) 벼 검은줄오갈병(Rice Black Streaked Dwarf)

(1) 병원: Rice black streaked dwarf virus, 바이러스

(2) 병의 특성과 발병

① 애멸구에 의해 매개된다.

② 매개충은 잡초, 밀밭, 자운영밭에서 월동한다.

(3) 병징과 방제

① 병징으로 잎은 진녹색과 동시에 현저하게 위축되고 잎 뒷면이나 줄기에 갈색 또는 흑색의 줄무늬가 생긴다.

② 저항성 품종을 재배하고 병든 식물체 발견 즉시 제거한다.

③ 매개 곤충 구제하고 논의 잡초를 제거한다.

9) 벼 오갈병(Rice Dwarf)

(1) 병원: Rice dwarf virus, 바이러스

(2) 병의 특성과 발병

① 끝동매미충과 번개매미충에 의해 매개된다.

① 매개충은 잡초, 밀밭, 자운영밭에서 월동한다.

① 이앙 후 본답에서 발병한다.

(3) 병징과 방제

① 병징으로 잎은 진녹색과 동시에 백색의 반점, 위축되고 분얼이 많아지며 출수 전 초장은 건전 벼의 1/2 정도이다.

② 저항성 품종을 재배하고 병든 식물체는 제거한다.

③ 매개 곤충 구제하고 논두렁 잡초는 제거하며 질소질 비료 과용을 하지 않아야 한다.

10) 벼 줄무늬잎마름병(Stripe Virus, 호엽고병)

(1) 병원체: Rice stripe virus

(2) 병의 특성과 발병

① 애멸구에 의해 경란전염으로 발병되고 병은 7-14일 정도의 잠복기를 거쳐 발병한다.

② 발병원인으로 이앙 후 분얼기에 보독충인 애멸구의 양에 의해 발병이 결정된다.

(3) 병징과 방제

① 어린 벼는 속잎이 노랗게 되고 말리며 활옥색의 줄이 나타난다. 이삭이 기형화되고 열매도 잘 맺지 못한다..

② 매개충을 방제하고 병든 개체는 제거한다.

2. 맥류 병의 분류(Classification of Barley Disease)

표 5-18 맥류에 발생하는 병

번호	병명	병원균	전파(매개충)	월동형태/장소	특징
1	맥류 속깜부기병	진균(담자균류)	바람(종자)	종자	잎집을 통해 침입
2	맥류 줄기녹병	진균(담자균류)	바람	마른 밀짚	중간기주(매자나무)
3	보리 겉깜부기병	진균(담자균류)	바람(종자)	종자	후막포자 발아 전 균사 형성
4	맥류 붉은 곰팡이병	진균(자낭균류)	비, 바람	병든 종자/밀짚	곰팡이독소(zearalenone, 제랄레논)
5	맥류 흰가루병	진균(자낭균류)	바람	병든 잎	자낭각 형성

1) 맥류 속깜부기병(Coverd Smut)

(1) 병원: *Ustilago hordei*(보리), *Ustilago tritici*(밀), 진균(담자균류)

(2) 병의 특성과 발병

① 병원균 발육과정은 겉 깜부기병균과 차이가 없으나 종자 발아 시 함께 발아하여 떡잎을 통해 기주에 침입한다.

② 출수기에 어린 이삭에 후막포자 형성한다.

(3) 병징과 방제

① 병징은 보리 알이 백색의 피막에 쌓여 비산은 없으나 탈곡할 때 분산한다..

② 무병지에서 건전 종자 채종하여 사용한다.

③ 종자소독으로 냉수온탕침법 또는 전문 약제 분의 처리한다.

④ 저항성 품종 재배하고 병든 이삭 제거(묻거나 태움), 탈곡 시 병든 이삭이 섞이지 않도록 주의한다.

2) 맥류 줄기녹병(Black Stem Rust, 흑수병)

(1) 병원체: *Puccinia graminis* Persoon, 진균

(2) 병의 특성과 발병

① 담자균으로 이종기생균이다. 잎과 줄기에 약간 튀어나오는 듯한 병반을 형성한다.

② 맥류의 만생종에 많이 발생하는 것으로 6월이 최성기이다.

(3) 병징과 방제

① 저항성 품종을 재배한다.

3) 보리 겉깜부기병(Smut, 흑수병)

(1) 병원체는 병원: *Ustilago muda*(보리), 진균(담자균류)

(2) 병의 특성과 발병

① 후막포자가 보리의 개화기에 바람 따라 흩어져 꽃의 주두에 도달하고 발아하여 자방에까지 도달한다. 보리의 종자에 발생하고 흑색의 가루를 비산한다.

② 발병 원인으로 개화기 중에 다습조건, 종자에서부터 전염되어 발생이 많아지므로 종자소독과 건실한 종자를 파종한다. 종자 발아 시에 감염되는 것을 특별히 속깜부기병이라고 한다.

4) 맥류 붉은곰팡이병(Scab, 적미병)

(1) 병원체: *Gibberella zeae*, 진균(자낭균류)

(2) 병의 특성과 발병

① 분생포자와 자낭포자를 생성하는데 이 균사나 포자가 종자나 짚에 부착하여 기생하다가 겨울을 넘기고 이듬해에 발병한다.

② 이삭에 주로 발생하고 홍색의 곰팡이가 생긴다.

③ 발병 원인으로 토양온도가 15℃ 정도이고 강우로 인해 다습조건일 때 많이 발생한다. 온난하고 습기가 많은 지대, 출수 시 평균기온이 18~20℃, 습도 95% 이상, 연속 3일 이상 강우 시 많이 발생한다.

(3) 병징과 방제

① 병징은 이삭 초기 껍질이 포함된 홍색 곰팡이가 보인다.

② 무병지에서 채종하여 종자소독을 철저히 하여 재배하고 물관리를 잘하여 습해를 예방하며 이병 식물을 제거한다.

③ 비가 계속 오면 출수 후 14일까지 석회유황합제를 등을 살포한다.

※곰팡이독소 제랄레논(zearalenone)으로 인해 병든 종자가 10~20% 섞여 있는 것을 먹으면 중독증상이 생긴다.

5) 맥류 흰가루병(Powdery Mildew, 백분병)

(1) 병원체: *Erysiphe graminis*, 진균

(2) 병의 특성과 발병

① 분생포자가 공기전염에 의해 전파된다. 초기에 잎에 밀가루를 뿌려 놓은 것 같이 보이다가 나중에 담갈색, 검은색의 자낭각을 형성한다.

② 발병은 다습조건, 통풍이 불량할 때 발생이 많다.

(3) 병징과 방제

① 통풍을 좋게 하고 배수를 철저히 한다. 질소질 비료를 삼가고 3요소를 균형시비를 한다.

② 저항성 품종을 재배한다.

3. 두류와 담배작물의 병 (Classification of Legume and Tabacco Disease)

표 5-20 담배와 콩에 발생하는 병

번호	병명	병원균	전파(매개충)	월동형태/장소	특징
1	담배 역병	진균(조균류)	바람, 물	땅속	고온다습 시 발병, 유주자
2	담배 불마름병	세균	접촉 전염	병든 식물의 잎, 종자, 토양	간상형 세균, 독소 생성
3	콩 자주빛무늬병	진균(불안전균류)	비바람(종자)	병든 종자, 병든 식물	종자 외관이 나빠짐
4	콩 탄저병	진균(자낭균류)	빗물(종자)	병든 종자	다습한 수확기에 발생
5	콩 점무늬병	세균(조균류)	빗물(종자)	병든 종자 표면	저온 다습, 종자 전염

1) 담배 역병(Black Shank)

(1) 병원체: *Phytophthora parasitica var. nicotianae*, 진균

(2) 병의 특성과 발병

① 분생포자와 난포자를 형성하는데 난포자 형으로 땅속에서 월동한다.

② 묘상에도 발생하나 6~7월 고온다우 시에 많이 발생한다.

(3) 병징과 방제

① 암녹색의 큰 병 무늬를 만들고 심하면 잎이 말라 죽는다.

② 토양소독을 철저히 하고 주변의 전염원을 차단한다.

2) 담배 불마름병(야화병, Wild Fire)

(1) 병원체: *Pseudomonas tabaci*, 세균

(2) 병의 특성과 발병

① 병이 든 잎에서 월동하고 발병하면 잎에 수침상의 작은 반점이 생기고 주위에 황색의 달무리가 생긴다.

② 기온이 20℃ 이상일 때 발생하며 특히 태풍 이후에 아주 많이 발생한다.

③ 습기가 많고 광선이 부족할 때 피해가 많이 발생한다.

(3) 병징과 방제

① 병반이 발전하며 잎이 찢어지고 들불이 일어난 흔적같이 된다.

② 종자소독을 철저히 하고 돌려짓기하며 주변의 전염원을 차단한다.

3) 콩 자주빛무늬병(Purple Speck)

(1) 병원: *Cercospora kikuchii*, 진균(불완전균류)

(2) 병의 특성과 발병

① 균사 형태로 병든 종자나 병든 식물에서 월동한다.

② 감염된 조직에서 형성된 포자는 바람과 빗방울에 의해 전반 되어 떡잎을 침해한다.

(3) 병징과 방제

① 병징은 종피에 자줏빛 병반이 생기고 쭈글쭈글 해지는 등 외관이 나빠진다. 잎에는 자흑색, 줄기와 꼬투리에는 적갈색의 병반이 생긴다.

② 무병지에서 채종 재배하고 필요 시 전문 약제를 살포한다.

③ 이병 잔재물을 제거하고 발병이 심한 곳에서는 연작을 피한다.

4) 콩 탄저병(Anthracnose)

(1) 병원: *Colletotrichum truncatum*, 진균(자낭균류)

(2) 병의 특성과 발병

① 균사 형태로 병든 종자에서 월동한다.

② 수확기에 비가 많이 오는 습한 기후에서 많이 발생한다.

(3) 병징과 방제

① 병징은 줄기, 꼬투리, 잎자루 및 잎에 불규칙한 갈색 병반이 진전되면 감염조직에 흑색 소립(분생자층)으로 덮인다.

② 무병지에서 채종 재배하고 필요 시 전문 약제를 살포한다.

③ 이병 잔재물을 제거한다.

④ 발병이 심한 곳에서는 연작을 피한다.

4. 서류 병의 분류(Classification of Potato and Sweet Potato Disease)

표 5-21 감자와 고구마에 발생하는 병

번호	병명	병원균	전파(매개충)	월동형태/장소	특징
1	고구마 무름병	진균(조균류)	공기, 토양, 씨고구마	공기, 토양, 저장고 등	포자 낭포자와 접합 포자 형성
2	고구마 검은무늬병	진균(자낭균류)	씨고구마, 농기구 등	병든 괴경, 땅속	이포메아마론 독소
3	감자 역병	진균(조균류)	바람, 관개수, 씨감자	흙 속의 병든 감자, 씨감자	중요 병해
4	감자 더뎅이병	세균	바람, 물, 오염된 흙	병든 씨감자, 흙 속	건조한 알칼리성 토양에서 발생
5	감자 검은무늬썩음병	진균(담자균류)			

1) 고구마 무름병(Soft Rot)

(1) 병원: *Rhizopus stolonifer*, 진균(조균류)

(2) 병의 특성과 발병

① 병원균은 상처를 통하여 씨고구마에 침입한다.

② 냉해를 입거나 상처가 있는 고구마에 다발

③ 저장 중 이거나 수송 중에 다발

(3) 병징과 방제

① 병징은 괴근 내부가 연하게 썩고 표피의 상처에 황색의 즙액이 나오고 알코올 냄새가 난다..

② 적기에 수확하고 수확 중에 상처가 나지 않도록 주의하며 큐어링(30~33℃, 습도 90%, 4~6일간)을 하여 12~14℃ 정도의 저장고에 보관한다.

2) 고구마 검은무늬병

(1) 병원: *Ceratostomella funbriata*, 진균(자낭균류)

(2) 병의 특성과 발병

① 묘상 때부터 저장 덩이뿌리가 될 때까지 발병하는데 병원균은 균사의 형태로 병든 괴근이나 땅속에서 월동한다. 나균에 속하고 주로 분생포자만 형성하고 난포자는 발견되지 않는다. 잎의 가장자리에 병반이 생기면서 암갈색이 되고 뒷면에 서리 모양의 곰팡이가 생겨 잎이 위로 말리면서 말라 죽는다.

② 풍뎅이, 거세미 유충, 쥐 등이 갈아 먹은 상처를 통하여 침입하고 저장고나 사용기구 등을 통해 전염된다.

③ 저장 중인 씨고구마에 피해가 크다.

(3) 병징과 방제

① 병징으로 저장 중 괴근에 2~3cm 크기의 원형 흑색병반, 괴근의 내부까지 검게 변하고 병반부는 쓴맛을 내는 이포메아마론(Ipomeamaron) 성분이 생긴다.

② 건전한 씨고구마 사용하고 저항성 품종 재배한다..

③ 상습 발병지는 돌려짓기한다. 고구마의 저항성품종을 재배하고 윤작을 하며 매개 곤충을 구제한다.

④ 매개 곤충 구제한다.

⑤ 수확 후 큐어링 처리하여 저장한다.

3) 감자 역병(Late Blight)

(1) 병원: *Phytophthora infestans*, 진균(조균류)

(2) 병의 특성과 발병

① 균사로 흙 속의 병든 감자나 씨감자에서 월동한다.

② 기온이 20℃ 내외, 습기가 냉랭한 시기에 많이 발생하는데 이때 자극성 냄새를 발생한다.

(3) 병징과 방제

① 병징은 지표면에 수침상의 부정형 병반 확대되며 암갈색 병반의 뒷면에 서리 모양의 곰팡이, 병든 잎은 위로 말리면서 고사, 덩이줄기에는 담갈색의 병반이 커지며 썩는다.

② 건전한 씨감자 선별 소독하여 재배하고 저항성 품종을 재배한다.

③ 침수되지 않도록 배수 철저, 발병지는 돌려짓기한다..

④ 개화기에 약제를 살포하고 수확 시 괴경에 상처가 나지 않도록 주의한다.

4) 감자 더뎅이병(Common Scab)

(1) 병원: *Streptomyces scabies*, 세균

(2) 병의 특성과 발병

① 병든 씨감자와 흙 속에서 월동한다.

② 토양온도가 25℃ 전후의 건조하고 자갈이 섞인 알칼리 토양에서 발생이 많다.

(3) 병징과 방제

① 병징은 괴경에 발생하여 외관을 나쁘게 한다. 처음 갈색의 작은 점무늬가 커지며 거칠고 코르크화되어 부스럼같이 변한다.

② 건전한 씨감자 선별하여 씨감자 소독 후 재배한다.

③ 토양을 산성으로 개량하고 윤작을 한다.

④ 수확 후 이병토양에 남은 잔재물 제거한다.

3) 감자 검은무늬썩음병(Black Scurf, Damping Off, Stem Canker)

(1) 병원: *Rhizoctonia solani*, 진균(담자균류)

(2) 병의 특성과 발병

① 매우 여러 그룹의 균사 융합 군과 배양형이 존재한다.

② 균사의 생육 적온은 23~29℃ 정도이다.

(3) 병징과 방제

① 병징은 줄기에 부정형의 궤양 증상을 보이고 괴경에는 여러 줄의 홈이 생기거나 기형이 된다.

② 건전한 씨감자 선별하여 씨감자 소독 후 재배한다.

③ 토양이 다습하지 않도록 관리하고 윤작을 한다.

④ 수확 후 이병토양에 남은 잔재물 제거한다.

5. 채소류 병의 분류(Classification of Vegetable Disease)

표 5-22 채소류에 발생하는 병

번호	병명	병원균	전파(매개충)	월동형태와 장소	특징
1	고추 역병	진균 (조균류)	고추, 토마토, 가지, 호박	난포자로 토양에서 월동	토양 전염, 물을 통해 전염
2	고추 탄저병	진균 (자낭균류)	고추, 사과, 포도	병든 열매/나뭇가지 균사/분생포자/자낭각	고온 다습, 숙기에 발생
3	수박 탄저병	진균 (불완전균류)	수박, 참외, 오이, 멜론	병든 부분/종자 균사/분생포자	잎, 덩굴, 열매에 발병
4	오이 노균병	진균(조균류)	오이, 호박, 참외, 수박	분생포자/토양	바람과 물을 통해 전염
5	배추 무름병	세균	고추, 무, 배추, 마늘	이병 식물 잔재물/토양	펙틴 분해효소 분비
6	토마토 풋마름병	세균	감자, 가지, 토마토, 고추	병든 식물체	토양전염

1) 고추 역병(Phytophthora Blight)

(1) 병원: *Phytophthora capsici*, 진균(조균류)

(2) 병의 특성과 발병

① 난포자(유주자)로 토양에서 월동한다. 기주는 고추, 토마토, 가지, 호박, 멜론, 수박 등이다.

② 토양 전염성 병해로 기온이 낮고 습도가 높은 여름 장마철에 물을 통해 전염된다.

③ 연작지와 배수(물 빠짐)가 나쁜 밭에서 많이 발생한다.

(3) 병징과 방제

① 병징은 잎, 줄기, 과실에 모두 발생하며 암녹색 병반을 나타내고 쓰러져 고사한다.

② 저항성 품종을 재배하고 윤작, 배수를 철저히 한다.

③ 토양을 소독하고 병든 포기는 조기에 제거한다.

④ 예방 위주로 전용 약제를 살포한다.

2) 고추 탄저병(Anthracnose)

(1) 병원: *Glomerella cingulata*, 진균(자낭균류)

(2) 병의 특성과 발병

① 균사, 분생포자, 자낭포자 형태로 병든 열매나 나뭇가지에서 월동한다. 기주는 고추, 사과, 포도 등이다.

② 비가 많이 오고 30℃ 정도의 고온과 다습한 성숙기에 많이 발생한다.

③ 비바람이 병원균을 전파하므로 태풍 후에 약제를 처리한다.

(3) 병징과 방제

① 열매에 연한 갈색 무늬가 커지며 검은색 작은 동심원 모양의 겹무늬가 생긴다.

② 종자를 소독하고 윤작을 하며 병든 포기를 조기 제거한다.

③ 예방 위주로 전용 약제를 살포한다.

3) 수박 탄저병(Anthracnose)

(1) 병원체: *Colletotrichum nigrum*, 진균

(2) 병의 특성과 발병

① 열매와 잎, 특히 오래된 과실과 잎에 많이 발생한다. 처음에는 수침상의 작은 반점이 생기고 나중에 갈변하여 움푹 들어가고 차츰 넓어지면서 동심의 윤문을 이룬다. 진전되면 중심부는 회색으로 변하고 그 뒤에 흑색 소립이 밀생한다.

② 기주식물은 고추를 많이 이용한다.

(3) 병징과 방제

① 이 병원균은 고온 다습 조건에서 많이 발생하는데 이 병원균은 종자에서 월동하므로 건전한 종자에서 채종하고 소독한다.

② 이병주는 소각하고 가을에 표토를 경운한다.

그림 5-27 고추의 탄저병 증상

4) 오이 노균병(Downy Mildew)

(1) 병원체: 조균의 일종인 *Pseudoperopnospora cubensis*, 진균(조균류)

(2) 병의 특성과 발병

① 분생포자로 토양에서 월동하며 황변하여 고사하므로 황달병이라고도 한다.

② 잎이 젖어 있거나 95%의 높은 습도와 낮은 온도(15~22℃) 조건인 7월 장마기에 많이 발생하는데 오이나 참외, 수박과 호박 등 박과에 많이 발생한다.

(3) 병징과 방제

① 열매에 연한 갈색 무늬가 커지며 검은색 작은 동심원 모양의 겹무늬가 생긴다.

② 짚을 깔아 아랫잎에 물방울이 튀지 않게 관리하고 습하지 않게 관리하며 저항성 품종을 재배한다.

③ 다습조건에서 잘 발생하므로 통풍에 유의하며 영양을 잘 공급하고 윤작을 하며 주변의 전염원을 차단한다.

5) 배추 무름병(Bacterial Soft Rot)

(1) 병원: *Erwinia carotovora*, 세균

(2) 병의 특성과 발병

① 이병 식물의 잔재나 토양 속 곤충의 번데기에서 월동한다. 기주는 고추, 무, 배추, 토마토, 마늘, 참외 등이다.

② 상처나 피목을 통해 침입하여 무름 증상을 일으킨다.

③ 비가 자주 오고 온도와 습도가 높은 여름철에 많이 발생한다.

(3) 병징과 방제

① 병징은 수침상 반점이 급격히 확대, 물렁물렁하게 변하며 심한 악취가 난다.

② 무병주 채종과 종자소독을 한다.

③ 토양소독, 윤작, 잔재물을 제거하고 세균을 옮기는 해충을 방제한다.

④ 예방 위주의 전용 약제를 살포한다.

〈무름 증상이 나타난 지상부〉

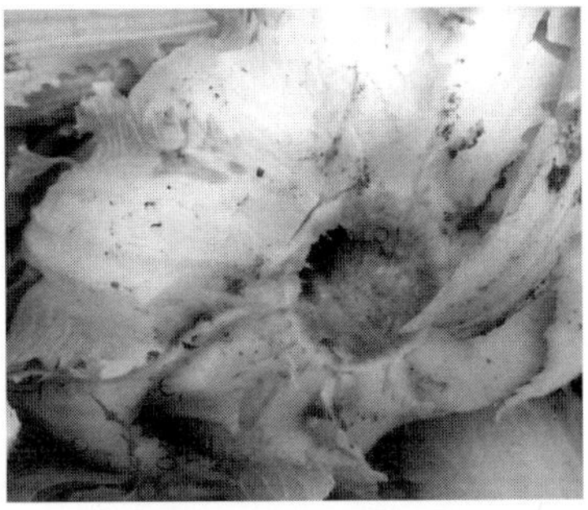

〈지제부를 잘랐을 때 무름 증상〉

〈포기전체가 무름〉

〈무름병에 걸린 지상부(무)〉

그림 5-28
배추와 무의 무름병 증상 모습

6) 토마토 풋마름병(Bacterial Wilt)

(1) 병원: *Ralstonia solanacearum*, 세균

(2) 병의 특성과 발병

① 병원균은 병든 식물의 잔재물에서 월동한다. 기주는 토마토, 감자, 가지, 고추 등 가지과를 비롯한 28과 150여종이다.

② 주로 지하부의 상처를 통해 침입 및 감염시킨다.

③ 고온 다습한 산성토양에서 발생하는 토양 전염성 병이다.

(3) 병징과 방제

① 병징은 전신병으로 급격히 시들어 고사, 뿌리는 갈색으로 변하고 썩어서 없어지며 잎은 수분을 상실하고 급격하게 푸른 채로 마르기 때문에 풋마름병(청고병)이라 한다.

② 윤작을 하며 저항성 품종 재배와 토양소독을 한다.

③ 배수에 힘쓰고 토양 산도를 조절한다.

④ 접목묘를 재배하고 유기물을 증시한다.

9) 배추 무사마귀병(Club Root)

(1) 병원: *Plasmodiophora brassicae*, 점균(끈적균)

(2) 병의 특성과 발병

① 일생을 대부분 뿌리 세포에서 생활하며 휴면포자로 토양에서 월동하고 기주는 무, 배추, 양배추 등이다.

② 토양이나 관개수 등에 의해 전염된다.

③ 토양이 다습하고 산성토양, 저온(16~21℃)에서 병이 많이 발생한다. 보수력이 45% 이하거나 알칼리성 토양에서는 병의 발생이 적어진다.

(3) 병징과 방제

① 병징으로 왜화되고 잎은 황변하여 늘어진다. 뿌리에 혹이 생기고 잔뿌리가 없어져 양분의 흡수 저해로 시들다 고사한다.

② 과하게 습하거나 산성화되지 않도록 주의하고 오염되지 않은 토양에서 재배한다.

③ 저항성 품종을 재배하고 윤작(6~7년 이상)을 십자화과 이외 작물로 실시한다.

④ 병에 걸린 뿌리는 제거하거나 소각한다.

6. 과수류 병의 분류(Classification of Fruit Disease)

표 5-23 과수류에 발생하는 병

번호	과수명	병명	병원균	기주(중간기주)	월동형태/장소	특징
1	배나무	검은 무늬병	진균 (불완전균류)	배나무	병든 잎이나 가지	기주 특이적이다.
		붉은별 무늬병	진균 (담자균류)	배나무, 사과나무, 모과나무(향나무)	겨울 포자퇴로 향나무	향나무와 기주 교대, 이종기생, 순활물 기생형이다.
		화상병	세균	배나무, 사과나무	병든 가지나 줄기	세균성 식물병이다.
2	복숭아 나무	세균성 구멍병	세균	복숭아나무, 자두나무, 살구나무	나뭇가지의 병환부	비바람에 의해 전파된다.
		잎오갈병	진균 (자낭균류)	복숭아나무	나무줄기	잎이 나오기 직전에 방제한다.
3	사과나무	갈색 무늬병	진균 (자낭균류)	사과나무	병든 잎	조기낙엽의 원인이 된다.
		검은별 무늬병	진균 (자낭균류)	사과나무, 배나무	병든 잎이나 가지	냉습하고 질소질 비료의 과용이 발명 원인이다.
		부란병	진균 (사낭균류)	사과나무	병든 가지	껍질이 벗겨지고 알코올 냄새가 난다.
4	대추나무 오동나무	빗자루병	파이토플라스마	대추나무, 오동나무	마름무늬매미충(대추나무), 담배장님노린재(오동나무)	옥시테트라사이클린계 항생제를 수간주사한다.

1) 배나무 검은무늬병(Black Spot)

(1) 병원: *Alternaria kikuchiana*, 진균(불완전균류)

(2) 병의 특성과 발병

① 균사의 형태로 병든 잎이나 거지 등에서 월동한다.

② 기주 특이적 독소를 분비하기도 한다.

(3) 병징과 방제

① 병징으로 잎, 가지, 열매 등에 발생하며, 잎에는 작은 원형 또는 부정형의 흑색 점무늬~흑갈색 겹무늬를 형성한다. 열매는 큰 흑갈색의 원형 반점, 흑색 곰팡이가 밀생한다.

② 병든 가지나 병든 잎을 제거하고 저항성 품종을 재배한다.

2) 배나무 붉은별무늬병(Rust)

(1) 병원: *Gymnosporangium haraeanum*, 진균(담자균류)

(2) 병의 특성과 발병

① 병원균은 4~5월까지 배나무에서 기생하고, 6월 이후 향나무에서 기생하여 균사 상태로 월동한다.

② 녹포자는 5말~7월에 향나무로 전반된다.

③ 향나무에서 겨울을 난 포자퇴는 반드시 비가 와야 발생한다(6~8시간 이상, 13~20℃).

(3) 병징과 방제

① 병징은 어린잎, 열매, 햇가지에 발생한다. 잎에 등황색의 별 모양의 녹병자기(과립체)가 생기고 점차 커지면서 병반 뒤에 담황색의 녹포자기(털 같은 돌기)를 형성한다.

② 배 과수원 주변에 기주식물인 향나무를 제거하고 배나무와 향나무에 농약을 살포한다.

3) 배나무, 사과나무 화상병(Fire Blight)

(1) 병원: *Glomerella cingulata*, 세균

(2) 병의 특성과 발병

① 세균이 오래된 궤양 주변에서 월동하고 곤충과 비에 의해서 다른 나무로, 이동 벌에 의해서 꽃으로 옮겨진다.

② 국가가 주요 병으로 치료제가 없어 과수의 에이즈(AIDS)라 불린다. 별도 관리할 정도로 피해가 심각하다. 발병한 과원 및 인근의 과원도 폐원 후 기주를 매몰 처리하고 정밀 예찰 및 발병 신고제를 운영한다.

(3) 병징과 방제

① 병징으로 병든 꽃은 수침상으로 쭈그러든 갈변, 잎맥에 따라 흑갈색의 병반이 형성 후 잎이 마르고 가지에 매달려 있다. 병든 가지의 나무껍질은 흑갈색으로 변하고 물러졌다가 위축되고 단단해지며 잔가지 끝이 구부러진다.

② 화상병 예방을 위하여 과수원을 청결하게 관리하고 농기구(전정가위, 예초기 등), 농작업 도구(장갑, 작업복 등)를 작업 중 수시 소독(알코올 70%, 차아염소산나트륨 200ppm 이상(일반 락스 200배 희석액))하여 전염되지 않도록 관리한다.

③ 사과, 배나무의 개화기(4월 상순)에 수분용 방화 곤충 이동이 제한되도록 조치하고 과수나무의 접수, 묘목 등은 외국이나 출처 불명의 것은 사용하지 않는다. 화상병이 발생한 과수원의 나무 및 잔재물은 이동을 금지한다.

(4) 화상병 방제 시기

화상병은 방제가 어렵고 최근 들어 전국적으로 많이 발생하고 있다. 생육단계에 따른 방제시기를 표 5-24에 나타내었다.

표 5-24 배와 사과에 발생하는 화상병의 방제

품목	회차	생육 단계	방제 시기	참고 사항
배	1	월동기(전국)	3월 하순~ 4월 상순(석회유황합제 살포 7일 이후~꽃눈 발아 직전)	동계 방제 (화상병 등록 약제)
	2	개화기 (발생지역)	4월 중순 ~ 4월 하순 (만개 이후 5일±1)	개화기 방제 (화상병 등록 약제)
	3	개화기 (발생지역)	4월 하순 ~ 5월 상순 (1차 개화기 방제 후 10일±1)	개화기 방제 (화상병 등록 약제)
사과	1	월동기(전국)	4월 상순(신초 발아 전)	동계 방제 (과수화상병 등록 약제)
	2	개화기 (발생지역)	5월 상순(만개 이후 5일±1)	개화기 방제 (과수화상병 등록 약제)
	3	개화기 (발생지역)	5월 중순(1차 개화기 방제 후 10일±1)	개화기 방제 (과수화상병 등록 약제)

4) 복숭아 세균성 구멍병(Bacterial Shot Hole)

(1) 병원: *Xanthomonas pruni*, 세균

(2) 병의 특성과 발병

① 나뭇가지 병환부에서 월동, 비바람에 의해 전파된다.

② 기주는 복숭아, 자두, 살구 등이고 4월 말부터 강한 바람이나 폭풍우 후에 발병이 시작되고 6~7월에 가장 심하다.

(3) 병징과 방제

① 병징은 잎에 발생하고 수침상의 작은 무늬가 확대되어 갈변 후 말라서 구멍이 생긴다.

② 무병묘를 심고 수세 튼튼하게 비배관리를 하며 전염된 가지는 제거한다.

③ 전용 약제(항생제 계통) 살포한다.

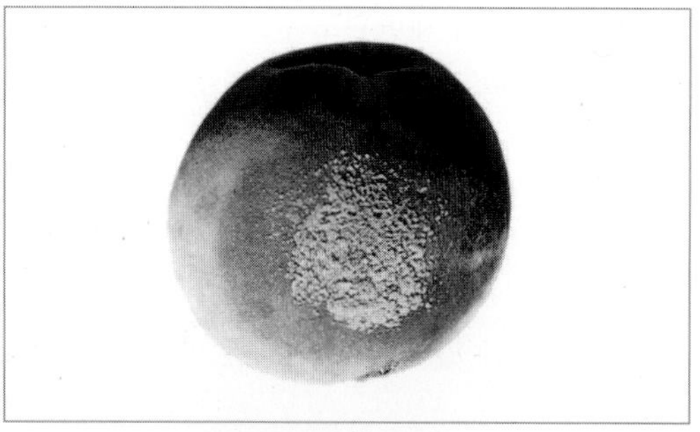

A. 복숭아의 갈색부패병(*Monilinia fructicola*)

B. 망고의 줄기끝부패병(*Dothiorella dominicana*), 호주에서는 이 부패병이 가장 일반적인 병원균이다.

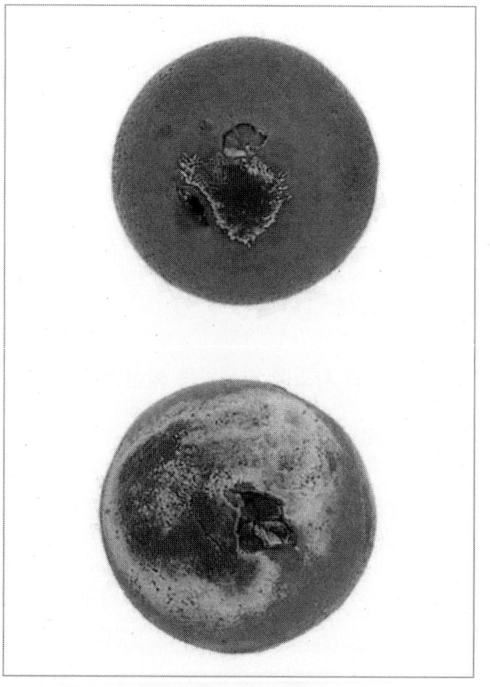

C. 오렌지의 푸른곰팡이(*Penicillium italium*, 위쪽)와 녹색곰팡이(*P. digitatum*, 아래쪽)

그림 5-29 수확후 발생하는 과수류 병해 사진

5) 복숭아 잎오갈병(Leaf Curl)

(1) 병원: *Taphrina deformans*, 진균(자낭균류)

(2) 병의 특성과 발병

① 분생포자의 형태로 나무줄기나 눈 위에서 월동하고 빗물에 의해 전반된다.

② 이른 봄에 한랭하고 비가 자주 오는 시기에 많이 발생한다.

③ 잎이 나오기 시작~5월 상순까지가 주발생기이다.

(3) 병징과 방제

① 병징은 잎, 열매, 줄기 덩굴손에 발생하는데 아래 잎에 적색의 혹 또는 종기가 생겨 두터워지며 주름지고 오그라든다(세포의 이상비대 증상).

② 병든 잎은 조기에 제거하고 과습하지 않고 동해를 받지 않도록 관리한다.

6) 사과나무 갈색무늬병(Blotch)

(1) 병원: *Diplocarpon mali*, 진균(자낭균류)

(2) 병의 특성과 발병

① 균사나 자낭포자 형태로 병든 열매 잎에서 월동한다.

② 비가 많이 오고 기온이 낮은 여름철에 많이 발생한다.

③ 배수 불량, 밀식, 영양부족 과원에서 많이 발생한다.

(3) 병징과 방제

① 병징으로 잎에 황색의 병무늬가 불규칙하게 생기도, 병반 주위에 진한 녹색의 얼룩무늬 형성, 병 무늬 위에 검은색의 포자층 형성, 조기낙엽이 진다.

② 비배관리를 잘하여 수세가 좋게 하고, 밀식을 삼가고 6~7월에 예방 위주 전용 약제 살포한다.

③ 수확 후 병든 잎을 조기에 제거한다.

7) 사과나무 검은별무늬병(Scab)

(1) 병원: *Venturia inaequalis*(사과), *Venturia nashicola*(배), 진균(자낭균류) 발병조건

(2) 병의 특성과 발병

① 균사나 분생포자의 형태로 병든 잎이나 가지에서 월동, 발병 적온은 20℃ 정도이다. 기주는 사과나무, 배나무이다.

② 비가 자주 오고 냉습한 5~6월경 무성한 과원에서 발생한다.

(3) 병징과 방제

① 병징은 잎, 햇가지, 열매꼭지(그을음 모양의 병무늬), 열매(검은색의 부정형 병반) 발병하고 조기에 낙엽이 진다.

② 다비재배를 지양하고, 무성하지 않게 관리하여 수세를 튼튼하게 하고 병든 가지나 낙엽을 조기에 제거한다.

③ 방제는 4~5월에 전문 약제를 살포하는데 점무늬낙엽병, 붉은별무늬병, 그을음병을 동시에 방제한다.

8) 사과 부란병(Canker)

(1) 병원: *Valsa ceratosperma*, 진균(자낭균류) 발병조건

(2) 병의 특성과 발병

① 병 포자나 자낭포자 형태로 병든 가지에서 월동한다.

② 동해를 입거나 나무세력이 약할 때 발생한다.

③ 전정이나 일소 등으로 입은 상처를 통해 전염시킨다.

(3) 병징과 방제

① 병징으로 줄기나 나뭇가지의 껍질이 갈색으로 부풀어 올라 쉽게 벗겨지고 알코올 냄새가 난다.

② 상처 난 부위와 병에 걸린 부위를 깎아 내고 도포제를 바른다.

③ 수세를 튼튼하게 하고 상처를 입지 않도록 주의한다.

그림 5-30 부란병이 발생한 사과나무 모습

9) 대추나무 빗자루병(Witches Bloom)

(1) 병원: Mycoplasma like organism(MLO)

(2) 병의 특성과 발병

① 기주는 대추나무(매개충 마름무늬매미충)이고 천구소병이라고 한다.

(3) 병징과 방제

① 병징은 가지 끝부분에 작은 잎과 가는 가지가 빗자루 모양으로 나오면서 꽃이 피지 않는다.

② 수간주사(Oxyteracline HCL)나 살충제로 매개충을 구제한다.

그림 5-31 잎들이 빗자루처럼 변하는 빗자루병이 발생한 대추나무

7. 화훼류(장미) 병의 분류(Classification of Rose Disease)

표 5-25 장미에 발생하는 병

병명	병원균	월동형태나 장소	특징
노균병	진균	포자나 균사	온실을 환기하고 고온으로 유지하면 방제 가능
잿빛곰팡이병	진균	균핵	환기를 잘하고 습도를 낮추는 것이 중요
흰가루병	진균	장미의 겨울눈에서 균사체나 자낭각 형태	환경조절과 균형시비

1) 장미 노균병(Downy Mildew)

(1) 병원: *Peronospora sparsa*, 진균

(2) 병의 특성과 발병

① 난포자 또는 균사 상태로 월동하고 잎, 신초, 꽃잎, 꽃받침 등에 발생한다.

② 초기 잎 표면에 불규칙한 수침상의 자색 또는 연한 황갈색이 생기고 진전되면 담갈색으로 변한다.

③ 다습한 환경조건에서 주야간 온도 차가 크고 야간에 안개가 끼거나 이슬이 맺힐 정도의 높은 습도에서 많이 발생한다.

그림 5-32 장마 노균병 발생 사진

(3) 병징과 방제

① 온실 내부를 27℃ 이상으로 유지하고 환기를 잘 시켜주면 노균병의 발생을 억제할 수 있다.

① 병든 잔가지 제거하고 예방 위주 약제를 살포한다.

2) 장미 잿빛곰팡이병(Botrytis Blight)

(1) 병원: *Botrytis cinorea*, 진균

(2) 병의 특성과 발병

① 주로 잎, 가지, 꽃에 발생하고 균핵은 겨울을 나기 위해 만들어진다.

② 잎의 가장자리나 끝에 데친 것 같은 변색된 병반이 오그라들며 잿빛곰팡이가 밀생한다.

③ 병든 식물체에서 균사나 균핵 상태로 월동하고 다습한 환경에서 발생이 많다.

(3) 병징과 방제

① 병징은 잎 가장자리부터 갈변하고 병반 주위에 물결 모양의 주름이 생긴다.

② 환기를 잘하고 난방방법을 개선하여 습도를 낮추는 것이 중요하다.

③ 병든 가지나 꽃은 조기에 제거한다.

3) 장미 흰가루병(Gray mold)

(1) 병원: *Sphaerotheca pannosa*, 진균

(2) 병의 특성과 발병

① 초기에는 어린잎이나 가지에 발생한다.

② 흰 가루 모양의 병반이 발생한 후 전체로 확산된다.

③ 발병된 가지나 장미의 겨울눈에서 균사체나 자낭각 형태로 월동한다.

④ 발병 적온은 18~25℃, 습도는 97~99%일 때 발아가 가장 잘 된다. 질소가 과다하거나 칼륨비료가 적으면 피해가 크다.

그림 5-33 다 자란 장미 잎 앞면에 나타난 흰가루병의 병징

(3) 병징과 방제

① 환기 등 환경조절과 균형시비를 한다.

② 병든 잔가지 제거와 내성이 강한 품종을 재배한다.

③ 예방 위주의 적용약제를 살포한다.

8. 수목류 병의 분류(Classification of Tree Disease)

표 5-26 소나무와 참나무에 발생하는 주요 병

구분	병명	병원균	(중간) 기주	월동 형태	특징
침엽수	소나무 재선충병	선충	소나무, 잣나무, 해송	매개충(솔수염하늘소) 소나무속에서 유충 상태로 월동	소나무 에이즈(AIDS)라 불림, 벌채 훈증, 소각
활엽수	참나무 시들음병	진균	참나무류(신갈나무 피해가 가장 큼)	매개충(광릉긴나무좀)은 노숙 유충(5령)이나 성충 상태로 월동	참나무 AIDS라 불림, 피해목을 벌채 후 훈증하거나 소각

1) 소나무 재선충병

(1) 병원: *Bursaphelenchus xylophilus*, 선충

(2) 병의 특성과 발병

① 기주는 소나무, 잣나무, 해송, 히말리아시다, 독일가문비, 젓나무, 낙엽송 등이고 매개충은 솔수염하늘소, 북방수염하늘소 등이다.

(3) 병징과 방제

① 병징은 갑자기 수관 상부에서 부터 빨갛게 말라 죽고 잎이 아래로 처진다.

② 소나무 수간주사로 에마멕틴 1.8% 유제(원액), 에마멕틴벤조에이트(emamectin benzoate) 2.15%(원액)로 방제한다.

③ 지상 방제는 매개충의 우화 시기(5~8월)에 티아클로프리드(thiacloprid) 10%액(1,000배액)를 살포한다.

2) 참나무 시들음병

(1) 병원: *Raffaelea quercus mangolicae*, 진균

(2) 병의 특성과 발병

① 참나무의 수분과 양분의 이동통로를 차단시켜서 말라 죽게 만드는데 참나무류로 신갈나무에서 피해가 가장 크다.

② 광릉긴나무좀의 암컷만이 참나무시들음병을 옮길 수 있다.

(3) 병징과 방제

① 참나무류가 7월 하순부터 빠르게 시들면서 빨갛게 말라 죽는다.

② 매개충인 광릉긴나무좀을 방제한다.

③ 끈끈이 롤트랩과 약제 훈증방법을 사용하여 방제작업을 실시한다.

④ 노숙 유충으로 월동하나 일부는 성충과 번데기로도 월동하므로 이 단계에 방제를 실시한다.

그림 5-34 참나무시들음병 방제를 위한 끈끈이 롤트랩 설치 모습

부록(Appendix)

1. 약자일람표(Abbreviation list)

1-MCP (1-methylcyclopropene, 1-메칠 사이클로 프로펜)

2,4,5-T (2,4,5-Trichlorophenoxy acetic acid, 고엽제)

2,4,5-TP (2,4,5-Trichlorophenoxy propanic acid, 제초제, Fenoprop, Silvex)

2,4-D (2,4-Dichlorophenoxyacetic acid, 제초제, 생장조절제)

a.i. (Active ingredient, 유효약량)

ABA (abscisic acid, 앱시스산, 생장억제제)

ACC (1-aminocyclopropane-1-carboxylic acid, 1-아미노사이클로프로판-1-카복실산)

ADP (adenosine diphosphate, 아데노신 이 인산)

Amo-1618 (2-chloroethyl) trimethyl ammonium chloride, ACPC, 왜화제)

Ancymidol (A-Rest, Quel, EL531, 왜화제)

AOA (aminooxy acetic acid, 아미노옥시 아세트산)

ATP (adenosine triphosphate, 아데노신3인산)

AVG (aminoethoxyvinylglycine, 아미노에톡시비닐글리세린)

BA (6-benzyl adenine, 6-benzylaminopurine(BAP), 시토키닌 호르몬)

bar (barometers, atmospheric pressure, 기압)

BMD (Biomass duration, 생물량 기간)

BOD (biological oxygen demand, 생물적 산소요구량)

CA (controlled atmosphere, 가스조절저장(CA 저장))

CAM (crassulacean acid metabolism, 캠 식물)

CCC (chlorocholine chloride, chlormequat, Cycocel, 왜화제)

CEC (cation exchange capacity, 양이온치환용량)

CER (carbon exchange rate, 이산화탄소 교환율)

CGR (Crop growth rate, 작물생장률)

Chlorphonium chloride (Phsphon-D, 왜화제)

COD (chemical oxygen demand, 생물학적 산소요구량)

Dust (농약제형, 분제)

Daminozide (SADH, B-9, Alar, B-995, 왜화제)

Dicamba (Banvel, 제초제)

DNA (deoxyribonucleic acid, 데옥시리보핵산)

EC (emulsifiable concentrate, 유제

EDTA (Ethylenediaminetetraacetic acid, 에틸렌디아민사아세트산, 킬레이트제)

EFE (ethylene-forming enzyme, 에틸렌 생성 인자)

EL-500 (Cutless, flurprimidol, 왜화제)

ELISA (enzyme-linked immunosorbent assay, 효소결합항체법)

EPA (Environmental Protection Agency, 미국 환경보호국)

ERH (equilibrium relative humidity, 상대습도균형)

ET (evapotranspiration, 증발산량)

Ethephon (상품명은 Etherel로 에틸렌계 식물생장억제제)

EU (European Union, 유럽연합)

FAD (flavin adenine dinucleotide)

$FADH_2$ (reduced form of FAD, FAD의 환원형)
FAO (Food and Agriculture Organization of the United Nations, 국제식량농업기구)
G (Granule, 입제)
GA (gibberellin, 지베렐린)
GI (glycaemic index, 글리카믹지수)
GMO (genetically modified organism, 유전자변형농산물)
Gy (Gray unit of irradiation), 그레이(복사의 단위))
HACCP (hazard analysis and critical control points, 해썹, 위해요소중점관리기준)
IAA (indole-3-acetic acid, 천연 옥신 호르몬)
IBA (indole-3-butyric acid, 합성 옥신 호르몬)
indol B (indole-3-butyric acid(IBA)+(6-benzylaminopurine(BAP), Doremi)
IPM (Integrated Pest Management, 종합적 방제)
J (joule (a measure of energy), 주울(에너지 측정단위))
LAD (Leaf area duration, 엽면적기간)
LAI (Leaf area index, 엽면적지수)
LAID (Leaf area index duration, 엽면적지수기간)
LAR (Leaf area ratio, 엽면적비)
LC (Lethal concentration, 치사 농도)
LC_{50} (Median lethal concentration, 반수 치사 농도)
LD (Lethal dose, 치사량)
LD_{50} (Median lethal pase, 반수치사량)
LDP (long day plant, 장일식물)
LMO (living modified organism, 살아있는 유전자변형생물체)
M (concentration of solution related to the molecular weight, 몰(분자무게에 대한 용액의 농도))
MA (modified atmosphere, 간이가스저장(MA 저장))
MAP (modified-atmosphere packaging, MA 저장 포장)
MB (methyl bromide, 메틸 브로마이드, 훈증제, 살충제)
MG (Micro granule, 미립제)
MH (maleic hydrazide, 6-hydroxy-3-(2H)-pyridaginone, MH-30, 액아억제제)
mol (unit of weight related to the molecular weight of a compound, 몰(분자무게에 대한 무게의 단위))
MRL (maximum residue level, 최대잔류수준)
mRNA (messenger ribonucleic acid, 전달 리보핵산)
N (unit of the amount of hydrogen or hydroxide ions in solution, 수소의 양에 해당하는 단위, 노르말)
NAA (1-naphthalene acetic acid, 합성 옥신 호르몬)
NAD (1-naphthalene acetamide, Rootone, 옥신 호르몬)
NAD^+ (nicotinamide adenine dinucleotide, 니코틴아미드 아데닌 다이뉴클레오티드)
NADH (reduced form of NAD^+, NAD^+의 환원형)
$NADP^+$ (nicotinamide adenine dinucleotide phosphate, 니코틴아마이드 아데닌 디뉴클레오타이드 인산)
NADPH (reduced form of $NADP^+$, $NADP^+$의 환원형)
NAR (Net assimilation rate, 순동화율)
NIR (near infra-red, 근적외선)
OPPP (oxidative pentose phosphate pathway, 산화적 오탄당인산회로)

Pa (Pascal, unit of pressure), 파스칼(압력의 단위))
PAR (photosynthetic active radiation, 광합성 유효방사)
PBA (synthetic cytokinin, 6–(benzylamino)–9–(2–tetrahydropyranyl)–9H–purine), Accel)
PBZ (Paclobutrazol, 파클로부트라졸)
PEP (Phosphoenolpyruvic acid, 포스포에놀피루브산)
PG (Polygalacturonase, 폴리갈락투로네이즈(효소))
PGA (Phosphoglyceric acid, 포스포글리세르산(광합성에 관여하는 인산))
PGR (plant growth regulator, 식물 생장조절물질)
pH (log value of hydrogen ion concentration, 수소이온농도의 마이너스 로그 값)
Pi (inorganic phosphate, 무기 인산)
PLS (Positive List System, 농약허용기준 강화제도)
PP333 (Paclobutrazol, Bonzi)
ppb (Parts per billion, 10 억분의 1 농도)
PPFD (photosynthetic photon flux density, 광합성광양자속밀도)
ppm (parts per million, 100만분의 1 농도)
PQ (plastoquinone, 플라스토퀴논)
Q_{10} (temperature quotient(10℃), 온도계수(10℃))
RGR (relative growth rate, 상대생장률)
RH (relative humidity, 상대습도)
Rubisco (Ribulose–1,5–bisphosphate carboxylase/oxygenase의 약자)
RuBP (Ribulose 1,5 bisphosphate, RuDP, RuBP)
SAM (S–adenosyl–methionine, S–아데노실–메티오닌)
SDP (short day plant, 단일식물)
SLA (Specific leaf area, 비엽면적)
SLW (Specific leaf weight, 비엽중)
SOPP (sodium ortho–phenylphenate, 소디움 오르토–페닐페네이트)
SP (Soluble powder, 수용제)
STS (silver thiosulfate, 에틸렌생성억제제)
TBZ (thiabendazole, 티아벤다졸)
TCA (tricarboxylic acid, 트리카복실산)
Uniconazole (Sumiseven, 유니코나졸)
UV (ultraviolet, 자외선)
v/v (volume per volume, 부피 대 부피의 비율)
VP (vapour pressure, 증기압)
VPD (vapour pressure deficit, 증기압차)
w/v (weight per volume, 부피 대 무게의 비율 즉, g/ml)
w/w (weight percentage, 중량 비율)
WHO (World Health Organization, 세계보건기구)
WP (Wettable powder, 수화제)
WUE (water use efficiency, 수분이용효율)
zeatin (천연(옥수수) 시토키닌 호르몬, 제아틴)

2. 용어해설(Grossary)

GMO(Genetically Modified Organism)

유전자변형 농산물로서 일반적으로 생산량 증대 또는 유통이나 가공 상의 편의를 위해 유전공학기술을 이용하여 기존의 육종방법으로는 만들 수 없는 형질이나 유전자를 지니도록 개발된 농산물을 말한다. 다른 용어로 LMO(Living Modified Organisms)는 유전자변형 생물체로 살아있는 모든 생명체를 지칭할 때 사용한다.

me/ℓ(밀리그램 당량)

배양액 중의 이온 농도를 나타내는 단위의 하나다. 배양액에 녹아있는 각 원소 이온의 전기량을 나타내고 있다. 그램분자량을 원자량으로 나눈 것을 그램 당량(Ca의 경우는 1g 분자는 40g, 40/2으로 20g이 1g 당량이 됨)이라고 부른다. 1ℓ에 1g 당량 녹아있는 농도의 것을 1e/ℓ(즉, Ca가 20g/ℓ 녹아있는 상태)라고 부르고, 그 1,000분의 1의 농도는 1me/ℓ(즉, Ca가 20mg/ℓ 녹아있는 상태)라고 말한다. 비료는 양이온과 음이온이 결합한 염의 형태를 취하고 있고 양이온과 음이온이 등량으로 결합한다. 또한, 작물의 뿌리는 이온을 흡수하고 있다. 그래서 배양액의 조성 등에서 원소농도를 밀리그램 당량농도로 생각하면 편리하다.

m mol/ℓ (리터 당 밀리몰, 밀리몰 농도)

배양액 중의 이온 또는 비료염의 농도를 나타내는 단위의 하나. 그램 분자량(Ca의 경우는 40g, KNO_3의 경우는 101g)이 1ℓ의 물에 녹아있는 농도의 것을 1moℓ액(1moℓ/ℓ)이라고 말한다. 이 1,000분 1의 농도가 1mmoℓ/ℓ액(1mmoℓ/ℓ)이다. 배양액 중의 비료염 농도를 간단한 정수로 나타내고, 다른 비료염과의 관계도 알기 쉬우므로 ppm으로 표시하는 것보다도 더 잘 이용된다.

pH(수소이온농도)

용액 중의 수소이온농도 역수의 상용대수. 산성과 알칼리성의 정도를 나타내는 것으로 일반적으로 1~14로 나타낸다. 7이 중성이고, 그것보다 작은 값은 산성, 큰 값은 알칼리성이라고 말한다. 양액재배의 배양액은 pH 5.5~6.5가 적당한 범위가 되고 이 범위로부터 크게 멀어지면 양분의 흡수가 저해되는 때도 있지만 병해 방제의 목적으로는 pH를 4.0~4.5의 값으로 제어하는 때도 있다.

ppm(피피엠)

농도 단위로 백만분의 1을 나타낸다. 최근 국제표준 단위로서는 같은 수치로 단위가 다른 mg/ℓ가 이용됐다. 예로 1ppm의 K(칼륨)이란 배양액 1t의 물에 1g의 K(혹은 1ℓ의 물에 1mg의 K)가 들어있다는 것을 나타낸다. 참고로 ppm은 단위가 없다.

가루(glaucous, 분)

연한 황록색(dull gray-green)에서 푸른 기를 띤 지방(bluish waxy)으로 회백색의 흰 가루가 덮인(자두, 포도 등) 것을 말한다.

가루깍지벌레(Mealybugs)

작은 감로(honeydew)를 분비하는 해충으로 다육식물의 잎이나 뿌리를 식해한다.

가시광선(visible light)
파장이 0.38~0.75㎛의 빛을 말한다. 가시광선보다 파장이 짧은 빛을 자외선(UV), 가시광선보다 긴 빛을 적외선(IR)이라고 한다.

간접광(indirect light)
빛이 목적물에 차단되어 다른 쪽으로 우회해서 들어오는 광을 말한다.

감로(honeydew)
가루깍지벌레(Mealybugs), 개각충(Scale), 진딧물(Aphids)과 같은 곤충이 분비하는 달달한 분비물을 말한다.

강모(bristle) 직선으로 곧게 뻗은 뻣뻣한 털(stiff hair)을 말한다.

개각충(scale bug) 식물체에 붙어서 자라는 해충으로 깍지벌레라고도 한다.

경화 처리(harden off, hard grown)
어린 모를 더 혹독한 조건에서 순화시키거나 더 제어된(controlled setting) 상황에 두는 것을 말한다.

고설베드(고상식 재배베드) 배지 또는 재배장치를 토양표면에서 떨어져서 높게 설치한 재배 베드로

과(family) 분류학(taxonomic ranking)적 순서로 목(order)과 속(genus) 사이의 분류체계이다.

과채류(fruit vegetable)
오이나 토마토, 가지 등 과실을 식용으로 하는 채소. 식물공장에서 재배하는 데는 어느 정도 높이의 공간이 필요하기 때문에 다단식에는 잘 맞지 않고 주로 태양광 이용형이나 태양광병용형 식물공장에서 생산된다.
관수(irrigation) 재배식물이나 초목에 물을 주는 것. 물주기를 말한다.

광보상점(Light compensation point)
광합성을 통한 양분생산이 호흡작용(呼吸作用)에 의한 양분 이용과 같은 때의 광도를 광보상점(光補償點)이라고 한다. 작물이 광보상점에 있을 때 잠시 동안은 자라지도 또는 죽지도 않는다. 그러나 작물이 다소 자기의 광보상점위에 있지 않고서는 작물은 노화를 통해서 잃어버리는 엽(葉)을 대체할 새로운 엽(葉)을 생산할 수 없을 것이다. 따라서 저장된 양분을 사용해야 할 것이다. 저장된 양분이 없는 광보상점에 있는 작물은 엽(葉)이 노화되고 광합성에서는 덜 효과적으로 됨에 따라서 그들은 광보상점 아래로 떨어지게 되며 그래서 그들이 합성할 수 있는 양분보다 더 많은 양분을 소모하기 때문에 죽게 된다. 많은 관엽식물(觀葉植物)의 엷은 다른 수명을 갖고 있으며 그리고 이것이 몇몇 작물들이 요구되는 광보상점 아래에 있다고 할지라도 실내에서 살아남을 수 있을 것이다.

광주성(photoperiod, 일장 효과)
공전에 의한 낮(명기)과 밤(암기)의 길이 변화에 응하여 동식물이 변화를 나타내는 것. 예를 들면 암기가 어떤 일정 길이가 되면 꽃이 피게 하는 등 정확하게는 명기가 아니라 암기의 길이가 광주성을 지배하고 있다.

광합성(photosynthesis)
빛 에너지를 사용하여 물과 이산화탄소에서 당류(탄수화물)를 합성하는 반응. 광합성에는 명반응과 암반응이 있고, 명반응에서는 광합성 색소인 클로로필(엽록소)이 빛 에너지를 사용하여 물을 분해하고, 양자(proton), 산소분자, 전자를 만든다. 다음에 암반응에서 만든 전자를 받아서 된 NADPH와 ATP를 사용하고, CO^2와 물을 원료로 하여 당이 만들어진다. 이 2가지의 단계를 거치 광합성이 된다.

광합성유효광전자속밀도(PPFD)
단위시간·단위면적 당 엽록소에 입사(入射)하는 (광합성에 유효한) 광량자(광자) 수. 광합성에 대한 광의 효과를 나타낸다. 광합성은 광화학반응이고, 전자를 여기하기 위해서 광량자속이 중요하게 된다. 단위는 $\mu mol/m^2/s$가 이용된다. 1mol에 약 6.02×10^{23}개로 광합성에 유효하게 사용되는(엽록소에 흡수되는) 빛의 파장은 400~700nm이다.

광형태형성(photomorphogenesis)
광에 의해 식물이 생존에 유리하도록 형태를 바꾸어 가는 것. 예를 들면 옆에서 빛을 계속 비추면 잎이나 줄기가 그쪽을 향하여 생장하는 것 등이 이것에 해당한다. 이외에 종자 발아, 분화(발아, 잎이나 줄기의 형성 등), 운동(기공 개폐) 등이 있다.

교배(cross)
다른 두 속(genera)이나 종을 하이브리드(Hybrid, 교잡)시킨 것으로 이종교배(interbreeding)를 지칭한다.

국화과(Compositae, Asteraceae)
국화나 세네시오(Senecio)와 오돈나(Othonna)를 포함하는 속씨식물(angiosperms)로 광엽의 식물을 말한다.

근채류(root vegetable)
땅속의 뿌리나 줄기를 식용으로 하는 채소의 총칭. 수경재배로 키우는 것은 기본적으로 어려우므로 종전에는 식물공장의 재배대상 작물로 되어 있지 않았다. 그러나 최근에는 식물공장에서 사용되는 인공토양도 등장하여 가능성이 있다.

글리포세이트(Glyphosate, 근사미)
비선택성 제초제로 주로 비농경지 등에 사용하여, 미국 몬산토 회사에서 1974년도에 개발하여 라운드업(Roundup)이라는 명칭으로 시판하고 있고 우리나라는 이행성이기에 뿌리까지 죽인다는 의미의 근사미로 판매되고 있다.

기능성 성분(functional component)
병이 발생할 위험(risk)인자를 줄이거나 조정하여 건강 유지에 도움이 되는 작용을 가진 2차 대사 성분이다. 식물공장에서는 환경제어로 이 기능성 성분의 효율을 좋게 하고 높이는 것에 몰두하는 예가 많아지고 있다.

기회적 생장(opportunistic growth)
조건이 맞으면 식물체가 계속 생장하는 것으로 휴면(dormancy)과 대비되는 용어이다.

꽃(flower) 속씨식물의 유성생식 기관으로 꽃에서 종자가 맺힌다.

꽃받침(calyx, 악)
꽃의 받침에 해당하는 집합적인 용어로 바깥이 나선으로 된 윤생체(whorl)로 보통은 녹색이다.

꿀샘(nectary glands) 꿀을 분비하는 샘으로 많은 페로캑터스(Ferocactus, 가시 선인장) 등에서 볼 수 있다.

낙엽성의(deciduous) 계절에 따라 잎이나 껍질, 꽃잎이 떨어지는 것을 말한다.

넥타(nectar) 달달한 액체로 꽃이나 밀선에서 분비되는 감로나 꿀을 말한다.

노지재배(outdoor culture)
작물을 옥외의 밭에서 재배하는 것. 온실이나 온상을 사용하지 않고, 자연의 기상조건에서 재배하는 것을 가리킨다. 기본적으로 저비용이지만, 일조, 온도, 강우량, 해충 등 여러 가지 면에서 자연의 영향을 받기 쉽다.

농산물이력추적관리제도(traceability)
생산부터 판매단계까지 이력을 관리하여 안전성 문제 발생 시 이력을 역추적함으로써 원인 규명 및 신속한 조치를 취하는 제도이다.

다결실(polycarpic)
속씨식물의 꽃이 여러 번의 열매를 생산하거나 여러 개의 종자를 생산하는 것을 말한다. 단결실(monocarpic)이 상대어이다.

단결실(monocarpic) 한 번 열매를 맺고 죽는 속씨식물(angiosperm)을 말하고 상대어는 다결실(polycarpic)이다.

마주나기(opposite) 줄기를 가운데 두고 마주 보고 있는 둘 중 다른 편, 맞은편을 말한다.

대칭(bilateral) 한 줄기에 잎이 서로 마주나기 하는

도장(overgrowth)
정상상태보다도 절간(internode)이 길고, 줄기가 가늘며 연약한 상태에서 작물이 신장하면서 부러지거나 굽는 현상을 말한다. 질소비료를 과잉으로 시비하거나 주간(株間)이 좁고, 밀식으로 수광량이 적은 상태에서 일어나기 쉽다.

돌연변이(mutation)
세포의 DNA 변화로 야기되는 유전하는 형질 변이로 선인장에서 철화(cresting)와 같은 생장점 돌연변이도 있다.

드린제(drin insecticide)
유기염소계 농약 중 대표적인 약제인 알드린, 엔드린, 디엘드린 등의 농약을 총칭하는 것으로 잔류기간이 길어 세계적으로 생산이 금지된 농약 그룹이다.

로제트(rosette) 잎사귀가 나선형으로 겹겹이 쌓여 있는 모습이 장미와 비슷하다고 해서 붙여진 이름이다.

로컬푸드(local food)
운동 생산자와 소비자 사이의 이동 거리를 가능한 한 줄여 영양과 신선도를 높이고자 하는 운동으로 가까운 인근 지역에서 식자재를 생산하고 요리하는 것을 말한다.

루멘(lumen, lm)
광속(인간이 느끼는 밝기를 나타내는 심리물리량)의 단위. SI 단위로서의 정의는 「모든 방향에 대해서 1칸델라의 광도를 가진 표준의 점 광원이 1스테라디안(steradian)의 입체각 내에 방출하는 광속」이다. 이것과는 다른 정의로 ANSI 루멘도 있다.

리케차(rickettsia)
리케차과에 속하는 세균류를 통틀어 이르는 말로 크기가 작은 그람음성균이며 세포 내에서만 살 수 있는 세포 내 기생균이다. 주로 진드기나 벼룩과 같은 절지동물을 매개로 하여 사람에게 감염을 일으킨다. 발진티푸스, 발진열 등 질병의 원인 세균이다.

명반응(light reaction)
광합성에 있어서 일련의 반응 중 빛이 있어야 하는 반응을 말한다. 광화학반응이라고도 부른다. 광합성에서는 빛 에너지를 사용하여 물과 이산화탄소에서 전분 등의 당류와 산소를 생성한다. 그중 명반응은 빛 에너지에 의해서 물과 수소이온(양자, proton), 산소, 전자로 분해되고, 또한 이산화탄소의 고정에 필요한 환원형 NADPH와 ATP가

생성된다. 이것 이후의 반응, 즉 이산화탄소, NADPH, ATP에서 당이 생성되는 반응은 빛이 필요하지 않기 때문에 암반응(dark reaction)이라고 부른다. 식물공장에 있어서 명반응과 암반응을 구별하는 것은 에너지 이용효율의 개선에 도움이 될 가능성이 있다. 즉, 명반응만 빛을 조사하도록 간헐조사를 실행하면 에너지 비용을 줄일 수 있다.

모용(trichome) 식물체의 표면에 자라는 털을 말한다.

무늬 종의(variegated) 색깔이 섞여 있는 것으로 일반적으로 흰색과 녹색이 섞여 있는 경우가 많다.

박멸(eradication) 병이 발생한 후 병원체를 완전히 없애는 방제법을 말한다.

발광다이오드(light emitting diode, LED)
옵토일렉트로닉스(optoelectronic)의 광원으로 널리 사용되고 있는 장치다. 발광의 원리는 다음과 같다. 반도체의 pn 접합에 정 장치(p형이 정(+), n형이 부(−))를 인가(印加) p형 반도체에 전자, n형 반도체에 정공(正孔)을 주입하면, 전자와 정공은 접합을 통과할 때에 재결합한다. 이때 빛을 발생시킨다. 발광다이오드가 발하는 빛의 파장은 반도체에 사용되는 재료에 따라서 다르고, 적외선에서 자외선까지 다양한 발광 색을 얻을 수 있다.

발광스펙트럼(lighting spectrum)
빛의 성분을 파장(또는 주파수)마다 분해하여 파장(또는 주파수)을 횡축, 강도를 종축으로 취하여 플롯(plot), 그래프(graph)화한 것을 말한다.

발광효율(luminous efficiency)
광원 효율을 평가하는 지표로 광원에 투입하는 전력(W)에 대한 광원에서 발하는 광속(光束, lm)의 비율로 나타낸다. 단위는 lm/W이다.

발아(germination) (휴면) 종자에서 식물체로 발달하는 하나의 과정이다.

배수(drainage) 식물체 주변의 과도한 수분을 이동시키거나 배출시키는 것을 말한다.

배양액(culture solution)
배양액이란 양액재배 등에서 물과 비료를 동시에 주는 것을 목적으로 한 액체비료의 일종이다. 작물은 토양에서 양분으로 각종 무기 요소를 이온의 형태로 흡수한다. 배양액을 만들기 위한 물을 원수라고 부르고 있지만, 원수에 대해서는 유해물질이나 유해 미생물이 포함하지 않도록 해야 한다.

백색 분(pruinose, 백색 가루)
다육식물이나 포도송이 등에서 볼 수 있는 백색의 왁스로 된 흰 가루(waxy white powder)로 가루(farina)와 유사한 뜻이다.

버미큘라이트(vermiculite)
질석(蛭石)을 600~1,000℃로 소성한 것을 가리킨다. 다공질로 가벼운 것이 특징이고 원예용 배지 자재로 이용된다. 또한, 재배 배지나 토양개량 재료서도 이용되고 있다.

번식(propagation) 인위적이거나 자연적으로 식물체의 자구나 개체를 여러 개 생산하는 작용이다.

변종(var.)
식물분류에서 가장 하위의 계급으로 특성이 아직 고정되지 않은 변종인 버라이어티(variety)나 바리에타스(varietas)의 약자이다.

부패(rot) 생육환경이 적합하지 않아 나타나는 세균(bacteria)이나 곰팡이(fungi)성 부패를 말한다.

비료(fertilizer) 식물의 영양으로 인공적으로 합성하거나 자연적으로 만들어 공급하는 것을 말한다.

비타민(vitamin)
생물의 생존이나 생육에 필요한 탄수화물이나 단백질, 지질, 무기물(mineral) 이외의 영양소. 생체 내에서는 합성할 수 없고, 주로 식품에서 섭취한다.

사이테스(CITES)
멸종위기에 처한 야생동·식물종의 국제거래에 관한 협약(Convention on International Trade in Endangered Species of Wild Flora and Fauna)으로 야생동식물종의 국제적인 거래로 인한 동식물의 생존 위협을 방지하기 위해 워싱턴에서 조인되어 1975년부터 발효되었다. 워싱턴 협약이라고도 하며 우리나라는 1993년 7월에 가입하였다. 일반적으로 재배한 작물은 해당 사항이 없지만, 야생으로 채취하거나 희귀한 경우 국제적 유통이 금지된다.

삽목(cutting) 번식을 위해 식물체로부터 떼어낸 조직이나 번식방법이다.

생리장해(physiological disorder)
농작물이 그 자신의 생리 활성에 의해서 열악화하는 것. 양분, 수분의 과부족이나 과도한 고온이나 저온, 토양의 지나친 습도, 건조, 일조 등에 의해서 발생한다. 병충해에 의한 피해와 증상이 닮는 경우가 있다.

생물농약(biopesticide)
농약으로 이용되는 생물이라는 것. 병충해나 잡초의 방제에 이용되는 미생물이나 천적을 말한다. 자연계의 생물 사이의 관계를 농약으로 활용한 것이다. 천적을 이용하는 경우를 천적 농약, 미생물을 이용하는 경우를 미생물 농약이라고 말하는 경우가 있다.

생물농축(bioconcentration)
자연 생태계에 사용한 농약의 일부가 여러 경로를 통하여 흡수되는데 지용성 농약의 경우 대사배설이 어려워 인축에 축적되어 농도가 높게 나타나는 현상을 말한다.

성분량(amount of ingredient) 농약이나 비료 등에 포함된 보조성분을 제외한 주성분의 함량을 말한다.

셀트레이(cell tray)
육묘용의 작은 격자 상자로 작물을 생육 초기에 재배지에서 개별로 관리하면 잡초에 치이거나 어디로 가버렸는지 알수 없게 될 때가 많으므로 될 수 있는 한 셀이나 포트에서 어느 정도 키워서 이랑에 정식(定植)한다. 이때 뿌리가 수직(直根)으로 자라는 무, 당근 등 근채류는 직접 이랑에 뿌려야 한다.

소화(floret) 작은 꽃을 말한다.

소화경(pedicel) 작은 꽃대, 즉 각각의 꽃을 받치고 있는 자루를 말한다.

속(Genus)
작물의 분류 단위로 하나나 그 이상의 종을 가진다. 복수형은 genera이다. 이 속(genus)은 식물의 학명 표기를 할 때 처음 나오는 이름을 말한다. 사람의 이름에 비유하자면 성명에서 성은 속명이고 이름은 종명에 해당한다.

속씨식물(angiosperm)
현화식물로 자방 안에 종자가 발달하는 식물이다.

수경(water culture)
양액재배 방법의 일종이지만 파종 시에 소량의 배지(파종 배지)를 이용하는 이외에는 기본적으로 배지를 사용하지 않는 방법이다. 수심이 깊은 배양액으로 유동시키는 담액수경(DFT), 배양액을 얕게 흘려서 주는 박막수경(NFT), 배양액을 습기 중의 뿌리에 직접 분무하는 분무경 등이 있다. 일반 명칭으로는 양액재배와 동의어로 사용되는 경우도 있다. 우리나라는 양액재배보다는 수경재배로 용어를 통일하여 사용한다.

수경재배/양액재배(hydroponics/nutrient solution culture)
고형배지(토양)를 사용하지 않고 이상적인 균형(balance)의 양분액으로 농작물을 생산하는 방법. 컴퓨터 제어에 의한 양분 순환시스템이나 온도관리로 농작물의 품질을 높일 수 있다. 종전은 식물공장이라고 하면 수경재배였지만, 최근에는 꼭 그렇다고는 말할 수 없게 되고 있다.

수상화서(spike)
꽃자루가 없거나 짧아서 화경에 접착하여 수상이 되어 있는 화서(꽃차례)로 계속 꽃이 피는 무한꽃차례의 하나이며 질경이나 화본과 작물 등의 꽃이 이에 해당한다.

수소이온농도(pH)
물질(수용액 중)의 산성, 알칼리성 정도를 나타내는 지표. pH로 나타내는 수용액 중의 값을 가리킨다. 또한, pH=7의 경우를 중성이라고 하고 pH 값이 작아지면 작아질수록 산성이 강하게 되고, 반대로 pH 값이 크면 클수록 알칼리성이 강하게 된다.

수술(stamen)
꽃의 웅성 기관으로 보통 꽃가루(pollen)를 그 주머니(약, anther)에 포함하고 있고 꽃잎처럼 많은 수술이 있다.

순화(acclimatization)
순화(馴化)란 생물(生物) 특히 작물(植物)이 새로운 환경에 적응(適應)하는 것이라고 정의할 수 있다. 작물이 자연 상태(自然狀態)에서 이러한 적응(適應)은 아주 오랜 기간에 걸쳐서 일어난다. 미국 산딸나무(Cornus florida)와 같은 그러한 작물은 그들의 원산지로부터 너무 먼 곳에 심어진다면 꽃이 피지 않거나 심지어 생존(生存)도 어려울 것이다. 따라서 열대나 아열대원산의 관엽작물들은 새로운 환경에 대한 그들의 적응능력(adaptation)에서도 각기 다르다.

스크리닝(screening) 약제나 품종 등을 선발하는 것을 말한다.

습성(habit) 식물체의 특징적인 외관(characteristic appearance)을 말한다.

시설원예(protection horticulture)
유리나 비닐하우스라는 온실(원예용 시설)을 사용하여 온도나 습도, 이산화탄소농도, 비료 등을 제어하면서 농작물을 생산하는 방법. 농상공연계 연구회의 식물공장 연구그룹의 보고서(2009년 4월)에 의하면 식물공장은 고도화한 시설원예의 한 가지 형태로 정의되고 있고, 환경 및 생육의 관찰(monitoring)을 기초로 하여 고도의 환경제어를 실행하는 것으로 채소 등의 식물 주년 생산이나 계획생산이 가능한 시설이다.

식물상(flora) 특별한 지역에서 자라는 식물의 형상으로 동물상(fauna)과 대조되는 용어이다.

아종(subsp.) 종의 하위단위를 아종(subspecies)이라고 하는데 이것의 약자이다.

악편(sepal)
꽃받침을 이루는 각 조각이 서로 갈라져 있는 경우 그 떨어져 있는 각각을 뜻함. 보통 녹색이지만 색소를 지녀 꽃잎처럼 보이는 것도 있다.

안토시아닌(anthocyanin)
식물에 널리 존재하는 색소의 하나로 과실이나 꽃에서 적색, 청색, 자색을 나타내는 수용성 색소의 통칭인 안토시안(anthocyan) 중 안토시아니딘(anthocyanidin)의 아글리콘으로서 당과 연결된 배당체 성분의 것으로 고등식물에서는 보편적인 물질이고 꽃이나 과실의 색 표현에 도움이 되고 있다. 플라보노이드(flavonoid)의 일종으로 항산화 물질로 알려져 있다.

암반응(dark reaction)
광합성의 반응 중 이산화탄소에서 당을 합성하는 과정. 광 에너지가 필요하지 않기 때문에 암반응이라고 불린다. 암반응에 대해 명반응은 빛 에너지에 의해서 물과 효소로 암반응에 필요한 물질과 산소를 만드는 과정을 가리킨다.

암술(pistil) 꽃의 암컷의 생식기관으로 암술머리(stigma), 암술대(style), 자방(ovary, 씨방)을 포함한다.

암술대(style, 화주) 암술머리(stigma)와 자방(ovary) 사이에 존재하는 줄기를 말한다.

암술머리(stigma, 주두) 꽃의 암술 부분(pistil)으로 끝부분에서 꽃가루(화분)를 받아 수분한다.

액생의(axillary) 엽액으로부터 나오는 즉 겨드랑이라는 의미이다.

약(anther) 화분(pollen)을 함유하고 있는 수술의 부분으로 꽃가루주머니다.

양액토경(fertigation)
관수동시시비법 또는 적하시비법이라고도 한다. 양액재배와는 달리 배지에 흙을 사용하여 비료와 관수를 병용 혹은 액비 단용(單用)으로 작물의 생장에 필요한 수분과 무기 요소를 과부족 없이 주는 재배방식으로 점적관수가 기본기술이다.

얼룩진(maculate) 점무늬가 있는 얼룩무늬(spotted)를 나타낸다.

역침투장치(reverse osmosis system)
반투막을 가진 용액 중의 용매(물)는 통과하지만, 용질은 통과하지 않는 성질을 이용하여 염분 등을 포함하는 수질이 나쁜 원수를 정화하는 장치이다. 펌프로 원수에 압력을 걸어서 반투막을 통과하여 나온 반투막 투과수를 원수로 양액재배에 사용한다. 또한, 본 장치를 이용하면 많은 병원균 등 미생물의 제거도 가능하다.

엽(lobe) 잎이나 꽃잎의 둥글게 갈라진 열편(裂片)을 말한다.

엽면시비(Foliar feed)
비료를 토양에 주는 것과 달리 잎에 주는 것으로 여러분은 입상으로 된 비료를 녹이거나 액체비료를 희석해서 액체탱크에 넣고 호스의 끝에 스프레이로 뿌리는 비료를 말한다.

엽병(petiole) 잎이 줄기와 연결된 잎자루를 말한다.

엽액(axil) 잎과 줄기의 위쪽 부분의 각도를 말하는 것으로 잎겨드랑이라고도 한다.

엽채류(leaf vegetable)
잎 부분을 식용하는 채소 작물로 엽채소, 잎채소라고도 한다. 시금치, 상추(lettuce), 배추 등이 여기에 속한다.

엽편(lamina) 포(bracts), 꽃받침(sepals), 꽃잎(petals)의 위쪽을 향하는 부분으로 잎몸이라고도 한다.

엽흔(leaf scar) 낙엽이 진 후에 줄기에 남아있는 거칠고 못이 박혀 굳어진(callused) 것을 말한다.

영양체(clone)
영양번식을 통해 나온 모체와 같은 식물로 예를 들면 잎에서 나온 새로운 식물체를 영양체, 즉 클론(clones)이라고 한다.

외떡잎(Monocot)
종자에서 한 장의 떡잎이 나오는 것으로 다육식물에서 대부분은 쌍떡잎 작물이나 유카, 아가베, 노리나, 헤스페랄로에 속은 외떡잎 작물에 속한다.

용존산소(dissolved oxygen, DO)
물(배양액)에 녹아있는 산소라는 것으로 수온이 높아짐에 따라서 포화 용존산소 농도는 낮게 된다. 고온 시에는 뿌리의 산소요구량은 많아지게 되어 배양액의 용존산소 농도는 저하되기 때문에 뿌리 썩음 등의 장해가 일어나기 쉽게 된다.

원산지(native) 식물이나 농산물이 유래한 곳을 말한다.

원주상(columnar) 토양이나 몇몇 선인장에서 볼 수 있는 기둥 모양의 형태이다.

원핵생물(prokaryote)
세균이나 몰리큐트처럼 유전물질이 막으로 둘레 싸인 핵 내에 들어있지 않은 미생물을 말한다.

유기질 비료(organic fertilizer)
유기물을 원료로 하는 비료로 주된 원료는 가축 분뇨나 젖은 쓰레기를 발효시킨 퇴비, 풀이나 나무를 태운 재(초목회) 등이 있다.

유전자변형작물(genetic modified organism, GMO)
작물(식물)의 형질을 인위적으로 제어할 목적으로 새로운 유전자를 도입하거나 기존의 유전자를 촉진 또는 제어한 것. 완전제어형 식물공장은 기본적으로 외부와 격리되어 있으므로 자연계에 영향을 받는 것이 없어서 유전자변형작물을 생산하는 데 유리할 수 있다.

이명법의(binomial) 속명(genus)와 종명(species) 2가지로 나타내는 학명체계이다.

이산화탄소 시비(carbon dioxide application, 탄산 시비)
온실 등의 재배시설에서 동계재배 등 실내나 군락 내의 이산화탄소농도가 저하했을 때에 작물의 광합성을 촉진하는 것을 목적으로 이산화탄소 시용이 행해지고 있다. 탄산 시비는 등유나 프로판가스를 연소시켜 이산화탄소 발생 장치나 봄베(bombe)에 충진된 액화 이산화탄소를 사용한다. 목표농도는 비환기 시에는 800~1,000ppm, 환기 시에는 400~500ppm으로 하는 것이 일반적이다. 이산화탄소 시용을 행하는 경우는 이산화탄소농도제어기(controller)로 시설 내의 이산화탄소농도를 모니터링(monitoring)하면서 수행할 필요가 있다. 시용과 동시에 작물 주변에 미풍을 보내어 엽면경계층을 파괴하는 것이 광합성촉진에 중요하다.

일사(Solar radiation, insolation)
태양 광선의 양으로 토양과 작물체에 도달하는 것이다. 이양은 같은 위치라 하더라도 남사면(south-facing slope)에서 20% 정도 증가하고 북사면에서 비슷한 비율로 감소한다.

일장(day length)
명기(낮) 및 암기(밤)를 맞춘 1일 24시간 중 명기의 길이를 말한다. 특히 화아분화나 휴면에 영향을 주는 조건으로 짧은 명기에서 화아분화하는 단일작물이나 긴 명기에서 화아분화 하는 장일작물 등이 있다. 사실은 화아분화에 중요한 것은 명기의 길이가 아니라 암기의 길이이다. 인공광원에 의한 비교적 약한 조명에서 일장을 조절하고 개화시기를 조절하는 전조(電照) 재배가 국화, 자소, 딸기 등의 재배에서 일반화되어 있다.

잎(leaf) 광합성을 위해 줄기로부터 자라는 얇고 넓은 부분을 말한다.

자생지(habitat) 식물체가 원래부터 살던 곳이나 원산지(originates)를 말한다.

자엽(cotyledon, 떡잎) 배에서 나온 1차적인 잎으로 종자 잎(seed-leaf)이라고도 한다.

장애(disorder) 영양이나 구조적인 문제로 인한 장해로 천천히 진행되는 작물 해를 말한다.

장해(injury) 기상장해나 농약 해처럼 물리적, 화학적으로 급격히 진행되는 작물 해를 말한다.

재배종(cv) 재배하는 품종(cultivated variety 또는 cultivar)의 약자이다.

저항성 유도제(resistant derivatives)
식물에 「병에 걸렸다」 라는 신호를 보내어 식물 자신이 가진 저항력을 유도하는 것을 목적으로 한 약제 같은 물질이다.

절(node) 마디(joint)로 줄기로부터 자라는 새 줄기나 잎이 나오는 부분이다.

절간(internode) 두 개의 절(node) 사이에 있는 줄기를 말한다.

점적급액법(trickle application)
점적급액이란 점적관수 튜브나 온라인 드리퍼(online dripper), 기타 점적 이미터(emitter)를 사용하고, 작물의 뿌리 부근에만 작물의 요구량에 맞추어 물 또는 배양액을 한정적으로 급액(관액)하는 방법을 말한다. 일반적으로 급액속도가 느리고, 넓은 면적을 균일하게 급액하는 것이 가능하다는 것에서 정밀한 급액관리가 요구되는 경우에 사용되며, 소량다빈도 관수관리나 소량배지경의 기술발전에 크게 기여하고 있다. 양액재배에서는 고형배지를 이용한 재배방식으로 비순환식재배시스템에 사용되는 것이 많지만, 양액토경 재배에도 널리 이용되고 있다.

접목(graft)
인위적으로 뿌리가 없는 식물을 융착시켜 번식시킨 것으로 접목으로 만들어진 과수는 물론 채소와 화훼들이 있다.

접합부(joint) 식물체 줄기의 어떤 부분에서 새 가지나 잎이 나오는 부분을 말한다.

종(sp.)
종(species)의 약자로 학명에서 이명법과는 다르고 단일 종을 의미할 때가 많다. 자체적으로 자손을 남길 수 있게 생식이 가능한 작물의 그룹으로 학명을 표기할 때 2번째로 표기한다.

종들(spp.) 종이 2개나 그 이상일 때, 즉 복수형의 의미를 나타내는 약자의 표시이다.

종자소독(seed disinfection)
종자 전염병을 예방하기 위해서 종자를 소독하는 것으로 건조 종자를 3~4일간 70~73℃에 유지하는 열소독이나 50℃ 정도의 온탕에 20~30분 담그는 온탕소독의 물리적 방제가 많지만, 기타 살균제에 침지하는 경우 등도 있다.

종합적 방제(integrated pest management, IPM)
농약에 대한 부작용과 환경부담이 증가하고 농약에 대한 저항성 해충이 증가하여 여러 가지 방제 수단을 상호모순없이 조화롭게 사용하는 것으로 육종적, 재배적, 생물적 방제법을 동원하여 농약의 사용량을 줄이면서 병해충이나 잡초를 방제하는 것을 종합적 방제(integrated control)라고 하고, 환경친화적인 방법으로 경제적 피해 수준 이하로 관리하는 농업경영의 개념에서 '종합적 관리'라고 한다. 이때 농약을 전혀 사용하지 않는 것이 아니고 모두 다 사용하는 것도 아닌 최적의 상태로 농약을 선택하고 박멸이 아닌 경제적 피해를 주지 않는 선으로 방제하는 것을 말한다.

주년화(year round) 농작물의 계절성을 없애고 1년 내내 생산하여 시장에 제공할 수 있도록 하는 것을 말한다.

주맥(midrib) 잎의 중앙부에 있는 관다발을 말한다.

중간기주(alternate host)
녹병균과 같은 기생성 균류가 생활사를 완성하기 위하여 교대하는 중간 식물을 말한다.

중탄산이온(bicarbonate ion)
중탄산이온(HCO_3^-) 농도가 높은 물을 원수로 하는 배양액에서는 이 이온의 강한 완충능이 작동되어 pH가 높게 유지되기 쉽다. 또한, 칼슘이온 등과 반응하여 흰색의 침전물이 생기기 쉬워 잠적 노즐 등의 구멍이 막히는 원인이 되기도 한다.

즙액 분석(sap analysis)
즙액(sap)이란 작물체의 잎자루나 잎, 신초(新梢) 등에 포함된 액체로 보통은 이것들의 조직을 그대로 혹은 물과 함께 파쇄하여 채취한다. 이것을 분석하는 것(즙액 분석)으로 인간의 혈액분석에 의한 건강진단과 같은 방법으로 작물의 영양진단을 할 수 있다. 작물체를 건조시키고 분해한 후에 분석하는 종전의 방법에 비하여 신속한 결과를 낼 수가 있다.

즙이 많은(juicy) 식물이 다육질이고 즙이 풍부한 것을 말한다.

증기압차(vapor pressure deficit, VPD)
어떤 기온에 대응하는 포화수증기압과 실제 수증기압의 차이로 증발과 증산의 용이성을 나타낸다. 증기압차에는 비례하여 증발산속도가 크게 되지만, 지나치게 크면 증산 과다가 되어 수분 스트레스로 기공개도(氣孔開度)가 감소한다. 또한, 지나치게 작으면 증산속도가 느리게 되어 양분흡수속도가 저하하는 문제 이외에 결로 등으로 병해의 발생위험(risk)이 커진다.

직근계(tap root system)
식물의 주요한 큰 뿌리를 말한다. 상대어는 수염뿌리, 즉 발근계(fibrous root system)이다.

질소 형태(nitrogen form)
배양액에 이용되는 질소에는 질산태 질소(NO_3-N)와 암모늄태 질소(NO_4-N)의 2가지 형태가 있다. 혼재한 경우에 어느 쪽을 우선 흡수하는가는 작물이나 생육단계, 배양액 온도나 pH 등에 따라 다르다. 또한, 배양액의 pH는 암모늄태 질소가 먼저 흡수되면 낮아지기 쉽고, 질산태 질소가 많이 흡수되면 상승하는 경향이 있다. 모래나 암면 등의 고형배지를 사용하면 질화세균의 활동으로 암모늄태 질소의 질산화가 진행하는 일이 있다. 암모늄태 질소의 농도가 지나치게 높으면 생육장해나 Ca 결핍 등의 생리장해가 일어나기 쉽게 된다.

차아염소산칼슘($Ca(OCl)_2$)

중성 차아염소산칼슘의 강한 산화력을 살균제로 이용하고 있다. 염소계의 화합물이고 취급 및 배액에서 충분히 주의할 필요가 있다. 오이, 멜론, 무 등을 대상으로 종자의 살균에 사용한다. 또한, 양액재배에서는 재배조나 재배패널의 살균에도 이용한다. 한편 차아염소산나트륨(NaOCl)은 락스라고 하며 세제와 소독약으로 많이 시용한다.

착생식물(epiphyte)

물과 영양을 비나 공기로부터 얻는(aerophyte) 식물로 기생식물(parasite)과는 다르다.

청고병균(*Ralstonia solancearum*)

토마토나 가지의 청고병의 병원균이다. 세균성이고 감염이 확인된 작물은 200종류 이상이다. 작물 뿌리의 상처로부터 침입하여 유관속 내에서 증식하고 도관을 폐쇄해 작물을 고사시킨다. 다양한 레이스(race)가 발견되고 있다. 물로 전염이 확산되기 때문에 양액재배 시설 내에서는 발생하지 않도록 하는 대책이 필요하고 중요하다. 만일 발생이 되면 신속하게 이병된 작물체를 제거함과 동시에 감염의 확대를 막도록 한다. 또한, 측지제거법이나 과실을 수확할 때에 사용하는 가위 등을 통하여 전반(傳搬) 하는 일도 있으므로 주의가 필요하다.

초본성의(herbaceous) 나무가 아니면서 녹색이고 부드러우며 쉽게 부러지는 것을 말한다.

추대(bolting)

시금치, 상추, 양배추 등에서는 보통 매우 짧은 줄기 위에 다수의 잎이 밀생하여 절간이 짧지만 생장점 부위에 화아가 분화되면 다음에는 화뢰를 붙인 줄기(화경)가 신장하고, 잎의 절간도 길게 되는 현상을 말한다. 추대가 일어나면 엽채류에서는 결구가 되지 않고, 근채류에서는 뿌리의 비대가 정지하여 생산가치가 있는 것을 생산할 수 없게 된다. 그러나 종자 수확이 목적인 채종재배에서는 추대시킬 필요가 있다.

추위에 강한(hardy)

다육식물은 수분이 많아 보통 추위에 약하지만, 특별히 강한 작물을 말할 때 사용한다. 원뜻은 추위뿐만 아니라 더위나 가뭄에도 강한 작물이라는 것이나 일반적으로 내한성(추위)에 대한 것을 말한다.

추위에 약한 작물(tender)

몇 시간 이상 약 -2℃의 강한 서리에 노출되었을 때 죽는 추위에 강하지 않은 작물을 말한다.

축(axis) 식물 줄기나 화서(inflorescence)의 줄기를 말한다.

춘화처리(vernalization) 자연적으로 일어나거나 유기한 저온에서 개화를 유도하는 것을 말한다.

취산화서(cyme)

꽃에 의해 특징되는 화서의 하나로 화서의 중심으로 꽃이 피거나 위에서 줄기 아래로 꽃이 피는 형태이다. 코덱스(caudex) 작물의 줄기 뿌리 축을 말한다.

캘러스(callus, 유상조직) 주위나 그 부분이 상처가 생겨 딱딱하게 된 보호 조직을 말한다.

캠 대사(crassulacean acid metabolism, CAM)

광합성에서 건조기후에 적응된 대사과정을 나타내는 형태이다.

큐티클(cuticle) 외부의 건조나 병으로부터 보호하는 지방으로 된 보호 조직(waxy protective)을 말한다.

크라슐라과(Crassulaceae, 돌나물과)
속씨식물(angiosperms)로 쌍떡잎식물이며 전형적인 방사상형(actinomorphic)으로 관목 또는 초본으로 20속 1,300종이 있고 우리나라에도 6속 27종이 자생한다. 크라슐라(Crassula), 칼랑코에(Kalanchoes), 에케베리아(Echeveria) 등이 있다.

클로로필(chlorophyll, 엽록소)
엽록체에 포함된 녹색 색소로 광합성에 있어서 빛 에너지의 수용체로 작용한다. 환상의 포르피린(porphyrin)에 마그네슘이 배위한 구조이다.

킬레이트(chelate)
철 어떤 원자 사슬의 양단이 철로 결합하여 그것을 끼운 집게상(이것을 킬레이트라고 함)이 되는 고리를 구성하는 구조를 분자 내에 가지고 있는 철 화합물. 일반적으로 합성 킬레이트 철로서는 EDTA(ethylenediamine tetra acetic acid)-Fe 등이 있다. 무기 철염에 비하면 배양액 중에서 안정된 것이 특징이 있지만, 자외선이나 오존에 닿으면 분해되고, 또한 pH가 높아지면 불용화되는 특징이 있다. 킬레이트란 게처럼 갑각류의 집게를 의미하기 때문에 그리스어로 집게(chela)라고 부르고 있다. 이것은 Fe 등의 금속이온을 끼고 있는 모양을 닮았기 때문에 이렇게 부르게 되었다.

태양광이용형 식물공장(sunlight plant factory)
주된 광원으로 태양광을 이용하는 식물공장이라는 것, 빛 이외의 환경을 제어하는 것으로 생산의 안정화를 꾀한다. 광원을 제어하는 완전제어형(완전 인공광형)에 비하여 설비비용이나 광열비를 절약할 수 있는 장점이 있다. 단, 주년 생산은 할 수 없다. 인공광을 병용하는 경우는 「태양광병용형 식물공장」이나 「인공광·태양광병용형 식물공장」이라고 표기하는 쪽이 알기 쉽다.

팁번(tip burn)
상추와 같은 작물에서 새로운 새싹의 끝이 마르거나 녹색 잎이 오그라들거나 하는 증상, 일반적으로는 칼슘 부족이 원인으로 알려져 있다.

파라콰트(paraquat, 그라목손)
그라목손(Gramoxone)은 제초제로 사용되는 농약으로 매우 강력한 제초 능력을 가지고 있으며 가격도 저렴하였다. 그러나 독성은 인체에도 큰 영향을 미처 폐를 손상시키면 사실상 회복이 불가능하다. 2012년도 판매가 금지되었다.

포엽(bract) 꽃의 기부에 변형된 잎을 말한다.

폴리페놀(polyphenol)
식물의 색소나 쓴맛의 성분. 분자 안에 복수(폴리)의 페놀성 히드록시(hydroxy)기(방향환으로 결합한-OH)를 갖는 것의 총칭이다. 상처가 나거나 병해충의 침입에 대응하는 물질로 인체에 유용한 항산화 작용을 한다.
폼(form)은 종의 하위분류 단위로 어떤 폼(아종)은 원예적 용도로 번식하거나 선택된다.

폴리에틸렌글리콜(PEG)

수용성이면서 독성이 없고 서로 융합시키는 특성이 있어서 칼슘(Ca)과 함께 세포융합 촉진제이다.

푸드 마일리지(food mileage)

식량(food)과 수송 거리(mileage)를 정량적으로 파악하는 것을 목적으로 하는 지표나 사고방식이다. 이는 식량 수송에 동반하여 배출되는 이산화탄소가 지구환경에 미치는 부하에 주목한다. 즉 식량 수입 중량과 수출국까지의 거리를 곱한 값으로 우리나라는 미국의 6배, 독일과 프랑스의 3배 정도 된다.

푸사리움(Fusarium)

토마토의 위조병이나 멜론의 덩굴쪼김병(만할병) 등의 병해를 일으키는, 다발성 병원균이다. 진균(곰팡이)의 일종으로 후막포자가 전염원이 된다. 후막포자로부터 발아하여 뿌리로부터 침입한다. 종자전염에 의해서 발병할 가능성이 있다. 분화형이나 레이스(race) 등 다수의 계통이 있다.

품종(cultivar)

종(species) 내에서 야생종이나 재배종으로부터 선발한 우수한 특성을 가진 재배종을 말한다. 품종은 보통 삽목법으로 영양번식을 시킨다. 가끔 일부는 종자로 번식시키는데 이는 그 특성을 유지시키는 데 교배나 개개의 교잡이 필요한 경우에 한한다.

피목(lenticel)

하위 부에 해면 세포가 있는 목본식물의 줄기에 있는 눈과 같이 생긴 가스교환이 이루어지는 곳을 말한다.

피시움(Pythium)

토마토나 파드득나물의 뿌리썩음병, 오이 입고병(立枯病) 등의 병해를 일으키는 다발성 병원균이다.

피토크롬(phytochrome)

식물세포에 포함된 색소 단백질로 광수용체이다. 환경 중 빛의 조건에서 화아(花芽) 형성이나 광발아 등의 여러 가지 반응에 관계한다. 적색광 흡수형과 근적외광 흡수형이 있어 빛을 받아서 분자 안이 변화하여 신호가 된다.

피토프토라(Phytophthora)

역병균으로 진균(곰팡이)의 일종이고, 균사, 난포자 및 후막포자가 전염원이 된다. 보통은 토양 중 등에 휴면상태로 존재하고 있지만, 좋은 생육조건(好適)이 되면 유주자(遊走子)를 형성한다. 유주자는 피낭 포자를 형성하여 작물체의 뿌리에 침입한다. 일반적으로 유주자는 균류(菌類)·조류(藻類) 및 원생동물에서 볼 수 있는 생식세포를 가리킨다.

하이브리드(hybrid) 교배육종(crossbreeding)에서 서로 다른 두 개의 식물을 교잡하는 것을 말한다.

한랭사(cheese cloth)

면이나 마, 비닐론 섬유를 망상으로 거칠게 짠 얇은 천을 가리킨다. 지나치게 뜨거운 햇볕을 차단하는 차광 외에도 방한, 방충, 방풍의 목적으로도 이용된다.

항산화 작용(antioxidant reaction)

체내에 과잉으로 생긴 활성산소가 세포에 손상을 주는 것을 막는 일을 하는 것. 비타민 C나 비타민 E, 몇몇 종류의 효소 등에 항산화 작용이 있다고 한다. 곡류 종자를 주식으로서 이용되는 것이 많은 벼나 보리, 밤 등의 식물에 많다.

현열(sensible heat)
상태의 변화가 없이 물체 온도를 높이기 위하여 가해지는 열량을 말한다. 상대적인 용어로 온도가 변하지 않고 물질의 상이 변하는 융해열, 응고열 증발열과 같은 잠열(latent heat)이 있다.

형태학(morphology) 잎사귀의 형태처럼 기관의 물리적인 모양(physical shape)이나 폼(form)을 말한다.

화경(peduncle) 소화경을 가지고 있는 가지나 꽃대를 말한다.

화관(corolla, 꽃부리) 꽃잎이 모여있는 것을 말한다.

화사(filament) 매우 가는 실 같은 줄기로 꽃에서 수술대를 말한다.

화서(inflorescence) 줄기나 가지에 달려있는 꽃의 배열로 꽃은 물론 화경을 포함한다.

화학비료(chemical fertilizer)
무기(inorganic) 원료에서 화학적인 공정을 거쳐서 공업적으로 생산되는 비료. 일반적으로 동식물 유래의 유기(organic) 원료에서 만들어지는 유기비료(organic fertilizer)와 대비된다.

황백화 현상(etiolation) 병이나 낮은 광도로 인해 식물체가 탈색되고 연약하게 자라는 것을 말한다.

황화(chlorosis)
엽록소가 형성되지 않거나 퇴화하여 정상적이었던 녹색의 조직이 누렇게 변화는 현상으로 감염 초기증상이다.

효소결합항체법(enzyme-linked immunosorbent assay, ELISA)
효소결합면역흡착제 검정법으로 항원이나 항체에 알칼리성 포스파테이스 또는 페르옥시데이스 등의 산소를 결합시켜 두고 그 산소활성을 지표로 삼아 항원항체반응의 정도를 안 다음 여기에서 항원이나 항체의 양을 구하는 혈청학적 검사법이다.

휴면(dormancy) 자연적이거나 인위적으로 유발된 휴지기, 계절적으로 활동하지 않는(inactivity) 기간이다.

3. 단위환산표(International System of Unit, SI)

1) 기본단위 및 보조단위

양(量)	단위의 명칭	단위의 기호
길이	미터	m
질량	킬로그램	kg
시간	초	s
전류	암페어	A
온도	캘빈	K(°K가 아님)

양(量)	단위의 명칭	단위의 기호
광도	칸데라	cd
물질의 양	몰	mol(Avogadro 수)
보조단위		
평면각	라디안	rad
입체각	스테라디안	sr

2) 단위/접두어

항목	명 칭	기 호	곱할 인자
접두어	테라 (tera)	T	10^{12} = 1000 000 000 000
	기가 (giga)	G	10^{9} = 1000 000 000
	메가 (mega)	M	10^{6} = 1000 000
	킬로 (kilo)	k	10^{3} = 1000
	헥토 (hecto)	h	10^{2} = 100 (권장하지 않음)
	데카 (deka)	da	10^{1} = 10 (권장하지 않음)
	데시 (deci)	d	10^{-1} = 0.1 (권장하지 않음)
	센티 (centi)	c	10^{-2} = 0.01 (권장하지 않음)
	밀리 (milli)	m	10^{-3} = 0.001
	마이크로 (micro)	μ	10^{-6} = 0.000 001
	나노 (nano)	n	10^{-9} = 0.000 000 001
	피코 (pico)	p	10^{-12} = 0.000 000 000 001
권장하지 않는 유사단위	마이크로미터 (micrometer)	㎛	10^{-6} = 0.000 001 마이크로미터=미크론
	옹스트롬(angstrom)	Å	10^{-10} = 0.000 000 000 1
	밀리미크론(milimicron)	mμ	10^{-9} = 0.000 000 001

3) 길이(Length)

미터법(Meter Units)			야아드 및 파운드법(British or U.S. Units)			
센티미터 (Centimeter)	미터 (Meter)	킬로미터 (Kilometer)	인치 (Inch)	피이트 (Feet)	야아드 (Yard)	마일 (Mile)
1	0.01	0.00001	0.3937	0.03281	0.01094	0.000006
100	1	0.001	39.37	3.2808	1.0936	0.00062
100,000	1,000	1	39370.7	3280.8	1093.6	0.62137
2.54	0.0254	0.000025	1	0.08333	0.02777	0.000015
30.48	0.3048	0.000304	12	1	0.333	0.000189
91.44	0.9144	0.000914	36	3	1	0.000568
160,930	1,609.3	1.6093	63360	5280	1760	1

4) 부피(Capacity)

미터법(Meter Units)			야아드 및 파운드법(British or U.S. Units)			
밀리리터 (Mililiter)	리터 (Liter)	킬로리터 (Kiloliter)	입방야아드 (Cub. Yard)	붓셀 (Bushel)	파인트 (Pint)	갈론 (Gallon)
1	0.001	0.000001	0.000001	0.000028	0.002133	0.000264
1,000	1	0.001	0.001308	0.028378	2.113423	0.264177
1,000,000	1,000	1	1.30796	28.378	2113.42	264.177
764,529.8	764.53	0.76453	1	21.7013	0.001631	201.97
35,238.32	35.2383	0.035238	0.04608	1	74.4768	9.3096
473.18	0.47318	0.000473	0.000619	0.13427	1	0.125
3,785.4	3.7854	0.00378	0.004951	0.10742	8	1

5) 면적(Area)

미터법(Meter Units)				야아드법(U.S. Units)		척관법(Korean Units)		
평방미터 (Square meter)	아아르 (a)	헥타아르 (ha)	평방킬로미터 (Sq. Kilometer)	평방야아드 (Sq. Yard)	에이커 (Acre)	평 (Pyeong)	단보 (Dan bo)	정보 (Jeongbo)
1	0.01	0.0001	0.000001	1.1968	0.000247	0.3025	0.001008	0.0001
100	1	0.01	0.0001	119.68	0.024711	30.25	0.10083	0.01008
10,000	100	1	0.01	11968	2.4711	3025	10.083	1.0083
1,000,000	10,000	100	1	196800	247.11	302500	1008.3	100.83
0.83613	0.008361	0.000084	…	1	0.000207	0.25293	0.000843	0.000084
4045.8	40.468	0.40468	0.004047	4840	1	1224.2	4.0806	0.40806
3.3058	0.033058	0.000331	0.000003	3.9537	0.000817	1	0.003333	0.000333
991.74	9.9174	0.099174	0.000992	1186.1	0.24506	300	1	0.1
9197.4	99.174	0.99174	0.00992	11861	2.4506	3000	10	1

6) 무게(Weight)

미터법(Meter Units)			파운느법(U.S. Units)	척관법(Korean Units)	
그램(Gram)	킬로그램(Kilo Gram)	톤(Ton)	파운드(Pound)	근(Geun)	관(Gwan)
1	0.001	0.000001	0.0022	0.00166	0.000266
1000	1	0.001	2.20459	1.66666	0.26666
1000000	1000	1	2204.59	1666.66	266.666
453.592	0.45359	0.000454	1	0.756	0.12096
600	0.6	0.0006	1.32279	1	0.16
3750	3.75	0.00375	8.2672	6.25	1

4. 참고문헌(References)

Acevedo, E., E. Fereres, T.C. Hsiao, and D.W. Henderson. 1979. Plant Physiol. 64:476–480.

Ackerson, R.C., and D.R. Krieg. 1977. Plant Physiol. 60:850–853.

Bange, G.G.J. 1953. Acta Bot. Neerl. 2:255–297.

Begg, J.E. and N.C. Turner. 1976. Adv. Agron. 28:161–217.

Bjorkman, O. 1971. In Photosynthesis and Photorespiration, ed. M.D. Hatch et al. New York: Wiley.

Boyer, J.S. 1968. Plant Physiol. 43:1056–1062.

Briggs, I.J., and H.L. Shantz. 1916. J. Agric. Res. 5:583–651.

Brown, R.H., and R.E. Simmons. 1979. Crop Sci. 19:375–379.

Claassen, M.M., and R.H. Shaw. 1970. Agron. J. 62:652–655.

Denmead, O.T., and R.H. Shaw. 1962. Agron. J. 54:385–390.

Downes, R.W. 1969. Planta 88:261–73.

Downton, W.J.S. 1971. In Photosynthesis and Photorespiration, ed. M.D. Hatch et al. New York: Wiley.

Elston, J.A., J. Karamanos, A.H. Kassam, and R.M. Wadsworth. 1976. Philos.

George N. Agrios. 2005. Plant Pathology. ELSEVIER academic press.

Hsiao, T.C. et al. 1976. Philos. Trans. R. Soc. Land. 273:479–500.

Hsiao, T.C. 1973. Annu. Rev. Plant Physiol. 24:519–570.

Humble, G.D., and K. Raschke. 1971. Plant Physiol. 48:447–453.

Humble, G.D., and T.C. Hsiao. 1970. Plant Physiol. 46:483–487.

Jarvis, P.G. 1975. In Heat and Mass Transfer in the Biosphere, ed. D.A. de Vries and N.H. Afgan. Washington, D.C.: Halsted.

Jensen, M.E. 1973. Consumptive Use of Water and Irrigation Water Requirements. New York: American Society of Civil Engineers.

Joshi, M.C., J.S. Boyer, and P.J. Kramer. 1965. Bot. Gaz. 126:174–179.

Kramer, P.J. 1959. Adv. Agron. 11:51–70.

Levitt, J. 1972. Responses of Plants to Environmental Stresses. New York: Academic Press.

Mayaki, W.c., I.D. Teare, and L.R. Stone. 1976. Crop Sci. 16:92–94.

McCree, K.J., and S.D. Davis. 1974. Crop Sci. 14:751–755.

Neales, T.F. 1970. Nature 228:880–882.

Osmond, C.B. 1978. Annu. Rev. Plant Physiol. 29:379–414.

Reitz, L.P. 1974. Agric. Meteorol. 14:3–11.

Shantz, H.L. and L.N. Piemeisel. 1927. J. Agric. Res. Washington, D.C. 34:1093–1190.

Shaw, R.H., and D.R. Laing. 1966. In Plant Environment and Efficient Water Use, ed. W.H. Pierre et al. Madison, Wis.: American Society of Agronomy.

Slatyer, R.O. 1967. Plant-Water Relationships. London: Academic Press.

Stern, W.R. 1965. Aust. J. Agric. Res. 16:921–927.

Stewart, C.R. 1982. In Physiology and Biochemistry of Drought Resistance in Plants, ed. L.G. Paleg and D. Aspmall. New York: Academic Press.
Sung, F.J.M., and D.R. Krieg. 1979. Plant Physiol. 64:852–856.
Tal, M., and D. Imber. 1971. Plant Physiol. 47:849–850.
Verasan, V., and R.E. Phillips. 1978. Agron. J. 70:613–618.
Watts, W.R. 1974. J. Exp. Bot. 25:1085–1096.
https://www.naver.com
https://www.google.com
강영희 외. 1988. 식물생리학. 아카데미서적.
경기도농업기술원. 2002. 화훼병해충 발생상태와 방제법.
고희종 외. 2010. 식물육종학. 향문사.
국립원예특작과학원 www.nihhs.go.kr
권용웅. 1984. 잡초방제학. 대한교과서주식회사.
기상청 기상청 www.kma.go.kr
김경희 외. 2006. 소나무 관리도감. 한국농업정보연구원.
김계훈. 2006. 토양학. 향문사.
김광식. 2002. 농업기상학. 향문사.
김기선, 이희재. 2012. 원예작물학 II. KNOU press.
김길웅 외. 2012. 잡초방제학원론. 경북대출판부.
김길하 외. 2012. 삼고 해충학. 향문사.
김정호 외. 2010. 과수원예각론. 향문사.
김종국 외. 2008. 신고 산림보호학. 향문사.
김종천. 1993. 원예학원론. 건국대학교출판부.
김준석. 1974. 신고원예학. 향문사.
김형무 외. 2008. 신제 식물병리학. 향문사.
남상용. 2010. 제카의 허브. RGB.
남상용. 2011. 식물공장대전. RGB.
남상용. 2020. 원예산물의 저장과 유통. RGB.
남상용. 2020. 원예학개론. RGB.
남상용. 2020. 작물생리학. RGB.
농림축산검역본부, www.qia.go.kr/
농림축산식품부. https://www.mafra.go.kr/sites/mafra/index.do
농업교재편찬위원회. 1992. 원예학 개론. 선진문화사.
농촌진흥청 www.rda.go.kr
농촌진흥청 농업기술연구소, 1988, 과수 해충 생태와 방제
농촌진흥청 국립농업과학원. 2022. 우수농식품기술설명회.
鈴木正彦. 2012. 園藝學 基礎. 農文協.
今西英雄. 2019. 園藝學 入門. 朝倉書店

류수노 외. 2015. 재배학원론. KNOU press.
박광호 외. 2009. 알기쉬운 벼재배기술. 향문사.
박권우. 2019. 원예번식학. 선진문화사.
박순직 외. 2002. 재배식물육종학. 한국방송통신대학교출판부.
백운하. 1975. 농림해충학. 향문사.
변종영 외. 2017. 작물생리학. 향문사.
손기철. 1997. 원예치료. 서원.
손응용, 권신한. 1976. 작물육종학원론. 선진문화사.
심상인 외. 2019. 식용작물학-전작. 향문사.
심이성, 김진원. 2005. 농약학. 월드사이언스
이경준 외. 2015. 산림생태학. 향문사.
이경준. 2015. 수목의학. 서울대학교 출판문화원.
이규배. 2018. 식물형태학. 라이프사이언스.
이두형. 1989. 작물보호사전. 일조각.
이정명. 2013. 채소학각론. 향문사.
이정명. 2014. 채소학총론. 향문사.
이종훈. 2001. 최신 도작과학. 선진문화사.
임열재. 2017. 과수학총론. 향문사.
장권열 외. 2008. 육종학범론. 향문사.
전방욱, 김성룡. 2018. 식물생리와 발달. 라이프사이언스.
전작. 2013. 조재영. 향문사.
정영호. 2004. 최신농약학. 시그마프레스.
차명진 외. 2006. 장미 병해충과 생리장해 이렇게 막는다. 중앙생활사.
채제천. 2006. 삼고 재배학원론. 향문사.
최봉호 외. 2009. 종자생산학. 향문사.
최승윤. 1973. 신농약. 향문사.
큐넷, www.q-net.or.kr
八木宏典. 2019. 現代農業入門. 家의 光協會.
한국비료공업협회, http://www.fert-kfia.or.kr/
한국원예학회. 2003. 원예학용어 및 작물명집.
한국작물보호협회, http://www.koreacpa.org/
한국작물보호협회. 2000~2020. 자연과 농업.
현신규 외. 1980. 산림보호학. 향문사.
홍병희. 2009. 종자학. 향문사.
홍영남. 2012. 식물생리학. 월드사이언스.
後藤雄佐. 2013. 作物學 基礎. 農文協.

5. 한글색인(Korean Index)

(ㄴ)

(ㄷ)

(ㄹ)

(ㅁ)

(ㅈ)

(ㅊ)

(ㅎ)

6. 영문색인(English Index)

(C)

(D)

(E)

(P)

(Q)

(R)

(S)

(T)

작물보호학

Crop Protection Science

2020년 11월 1일 초판 인쇄
2020년 11월 5일 초판 발행
2022년 9월 1일 재판 인쇄
2023년 9월 1일 삼판 인쇄

발행 : 삼육대학교 자연과학연구소(E-mail: namsyzip@naver.com)
출판 : RGB Press(E-mail: 36cactus@naver.com)
ISBN 978-89-98180-26-3

편저 출판에 도움을 주신 분들

법적인 문제와 업무대행을 해준 베스툰 코리아 에이전시의 전유미 선생, 편집과 인쇄를 맡아준 파오디의 조흥원 실장, 이 일로 인해 발생한 여러 어려움을 잘 참아준 삼육대학교 작물생리학 실험실 연구원들과 가족들에게도 감사를 드린다.

편저자 경력

남 상 용(농학박사)

서울대 농생명과학대 식물생산과학부 학부, 석사, 박사졸업
현재 삼육대학교 환경디자인원예학과 교수
현재 삼육대학교 대학원 환경원예학과 교수
현재 삼육대학교 부설 자연과학연구소 소장
현재 농촌진흥청 다육식물 유전자원관리기관 책임자
현재 (사)한국선인장과 다육식물협회장